→ *Energiemanagement*

Markus Hubbuch | Stefan Jäschke Brülhart

Energiemanagement

vdf Hochschulverlag AG an der ETH Zürich

Mit Unterstützung von

energieschweiz

Website zum Buch:
https://enbau-online.ch

Die Inhalte in diesem Buch basieren auf langjährigen Erfahrungen der beiden Autoren. Als Grundlage dienten einerseits Lehrinhalte vom Institut für Facility Management der Zürcher Hochschule für Angewandte Wissenschaften (ZHAW) und andererseits Erfahrungen aus Beratungsmandaten der Envenion GmbH.

Die Autoren:
Markus Hubbuch, Prof. Dipl. Ing. ETH/SIA,
Professor für Energie- und Gebäudemanagement
Institut für Facility Management der ZHAW, Wädenswil
Kap: 1, 2.1, 3.1, 4, 6, 7, 8, 9, 11, 12, 13, 14

Stefan Jäschke Brülhart; Prof. Dr.-Ing.
Geschäftsführender Inhaber der Envenion GmbH, Oberembrach
Kap: 1, 2.2, 2.3, 2.4, 2.5, 3.2, 3.3, 5, 10

Wir danken des Weiteren folgenden Personen für ihren Input und ihre Unterstützung bei der Fertigstellung des Buches:
Raffael Burgy, Dipl. Phys ETH / MSc Environmental Engineering; Kap. 3.4
Nicolas Vetsch, MSc ETH, Kap. 9

Das Kapitel 11 basiert teilweise auf dem Modul Wirtschaftlichkeitsberechnung der CD «Energie im Unterricht», Bundesamt für Energie, Bern 2003

Bibliografische Information der Deutschen Nationalbibliothek
Die Deutsche Nationalbibliothek verzeichnet diese Publikation in der Deutschen Nationalbibliografie; detaillierte bibliografische Daten sind im Internet über *http://dnb.dnb.de* abrufbar.

Layout: Manuel Gächter, Oberegg

ISBN: 978-3-7281-4046-3

vdf Hochschulverlag AG an der ETH Zürich
verlag@vdf.ethz.ch
www.vdf.ethz.ch

Inhaltsverzeichnis

Abbildungsverzeichnis

Tabellenverzeichnis

Vorwort

Seit Anfang 2018 ist das neue Energiegesetz in der Schweiz in Kraft, nachdem es vom Parlament und vom Volk angenommen wurde. Es werden darin drei Stossrichtungen definiert:

- *Massnahmen zur Steigerung der Energieeffizienz*
- *Massnahmen zum Ausbau der erneuerbaren Energien*
- *Atomausstieg.*

Mit diesem Gesetz soll die Umsetzung der Energiestrategie 2050 gefördert werden, welche der Bundesrat nach der Reaktorkatastrophe in Fukushima im Jahr 2011 ausgearbeitet hat. Die Energiestrategie 2050 soll die sichere und kostengünstige Energieversorgung auch in Zukunft sicherstellen. Gleichzeitig soll die energiebedingte Umweltbelastung reduziert werden. Die Schweiz soll auf Veränderungen vorbereitet sein, welche sich im technologischen, wirtschaftlichen und politischen Bereich ergeben können. Dies betrifft auch die unsicheren Verhältnisse zur Europäischen Union und Veränderungen in energieexportierende Länder sowie auf den internationalen Energiemärkten.

Verbunden mit dem Energiegesetz ist das Stromversorgungsgesetz. Auch dieses unterliegt der politischen Diskussion und ist Gegenstand von Revisionen. Die Effizienz der Stromverwendung soll gefördert und mehr Strom aus regenerativer Energie erzeugt werden.

Auf der wissenschaftlichen Ebene besteht heute Konsens, dass die Treibhausgasemissionen rasch und stark gesenkt werden müssen. Auf der politischen Ebene wurde das CO_2-Gesetz von 2011 im Jahr 2020 von Stände- und Nationalrat in einer revidierten, verschärften Fassung angenommen. Auch hat sich der Bundesrat auf internationaler Ebene verpflichtet, den CO_2-Ausstoss der Schweiz gegenüber 1990 bis 2030 zu halbieren. Um den Ausstoss an Treibhausgasemissionen und die Importabhängigkeit zu verringern, muss der Verbrauch fossiler Energieträger stark reduziert werden. Hier steht der Wärmebedarf der Gebäude im Fokus. Die Kantone haben die Mustervorschriften im Energiebereich (MuKEn) 2014 revidiert.

Die Steigerung der Energieeffizienz ist ein unbestrittener und wichtiger Teil der Lösung. Jede eingesparte Kilowattstunde an fossiler Energie oder an nicht regenerativem Strom entschärft die Probleme. Daneben muss wo immer möglich von fossiler Energie auf nicht fossile Energieträger umgestellt werden. Damit wird die Zukunft immer mehr von der weitgehenden Versorgung mit Strom geprägt sein. Dessen Verbrauch und Produktion muss mit kurz- und längerfristigen Speicherung ausgeglichen werden. Daneben werden Umwelt- und Fernwärme sowie in fernerer Zukunft eventuell Wasserstoff und daraus hergestelltes Methan aus Überschussstrom («Power to Gas») eine zunehmende Bedeutung haben.

Diese Publikation soll helfen, diese Aufgaben systematisch anzugehen und methodisch korrekt umzusetzen. Ein im Betrieb eingeführtes Energiemanagementsystem, eine funktionierende Energiebuchhaltung und die energetische Betriebsoptimierung sind die Voraussetzungen für eine verbesserte Energieeffizienz von Gebäuden und Prozessen. Der Erfolg wird ein nachhaltig tieferer Energiebedarf sein sowie verbesserte Versorgungssicherheit, eine verringerte Abhängigkeit vom Ausland, tiefere Emissionen und ein besseres Image der Unternehmung. Die Erreichung von Zertifikaten für ein Umwelt- und Energiemanagementsystem oder eines Gebäudelabels wird erleichtert. Mit Energiemanagement können so Kosten eingespart und der Wert des Unternehmens und der Gebäude gesteigert werden.

1 Einleitung

Energiemanagement ist komplex, da betroffene Anlagen, Gebäude und Organisationen komplex sind und zunehmend komplexer werden. Dieses Buch führt schrittweise tiefer in das Thema und verdeutlicht die unterschiedlichen Sichten sowie die Problemstellungen bei der Einführung, der Umsetzung und der Aufrechterhaltung des Energiemanagements.

Die Grundlagen verdeutlichen unterschiedliche Definitionen von Energiemanagement und Energiemanagementsystemen. Die grundsätzliche Methodik soll helfen, das Energiemanagement methodisch korrekt und konsistent anzugehen. Die grundlegenden physikalischen Zusammenhänge im Energiekontext dienen dem Verständnis der technischen Sachverhalte, die für das Energiemanagement wichtig sind.

Energiemanagement ist aber vor allem auch eine Managementaufgabe. Die Voraussetzungen und Zusammenhänge dieses Managements sind entscheidend, bevor technische Aspekte wieder mehr in das Blickfeld rücken.

Themen wie Energiekonzepte, Energieversorgung im Betrieb, Kennzahlen und Benchmarking sind wichtig bei der Umsetzung von Konzepten im Rahmen von aktivem Energiemanagement. Zusätzlich dienen Hinweise für eine effiziente Energienutzung als Basis für die erfolgreiche operative Umsetzung von Energiesparmassnahmen.

Unternehmen können nur dann die energetische Situation erfolgreich beeinflussen, wenn gemessen wird. Die Messtechnik, ein gut durchdachtes Messkonzept und die spätere Verarbeitung der Messsignale mit einer Energiemanagementsoftware stellen weitere wichtige Grundlagen für ein erfolgreiches Energiemanagement dar.

Die Möglichkeit, Effizienzverbesserungen ohne eigene Investitionen und durch Fachspezialisten umsetzen zu lassen, zeigt das Kapitel über Contracting auf. Sehr oft lassen sich so Win-win-Situationen erzielen. Dieses Kapitel rundet die Gesamtbetrachtung zum komplexen Thema Energiemanagement ab.

In der Schweiz wird derzeit noch die grösste Energiemenge im Gebäudebereich verbraucht. Die geplante Energiewende wird nur gelingen, wenn im Gebäudebereich erfolgreich Energiemanagement betrieben wird. Dabei gehört das Energiemanagement zu den Leistungen, die im Rahmen einer professionellen Gebäudebewirtschaftung zum Facility Management gehören. Das Buch nimmt diese Optik ein und hilft Gebäudebetreibern und Facility Managern in der Praxis, sich auf die Managementaufgaben im Energiebereich gründlich vorzubereiten. Facility Management als eine volkswirtschaftlich wichtige und oft unterschätzte Disziplin kann damit einen wesentlichen Beitrag zur Energiewende leisten.

Energiemanagement kann aber genauso gut dazu dienen, den Energiebedarf aller anderen Prozesse und eingesetzten Geräte und Anlagen in einer Unternehmung zu verringern. Schlussendlich kann eine Organisation so einerseits Ausgaben für den Energieeinkauf reduzieren, andererseits ebenfalls einen bedeutenden Beitrag zur Energiewende leisten.

2 Trends im Kontext Energiemanagement

Das Thema Energiemanagement wird von einer Reihe von Trends flankiert, die die Ausrichtung und die Bedeutung für Unternehmen, deren Strategie und deren Risikomanagement erheblich beeinflussen. Nachfolgend werden die Einflüsse dieser «Strömungen» auf den Umgang mit Immobilien, dem Kern des Energiemanagements, beschrieben.

2.1 Klimawandel

Die berechtigte Diskussion über den effizienten Umgang mit Energie der letzten zwei Jahrzehnte war schon von Beginn an von einer Klimadiskussion begleitet. Kohlendioxid als das klimarelevante Gas hat diese Bedeutung aufgrund von Verbrennungsprozessen und dem dadurch überproportional hohem Aufkommen weltweit. Der Grossteil der technisch genutzten Wärme und auch ein Grossteil der Stromerzeugung basiert auf der Nutzung fossiler Energieträger. Der Weg, die darin gespeicherte, also chemisch gebundene Energie zu nutzen, ist die Verbrennung, bei der wiederum als Edukt Kohlendioxid entsteht.

Für die modernen Industriestaaten war die Frage nach der Versorgungssicherheit (Wie lange reichen die fossilen Energieträger noch?) immer ein vordergründiges Thema. Insbesondere in den letzten Jahrzehnten wurde die Frage der Versorgungssicherheit überlagert von dem Wunsch nach Energieeffizienz. Im Bewusstsein, dass die fossilen Energieträger endlich sind, wurden sämtliche Bereiche der Energienutzung im Hinblick auf Effizienzsteigerungen bis an die technische Machbarkeitsgrenze optimiert.

Nun ist die Welt am Ende des Karbonzeitalters angelangt, und die Frage des Klimaschutzes ist absolut in den Vordergrund gerückt. Da gemäss praktisch aller Forschenden in diesem Bereich nur noch ein kurzes Zeitfenster besteht, ernsthafte Massnahmen zum Klimaschutz zu ergreifen, ist die Energieeffizienz nebensächlich geworden. Dadurch bekommt die Disziplin Energiemanagement einen ganz anderen Charakter und geht wiederum auf das Thema der Versorgungssicherheit zurück. In dieser Phase ist prioritär die Energieversorgung von Arealen oder Gebäuden auf eine andere Basis zu stellen. Die Umstellung der auf etablierten fossilen Energieträgern basierenden Versorgungsstrukturen auf klimaneutrale, auf regenerative Energieträger basierende Energieversorgungen ist eine Generationenaufgabe mit höchster Dringlichkeit.

Für die Disziplin Energiemanagement bedeutet dies:

- *bestehende, zur Sanierung anstehende Energieversorgungen bzw. die bestehende Energietechnik im Hinblick auf eine Konversion hin zu regenerativer Energie zu untersuchen,*
- *neue, die Emission von Klimagasen stark reduzierende oder klimaneutrale Energieversorgungen zu planen und umzusetzen,*
- *den Betrieb von Arealen und/oder der Gebäude auch im Hinblick auf die Versorgungssicherheit sicherzustellen.*

Die Grundtechniken im Energiemanagement bleiben bestehen, allerdings ist der (zeitliche) Handlungsdruck ein anderer und die Ausrichtung zu entwickelnder Lösungen ist eine andere als in früheren Zeiten. Der Klimawandel zwingt Gebäudebetreibende die Energietechnik im Gebäude ganzheitlich und nachhaltig zu verändern. Somit muss die Energieversorgungssituation aller Gebäude neu gedacht werden. Vor dem Lichte dieser Herausforderung wird klar, warum dies eine Generationenaufgabe ist.

2.2 IoT (Internet of Things)

Das Internet der Dinge bedeutet einerseits umfassende Kommunikation zwischen verschiedensten Geräten und andererseits deren intelligente Organisation. Dies kann bzw. wird zu mehr Effizienz und neuen, bisher nicht möglichen (persönlichen) Dienstleistungen führen. Die Verfügbarkeit vieler gebäudebezogener Daten erschliesst ein bisher ungeahntes Reservoir an Informationen. Dies wird Aufschluss über den Betrieb eines Gebäudes in einer Weise geben, dass man sich auf Wissen stützen kann, statt wie bisher eher viel Vorstellungskraft haben zu müssen.

Mit Bezug auf den Energieverbrauch eines Gebäudes kann davon ausgegangen werden, dass der verstärkte Einsatz zusätzlicher IT auch den Strombedarf eines Gebäudes ansteigen lässt. Die Evolution des Internets der Dinge steht mit Bezug auf den Einsatz in Gebäuden erst am Anfang, sodass das Ausmass eines zusätzlichen Strombedarfs schlecht abgeschätzt werden kann. Sicher ist nur, dass dieser Strombedarf zu dem bereits vorhandenen hinzukommt und in der Auslegung und der Planung der Energieeffizienz bisher nicht berücksichtigt wurde. Die Herausforderung besteht nun darin, dass dieser zusätzliche Strombedarf durch Effizienzmassnahmen mehr als kompensiert wird. Dies ist durchaus möglich, muss allerdings auch aktiv umgesetzt werden. Ein «intelligentes» Gebäude kann sein Potenzial nur ausspielen, wenn es auch entsprechend genutzt wird.

2.3 Sektorenkopplung

Die sogenannte Sektorenkopplung ist der Einbezug der Mobilität zum Gebäudebetrieb. Ausgehend von einer mehrheitlich regenerativ zu erzeugenden Stromversorgung ist der universell mögliche Einsatz von Strom auch auf die Mobilität auszuweiten. Die Voraussetzung ist regenerativ erzeugter elektrischer Strom. Im Hinblick auf eine maximale Reduktion des Kohlendioxidausstosses wird der klimaneutral erzeugte elektrische Strom intelligent für die Bereiche der Gebäudeenergie (Heizung, Lüftung, Klimatisierung, Warmwasser, Allgemeinstrom usw.) und für Elektromobilität eingesetzt. Ein hoher Eigenstromverbrauch einerseits und zeitgleich der Einsatz vom Stromüberschuss in der Mobilität (Laden von Elektrofahrzeugen) andererseits setzen eine maximale, regenerative Stromerzeugung voraus. Je nachdem, wie die Voraussetzungen sind, ist es bei viel überschüssigem elektrischen Strom auch möglich, vor Ort mit einer Power-to-X-Anlage z. B. synthetisches Methan als Erdgasersatz zu produzieren. Mit diesem Methan kann dann entweder der eigene Fuhrpark (Gasmotoren) und/oder die bestehende Erdgasheizung mit dem eigenen Brennstoff versorgt werden.

Die im Sinne des Klimaschutzes forcierte regenerative Stromerzeugung bietet die Möglichkeit, die Sektorenkopplung auch im Gebäudebereich umzusetzen. Dadurch lassen sich interessante Potenziale erschliessen, neue Geschäftsmodelle etablieren und gleichzeitig der Klimaschutz aktiv unterstützen.

Für ein Energiemanagement eines Areals oder eines grösseren Gebäudekomplexes bedeutet dies, dass die Energieversorgung ein zusätzliches Thema ist, welches in die Strategie des Energiemanagements einbezogen werden muss. Die Energieversorgung durch eigene Anlagen vor Ort ist so zu betreiben, dass einerseits die Versorgungssicherheit und andererseits ein Instandhaltungsmanagement immer gewährleistet sind. Dadurch entstehen zusätzliche Aufgaben im Rahmen des Energiemanagements. Dies ist nicht negativ zu sehen, denn gleichzeitig bietet die eigene Energieversorgung auch neue Gestaltungsmöglichkeiten, auch im Energiemanagement.

2.4 Gebäudeintegrierte PV-Module (BiPV)

Fotovoltaikmodule auf Dachflächen sind etabliert, aber in der Schweiz noch nicht weit verbreitet. Der durch solche Module erzeugte elektrische Strom ist ein Schlüsselelement in der Konversion der Energieversorgung. Um so viel Strom wie möglich regenerativ zu erzeugen, ist es notwendig, so viel Fläche, wie verfügbar ist, dafür zu nutzen. Neben den Dachflächen der Gebäude, deren Potenzial schweizweit erfasst und online überprüfbar ist, besteht ein weiteres bisher kaum genutztes Potenzial an Fassadenflächen (siehe sonnendach.ch). Auf Basis von Daten aus dem Solarkataster der Schweiz schätzt das Bundesamt für Energie (BFE) das Solarstrompotenzial der mittelmässig bis hervorragend geeigneten Schweizer Hausfassaden auf bis zu 17 Terawattstunden (TWh) pro Jahr. Dass eine Fassade neben der Gebäudecharakterisierung und dem Wetterschutz keine zusätzliche

Funktion hat, ist unverständlich bzw. eine Provokation. Gerade in der Winterzeit bei flach stehender Sonne bietet die Fassade als Kollektorfläche gegenüber den Dachflächen klare Vorteile, da dann, wenn der Bedarf hoch ist, die Erträge erzielt werden. Im Gegensatz zu Aufdachanlagen spielen Verschmutzungen und damit verbundene Leistungseinbussen in der Fassade eine wesentlich geringere Rolle.

Die bauteilintegrierte Fotovoltaik (BiPV), auch Energiefassade genannt, erschliesst bisher ungenutzte Flächen für die Stromerzeugung. Die Anzahl geeigneter Flächen ist sehr gross, sodass die zusätzlich erzeugbare Strommenge auch beachtlich ist. Die Entwicklung auch ästhetisch ansprechender Lösungen hat in den letzten Jahren rasante Fortschritte gemacht. Fassadenintegrierte Dünnschicht-Solarmodule sind Energielieferant und Gestaltungsmittel in einem. Insbesondere Architekten schätzen die Gestaltungsmöglichkeiten, die vorgehängte Glasfassaden mit integrierten Fotovoltaikelementen heutzutage bieten. Mit diversen Oberflächen und nahezu beliebigen Farben lassen sich ansprechende Fassaden mit der Zusatzfunktion der Energiegewinnung realisieren. Des Weiteren überzeugen energieerzeugende Fassadensysteme durch eine eigenständige Amortisation und aufgrund der verwendeten Werkstoffe durch eine hohe Lebenserwartung.

Für ein Energiemanagement ist die maximale eigene Stromerzeugung eine fundamentale Änderung, da Energiebedarf und Energieversorgung plötzlich in einer Hand liegen. Um die Versorgungssicherheit aufrechtzuerhalten, ist ein aktives Management vonseiten der Verantwortlichen für Energiemanagement nötig.

2.5 Einsatz von Wasserstoff

Der Energieträger Wasserstoff gilt als ein Schlüssel für eine nachhaltige und sichere Energieversorgung in der Zukunft. Der Einsatz von Wasserstoff im Wärmemarkt für Gebäude und die Möglichkeit, die Mobilität abzudecken (LKW) ohne das Klima zu belasten, sind verheissungsvolle Perspektiven. Die Grundvoraussetzung wiederum ist die Erzeugung von «grünem» Wasserstoff. Während bisher Wasserstoff fast ausschliesslich aus fossilem Erdgas gewonnen wird, ist es für die gewünschte nachhaltige Energiewirtschaft der Zukunft unabdingbar, dass der Wasserstoff unter Einsatz von regenerativer Energie (in der Regel elektrischer Strom) erzeugt wird. Dieser Strom kann von Windparks oder aus Fotovoltaikanlagen kommen.

Der entscheidende Vorteil von Wasserstoff ist, dass dieser als Energiespeicher dienen kann. Vor allem im Hochsommer wird überschüssiger Strom aus Solaranlagen zur Wasserstoffproduktion verwendet. Auf diese Art und Weise wird Energie im Wasserstoff, der ja ein Energieträger ist, gespeichert. Bei Bedarf kann nun der Wasserstoff mithilfe einer Brennstoffzelle rückverstromt werden. Der Strom kann dann vielfältig verwendet werden.

Eine andere Möglichkeit, die Wasserstoff bietet, ist die Weiterverarbeitung zu synthetischem Methan oder zu Methanol. Methan ist der Hauptbestandteil des fossilen Erdgases. Beispielsweise enthält das russische Erdgas ca. 98 % Methan. Aus Wasserstoff erzeugtes synthetisches Methan kann problemlos für den Wärmemarkt mit seiner bestehenden, erdgasbasierten Infrastruktur genutzt werden. Heizzentralen mit grossen Gaskesseln bleiben bestehen und werden mit dem synthetischen Methan statt mit Erdgas versorgt. Die technischen Anlagen, die diese Umwandlung bewältigen, werden als Power-to-X-Anlagen bezeichnet. Das «X» steht dabei für das jeweilige Edukt.

In der Umsetzungsphase solcher eigenen Energieversorgungen kommen neben den eigentlichen Power-to-X-Anlagen noch die Zusatzkomponenten wie diverse Speicher hinzu. Aus Sicht des Energiemanagements bietet der Einsatz von Wasserstoff enorme Möglichkeiten, den Kohlendioxidausstoss bei der Bereitstellung der benötigten Energie zu minimieren. Im laufenden Betrieb, wenn die Anfangsinvestitionen getätigt wurden, ist es vorteilhaft, wenn die Kosten für die Energieerzeugung transparent sind. Diese Situation gibt Unternehmen einen langfristigen Planungshorizont hinsichtlich der zu erwartenden Energiekosten. Zusätzlich bringt die Unabhängigkeit von den Lieferanten der fossilen Energieträger einerseits Freiheitsgrade und andererseits Verantwortungen mit sich, die im Energiemanagement entsprechend berücksichtigt werden müssen und über das normale Mass hinausgehen.

3 Grundlagen

3.1 Energiemanagement: Definition

Energiemanagement wird oft als die Summe aller Massnahmen verstanden, die geplant und durchgeführt werden, um für eine geforderte Leistung oder Produktion die geringstmögliche Energiemenge bei gegebenem Komfort- bzw. Produktions- und Qualitätsniveau zu verbrauchen. Nach dieser Definition bedeutet Energiemanagement hauptsächlich die Steigerung der Energieeffizienz. Diese Auffassung wird unter anderem im Leitfaden «Energiemanagement in der Praxis» des Umweltbundesamtes Desslau vertreten. Andere Organisationen definieren Energiemanagement etwas anders.

Die GEFMA-Definition von Energiemanagement lautet:
«Gesamtheit der Managementfunktionen, die erforderlich sind, um den Prozess der Energiebereitstellung, -verteilung und -anwendung im Gebäude in Hinblick auf möglichst niedrige Prozesskosten zu führen.»
Quelle: GEFMA 124-1, 2009

Nach GEFMA 124-1 (2009) besteht die zentrale Aufgabe des Energiemanagements (EM) darin, «die Kosten für die Energiebereitstellung in Gebäuden und Anlagen zu optimieren, ohne dabei den Benutzerkomfort einzuschränken und unter Beachtung der hygienischen Vorgaben sowie der Anlagenverfügbarkeit und Nutzungsdauer der Gebäude und Anlagen. Insbesondere sollen durch ein erfolgreiches EM ein sparsamer Primärenergieverbrauch und eine Reduzierung der CO_2-Emission sowie weiterer schädlicher Umwelteinwirkungen erreicht werden.»

Die VDI-Richtlinie 4602 (VDI 4602 «Energiemanagement – Definition, Begriffe» 2007) bezeichnet Energiemanagement umfassender als «die vorausschauende, organisierte und systematisierte Koordination von Beschaffung, Wandlung, Verteilung und Nutzung von Energie zur Deckung der Anforderungen unter Berücksichtigung ökologischer und ökonomischer Zielsetzungen».

Ähnlich definiert DENA das Energiemanagement: «Energiemanagement ist die vorausschauende und systematisierte Koordination der Beschaffung, Umwandlung, Verteilung und Nutzung von Energie innerhalb eines Unternehmens. Ziel ist die kontinuierliche Reduktion des Energieverbrauches und der damit verbundenen Energiekosten.»
Quelle: Handbuch für betriebliches Energiemanagement, DENA 2010

Energiemanagement gehört als wichtige Aufgabe zum Facility Management. Gemäss der Norm SN EN 15221-1 «Facility Management, Begriffe und Definition» (2008, 2019 ausser Kraft gesetzt) wird das Energiemanagement zu den Leistungen gezählt, die zur Bereitstellung der Fläche und Infrastruktur einer Organisation dienen.

In der deutschsprachigen Literatur wird Energiemanagement oft zum Technischen Gebäudemanagement (TGM) hinzugezählt. Das TGM dient dabei dazu, die Nutzbarkeit eines Gebäudes aufrechtzuerhalten. Um diese erfüllen zu können, verlangen die gebäudetechnischen Installationen einen steten Aufwand für:

- *Betreiben, Betriebsführung*
- *Pflege der Dokumentation*
- *Energiemanagement*
- *Instandhaltung (Inspektion, Wartung, Instandsetzung)*

In dieser Publikation soll Energiemanagement jedoch nicht nur auf Gebäude beschränkt sein. Energiemanagement verstehen wir holistisch und im wörtlichen Sinne: das Management aller energiebezogenen Prozesse in einer Organisation. Es werden, analog VDI, nicht nur die Energieeffizienz, sondern auch die übrigen mit der Energie zusammenhängenden Themen beachtet. Energiemanagement bedeutet hier Folgendes:

Energiemanagement ist die Planung und Umsetzung aller erforderlichen Massnahmen, um eine Organisation ausreichend sicher und nachhaltig mit Energie zu versorgen, den möglichst effizienten Einsatz der Energie zu gewährleisten, negative Umweltauswirkungen, die vom Energiebedarf herrühren, zu verringern, die Kosten für die Energieversorgung zu reduzieren und diese Kosten anforderungsgerecht zu erfassen und zu verrechnen.

3.2 Energiemanagementsystem: Definition

Die international gültige Norm **ISO 50001 «Energiemanagement»**, die am 15. Juni 2011 von der International Organization of Standardization (ISO) veröffentlicht wurde, definiert die Einführung eines Energiemanagementsystems in einer Organisation. Sie ersetzt die zuvor gültige EN 16001. Demnach ist ein Energiemanagementsystem (EnMS) die «Gesamtheit miteinander zusammenhängender oder interagierender Elemente zur Einführung einer Energiepolitik und strategischer Energieziele, sowie Prozesse und Verfahren zur Erreichung dieser strategischen Ziele».

Alle Organisationen – ob gross oder klein, ob komplex oder einfach, ob gemeinnützig oder nicht – haben ein Managementsystem. Dieses kann formell oder informell sein: Jede systematische interne Regelung von Zuständigkeiten und Abläufen in einem Unternehmen ist bereits ein Managementsystem. Durch ein Managementsystem soll sichergestellt werden, dass definierte Unternehmensziele systematisch umgesetzt werden und in jeder Phase steuerbar sind. Richtig eingesetzte Managementsysteme tragen wesentlich dazu bei, die Aufbau- und Ablauforganisation in Unternehmen entsprechend den Anforderungen von Markt, Kunden, Kapitalgebern, Gesellschaft und Staat zu entwickeln und zu verbessern. Organisatorische Massnahmen wie die Festlegung von Verantwortlichkeiten, Zuständigkeiten, Betriebsabläufen und Kontrollsystemen bilden dabei die Grundlage. Die ersten standardisierten Ansätze für Managementsysteme wurden in den 70er-Jahren aus dem Qualitätsmanagement (QM) entwickelt. In den 80er-Jahren wurden dann die ersten internationalen Normen für das QM, die Normenserie ISO 9000 ff., veröffentlicht. Ab Anfang der 90er-Jahre wurden weitere Richtlinien für spezialisierte Managementsysteme eingeführt, wie z. B. der British Standard BS 8800 oder die Occupational Health and Safety Assessment Series (OHSAS) 18001. Die Normenreihe ISO 9000 ff. steht hauptsächlich für ein Qualitätsmanagementsystem (QMS). Es ist ebenso möglich, in ein QMS ein Umweltmanagementsystem (UMS) oder Sicherheitsmanagementsystem zu integrieren. Die ISO-Norm 14001 konzentriert sich vor allem auf den Auf- und Ausbau eines funktionierenden UMS innerhalb einer Organisation. Dabei wird davon ausgegangen, dass ein gelebtes UMS die Umweltverträglichkeit des Unternehmens verbessert. Die Normen für Managementsysteme sind nicht isoliert zu betrachten: Der Aufbau der Umweltmanagementnormen ISO 14000 ff. entspricht dem Aufbau der Qualitätsmanagementnormen ISO 9000 ff. Die ISO 14001 diente als Grundlage für EMAS und ist Bestandteil von EMAS. Die Struktur der internationalen Norm ISO 50001:2011 für Energiemanagementsysteme ist stark angelehnt an die Norm ISO 14001:2009. Ziel der Norm ist es, Unternehmen in die Lage zu versetzen, Systeme und Prozesse einzurichten, die für eine kontinuierliche Verbesserung der Energieeffizienz und des Energieverbrauchs erforderlich sind. Die Norm beschreibt die Anforderungen an ein Energiemanagementsystem (EnMS) für ein Unternehmen. Die erfolgreiche Implementierung eines EnMS unterstützt eine Kultur der Verbesserung der Energieeffizienz, die von dem Engagement aller Ebenen des Unternehmens, insbesondere des Topmanagements, abhängt. In vielen Fällen handelt es sich dabei um kulturelle Veränderungen innerhalb eines Unternehmens. Die Anwendung der Norm kann an die spezifischen Anforderungen des Unternehmens angepasst werden einschliesslich der Komplexität seiner Systeme, des Grades der dokumentierten Informationen und der verfügbaren Ressourcen. Dieses Norm gilt für die Planung und Beschaffung von Anlagen, Ausrüstungen, Systemen oder energiebetriebenen Prozessen im Rahmen und innerhalb der Grenzen des EnMS.

Die Entwicklung und Umsetzung eines EnMS umfasst

- *eine Energiepolitik,*
- *Ziele,*
- *Energieziele und*

- *Aktionspläne in Bezug auf*
  - *Energieeffizienz,*
  - *Einsatz von Energie und*
  - *Energieverbrauch unter Einhaltung der geltenden gesetzlichen Anforderungen und anderer Anforderungen.*

Ein EnMS ermöglicht es einem Unternehmen,
- *Ziele und Energieziele festzulegen und zu erreichen,*
- *bei Bedarf Massnahmen zur Verbesserung seiner Energieeffizienz zu ergreifen und*
- *die Konformität seines Systems mit den Anforderungen der Norm nachzuweisen.*

Die Norm enthält Anforderungen an einen systematischen, datengesteuerten und faktenbasierten Prozess, der sich auf die kontinuierliche Verbesserung der Energieeffizienz konzentriert. Die Energieeffizienz ist ein Schlüsselelement, das in die in der Norm vorgestellten Konzepte integriert ist, um effektive und messbare Ergebnisse im Laufe der Zeit zu gewährleisten. Energieleistungsindikatoren (EnPIs) und Energiegrundlinien (EnBs) sind zwei miteinander verbundene Elemente, die in der Norm eingesetzt werden, damit Unternehmen die Verbesserung der Energieeffizienz nachweisen können.

3.2.1 Verantwortlichkeit des Topmanagements

Das Topmanagement muss Führung und Engagement in Bezug auf die kontinuierliche Verbesserung der Energieeffizienz und der Wirksamkeit des EnMS unter Beweis stellen, indem es:

1. *sicherstellt, dass der Umfang und die Grenzen des EnMS festgelegt werden*
2. *sicherstellt, dass die Energiepolitik festgelegt ist und mit der strategischen Ausrichtung des Unternehmens vereinbar ist*
3. *die Integration der EnMS-Anforderungen in die Geschäftsprozesse des Unternehmens sicherstellt*
4. *sicherstellt, dass Aktionspläne genehmigt und umgesetzt werden*
5. *sicherstellt, dass die für das EnMS benötigten Ressourcen verfügbar sind*
6. *die Bedeutung eines effektiven Energiemanagements und der Einhaltung der EnMS-Anforderungen kommuniziert*
7. *sicherstellt, dass das EnMS die beabsichtigten Ergebnisse erreicht*
8. *die kontinuierliche Verbesserung der Energieeffizienz und des EnMS fördert*
9. *die Bildung eines Energiemanagementteams sicherstellt*
10. *andere relevante Managementaufgaben unterstützt, um deren Führung in Bezug auf deren Verantwortungsbereiche unter Beweis zu stellen*
11. *sicherstellt, dass die EnPI(s) die Gesamtenergieeffizienz angemessen darstellen*
12. *sicherstellt, dass Prozesse eingerichtet und implementiert werden, um Änderungen, die sich auf das EnMS und die Gesamtenergieeffizienz auswirken, im Rahmen und innerhalb der Grenzen der EnMs zu identifizieren und anzugehen.*

Das Topmanagement stellt sicher, dass die Verantwortlichkeiten und Befugnisse für relevante Rollen innerhalb des Unternehmens zugewiesen und kommuniziert werden. Die oberste Leitung überträgt dem Energiemanagementteam die Verantwortung und Befugnis für:
- *die Sicherstellung, dass das EnMS eingerichtet, umgesetzt, aufrechterhalten und kontinuierlich verbessert wird*
- *die Sicherstellung, dass das EnMS den Anforderungen der Norm entspricht*
- *die Durchführung von Aktionsplänen zur kontinuierlichen Verbesserung der Energieeffizienz*
- *die Berichterstattung über die Leistung des EnMS und die Verbesserung der Energieeffizienz an die oberste Leitung in festgelegten Abständen.*

3.2.2 PDCA-Ansatz (Plan, Do, Check, Act)

Im Rahmen des Energiemanagements lässt sich der PDCA-Ansatz wie folgt skizzieren.

Planung (Plan):
- *den Kontext des Unternehmens verstehen,*
- *eine Energiepolitik und ein Energiemanagementteam einrichten,*
- *Massnahmen zur Bewältigung von Risiken und Chancen in Betracht ziehen,*
- *eine Energieprüfung durchführen, signifikante Energienutzungen (SEUs) ermitteln und*
- *Energieleistungsindikatoren (EnPIs), Energiegrundlagen (EnBs), Ziele und Energieziele sowie Aktionspläne festlegen*

Unterstützung und Betrieb (Do):
- *Umsetzung der Aktionspläne,*
- *Betriebs- und Wartungskontrollen,*
- *Kommunikation,*

- *Sicherstellung der Kompetenz der involvierten Personen und Stellen*
- *Berücksichtigung der Energieeffizienz bei Neuplanungen und Beschaffung.*

Bewertung der Leistung (Check):
- *Überwachung,*
- *Messung,*
- *Analyse,*
- *Bewertung,*
- *Audit*
- *Durchführung von Managementüberprüfungen der Gesamtenergieeffizienz und des EnMS.*

Verbesserung (Act):
- *Massnahmen ergreifen, um Nichtkonformitäten zu beheben und*
- *die Energieeffizienz und*
- *das EnMS kontinuierlich zu verbessern.*

In 2018 wurden einige Veränderungen in einer neuen Version der Norm veröffentlicht. Die wichtigsten Änderungen in der Version 2018 sind wie folgt:
- *Annahme der Anforderungen der ISO an Managementsystemnormen einschliesslich einer hochrangigen Struktur, identischem Kerntext und gemeinsamen Begriffen und Definitionen, um ein hohes Mass an Kompatibilität mit anderen Managementsystemnormen zu gewährleisten*
- *bessere Integration mit strategischen Managementprozessen*
- *Klärung der Sprach- und Dokumentenstruktur*
- *stärkere Betonung der Rolle des Topmanagements*
- *Annahme der Kontextordnung für die Begriffe und ihre Definitionen und Aktualisierung einiger Definitionen*
- *Aufnahme neuer Definitionen einschliesslich der Verbesserung der Energieeffizienz; Klärung der Ausnahmen von Energiearten; Klärung der «Energieprüfung»*
- *Einführung des Konzepts der Normalisierung von Energieleistungsindikatoren (EnPI(s)) und der damit verbundenen Energiegrundlagen (EnB(s))*
- *Hinzufügen von Details zum Energiedatenerfassungsplan und den damit verbundenen Anforderungen (früher Energiemessplan)*

3.3 Methodisches Vorgehen

Um Energiemanagement operativ erfolgreich umzusetzen, kann eine immer gleiche Methodik definiert werden. Je nach Aufgabe oder Teilgebiet des Energiemanagements werden die Massnahmen und Prozesse nach dieser Methodik den Anforderungen entsprechend abgeleitet.

3.3.1 Zielsetzung

Am Anfang eines erfolgreichen EM steht die Definition der anzustrebenden Ziele. Nur mit klaren Zielen vor Augen kann ein positives Resultat erreicht werden. Die Ziele brauchen dabei nicht fix zu sein, sondern sie können sich im Verlaufe der Zeit ändern und neuen Erkenntnissen, Anforderungen oder äusseren Umständen angepasst werden.

Die Ziele sollten mit den übrigen Unternehmenszielen im Einklang stehen.

Typischerweise stehen folgende Ziele des Energiemanagements im Vordergrund:
- *Versorgungssicherheit*
- *Kostenoptimierung*
- *Umweltschonung*
- *Kostenzuordnung*

Mit diesen Zielen sollen folgende Verbesserungen erreicht werden:
- *Gewährleistung der Funktionalität des Gebäudes resp. der Anlagen und Einrichtungen*
- *Erfüllung oder Verbesserung der Komfortkriterien*
- *Verbesserte Kostentransparenz und verursachergerechte Kostenverrechnung*
- *Kosteneinsparung*
- *Erreichung von Zielen des Umweltmanagements*
- *PR-Zwecke: Verbesserung des Images des Unternehmens*

Heute wird teilweise von den Behörden ein Energiemanagement verlangt, z.B. bei Grossverbrauchern oder im Rahmen einer UVP (Umweltverträglichkeitsprüfung). Je nachdem können sich auch Vorteile bei der Bewilligung neuer Bauten und Anlagen ergeben, z.B. im Kanton Zürich. Und nicht zuletzt kann sich durch ein erfolgreiches Energiemanagement der Wert eines Gebäudes oder Unternehmens erhöhen.

Als Teil des Umweltmanagements (z.B. ISO 14001) müssen die Ziele des Energiemanagements auch den Umweltzielen des Unternehmens angepasst sein. Neu gibt es die Norm SN EN ISO 50001 «Energiemanagementsysteme – Anforderungen mit Anleitung zur Anwendung», 2011, welche für Unternehmungen eine Grundlage bietet, erfolgreich ein Energiemanagement einzuführen. Diese Norm ist abgestimmt auf ISO 9001 «Qualitätsmanagement» und ISO 14001 «Umweltmanagement». Organisationen können, basierend auf diesen ISO-Normen, analoge Systeme für Qualität, Umwelt und Energie aufbauen. Auf Stufe Geschäftsleitung, typischerweise als Stab, sollten die Verantwortlichkeiten dafür geregelt sein.

3.3.2 Vorgehen

Um die Ziele zu erreichen, ist ein geeignetes, strukturiertes Vorgehen erforderlich. Die Schritte sind prinzipiell immer die folgenden:

- *Zielsetzung*
- *Erfassen der aktuellen Situation*
- *Bilden von Kennzahlen*
- *Erstellen von Verläufen und Statistiken*
- *Vergleich mit Referenzwerten*
- *Schwachstellenanalyse*
- *Optimierungsvarianten und Massnahmenplan erarbeiten*
- *Kosten-Nutzen-Analyse*
- *Massnahmen umsetzen*
- *Erfolgskontrolle*

Diese Schritte werden in den folgenden Kapiteln detailliert besprochen. Einer der wichtigsten Schritte ist die Erfolgskontrolle. Nur so kann der Nutzen der Massnahmen erfasst werden und ein Vergleich zu den Voraussagen wird möglich. Weiter können wichtige Erfahrungen für zukünftige Projekte und Massnahmen gewonnen werden.

3.3.3 Herausforderungen

Für ein effizientes, zielgerichtetes Vorgehen im oben genannten Sinn ist eine Projektdefinition und -planung unumgänglich. Oft sind im eigenen Betrieb nicht genügend fachliche und personelle Ressourcen vorhanden, sodass einzelne oder alle Vorgehensschritte an externe Fachleute vergeben werden müssen. Die externen Spezialisten müssen in jedem Fall durch interne Personen eng begleitet werden, um den Erfolg des Projekts zu garantieren. Die externen Berater sind auf die intern gesammelten Daten und Kennwerte angewiesen. Die Erfassung dieser Daten kann kaum an externe Stellen delegiert werden, es sei denn im Rahmen des Outsourcings des ganzen technischen Gebäudemanagements.

Eine weitere Hauptherausforderung für Energieverantwortliche sind oft die Zuständigkeits- und Eigentumsverhältnisse: Der Gebäudenutzer ist zunehmend nicht der Eigentümer der Gebäude, sondern ein Mieter. Der Gebäudebetreiber ist vom Eigentümer engagiert und hat nicht dieselben Zielvorgaben wie der Nutzer. Damit sind drei Parteien involviert, welche nicht nur unterschiedliche Interessen und Ziele haben, sondern oft auch separat über Budgets bestimmen können.

Diese Probleme können auch auftreten, wenn die drei Rollen Betreiber, Eigentümer und Nutzer von unterschiedlichen Organisationseinheiten innerhalb desselben Konzerns wahrgenommen werden. In einer solchen Konstellation betreffen die Energiemanagementprozesse und -massnahmen mindestens drei Parteien, was oft zu Spannungen oder nur schwer lösbaren Zielkonflikten führt. Hier ist es Aufgabe der Geschäftsleitung, klare Vorgaben zu machen und Verantwortungen wie auch Kompetenzen zuzuweisen.

In jedem Fall muss das Energiemanagement immer in Zusammenarbeit mit den betroffenen Stellen und Personen erfolgen. Dies betrifft insbesondere die Massnahmenplanung. Von «aussen» aufoktroyierte Massnahmen werden meist sehr schlecht akzeptiert und bleiben deshalb ohne Erfolg. Deswegen sind Energieoptimierungsprojekte, die massgeblich von externen Beratern beeinflusst werden, oft nur teilweise erfolgreich. Die Personen, welche operativ Energieeffizienzmassnahmen umsetzen müssen, müssen in den ganzen Prozess einbezogen werden, und ihre Interessen und Bedürfnisse, aber auch ihr Know-how und ihre Ideen müssen einfliessen können.

3.3.4 Einführung eines Energiemanagementsystems

Die Einführung eines Energiemanagementsystems kann gemäss der nachfolgenden sechs Schritte erfolgen, die alle gut vorbereitet werden sollten, damit sich der gewünschte Erfolg einstellt.

Schritt 1: Projektplanung

- *Zunächst muss ein Projektplan erstellt werden.*
- *Die notwendige Zeit für die einzelnen Umsetzungsschritte ist einzuschätzen.*
- *Stellen Sie sich bei der Erstellung Ihres Projektplans folgende Leitfragen:*
  - *Wann können diese Arbeiten gemacht werden?*
  - *Wie viel Zeit brauchen Sie für die einzelnen Schritte?*
- *Planen Sie auf Basis des von Ihnen ermittelten Zeitaufwands und der Verantwortlichkeiten den zeitlichen Ablauf, indem Sie jedem Arbeitspaket einen Zeitrahmen zuordnen.*
- *Verantwortlichkeiten können Sie in einer Verantwortungs- und Aufgabenmatrix beschreiben, in der Sie auch zugleich notwendige Informationsflüsse festlegen.*
- *Die Überwachung des Projektplans ist Aufgabe des Projektleiters.*
- *Projektmanagement ist immer auch Krisenmanagement.*
- *Um den Stand der Umsetzung des EnMS ISO 50001 bewerten und sich jederzeit einen Überblick über den aktuellen Stand des Projekts verschaffen zu können, nutzen Sie am besten ein Formblatt zum Umsetzungsstand Energiemanagementsystemprojekt.*

Schritt 2: Mitarbeiterinformation

- *Neben dem Engagement der Unternehmensleitung ist die Unterstützung durch die Mitarbeiter ein entscheidender Erfolgsfaktor des Energiemanagements.*
- *Die meisten Menschen wollen gute Arbeit leisten – es ist Ihre Aufgabe, ihnen zu erklären, was Sie von ihnen wollen.*
- *Die Mitarbeiter kennen oftmals die Probleme vor Ort besser als so manche Führungskraft – nutzen Sie dieses Potenzial, binden Sie die Mitarbeiter in den Aufbau des Managementsystems ein und machen Sie aus Betroffenen Beteiligte.*
- *Betroffene leiden (und versuchen, sich unerwünschte Mehrarbeit so gut es geht vom Leib zu halten).*
- *Beteiligte, die den Sinn und Nutzen von Aktivitäten verstehen, werden eher mitarbeiten.*
- *Informieren Sie daher die Mitarbeiter zu Beginn des Projekts über die geplante Einführung Energiemanagementsystem ISO 50001 EnMS,*
- *was Sie sich davon erhoffen und*
- *was auf die Mitarbeiter zukommt.*
- *Bewährte Methoden zur Information Ihrer Mitarbeiter sind beispielsweise:*
  - *Mitarbeiterversammlung*
  - *Information durch die jeweiligen Vorgesetzten*
  - *Unternehmens-/Mitarbeiterzeitung*
  - *Aushänge*
  - *Brief an jeden Mitarbeiter, Rundmail*
  - *Intranet*
- *Fordern Sie die Mitarbeiter auf, Sie im Rahmen der energetischen Bewertung auf Energieverschwendung und Einsparmöglichkeiten hinzuweisen.*
- *Überlegen Sie sich, wie Mitarbeiter jederzeit Verbesserungsvorschläge machen können (feste Sprechstunde des Energiemanagementbeauftragten?) und*
- *wie Sie mit diesen umgehen (wenn Sie nicht antworten, werden bald keine Vorschläge mehr eingehen).*

Schritt 3: Anwendungsbereich & Grenzen festlegen

- *Definition des Anwendungsbereiches Ihres zukünftigen Energiemanagementsystems und seiner Grenzen.*
- *Legen Sie also diesen Anwendungsbereich fest!*
- *Soll sich das Energiemanagementsystem ISO 50001 auf Ihr gesamtes Unternehmen, vielleicht auch auf mehrere Standorte oder nur auf gewisse Bereiche bzw. wertschöpfende Aktivitäten (beispielsweise die Produktion) im Unternehmen erstrecken?*

Schritt 4: Organisationsstruktur & Verantwortlichkeiten beschreiben

- *Beschreibung der Aufbauorganisation und Festlegung von Verantwortlichkeiten für alle wichtigen Aufgaben.*
- *Dieser Punkt gehört aber ohnehin zu den Organisationspflichten der Leitung eines Unternehmens.*
- *Wenn Verantwortlichkeiten und Aufgaben dokumentiert werden, erleichtert dies die Überwachung und interne Auditierung im Rahmen des Energiemanagementsystems.*
- *Alle Verantwortlichkeiten und Aufgaben dokumentieren und diese Dokumentation mit jedem folgenden Schritt komplettieren.*
- *Diese Aufgabe ist nicht mit einem Organigramm alleine zu erledigen, denn dieses*

stellt zwar die Aufbauorganisation dar, beschreibt aber nicht die Verantwortlichkeiten und Aufgaben der einzelnen Funktionen.

- *Wenn es hierfür in Ihrem Unternehmen bereits eine funktionierende Struktur gibt – beispielsweise Stellenbeschreibungen – können Sie diese selbstverständlich verwenden.*
- *Wo das nicht der Fall ist, können Sie diese mithilfe eines Formblattes zur Stellenbeschreibung Energiemanagementbeauftragter ISO 50001 erstellen.*

Schritt 5: Energiepolitik erarbeiten

- *Die Energiepolitik ist ein strategisches Dokument, mit dem Sie die Ausrichtung Ihrer Organisation in Bezug auf das Energiemanagement festlegen.*
- *Die hier vorgegebenen Ambitionen setzen den Rahmen für die Festlegung von Energiezielen, die Sie sich setzen werden.*
- *Dabei sollten Sie sich stets an folgenden Fragestellungen, auf die Ihre Energiepolitik Antworten geben sollte, orientieren:*
  - *Welche Grundwerte und Überzeugungen bestimmen unseren Umgang mit Energie?*
  - *Warum ist uns die Einführung vom EnMS – Energiemanagementsystem ISO 50001 wichtig?*
  - *Welche Leitlinien sollen unseren zukünftigen Umgang mit Energie bestimmen?*
  - *Dabei ist darauf zu achten, dass die Energiepolitik nicht im Gegensatz zu den allgemeinen Unternehmensleitlinien stehen darf.*

Schritt 6: Rechtsvorschriften & andere Anforderungen

- *Bei der Umsetzung der Anforderungen zu rechtlichen und anderen Anforderungen ist auch die Energiepolitik zu beachten, die eine Verpflichtung zur Einhaltung dieser Anforderungen enthalten muss.*
- *Daher müssen Sie die relevanten rechtlichen und anderen Anforderungen und ihren Bezug zu Energieeinsatz, Energieeffizienz und Energieverbrauch in Ihrem Unternehmen ermitteln und ihre Einhaltung sicherstellen, d.h. Verantwortlichkeiten und Abläufe regeln und überwachen.*

3.4 Physikalische Grundlagen im Energiemanagement

Um die technische Seite des Energiemanagements verstehen zu können, müssen ein paar Grundbegriffe aus der Physik erklärt werden. Ein Energieverantwortlicher muss diese Begriffe verstehen und unterscheiden können. Nur so kann er den Nutzen von energetischen Massnahmen verstehen und beurteilen.

3.4.1 Kraft

Fast alles in unserem Alltag benötigt in irgendeiner Form Kraft, sei es, um die Tür zu öffnen, Treppen zu steigen oder den Laptop in seiner Tasche zu tragen. In der klassischen Mechanik gilt:

Kraft = Masse mal Beschleunigung

Einheit: Newton $N = kg \cdot \frac{m}{s^2}$

Mit dieser mechanischen Definition der Kraft sind wir aus dem Alltag vertraut. Wenn wir in einem Auto sitzen und beschleunigen, drückt es uns in den Sitz. Sobald das Auto mit gleichmässiger Geschwindigkeit weiterfährt, verspüren wir diese Kraft nicht mehr, die Beschleunigung ist gleich null und somit die Kraft auch. Wird das Auto nun gebremst, drückt es uns gegen den Sicherheitsgurt und wir spüren die Bremskraft. Auch beim Bremsen sind wir also beschleunigt, jedoch in umgekehrter Richtung. Physikalisch gesprochen, ist etwas immer dann beschleunigt, wenn es seine Geschwindigkeit ändert, also schneller oder langsamer wird. Weiter hat etwas eine Geschwindigkeit, wenn es seinen Ort ändert. Die Distanz l zwischen zwei Orten können wir in Metern (m) messen. Wollen wir wissen, wie lange wir vom einen zum andern Ort benötigen, messen wir die Zeit t, wir zählen z.B. die Sekunden (s). Die Geschwindigkeit sagt also, wie schnell wir den Ort ändern können:

Geschwindigkeit = Änderung des Ortes pro Zeit

$$v = \frac{l}{t} \quad \left(\frac{m}{s}\right)$$

Sinngemäss sagt uns die Beschleunigung also, wie schnell sich die Geschwindigkeit ändert:

Beschleunigung = Änderung der Geschwindigkeit pro Sekunde

$$a = \frac{v}{t} \quad \left(\frac{\frac{m}{s}}{s} = \frac{m}{s^2}\right)$$

Kräfte treten in der Natur und der Technik in vielerlei Formen auf, sei es als Schwerkraft, Reibungskraft, elektromagnetische Kraft oder einer beliebigen anderen Form. Berechnet werden sie alle etwas anders, gemessen werden sie aber immer in Newton (N). Folglich können Kräfte miteinander addiert, subtrahiert und verglichen werden.

3.4.2 Energie und Arbeit

Die Energie ist der Schlüssel zum Leben. Deshalb ist es wichtig, die physikalische Bedeutung dieses Begriffes zu kennen. Mit dem Energiebegriff eng verknüpft ist der Begriff der Arbeit.

Vom Velofahren her wissen wir, dass es Energie braucht resp. man Arbeit erbringen muss, um beispielsweise dem See entlang von Zürich nach Rapperswil zu fahren. Zuerst müssen wir beschleunigen, dazu benötigen wir Kraft, um zu treten, und wir legen dabei einen gewissen Weg zurück. Um dann nicht langsamer zu werden, müssen wir weiter Kraft aufbringen, also weiter treten, bis wir in Rapperswil ankommen. Wenn wir also auf dem Velo arbeiten, dann bringen wir Kraft für das Treten auf, dadurch drehen sich die Räder und wir legen deshalb eine Wegstrecke zurück. Diese Kraft dient dem Überwinden der Reibung, die uns sonst wieder abbremsen würde. Umgekehrt ist es nicht möglich, zu treten und dabei keinen Weg zurückzulegen. Tatsächlich gilt:

Arbeit = Kraft mal Weg

Einheit: Joule $J = N \cdot m = Nm$

Es ist aber möglich, einen Berg hinunterzurollen, ohne zu treten. Wir legen also einen Weg zurück, ohne Kraft aufbringen zu müssen. Mit der Definition der Arbeit finden wir leicht heraus, dass wir nicht arbeiten, was mit unserer Erfahrung natürlich übereinstimmt.

Um uns den Weg von Zürich nach Rapperswil zu erleichtern, können wir auch ein E-Bike benutzen. Wir müssen nun weniger arbeiten, dafür erledigt der Elektromotor den Rest der Arbeit. Damit der Elektromotor arbeiten kann, benötigt er elektrische Energie, welche er aus einem Akku bezieht. Ist der Akku leer, hört der Motor auch auf zu arbeiten. Kurz: Ohne Energie keine Arbeit.

Energie wird physikalisch korrekt als «Arbeitsvermögen» bezeichnet. Arbeit als physikalischer Begriff kann als der Nutzen von Energie verstanden werden. Umgekehrt ist Energie «gespeicherte» oder «potenzielle» Arbeit. Eine gewisse Arbeit verbraucht immer eine entsprechende Menge Energie. Die Einheit und der Wert sind gleich, vorausgesetzt, es gibt keine unerwünschten Nebeneffekte, was in der realen Welt leider nie der Fall ist. Wird für 100 Joule Arbeit erbracht, so werden dazu 100 Joule Energie benötigt. In der realen Welt entsprechen die 100 Joule Energie dem theoretischen minimalen Energieeinsatz.

Damit der Akku wieder Energie abgeben kann, muss er zuerst wieder geladen werden. Das heisst, er nimmt über ein Netzkabel elektrische Energie auf und speichert diese, um sie später wieder abgeben zu können. Auch wir Menschen sind nach getaner Arbeit hungrig und brauchen neue Energie, welche wir in Form von Nahrung wieder zu uns nehmen und für den späteren Gebrauch speichern. Die zugeführte Energie ist im Akku wie auch im Körper chemisch gebunden.

Was passiert nun mit der Energie, welche wir bei einer Velofahrt verbrauchen? Mit der Energie, welche zu Beginn der Fahrt für die Beschleunigung benötigt wurde, ist es noch am ehesten spürbar: am Ende der Fahrt werden damit die Bremsklötze aufgeheizt. Diese werden beim Bremsen warm. Auch mit der restlichen Energie wird die Umgebung aufgeheizt (Reibung verursacht Wärme), sodass theoretisch die Bewohner neben dem Veloweg von einer ganz leicht höheren Lufttemperatur profitieren können. Nur bleibt der Temperaturanstieg so klein, dass niemand ihn spürt, und so erhalten wir auch keinen Dank dafür.

Nun können wir sehr grundlegende und wichtige Zusammenhänge erahnen. Energie kann in verschiedenen Formen auftreten (mechanische Arbeit, Wärme, chemisch gebundene Energie, elektrische Energie usw.). Energie muss von irgendwoher kommen und wird in eine andere Energieform umgewandelt. Tendenziell hat die Energie die Neigung, sich in Wärme zu verwandeln. Und diese Wärme hat die Tendenz, sich zu «verteilen», beispielsweise Wärme, die durch Reibung entsteht. Wärmezufuhr führt zu einer Erhöhung der Temperatur. Wenn aber die Verteilung der Energie resp. Wärme so stark wird, dass der Temperaturanstieg nur noch sehr klein ist, dann nützt diese Energie nichts mehr. Wir sagen, sie ist verloren, dabei ist sie noch vorhanden, aber eben nicht mehr spürbar und nicht mehr nutzbar. So gesehen, gibt es wertvolle und wertlose Energieformen. Solange wir aus einer Energieform Nutzen ziehen können, hat sie für uns einen Wert, und wir sind bereit, dafür zu bezahlen. Beispielsweise kaufen wir Heizöl

oder Erdgas, um unser Haus zu beheizen, und wir bezahlen für elektrische Energie, um alle unsere elektrischen Geräte zu betreiben. All diese hochwertige Energie wandeln wir letztlich in Wärme um, die sich bis zur absoluten Nutzlosigkeit verteilt. Die Energie ist noch da, für uns aber nicht mehr nutzbar und deshalb wertlos. Dieser «Energieverlust» durch Wärmeverteilung wird Dissipation genannt.
Diese Zusammenhänge sind im ersten Hauptsatz der Thermodynamik wie folgt definiert, der so für einen stationären Fall gilt:

Die Summe aller einem System zu- und abgeführten Energie ist null.

Energie kann offenbar nicht verbraucht, sondern nur umgewandelt werden. Damit wird es auch unmöglich (und scheinbar unsinnig), Energie zu sparen. Und dennoch wissen wir, dass der sogenannte Energieverbrauch eines der grossen Probleme der Menschheit darstellt. Dem Problem kommen wir insofern auf die Spur, wenn wir uns vergegenwärtigen, dass wir laufend Formen hochwertiger Energie in nicht mehr nutzbare Abwärme umwandeln.

Der obige Hauptsatz kann auch wie folgt umgeschrieben werden:

Energie kann nur von einer Form in eine andere umgewandelt werden, geht aber nie verloren.

Energie wird in der Masseinheit Joule (J) gemessen, wobei ein Joule die Energiemenge ist, die es braucht, um mit der Kraft von einem Newton einen Meter zurückzulegen: 1 Joule = 1 Newton · Meter (1 J = 1 N · m). Ein Joule ist dabei eine sehr kleine Energiemenge, weshalb meistens das Kilojoule (kJ) genutzt wird (das Tausendfache eines Joules) oder das Megajoule (MJ), das Millionenfache eines Joules.

Eine weitere häufige und handliche Grösse, mit der Energie gemessen wird, ist die Kilowattstunde, abgekürzt kWh. Die Kilowattstunde kennen wir von unserer Stromrechnung, die wir regelmässig bezahlen müssen. Strom ist bei der Rechnung allerdings das falsche Wort. Wir bezahlen nicht Strom, sondern Energie, eben die Kilowattstunden. Unsere Stromrechnung ist in Tat und Wahrheit eine Energierechnung.
Aus Joule (Ws) werden Kilowattstunden mit der Umrechnung: 1 kWh = 1000 (für Kilo) · 1 W · 3600 s = 3'600'000 Ws (= J) = 3600 kJ = 3,6 MJ (Megajoule), oder kurz:

1 kWh = 3,6 MJ

Das alte Mass, um die Energie oder Arbeit zu messen, ist die Kalorie. Im Alltag kennen wir dieses Mass nur noch durch die Angaben der enthaltenen Kalorien (cal) in Lebensmitteln. Es gilt:

1 cal = 4,18 J bzw. **1 kcal = 4,18 kJ**

3.4.3 Leistung

Nach der Energie (und der Arbeit) führen wir nun noch den Begriff der Leistung ein. Wie die Masse und das Gewicht, so werden auch die Leistung und die Energie oft verwechselt oder einander gleichgestellt. Dabei besteht wohl ein Zusammenhang, die Begriffe bedeuten aber nicht dasselbe. Der Zusammenhang ist die Zeit. Die Leistung sagt, wie schnell wir die Energie verbrauchen bzw. eine Arbeit erledigen. Wir können eine Arbeit schnell oder langsam erledigen, die Arbeit bleibt dieselbe, die Leistung ist aber eine andere. Wir können nicht arbeiten, ohne zu leisten, oder umgekehrt. Wichtig ist immer zu wissen, ob uns interessiert, wie schnell etwas erledigt wird, das entspricht der Leistung, oder ob wir wissen wollen, was erledigt wird, das entspricht dann der Arbeit bzw. Energie. Die Leistung ist folgendermassen definiert:

Leistung *P* = Energie *E* pro Zeiteinheit *t*

Einheit: Watt = Joule pro Sekunde

$$P = \frac{E}{t} \qquad \left(\mathrm{W} = \frac{\mathrm{J}}{\mathrm{s}}\right)$$

Ein Watt ist eine sehr kleine Leistung. Schon beim Sitzen setzt unser Körper annähernd 100 Watt um, die er in Form von Wärme abgibt. Beim Velofahren sind es je nach Geschwindigkeit (und Steigung) bis zu 500 Watt. In der Technik werden deshalb Leistungen meist in Kilowatt (1 kW = 1000 W) angegeben (vergleiche Gramm g und Kilogramm kg).

Weil das Kilowatt (kW) eine «handliche» Grösse ist, wird auch Energie oft unter Verwendung dieser Einheit, kombiniert mit einer Zeit, verwendet. Als Zeit ist die Stunde (h) geeig net, es ergibt sich die Kilowattstunde (kWh) für Energie.

Ebenfalls eine Leistungseinheit, allerdings eine veraltete, ist die Pferdestärke (PS, 1 PS = 0,736 kW). Diese Einheit kennen wir nur noch aus der Autowerbung.

3.4.4 Zusammenhang zwischen Energie und Leistung

Aus $P = \frac{E}{t}$ $\left(W = \frac{J}{s}\right)$

wird $P \cdot t = E$ $(W \cdot s = J)$

Der Zusammenhang zwischen Energie und Leistung soll hier noch mit einem Beispiel erläutert und vertieft werden. Betrachten wir einen Raclette-Ofen und die Uhr des Kochherdes. Der Raclette-Ofen hat eine Leistung von 1000 W = 1 kW. Er wird 8-mal im Jahr während je 1 Stunde und 6 Minuten eingeschaltet. Die Uhr des Kochherdes (eine elektronische Digitaluhr mit Leuchtdiodenanzeige) verbraucht 2 Watt Leistung. Da sie aber nicht mit einer Spannung von 230 V aus der Steckdose betrieben werden kann, wird noch ein Netzteil benötigt, welches die Netzspannung zu Kleinspannung wandelt. Dieses ist nur preislich optimiert und hat deswegen eine Verlustleistung von 8 Watt, sodass der Kochherd das ganze Jahr über 10 Watt aus dem Netz bezieht. Welches der beiden Geräte braucht mehr Energie?

Raclette-Ofen: 8 mal 1 Stunde 6 Minuten sind 8 mal 1,1 h = 8,8 h
Energie = Leistung · Zeit = 1 kW · 8,8 h = <u>8,8 kWh</u>

Uhr vom Herd: Die Uhr läuft das ganze Jahr: 365 Tage à 24 h gibt 8760 h.
Energie = 10 W · 8760 h = 87'600 Wh = <u>87,6 kWh</u>

Die Uhr vom Herd braucht etwa 10-mal mehr Energie, trotz ihrer sehr kleinen Leistung!

Die Energieeinheit Kilowattstunden (kWh) ist tatsächlich sehr praktisch. In die Basiseinheit der Energie Joule umgerechnet ergibt sich:

8,8 kWh = 8,8 · 1000 W · 3600 s = 31'680'000 J resp. 31'680 kJ resp. 31,68 MJ.

Da ein Joule eine sehr kleine Energieeinheit ist, rechnet man Kilowattstunden meist direkt in Megajoule (MJ) um. Der Umrechnungsfaktor beträgt 3,6 MJ/kWh (siehe oben).

Auf unserer Stromrechnung, die ja eine Energierechnung ist, werden uns die Kilowattstunden in Rechnung gestellt. Je nach Produkt (Solar-, Wasser-, Atomstrom oder einem anderen Strommix) und der Tageszeit variieren die Energiepreise. Für eine Kilowattstunde bezahlen wir etwa CHF 0.15. Ein Joule kostet nach der obigen Umrechnung also CHF 0.000000040. Das Joule ist für die Rechnung also völlig ungeeignet. Das Megajoule mit CHF 0.040 wäre schon wesentlich handlicher. Aber wir sind uns die Kilowattstunde gewohnt, und wenn wir die Zahlen anschauen, macht es auch Sinn.

Die Energie (für den «Alltag» meist in kWh angegeben und auch so verrechnet) und die Leistung (meist in kW) müssen strikt getrennt betrachtet werden. Eine grosse Leistung heisst noch nicht zwingend viel Energie, eine kleine Leistung, welche aber lange Zeit eingeschaltet bleibt, kann viel Energie bedeuten.

Oft hat ein Gerät eine variable Leistung (z.B. ein Fotokopierer, welcher eine Heizung mit viel Leistung hat, die aber nur zum Aufheizen benötigt wird). Beim Kopieren benötigt der Fotokopierer Leistung für den mechanischen Papiertransport und das Licht, während der Stillstandszeit (im eingeschalteten, kopierbereiten Zustand, im Stand-by) eine tiefe Leistung, zum Warmhalten der Fixierrolle. Vielleicht hat er noch eine Energiesparfunktion. Dann wird die Fixierrolle nur auf einer tieferen Temperatur gehalten, die Stand-by-Leistung ist noch tiefer (dafür muss vor dem nächsten Kopieren eine kurze Zeit gewartet werden). Die Aufheizleistung bleibt dieselbe, der Energieverbrauch kann dank der Energiesparfunktion aber wesentlich sinken, da die meisten Kopierer während der meisten Zeit im Stand-by-Betrieb stehen. Die Leistungsangabe auf dem Typenschild des Kopierers hilft uns nicht zum Berechnen seines Energieverbrauches. Der Energieverbrauch ist die durchschnittliche Leistung mal die Betriebszeit (oder mathematisch das Integral der Momentanleistung über die Zeit). Die durchschnittliche Leistung hängt dabei vom Gebrauch des Kopierers ab (intensiv oder selten gebraucht, mit Gebrauch der Energiespartaste etc.) und muss in der Praxis gemessen werden.

3.4.5 Energie und Entropie

Was bedeutet der Energieerhaltungssatz für unser Leben? Energie kann offenbar nicht verbraucht, sondern nur umgewandelt werden. Damit wird es auch unmöglich (und scheinbar unsinnig), Energie zu sparen. Und dennoch wissen wir, dass der sogenannte Energieverbrauch eines der grossen Probleme der Menschheit darstellt. Dem Problem kommen wir auf die Spur, wenn wir eine weitere Erkenntnis aus der Velotour am Zürichsee betrachten: Die Energie hat die Tendenz, sich zu verteilen. Alle Energie wird zuletzt in Wärme umgewandelt. Und diese Wärme verteilt sich resp. fliesst zu tieferen Temperaturen, bis der Temperaturanstieg nicht mehr nutzbar ist. Es entsteht aus einer Energiequelle, in der die Energie in konzentrierter, nutzbarer Form gespeichert ist, nicht nutzbare, verteilte Abwärme. Die Qualität beziehungsweise der sogenannte Ordnungszustand nimmt ab. Und diese Entwicklung kann nicht rückgängig gemacht werden. Aus dem Temperaturanstieg von weniger als einem Millionstel Grad Celsius entlang der Velostrecke kann man keine Getreideriegel mehr herstellen. Der Prozess ist also irreversibel. Das Analoge gilt beispielsweise für Farben: Solange sie wohlgeordnet sind, sind sie nutzbar. Werden sie aber vermischt (die Unordnung nimmt zu), so können sie nicht mehr «entmischt» werden, oder aber es braucht einen enormen Aufwand. Offensichtlich besteht eine starke und unumkehrbare Tendenz zur Unordnung.

Der zweite Hauptsatz der Thermodynamik beschreibt diese Zusammenhänge vereinfacht wie folgt:

Die Unordnung nimmt immer zu.

Anstelle von *Energie sparen* müsste es also heissen: *Ordnung halten*.

In der Thermodynamik nennt man diese «Unordnung» Entropie. Die Entropie (Formelzeichen S) kann nur grösser werden oder allenfalls gleich bleiben. Vorgänge ohne Entropiezunahme wären umkehrbar (reversible Prozesse), in der Praxis aber gibt es sie so nicht. Je weniger ein Vorgang umkehrbar ist, desto grösser ist die Entropiezunahme.

Auch Temperatur kann als Ordnung betrachtet werden: Je höher die Temperatur, desto höher die Ordnung. Deshalb gilt auch:

Wärme fliesst immer von höherer zu niedrigerer Temperatur, nie umgekehrt.

Wenn ein Haus mit Heizöl geheizt wird, so wird diesem Haus Energie in sehr geordneter, konzentrierter Form (als Heizöl resp. als chemisch gebundener Energie) zugeführt. Im Heizkessel wird das Öl verbrannt, das heisst in Wärme umgewandelt. Dabei entsteht eine Flamme, welche 1000 °C bis 1300 °C heiss wird. Auch so ist die Energie noch sehr konzentriert (was man gut spüren könnte, wenn man die Hand in die Flamme hielte). Für die Heizung mit Radiatoren wird die Wärme der Flamme an Wasser übertragen, welches auf max. 50 °C (früher bis max. 80 °C) erwärmt wird. Nun verbrennt man sich die Hand schon nicht mehr. Mit diesem Wasser wird die Stube (resp. die Raumluft) auf 22 °C geheizt, was sich schön wohlig anfühlt. Leider ist kein Haus ideal isoliert. Die Wärme geht mehr oder weniger rasch an die Umgebung verloren. Diese Umgebung wird dadurch zwar aufgeheizt, aber nur so schwach, dass höchstens in Stadtzentren (z.B. Zürich-City) die Aussenluft etwa 1 °C wärmer wird und entsprechend etwas weniger Schnee geräumt werden muss, ansonsten ist die Temperaturzunahme nicht mehr spürbar. Man kann mit der Umgebungswärme, auch wenn sie ganz leicht erhöht ist, das Nachbarhaus nicht mehr heizen, ausser es wird ein technischer Trick namens Wärmepumpe angewendet. Dazu muss ein Teil hochwertige, eben wieder stark geordnete Energie (in Form von Strom oder eventuell Brennstoff) zugeführt werden.

Die wesentliche Grösse aus Sicht der Physik ist deswegen nicht die Energie, sondern die Entropie. Je weniger Entropiezunahme wir verursachen, desto geringer wird unser «Energieproblem». Alle Massnahmen zur Energieeinsparung haben letztlich eine Verringerung der Entropiezunahme zu Folge, oder sie sind nicht wirklich wirksam. Umgekehrt heisst das, dass die Entropiezunahme verringert werden sollte, das heisst, es sollte Unordnung vermieden werden.

Analog dazu kann auch der Verbrauch von Rohstoffen als Entropieproduktion verstanden werden. Entweder die Rohstoffe werden in immer kleineren Teilen immer gleichmässiger über die ganze Welt verteilt, bis sie nicht mehr wieder zurückgewonnen werden können (z.B. Kupfer, das in immer dünnere Drähte gezogen wird und immer mehr verteilt wird). Oder Rohstoffe werden «verbraucht», indem sie in andere Stoffe umgewandelt werden, die z.B. dann nicht mehr nutzbar sind (z.B. die Nutzung von Düngemitteln). Vorhanden sind diese Stoffe aber immer noch, nur eben nahm die «Unordnung» stark zu.

Exergie und Anergie

Heute wird Energie oft in Exergie und Anergie unterteilt. Unter Exergie wird der Teil einer Wärmemenge verstanden, der mittels eines idealen thermodynamischen Kreisprozesses in mechanische Energie umgewandelt werden kann. Dann gilt der Carnot-Wirkungsgrad, der umso höher ist, umso grösser der Unterschied zwischen oberer und unterer Systemtemperatur im Kreisprozess ist. Anergie ist dann der restliche Teil der Energie, der gemäss dem Carnot-Wirkungsgrad nicht umgewandelt werden kann. Vereinfacht wird oft gesagt, Exergie sei der nutzbare, Anergie dann der nicht nutzbare Teil von Energie. Sowohl aus physikalischer Sicht wie auch praktisch ist diese Unterteilung allerdings fraglich und willkürlich. Sie hängt stark von den Randbedingungen ab (z.B. eben von den Temperaturen im System) und von der gewünschten Nutzungsart der Energie. Will man z.B. heizen, kühlen oder Licht erzeugen? Je nachdem ist die Nutzbarkeit einer bestimmten Energiemenge auf einem bestimmten Temperaturniveau ganz unterschiedlich.

Viel zielführender ist es, wenn die Begriffe Energie und Entropie verstanden werden. Damit kann immer physikalisch korrekt nach optimalen Lösungen gesucht werden.

4 Energieversorgung der Welt und der Schweiz

4.1 Energieressourcen weltweit

4.1.1 Fossile Energiequellen

Lange Zeit ist man davon ausgegangen, dass es ein Problem mit sich erschöpfenden Energieressourcen geben wird (Abb. 1). Insbesondere für Erdöl wurde dies mehrfach prognostiziert. So wurde auch der Begriff «Peak Oil» eingeführt (Abb. 2). Nach dieser Prognose steigt die Rohölförderung aufgrund des zunehmenden Bedarfs so lange an, bis die einfach förderbaren, nachgewiesenen Reserven an ein Ende kommen. Die Förderung nimmt ab dann kontinuierlich ab. Dies konnte für einzelne Ölquellen wie auch für ganze ölfördernde Länder gezeigt werden. Mit einer Superposition der Voraussage für alle ölfördernden Länder wurde ein kommender «Peak Oil» auch für die ganze Welt postuliert.

Inzwischen können wir feststellen, dass infolge neuer Fördertechniken, neu gefundener Lagerstätten und neu zugänglicher Lagerstätten weit mehr fossile Energieressourcen genutzt werden können, als vor wenigen Jahrzehnten je für möglich gehalten wurde. Trotz laufend steigender Förderung steigen die nachgewiesenen Reserven nach wie vor ähnlich rasch wie deren Abbau. Je nach Quelle und je nach Annahme betreffend Fördertechniken und Förderkosten unterscheiden sich auch neue Prognosen über die verfügbaren Energiereserven. Allen neuen Voraussagen nach ist sicher in den nächsten Jahrzehnten, wohl sogar bis zum Ende des 21. Jahrhunderts kein Mangel an fossiler Energie zu befürchten.

Gemäss BP[3] gibt es gesicherte Reserven für Rohöl noch für 50 Jahre. Die Reserven werden durch die jährliche Förderung dividiert, um diese Zeitdauer zu erhalten. Diese 50 Jahre respektive dieses Verhältnis Reserven zur Förderrate ist seit Jahrzehnten etwa gleichbleibend, da eben immer neue Ressourcen gefunden werden respektive förderbar und so zu Reserven werden. Die Rohölförderung steigt dabei bisher relativ langsam, aber kontinuierlich an. Bei höheren Rohölpreisen werden zusätzliche Quellen wie Ölsande und Schieferöl sowie Tiefseeöl nutzbar (Ressourcen). Diese Ressourcen gibt es insgesamt in grossen Mengen, gemäss einer Prognose der Internationalen Energie-Agentur (IEA) etwa 3,5-mal mehr als Reserven. Dabei werden maximale Förderkosten von 100 US$ pro Barrel als obere Grenze angenommen (Abb. 3). Nach dieser Prognose könnte die heutige Rohölförderung noch für mehr als 170 Jahre sichergestellt werden.

Abb. 1: Plakat des Eidgenössischen Verkehrs- und Energiewirtschaftsdepartements, 1979[1]

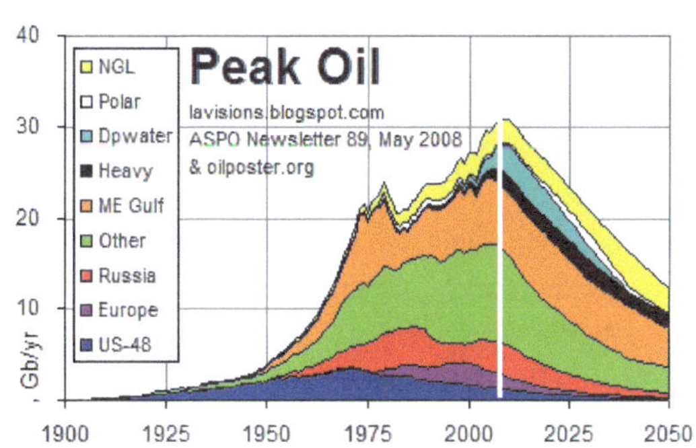

Abb. 2: Prognose von 2008 für den «Peak Oil» der inzwischen aufgelösten Association for the study of Peak Oil (ASPO)[2]

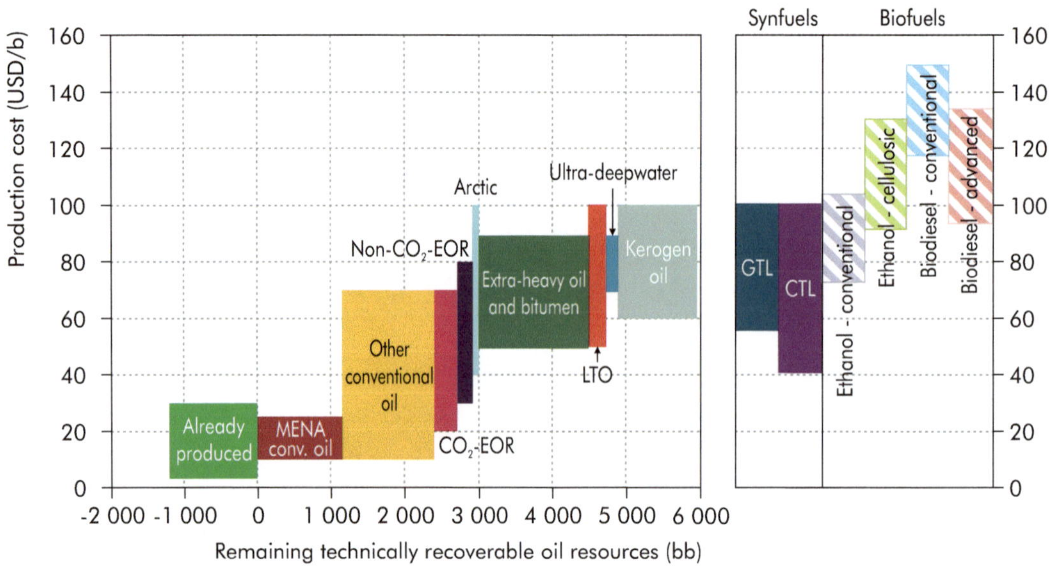

Abb. 3: Technisch förderbare Ressourcen an Rohöl, in Abhängigkeit der Förderkosten. MENA = Mittlerer Osten und Nordafrika, b = Barrel, bb = Milliarden Barrel[4]

Erdölprodukte wie Benzin, Kerosin oder Diesel und Heizöl können aus der Umwandlung von Kohle (coal to liquid, CTL) oder Erdgas (gas to liquid, GTL) gewonnen werden. Damit könnten solche Produkte (Synfuels, synthetische Treibstoffe) aus verbleibenden Reserven an Kohle oder eventuell Erdgas gewonnen werden, falls in fernerer Zukunft keine nutzbaren Rohölreserven mehr vorhanden wären.

Solche Produkte sind auch aus landwirtschaftlichen Erzeugnissen oder Rückständen produzierbar. Dies sind dann regenerierbare Biotreibstoffe (Biofuels), insbesondere nutzbar für Otto- und Dieselmotoren.

Erdgas könnte gemäss BP ebenfalls noch für ca. 50 Jahre gefördert werden. Auch hier sind zukünftige Funde, Schiefergas und mehr Förderung mittels Fracking noch nicht berücksichtigt. Jedoch nimmt gemäss BP diese Zahl kontinuierlich ab, d. h., beim Erdgas ist die Förderung seit ca. 1990 grösser, als neue Funde gemacht werden. Zudem nimmt der Erdgasbedarf und dessen Förderung mehr zu als die Rohölförderung. Aber auch beim Erdgas gibt es grosse Ressourcen an Schiefergas und weitere, welche mit entsprechendem Aufwand und Fracking vermutlich genutzt werden könnten (Abb. 4). Erdgas könnte deswegen wohl noch für weitere etwa 200 Jahre mit der heutigen Rate gefördert werden.

Bei der Kohle ermöglichen gemäss BP die heute nachgewiesenen Reserven noch eine Förderzeit von etwa 130 Jahren. Auch hier blieb diese Zahl sowie die Kohleförderung in den letzten Jahrzehnten etwa konstant. Zu tragbaren Kosten förderbare Ressourcen sind gemäss IEA noch für bis zu 500 Jahre vorhanden.

Eine Knappheit der Versorgung mit fossilen Energieträgern ist also in absehbarer Zeit nicht zu befürchten. Rückblickend ist ja auch festzustellen, dass bisher (seit Beginn der Industrialisierung und der Nutzung fossiler Energieträger) der wachsende Bedarf nach fossilen Energieträgern immer befriedigt werden konnte, mit Ausnahme kriegsbedingter Engpässe in gewissen Zeiten oder Ländern oder bei ökonomisch bedingter Knappheit in einzelnen Ländern.

Damit das so bleibt, sind natürlich erhebliche Investitionen in neue Förderanlagen, in die Suche nach neuen Lagerstätten und in die Entwicklung neuer Fördertechniken erforderlich. Auch die Erneuerung und der Ausbau der Verarbeitungs- und Transportinfrastrukturen erfordert laufend hohe Investitionen. Trotzdem sind die realen Preise für diese fossilen Energieträger in den letzten Jahrzehnten kaum oder gar nicht gestiegen, auch wenn sie teilweise recht volatil sind. Hier ist aufgrund der heutigen Kenntnisse für die nächsten Jahrzehnte keine wesentlich Änderung zu erwarten.

4.1.2 Stromproduktion

Die weltweite Stromproduktion konnte bisher ebenfalls der wachsenden Nachfrage genügen, mindestens in allen Ländern, in denen die nötigen finanziellen Ressourcen vorhanden sind. Bisher wird viel Strom aus fossilen Energiequellen, insbesondere Erdgas und Kohle, produziert. Daneben ist Wasserkraft und Kernenergie bedeutend.

Abb. 4: Vermutete Ressourcen an förderbarem Erdgas, mit Vergleich der Transportkosten[5]

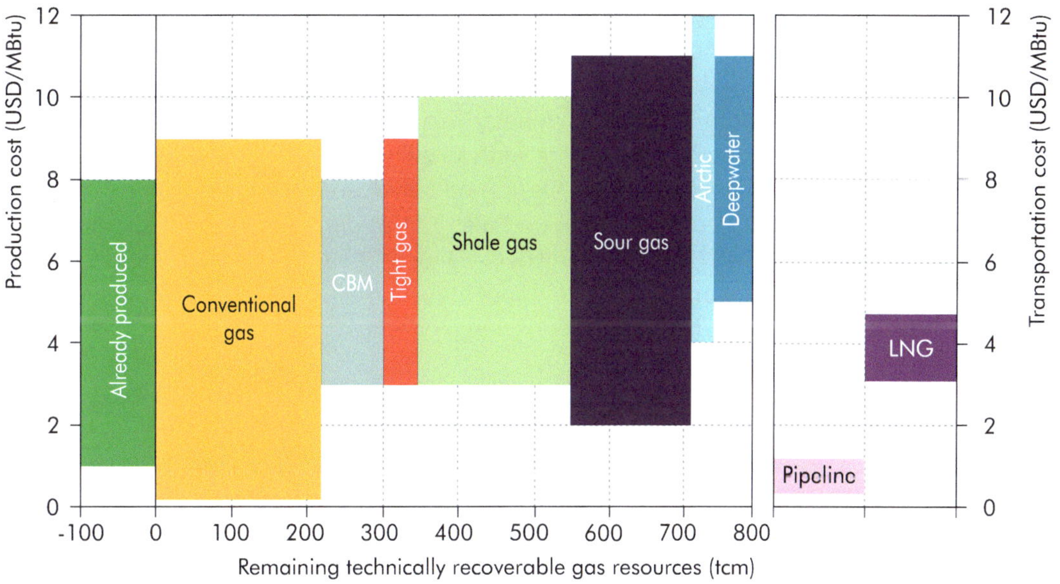

Das Ausbaupotenzial an Wasserkraft ist begrenzt, in vielen Ländern ist das Potenzial sogar fast ganz aufgebraucht. Bei der Kernenergie besteht das nach wie vor ungelöste Problem der Entsorgung der radioaktiven Abfälle sowie das Risiko grosser Störfälle. Der Bau neuer Kernkraftwerke ist zudem sehr teuer und langwierig.

Seit etwa 2018 werden weltweit vor allem Solar- und Windkraftwerke gebaut. Diese sind inzwischen wirtschaftlich konkurrenzfähig oder sogar günstiger als bisherige Arten der Stromerzeugung. Das Potenzial dieser neuen erneuerbaren Energieträger Sonne und Wind ist praktisch unbegrenzt. Studien zeigen, dass damit der gesamte Energiebedarf der Welt gedeckt werden könnte. In der Kombination Solar und Wind, mit etwas Batteriespeicher und einem teilweise weiter ausgebauten Stromnetz könnte die Stromversorgung zu jeder Tages- und Jahreszeit gewährleitet werden.[6]

Insbesondere beim Strom besteht heute noch das Problem, dass fast eine Milliarde Menschen nicht am Stromnetz angeschlossen sind und keine genügende Stromversorgung haben. Auch hier zeigt sich inzwischen, dass lokale, dezentrale Lösungen mit Fotovoltaik, Batteriespeicher und gegebenenfalls Wind oft günstiger sind als ein neuer Netzanschluss.

Bei Strom wird prognostiziert, dass der Verbrauch stark ansteigen wird, weil einerseits in vielen Ländern ein erheblicher Nachholbedarf an Anwendungen mit Strombedarf besteht. Andererseits ist stark zu vermuten, dass die Stromnachfrage steigt, weil es immer mehr Elektrofahrzeuge geben wird und weil für die Raumheizung immer mehr strombetriebene Wärmepumpen eingesetzt werden. Eine steigende Industrieproduktion hat ebenso einen steigenden Strombedarf zur Folge.

4.1.3 Uran

Uran wird für die Stromproduktion in Kernkraftwerken benötigt. Diese decken aktuell (2019) etwas über 10 % der globalen Stromproduktion ab. Auch hier kann zwischen Reserven und Ressourcen unterschieden werden. Ebenso gilt, je höhere Förderkosten in Kauf genommen werden, desto mehr Uran kann gewonnen werden. Zudem kann Uran wiederaufbereitet respektive recycelt werden. So waren in den letzten 20 Jahren grosse Uranmengen auf dem Markt, welche aus demontierten nuklearen Sprengköpfen stammten. Diese wurden infolge der Abrüstungsverträge zwischen den USA und Russland abgebaut. Der «Nuclear fuel report 2019» der World Nuclear Association weist wahrscheinliche Ressourcen für die nächsten 80 Jahre aus, bei etwa heutiger Abbaurate. Wie sich der weitere Aus- oder auch Abbau der Anzahl der Kernkraftwerke entwickeln wird, kann schlecht abgeschätzt werden.

4.1.4 Regenerative Energie

Es gibt verschiedene Möglichkeiten, regenerative Energie zu nutzen. Neben den schon lange genutzten Quellen, der Biomasse und der Wasserkraft, wird heute immer mehr Solarenergie und Windkraft genutzt, um Strom zu produzieren. Diese beiden Energiequellen, allen voran die Solarenergie, sind praktisch unbegrenzt verfügbar. In einer Kombination aus viel Fotovoltaik, Wind, Batterien als Speicher sowie der heute schon verfügbaren weiteren regenerativen Energiequellen könnte der gesamte weltweite Energiebedarf damit nachhaltig, CO_2-frei und zeitlich unbegrenzt gedeckt werden und dies infolge der technischen Fortschritte und der fallenden Preise für die entsprechenden Komponenten wohl sogar günstiger als das heutige Energiesystem.

4.1.5 Fazit

Bei allen heute genutzten Energieträgern ist eine Verknappung in den nächsten 50 Jahren nicht zu erwarten, vielmehr kann angenommen werden, dass bei heutiger Förder- respektive Produktionsrate die Energieversorgung der Welt auch für 100 oder mehr Jahre gesichert werden kann. Das Problem sind nicht zur Neige gehende Ressourcen. Dringend notwendig ist es, die Klimaerwärmung auf ein noch einigermassen erträgliches Mass zu begrenzen. Die Nutzung der fossilen Energieträger ist der wesentliche Treiber der Klimaerwärmung. Die Verbrennung von Kohle, Erdölprodukten und Erdgas verursacht CO_2-Emissionen, welche etwa 65 % zum Treibhauseffekt beitragen. Daneben verursacht die Förderung und Nutzung der fossilen Energieträger auch Emissionen an CH_4 (Methan) aus Erdgaslecks, Bohrlöchern, Kohlenflözen etc. Da Methan ein sehr stark wirkendes Klimagas ist, tragen auch diese Emissionen einige zusätzliche Prozent zum Klimawandel bei.

Die Herausforderung der Menschheit besteht darin, die Mehrheit der grossen und im Prinzip gut nutzbaren Ressourcen an fossilen Energieträgern *nicht* zu nutzen und im Boden zu belassen. Würden alle fossilen Energieträger genutzt, bis sie wirklich zur Neige gehen, würde die Erde in grossen Teilen nicht mehr bewohnbar werden und wären die Auswirkungen der Klimaerwärmung nicht mehr tragbar. Weiteres zum Klimawandel siehe Kap. 2.

4.2 Energieversorgung der Welt heute

4.2.1 Energiebedarf global

In der Zeit vom Ende des Zweiten Weltkriegs bis 1973 stieg auch der Energiebedarf in den industrialisierten Ländern (OECD-Länder bzw. Regionen: USA, Kanada, Europa, Japan, Südkorea,

Abb. 5: Energieverbrauch Welt und Anteile der Energieträger[7]

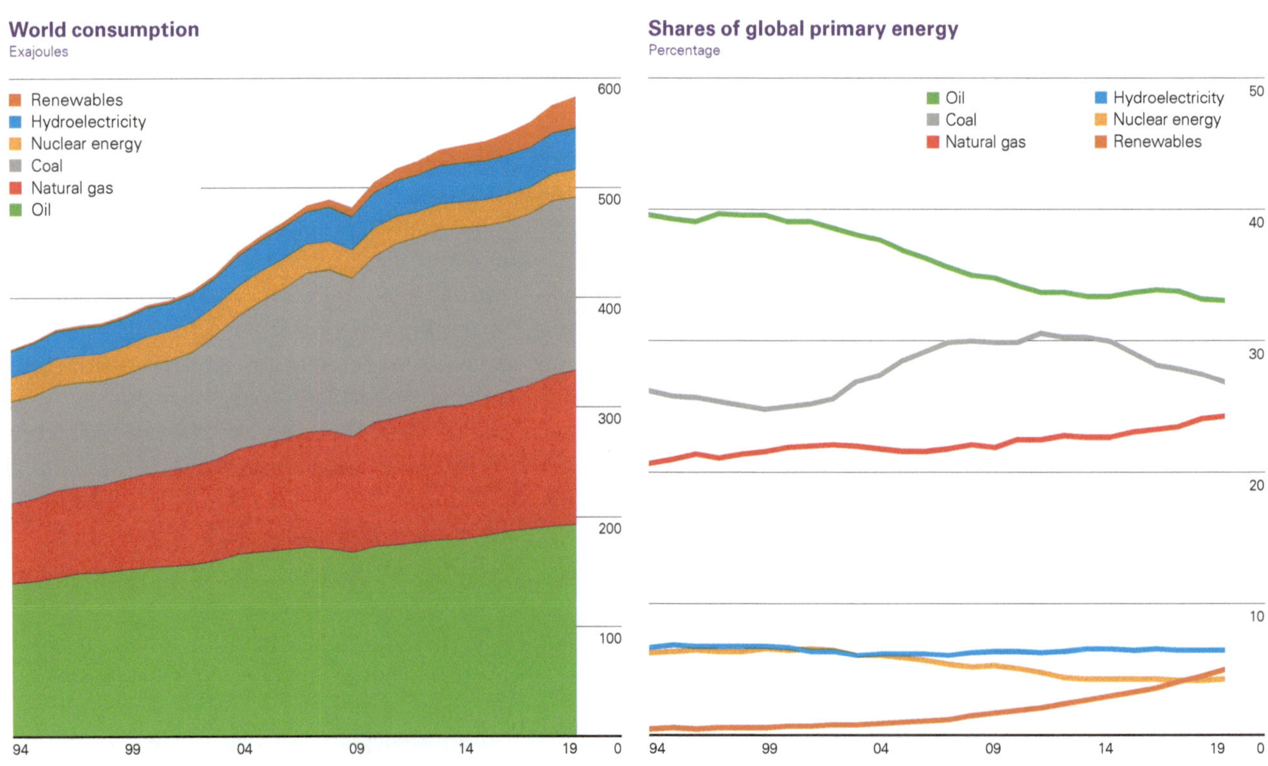

Australien, Neuseeland) sehr stark an. Seit etwa 1973 versuchen diese Länder Energie zu sparen, und die Zunahme des Energieverbrauchs konnte reduziert und seit etwa zehn Jahren ganz gestoppt werden. Seit 1970 steigt dafür der Energiebedarf in China. Zwischen dem Jahr 2000 und dem Jahr 2013 explodierte der Energiebedarf in China um den Faktor 3. Seither wird auch in China Energie gespart und es konnte der Anstieg stark reduziert werden. Dafür steigt der Energiebedarf in Indien ungebremst, so dass Indien inzwischen zu den grössten Energiekonsumenten der Welt gehört.

4.2.2 Energieversorgung global

Die Energieversorgung der Welt besteht seit vielen Jahrzehnten überwiegend aus fossilen Energieträgern (Abb. 5). Kohle war seit ca. 1840 der Treiber der industriellen Revolution. Etwas später begann die Erdölförderung, bis ca. 1910 aber in unbedeutendem Mass (hauptsächlich Petrol für Lampen). Erdöl trat seinen Siegeszug erst nach dem Zweiten Weltkrieg an und dominierte fortan die Energieversorgung. Kohle liegt seither auf Platz zwei. Erst seit etwa 1960 wird Erdgas in grösserem Mass genutzt, es steigert seinen Anteil an der Energieversorgung bis heute. In Zukunft dürfte Erdgas der bedeutendste fossile Energieträger werden.

Seit etwa dem Jahr 2009 werden erneuerbare Energieträger stark ausgebaut. Im Jahr 2019 haben diese Energieträger, das sind hauptsächlich Solar- und Windstrom, erstmals die Kernenergie übertroffen. Sie weisen sehr hohe Steigerungsraten auf und dominieren heute bei den neu zugebauten Kraftwerkskapazitäten deutlich (Abb. 6). In Abbildung 5 fehlen die Biobrennstoffe, insbesondere Holz, da diese nur teilweise und meist nur lokal gehandelt und oft auch informell beschafft werden.

Insgesamt steigt die Nachfrage nach Energieträgern aber stetig an, nur unterbrochen 2008 infolge der Finanzkrise und wohl auch 2020 infolge der Coronapandemie.

Die Prognosen verschiedener Organisationen gehen davon aus, dass die Nachfrage nach Energieträgern weiter steigen wird infolge einer weiter steigenden Weltbevölkerung, vor allem aber, weil (hoffentlich) das Bruttosozialprodukt pro Kopf weiter steigen wird. Dieser Zuwachs an Einkommen wird erfahrungsgemäss auch zu einem Zuwachs an Energiekonsum führen, vor

Abb. 6: Energieverbrauch Welt über einen längeren Zeitraum[8]

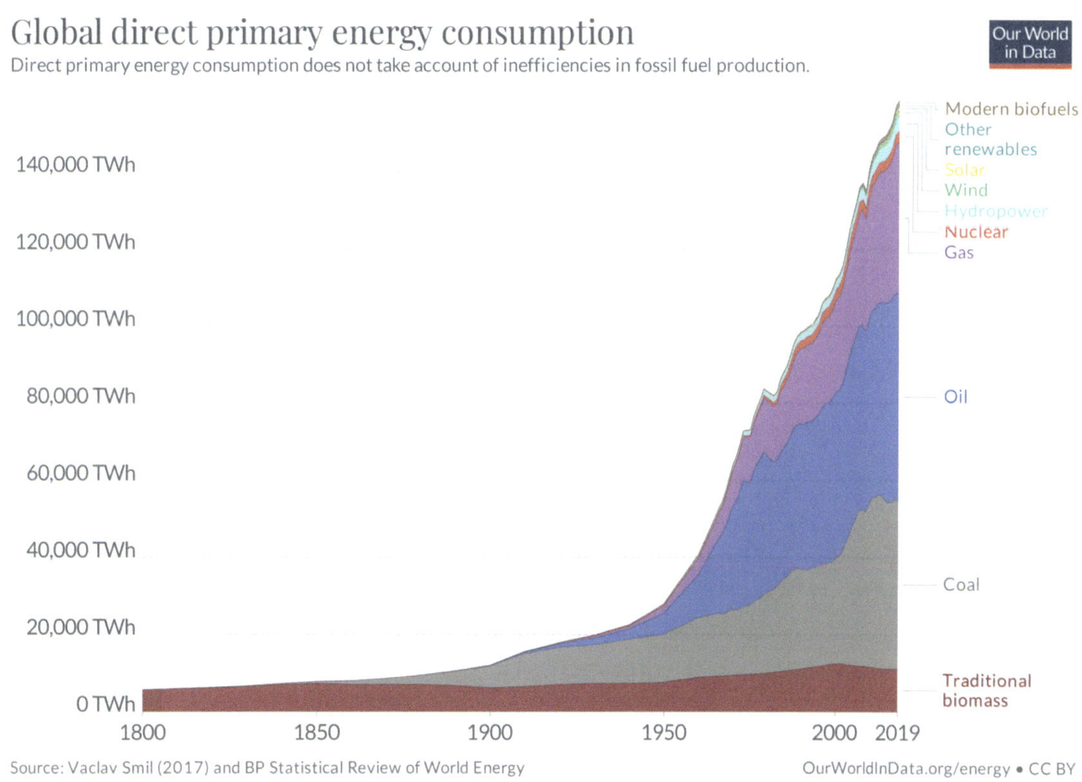

Abb. 7: Prognose Energieverbrauch Welt bei Entwicklung wie bisher[9]

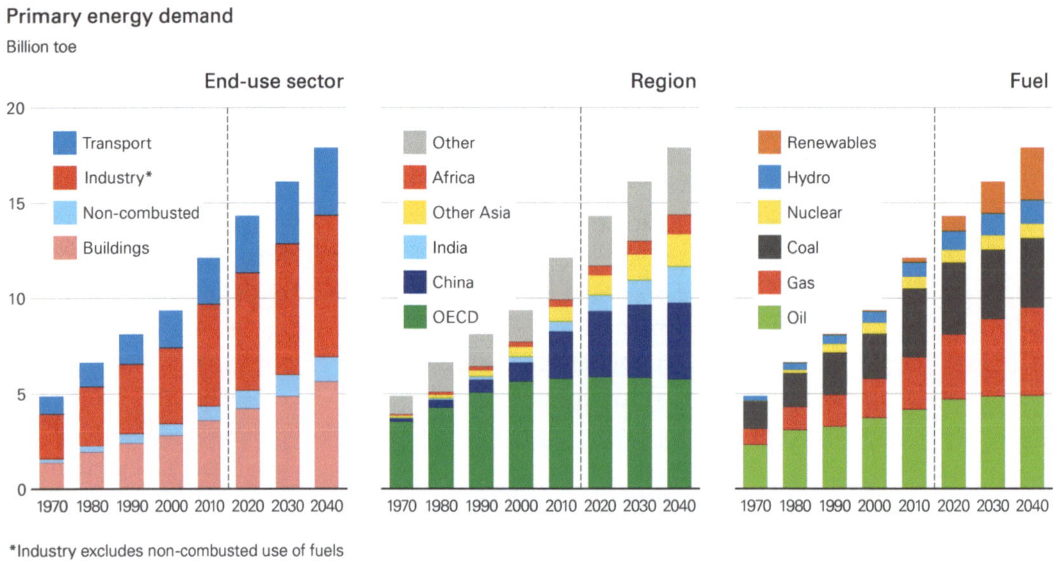

allem in Asien, aber auch in allen anderen Ländern ausserhalb der OECD. Unterstützt wird die Prognose eines steigenden Bedarfs auch durch die Tatsache, dass keine Verknappung der Energieressourcen abzusehen ist und die Energiepreise wohl nicht wesentlich steigen werden.

Ob sich dieser Zuwachs an Energiebedarf durch die sich stark entwickelnden neuen regenerativen Energiequellen decken lassen wird, ist stark umstritten. Die laufende Verbesserung der Energieeffizienz wird gemäss den meisten Prognosen den Anstieg der weltweiten Energienachfrage nicht kompensieren können (Abb. 7). Das würde bedeuten, dass die CO_2-Emissionen weiter steigen werden, wenn die Entwicklung weiter geht wie bisher, was aus Sicht der Klimaerwärmung äusserst problematisch wäre.

4.3 Energieversorgung der Schweiz

In der Schweiz konnte die Energieversorgung bisher ohne Probleme aufrechterhalten werden. Ausser in den beiden Weltkriegen war nie ein wesentlicher Energiemangel zu beklagen. Seit Ende des Zweiten Weltkriegs nahm der Energieverbrauch stark zu. Diese Zunahme wurde durch mehr Stromproduktion, insbesondere aber durch den vermehrten Import an Erdöl und seit 1973 an Erdgas abgedeckt.

Die Energieversorgung der Schweiz basiert überwiegend auf fossilen Treib- und Brennstoffen, welche ausnahmslos importiert werden müssen. Daneben sind Wasserkraft (einheimisch) und Uran (importiert) bedeutend. Seit einigen Jahren nimmt die Produktion an Solarstrom und die Nutzung von Umgebungswärme (Aussenluft und untiefe Geothermie) zu, wenn auch immer noch auf sehr tiefem Niveau. Gleichzeitig sinkt infolge verbesserter Energieeffizienz der Gesamtenergiebedarf seit einigen Jahren (Abb. 8).

Da kurz- und mittelfristig weltweit kein Mangel an fossilen Energieressourcen zu erwarten ist, wird sich die Schweiz weiterhin problemlos damit eindecken können.

Die Stromerzeugung in der Schweiz wurde 2019 zu gut 56 % durch Wasserkraft, zu etwa 35 % durch Kernkraft und zu gut 8 % durch weitere Erzeuger sichergestellt (Abb. 9). Die Erzeugung neuer regenerativer Elektrizität betrug 2019 etwa 4 % und sie steigt stark an. Die Produktion von Strom durch Wasserkraft ist abhängig vom Niederschlag und schwankt entsprechend. Es ist nur noch ein stark begrenzter Zubau möglich, der langsam realisiert wird. Die Umsetzung der Regulierungen zur Restwassermenge in den Flüssen kann die Stromproduktion mit der Wasserkraft leicht reduzieren.

Die Schweiz hat bekanntlich den Ausstieg aus der Kernkraft beschlossen. Ende 2019 wurde das (relativ kleine) Kernkraftwerk Mühlberg ausser Betrieb genommen. Wann die restlichen vier Kernkraftwerke stillgelegt werden, ist noch nicht festgelegt.

Abb. 8: Entwicklung des Endenergieverbrauchs in der Schweiz[10]

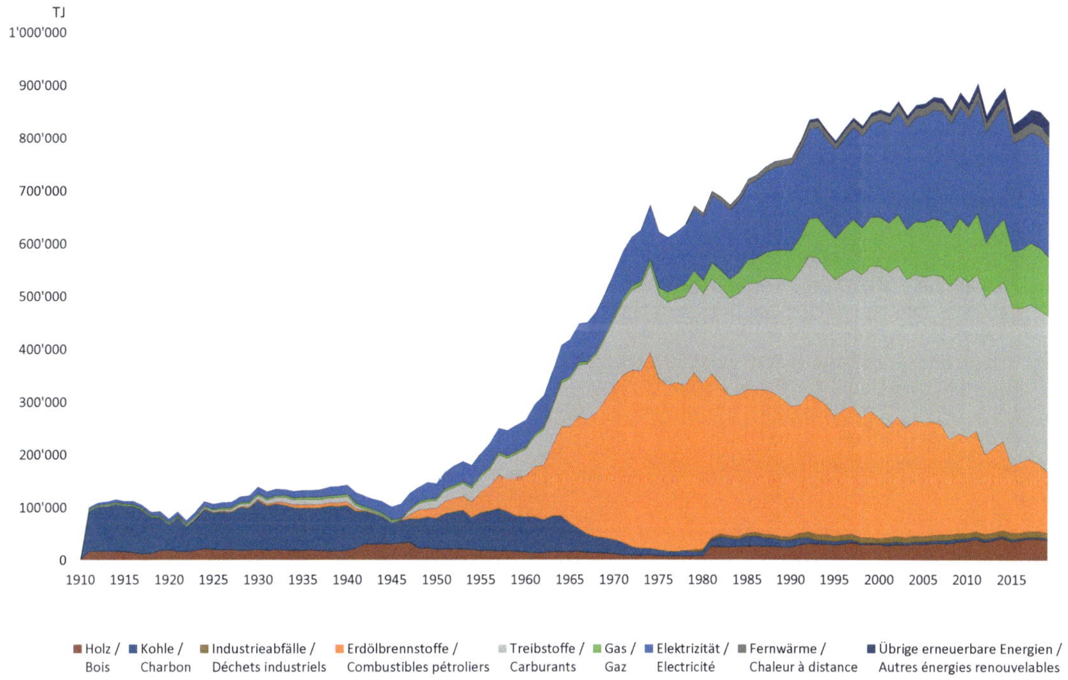

Bei der Stromproduktion hat die Schweiz genügend installierte Erzeugerleistung, insbesondere aus Speicherseen und aus Pumpspeicherkraftwerken. Im Winter besteht aber ein Importbedarf, da oft nicht genügend Stromproduktion möglich ist. Der Speicherinhalt der Stauseen ist nicht gross genug und die Laufkraftwerke produzieren infolge geringen Wasserstandes der Flüsse nur mit beschränkter Leistung. Wieweit der Importbedarf im Winter auch in Zukunft gedeckt werden kann, hängt vom Stromangebot in Europa ab sowie von politischen Randbedingungen, insbesondere von einem Stromabkommen mit der EU. Bisher besteht in Europa kein Strommangel, im Gegenteil herrscht seit einigen Jahren ein Überfluss an Strom, der zu günstigen Preisen erworben werden kann. Ob dies in Zukunft so bleiben wird, ist ungewiss, aber doch gut möglich, da viel regenerative Stromerzeugung zugebaut wird und die Stromnachfrage auch in ganz Europa momentan stagniert oder abnimmt.

Insgesamt kann davon ausgegangen werden, dass die Energieversorgung der Schweiz trotz starker Abhängigkeit vom Ausland auf absehbare Zeit nicht gefährdet ist. Trotzdem kann nicht einfach weiter agiert werden wie bisher. Die Energieversorgung der Schweiz ist nicht nachhaltig und die Emissionen an CO_2 sind viel zu hoch. Durch den Import von fossiler Energie fliesst viel Geld ins Ausland ab. Auch in der Schweiz muss auf mehr regenative Energieträger gesetzt werden, insbesondere auf einen Mix aus Solarstrom und Windstrom. Dies bedingt viele technische und organisatorische Anpassungen, speziell bei den Elektrizitätswerken, aber auch bei den Stromkunden. Daneben muss die Energieeffizienz weiter gesteigert werden.

In Zukunft ist trotz zunehmender Energieeffizienz eine Zunahme des Stromverbrauchs infolge von mehr Wärmepumpen und mehr Elektrofahrzeugen zu erwarten. Nur so können die CO_2-Emissionen rasch und deutlich gesenkt werden. Zusammen mit dem Ausstieg aus der Kernenergie steht die Stromwirtschaft, aber auch jeder Stromverbraucher, vor grossen Herausforderungen: maximaler, rascher Zubau an erneuerbarer Energie (zentral und dezentral), Stromspeicherung (dezentral, ggf. auch zentral), Steigerung der Energieeffizienz und «Demand Side Management», das heisst Anpassung der Stromnachfrage an das fluktuierende Stromangebot. Dank preiswerter Fotovoltaik und sinkenden Preisen für Windturbinen und Batterien sowie dank Digitalisierung und immer effizienteren Geräten sollte diese Herausforderung machbar und finanzierbar sein.

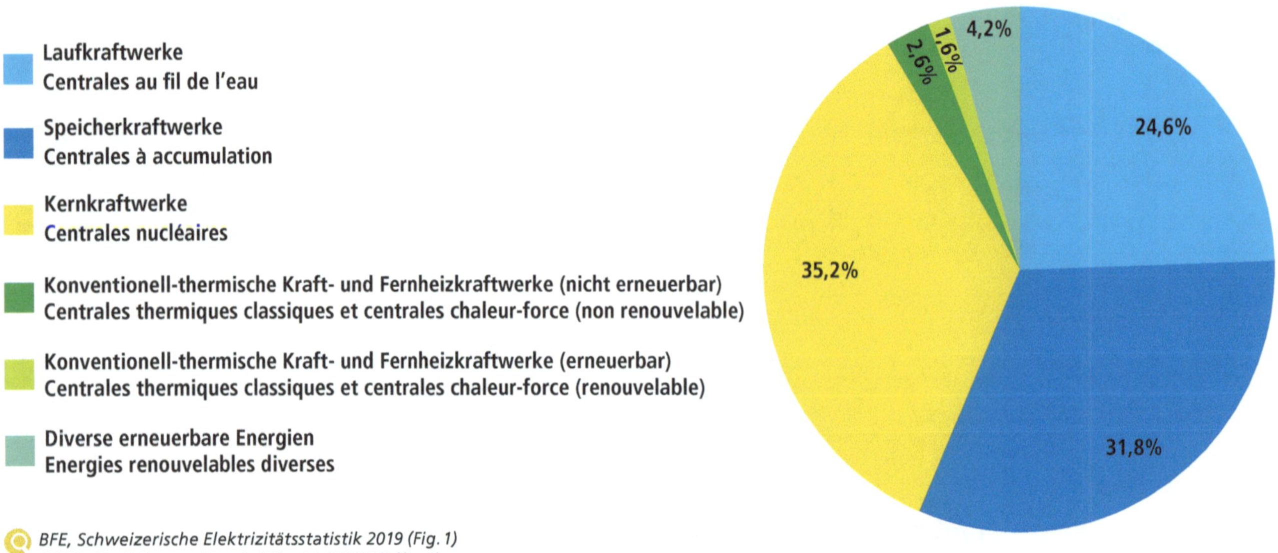

BFE, Schweizerische Elektrizitätsstatistik 2019 (Fig. 1)
OFEN, Statistique suisse de l'électricité 2019 (fig. 1)

Abb. 9: Stromerzeugung in der Schweiz 2019[11]

4.4 Entwicklung der Fotovoltaik weltweit

Da die Fotovoltaik eine Schlüsselrolle für die zukünftige Stromversorgung der Schweiz, aber auch der Welt insgesamt, spielen wird, sei hier die Entwicklung dieser Technologie kurz wiedergegeben.

Die Fotovoltaik beruht auf dem Prinzip der Dioden, eines elektronischen Bauteils. Hier wird eine Diode genutzt, welche aus Sonnenlicht, das heisst aus dem Einfall von Photonen, elektrischen Strom erzeugen kann. Dieses Prinzip wurde erstmals 1839 durch den französischen Physiker Alexandre Edmond Becquerel entdeckt. Albert Einstein erklärte den Effekt theoretisch 1905. Die erste Fotozelle auf Basis von monokristallinem Silizium wurde dann erst 1941 entwickelt. Kurz vorher wurde entdeckt, dass der Effekt auch mit Cadmium-Selenid (CdS) erzeugt werden kann.

Ab 1950 wurde in Deutschland und den USA die Entwicklung funktionstüchtiger Fotovoltaikmodule intensiviert, insbesondere um Raumfahrzeuge mit Energie zu versorgen. Ab 1955 konnten erste CdS-PV-Zellen mit 6 % Wirkungsgrad produziert werden. Ziel war es, an Satelliten Strom zu produzieren. 1958 wurden erste PV-Zellen auf Siliziumbasis produziert. Zur gleichen Zeit wurde der erste Satellit mit einem PV-System an Bord gestartet. 1959 kamen in den USA erste kommerzielle PV-Module auf den Markt, mit 10 % Wirkungsgrad, ein Jahr später bereits mit 14 % Wirkungsgrad. 1961 fand eine erste UN-Konferenz statt, an der die Anwendung von Fotovoltaik besprochen wurde. 1963 kam das erste nutzbare Silizium-PV-Modul von Sharp Cooperation auf den Markt. Dann sollte es noch etwa 47 Jahre dauern, bis die Fotovoltaik etwa im Jahr 2010 endgültig ihren Siegeszug rund um die Welt antrat. 1976 startete die Nutzung von PV-Systemen für die Stromproduktion mit Netzanbindung. In diesem Jahr wurden weltweit ca. 1 MW an PV-Modulen hergestellt (Abb. 10). In der Schweiz wurde 1979 die erste PV-Anlage mit Netzeinspeisung errichtet, mit 2 kW Leistung.[12] Ein weiterer Meilenstein in der Schweiz war 1992 die Einweihung des damals grössten PV-Kraftwerkes in Europa mit 500 kW AC-Leistung auf dem Mont Soleil. Diese Anlage produziert seitdem fast ohne Degradation zuverlässig ca. 550 MWh Solarstrom pro Jahr.

Im Jahr 2019 wurden weltweit etwa 115 GW neue PV-Module installiert. Dies entspricht der Leistung von ca. 100 Kernkraftwerken der Grösse von Leibstadt. Die Gestehungskosten für Solarstrom sanken seit 1992 um mehr als den Faktor 20, von mehr als 1.20 CHF/kWh auf ca. 5 Rp./kWh für grosse Anlagen in der Schweiz, und auf 2 Rp/kWh für neue grosse Anlagen in südlichen Ländern. Mit grossen Fotovoltaikanlagen an guten Standorten kann heute Strom

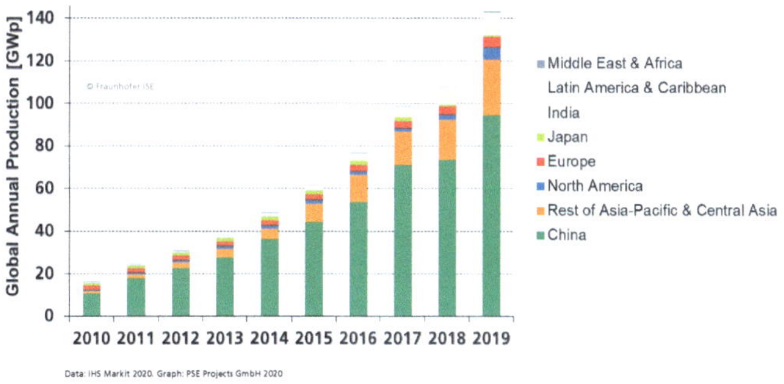

Abb. 10: Herstellung von PV-Modulen nach Regionen[13]

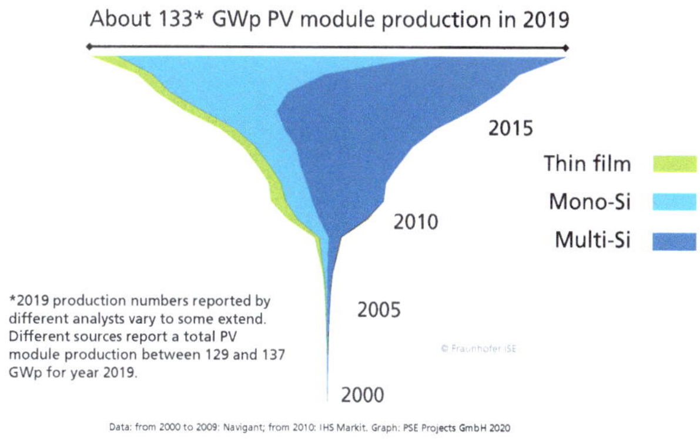

Abb. 11: Produktion PV-Module nach Technologie[14]

so billig wie mit keiner anderen Technologie erzeugt werden.

Nicht so rasch wie der Zerfall der PV-Modulpreise und die Zunahme der Produktion von PV-Modulen erfolgte die Verbesserung des Wirkungsgrades der Fotovoltaikzellen. Von den max. 14 % im Labor gemessenen Wirkungsgrad ums Jahr 1960 stieg dieser bis heute auf etwa 24 % für monokristalline Zellen. Die besten PV-Module mit monokristallinen Siliziumzellen erreichen 2020 etwa 21 % Modulwirkungsgrad. Dieser Technik werden für die Jahre nach 2020 die grössten Chancen auf dem Weltmarkt eingeräumt. Aufgrund verbesserter Herstellung monokristalliner Siliziumkristalle wird diese Technik die bisher noch verbreiteten multikristallinen PV-Zellen wohl verdrängen. Alle anderen, seit vielen Jahren entwickelten Technologien, wie Dünnschichtmodule und amorphe Zellen auf der Basis anderer Materialien als Silizium, konnten sich bisher auf dem Weltmarkt nicht durchsetzen.

4.5 PV-Potenzial in der Schweiz

Das Potenzial der Fotovoltaik in der Schweiz wird von verschiedenen Studien beziffert. Dabei wird meist davon ausgegangen, dass PV-Anlagen primär auf Dächern von Gebäuden installiert werden. Die Schätzungen, wie viel Strom dank der Belegung aller geeigneten Dächer insgesamt erzeugt werden könnte, gehen weit auseinander. Eine Studie, unterstützt vom BFE, welche die im Solarkataster der schweizerischen Landestopografie erzeugten Dachflächen mit einem Algorithmus automatisch auswertet, kommt auf 53 TWh Ertragspotenzial.[15] Demnach könnte also fast der ganze Strombedarf der Schweiz (knapp 60 TWh) auf den Schweizer Dächern erzeugt werden, mindestens in der Bilanz über ein Jahr. Weitere Studien, welche detaillierter untersuchten, wie viele PV-Module auf einem Dach realistischerweise platziert werden können, kommen auf deutlich tiefere Werte. Eine Studie der Internationalen Energieagentur (IEA) von 1998 kommt auf ein Potenzial von nur 15 TWh, nimmt aber tiefe Wirkungsgrade an. Auch eine Untersuchung der ZHAW zeigt, dass die BFE-Studie unrealistisch hohe Ertragswerte berechnet. Dies wäre nur möglich, wenn auch geometrisch sehr kleinstrukturierte oder nicht rechteckige Dachflächen fast vollständig mit PV-Modulen belegt werden könnten. Realistisch dürfte ein Ertragspotenzial von etwa 25 TWh sein, was gerade etwa die Stromproduktion der heutigen Kernkraftwerke kompensieren könnte. Auf diese Werte kommen auch Studien, welche an der EPFL erstellt wurden.[16]

PV-Anlagen auf Freiflächen finden bisher nur wenig Akzeptanz. Es gibt aber recht viele Infrastrukturanlagen, wie z. B. Schallschutzmauern, Böschungen von Strassen etc., wo PV-Module installiert werden könnten. Um Solarstrom kostengünstig erzeugen zu können, wären auch grössere Anlagen vorteilhaft. Um im Winter viel PV-Strom erzeugen zu können, wären PV-Anlagen in den Bergen sehr hilfreich. Solche könnten z. B. in bereits durch andere Bauten wie Skigebieten beeinträchtigten Gebieten, auf Infrastrukturanlagen in den Bergen, schwimmend auf Stauseen oder an Staumauern erstellt werden.

Abb. 12: Agrofotovoltaik-Versuchsanlage nahe des Bodensees[17]

Eine weitere Möglichkeit, PV-Strom zu erzeugen, sind Anlagen, welche aufgeständert über landwirtschaftlich intensiv genutztem Gebiet errichtet werden können (Abb. 12). Wie früher im Tessin mit den Pergola würde oben Sonnenenergie geerntet statt Weinreben, unten könnte zum Beispiel Gemüse angebaut werden. Untersuchungen solcher Agrofotovoltaik-Anlagen zeigen, dass gewisse Gemüsesorten oder Salat dank der Teilbeschattung besser gedeihen als unter der prallen Sonne, insbesondere in heissen Sommern, wie wir sie vermehrt erwarten müssen.

Eine weitere Möglichkeit sind fassadenintegrierte PV-Anlagen. Infolge der Preisreduktion der Fotovoltaik und neuen Produkten wie farbige Module können Fassaden auf eine ästhetisch und gestalterisch attraktive Art und Weise mit PV-Modulen verkleidet werden (Abb. 13). Vor allem auf südlich ausgerichteten, nicht durch Nachbargebäude stark beschatteten Fassaden können so noch gewisse Erträge generiert werden. Vorteil ist, dass der Ertrag an sonnigen Wintertagen hoch ist. Da es insgesamt viele Fassadenflächen gibt, entsteht ein weiteres nicht vernachlässigbares Ertragspotenzial.

Abb. 13: Preisgekröntes Wohnhaus, vollständig mit Solarmodulen eingekleidet[18]

4.6 Entwicklung Windkraft weltweit

Die Windkraft wird seit vielen Jahrhunderten genutzt, um Segelschiffe anzutreiben und mit Windmühlen das Getreide zu mahlen, später auch für Anwendungen wie Wasserpumpen. Für die Stromerzeugung spielten Windräder bis ca. 1980 kaum eine Rolle, ausser für die Off-grid-Produktion von kleinen Mengen an Strom. 1982 kam in Europa eine Windturbine mit 22 kW elektrischer Leistung auf den Markt. In Kalifornien wurden die ersten Windparks mit Netzanbindung errichtet. In den 1980er-Jahren entstanden die ersten Firmen, welche Windturbinen produzierten, und die ersten Programme und die Produktion elektrischer Energie mit Wind wurden gestartet. 1990 wurden in Dänemark erste Windturbinen mit 450 kW elektrischer Leistung hergestellt. Im Jahr 2000 erreichte die Leistung von Windturbinen 2 MW. Es wurden erste Off-shore-Windparks errichtet. Seit 2019 wird mehr Strom mit Wind- und Solarenergie als mit Kernkraftwerken produziert. Die Kosten für Windstrom sinken auf etwa 5 €-Cent pro Kilowattstunde. Seit 2018 werden Windturbinen mit mehr als 8 MW hergestellt, hauptsächlich für Off-shore-Anwendungen (Abb. 14). Inzwischen nimmt der Anteil an

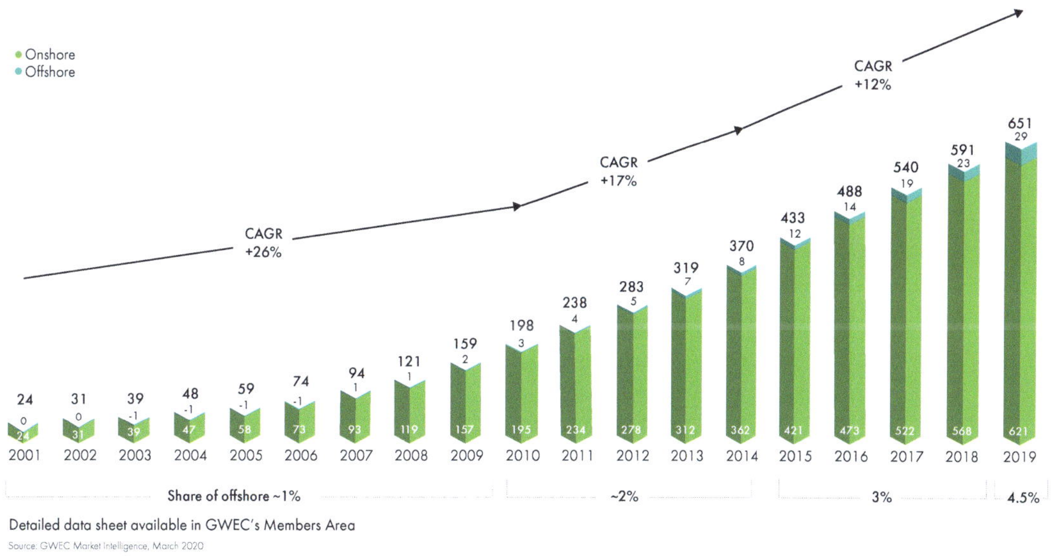

Abb. 14: Entwicklung installierte Leistung Wind in GW[19]

Off-shore-Windkraftwerken dort zu, wo eine besonders hohe Stromproduktion möglich ist.

Die grössten Märkte für Windturbinen sind China, gefolgt von den USA. Auch in Europa und zunehmend in Indien werden viele Windkraftwerke erstellt. Um das Ziel einer maximalen globalen Erwärmung von 1.5 °C zu erreichen, müsste die Installation neuer Windkraftwerke rasch und stark zunehmen. Besonders in den USA werden inzwischen vermehrt Kombinationskraftwerke mit PV-Anlagen, Windturbinen und Batteriespeicher erstellt. Mit solchen Lösungen kann eine gute Versorgungssicherheit garantiert werden, zu heute konkurrenzfähigen Preisen.

4.7 Situation Windenergie Schweiz

In der Schweiz gibt bis zum Jahr 2020 nur wenige Windturbinen, und nur 0.3 % des Strombedarfs der Schweiz werden mit Wind erzeugt (Abb. 15). Europaweit steht die Schweiz da ganz am Schluss (Abb. 16). Grund für diesen Rückstand sind wohl hauptsächlich der schwierige Bewilligungsprozess mit vielen Einsprachen, welche Windprojekte verzögern oder ganz verunmöglichen. Zudem sind gute Windverhältnisse oft an Orten vorhanden, wo der Landschaftsschutz solche Anlagen verunmöglicht oder erschwert. Auch die politische Akzeptanz

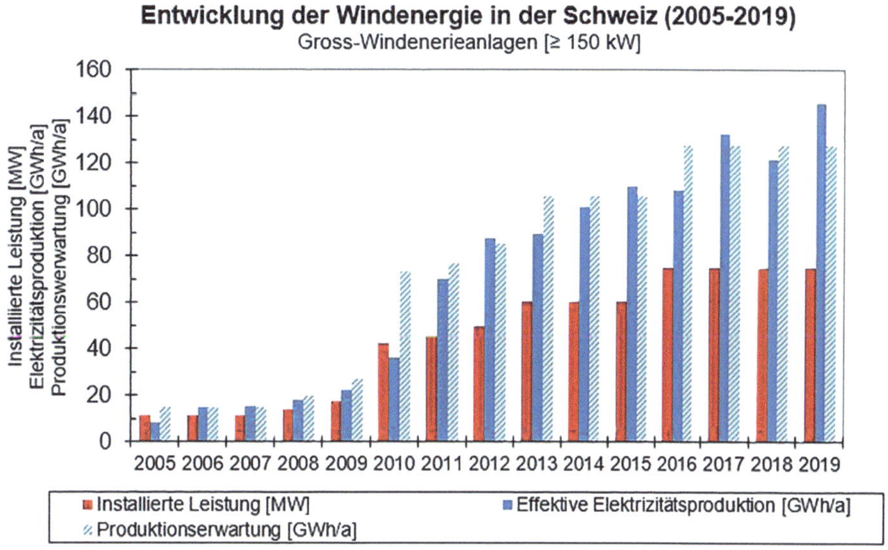

Abb. 15: Situation Windenergie in der Schweiz[20]

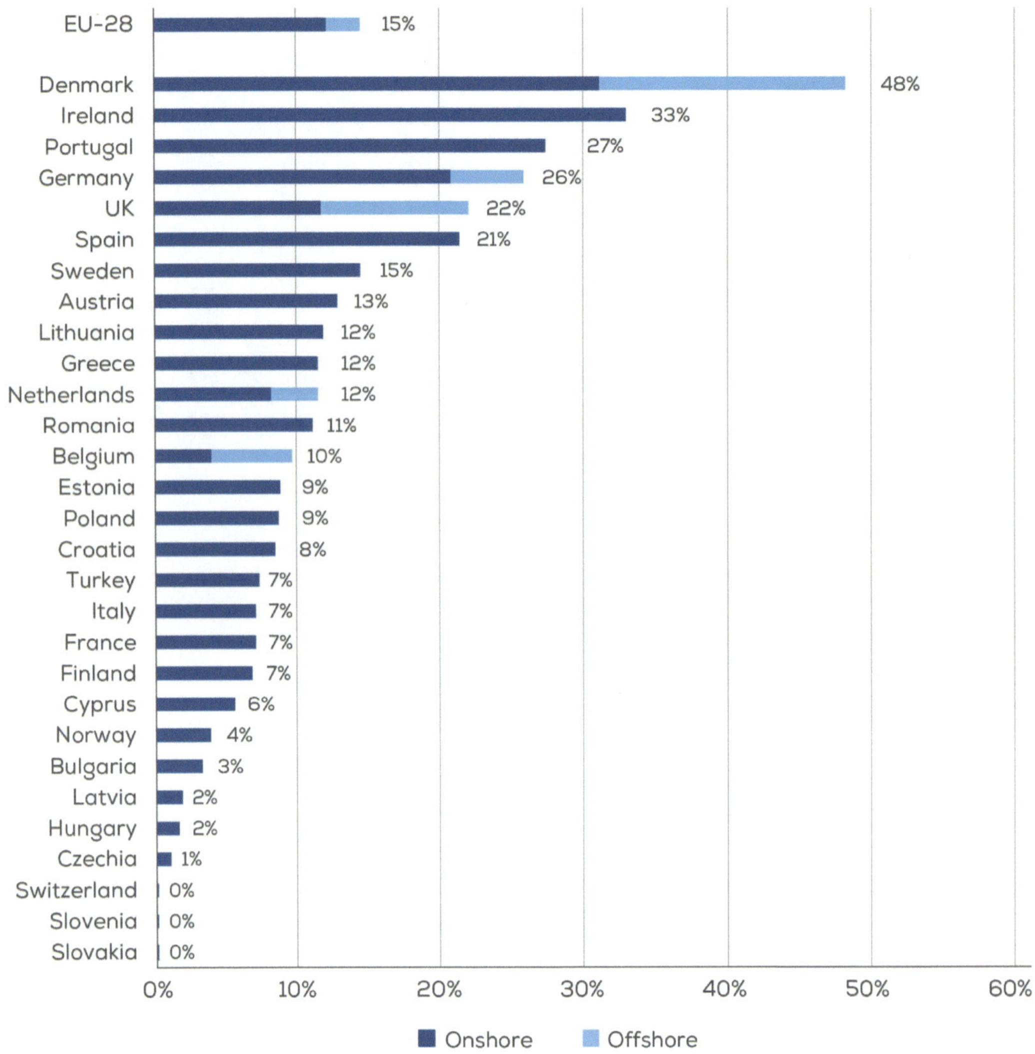

Abb. 16: Anteil Windstrom im Netz in den Ländern Europas[21]

oder die Unterstützung der Windkraft ist bei Behörden und Politikern nicht immer gegeben. Um eine sichere Versorgung mit erneuerbarem Strom auch im Winter zu ermöglichen, wären mehr Windkraftwerke in der Schweiz sehr hilfreich.

4.8 Treibhausgaseffekt

Seit über 33 Jahren weiss die Menschheit, dass die anthropogenen Emissionen an Treibhausgasen, insbesondere an CO_2, das weltweite Klima erwärmen werden («Klimaerwärmung», «Treibhauseffekt» resp. «Climate change» genannt). Prominent darauf hingewiesen wurde bereits im «Brundtland-Bericht» von 1987.[22] Dieser Bericht definierte auch das heutige Verständnis einer nachhaltigen Entwicklung. Diese verlangt von der heutigen Generation, die Nutzung von Ressourcen auf ein Mass zu begrenzen, welches es ermöglicht, dass die zukünftigen Generationen ihre Bedürfnisse befriedigen können.

Während damals der Klimaeffekt eine auf wissenschaftlicher Forschung beruhende Prognose war, können heute die Auswirkungen der tatsächlichen Klimaerwärmung immer besser erkannt werden. Die damaligen Prognosen wurden zur Realität des Jahres 2020 und darüber hinaus. Trotzdem steigen die Emissionen an Treibhausgasen ungebremst weiter (Abb. 17). Zu den 17 Nachhaltigkeitszielen der UNO bis 2030 gehört auch das Ziel, die Klimaerwärmung zu bekämpfen (SDG 13 Climate Action).

Der Treibhauseffekt beruht auf der verstärkten Wärmeabsorption der Treibhausgasmole-

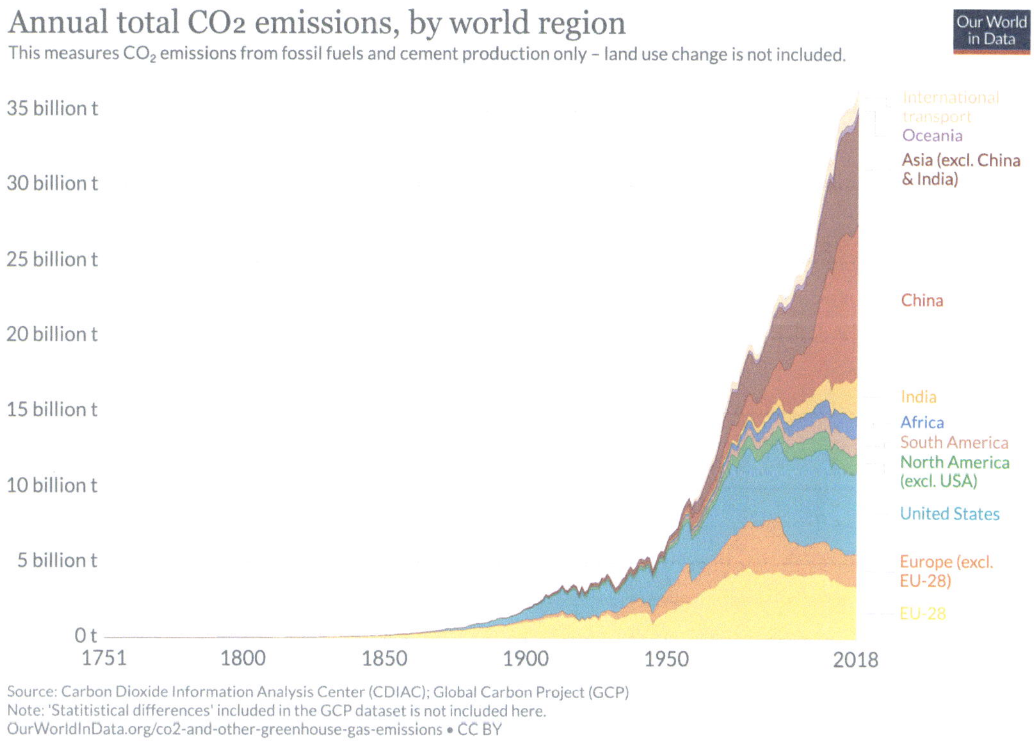

Abb. 17: Langfristige Entwicklung der CO_2-Emissionen nach Regionen[23]

küle in der Atmosphäre. Die Sonnenstrahlung wird durch diese Moleküle verstärkt absorbiert, was zu einer Temperaturerhöhung in der Atmosphäre führt, wenn die Konzentration dieser Moleküle zunimmt. Dieser Effekt kann auch im Labor nachgestellt, nachgewiesen und berechnet werden. Es gibt verschiedene Moleküle, welche einen solchen Erwärmungseffekt bewirken. CO_2 ist das «Leit-Molekül», weil die Menschheit davon weitaus am meisten emittiert. CO_2 ist aber bei Weitem nicht das Molekül, welches den grössten Treibhausfaktor aufweist. Für das Weltklima weiter relevant sind Methan-Emissionen (CH_4), Emissionen von Lachgas (Distickstoffoxid N_2O) und von vielen künstlichen Kälte- und Treibmitteln (F-Gasen und viele andere Gase). Für den Treibhauseffekt relevant ist die Erwärmungswirkung des Moleküls im Vergleich mit der eines CO_2-Moleküls sowie die Verweildauer in der Atmosphäre. Aus diesen beiden Faktoren wird der Treibhausfaktor (GWP, Global Warming Potential,) bestimmt, für einen Zeithorizont von 100 Jahren (Tab. 1). CO_2 hat dabei definitionsgemäss den Wert GWP = 1.

Tab. 1: Klimawirkung verschiedener Gase[24]

Name des Moleküls	Chem. Formel	GWP-Wert 100 Jahre
Kohlendioxid	CO_2	1
Methan	CH_4	28
Distickstoffoxid	N_2O	265
Heute verbotene, ozonschädigende (Kälte-)Mittel (R11, R12 etc., Halone)	C, Cl, F-Verbindungen	ca. 1500 bis 14 000
Heutige (Übergangs-)Kältemittel auf HFC-Basis (nicht ozonabbauend)	C, H, F-Verbindungen	Von 4 bis 12 000

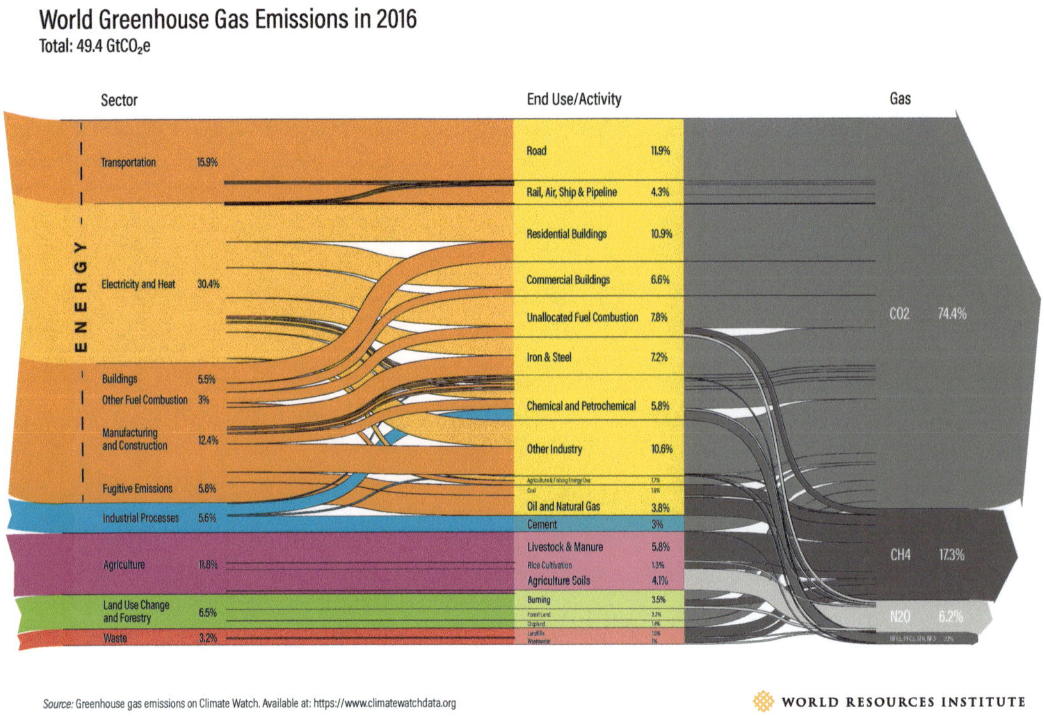

Abb. 18: Weltweite Treibhausgasemissionen im Jahr 2016[25]

Infolge der unterschiedlichen Wirkung von Treibhausgasen werden die massenmässigen Emissionen dieser anderen Treibhausgase oft in äquivalente CO_2-Emissionen umgerechnet. Diese Emissionen werden dann (gemäss den Regeln des SI-Einheitensystems nicht ganz korrekt) mit der Einheit Tonnen CO_{2e} (tCO_2e) angegeben. CO_2 machte im Jahr 2016 ca. 75 % der Treibhauswirkung aus, etwa genauso viel wie der Energiesektor. Methan ist das zweitbedeutendste Treibhausgas, mit etwa 17 % der Wirkung, gefolgt von Lachgas (ca. 6 %) und den Kältemitteln mit gut 2 %.

Neben dem Energiesektor (genauer 73 %) trägt die Landwirtschaft (Kühe, Reisfelder, die Methan emittieren, Lachgas infolge Düngung) mit knapp 12 % zum Treibhauseffekt bei. Industrielle Prozesse (insb. die Zementherstellung) tragen knapp 6 % bei, das Abholzen der Wälder bewirkt etwas mehr als 6 % der Klimaerwärmung, und Abfälle (resp. deren Vergärung auf Halden) tragen 3 % bei (Abb. 18).

Die Konzentration an CO_2 in der Atmosphäre ist im Jahre 2020 auf über 400 ppm gestiegen. Dies ist deutlich höher als das, was in den letzten 800 000 Jahren je vorkam. Dies kann durch die Analyse von Luftbläschen in Eisbohrkernen aus der Antarktis nachgewiesen werden. Diese Zunahme der Konzentration an CO_2 in der Atmosphäre kann gut mit den anthropogenen Emissionen an CO_2 erklärt werden. Demzufolge verbleibt etwas mehr als die Hälfte an emittiertem CO_2 in der Atmosphäre. Ein weiterer Teil wird durch die Ozeane absorbiert. Dies führt zu einer zunehmenden Versauerung der Meere mit drastischen Auswirkungen auf alle Schalentiere. Die Versauerung hat zur Folge, dass deren kalkbasierten Schalen mehr und mehr zu Gips zerfallen. Ein weiterer, schwieriger nachzuweisender Anteil der CO_2-Emissionen wird von zunehmender Pflanzenmasse aufgenommen. Es wird vermutet, dass, trotz Abholzung der Wälder insbesondere in tropischen Regionen, die pflanzliche Masse insgesamt auf der Erde zunimmt. Die höhere CO_2-Konzentration in der Luft hat auch eine positive Wirkung auf das Pflanzenwachstum, genauso wie höhere Temperaturen im Norden.

Die Konzentration an weiteren Treibhausgasen hat sich ebenfalls deutlich über vorindustrielle Werte erhöht. Diese Treibhausgase führen insgesamt zu einer eindeutigen und gut messbaren Erhöhung der mittleren Temperatur in der Erdatmosphäre von im Jahre 2020 etwa einem Grad Celsius (Abb. 20).

Dieser Temperaturanstieg führt inzwischen zu drastischen Auswirkungen wie trockene Sommer, Hitzewellen, Abschmelzen der Gletscher und Schmelzen der Eisbedeckungen der Arktis und der

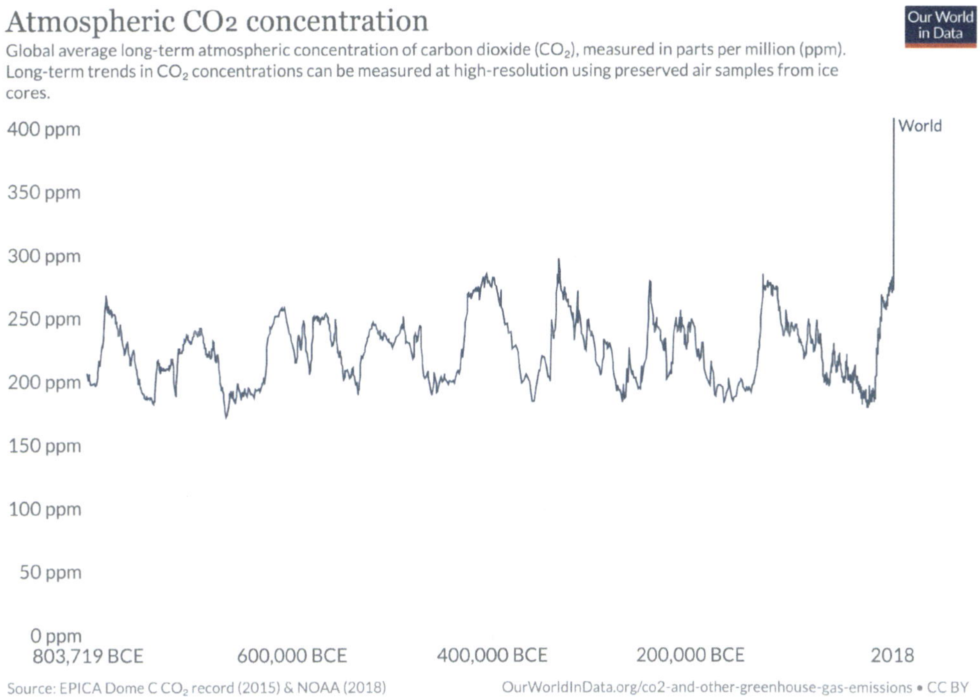

Abb. 19: CO_2-Konzentration in der Atmosphäre[26]

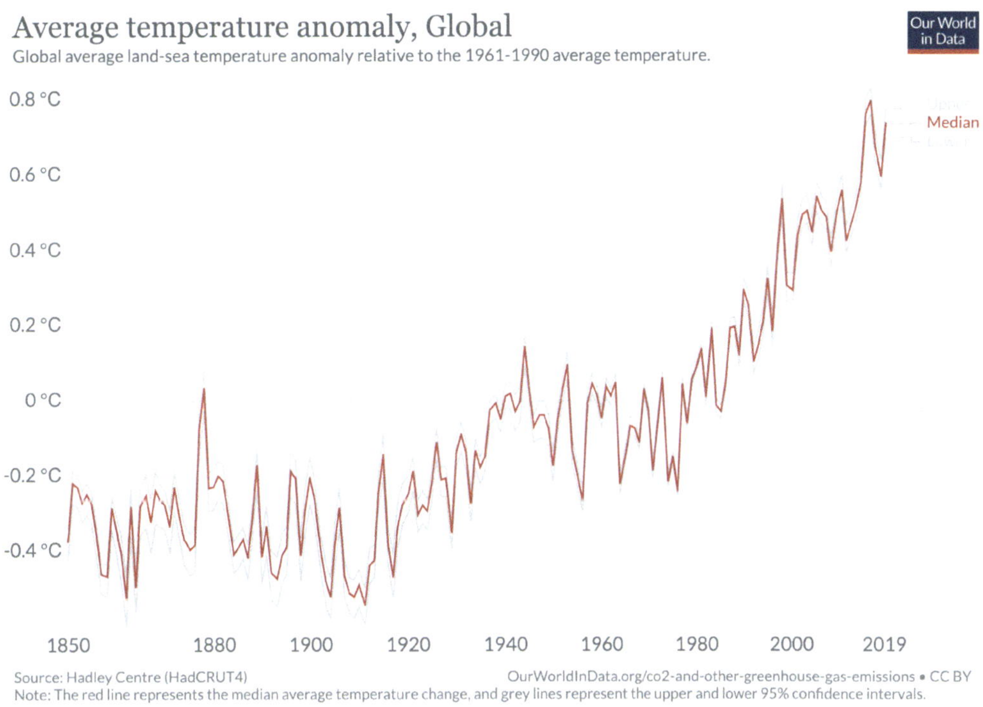

Abb. 20: Globaler Temperaturanstieg seit 1850[27]

Antarktis, höherem Meeresspiegel, mehr Waldbränden sowie mutmasslich häufigeren Stürmen und Starkregen mit Überschwemmungen.

Um die Welt für die inzwischen 8 Milliarden Menschen weiterhin bewohnbar zu erhalten, muss der Temperaturanstieg auf max. 1.5 °C begrenzt werden, die CO_2-Konzentration in der Atmosphäre unter 450 ppm bleiben. Dies bedarf riesiger, weltweiter Anstrengungen, die letztendlich aber billiger sind als die zu erwartenden Schäden durch eine unkontrollierte Klimaerwärmung.

1 Bild von: https://www.sozialgeschichte.ch/themen/energiegeschichte-der-modernen-schweiz/

2 Bild von: http://mouradpreure.unblog.fr/2012/08/11/%E2%80%98peak-oil%E2%80%99-rapport-cinglant-de-l%E2%80%99armee-allemande-revele-par-der-spiegel/

3 BP: Statistical Review of World Energy, 2020

4 IEA (2013). Oil, Gas and Coal Technologies for the Energy Markets of the Future. All rights reserved, https://webstore.iea.org/download/direct/752

5 IEA (2013). Oil, Gas and Coal Technologies for the Energy Markets of the Future. All rights reserved, https://webstore.iea.org/download/direct/752

6 Siehe u.a. Studie der Technischen Universität Lappeenranta: Global Energy System based on 100% Renewable Energy – Power Sector, https://research.lut.fi/converis/portal/Publication/10576002?auxfun=&lang=en_GB

7 Aus: BP: Statistical Review of World Energy, 2020

8 Aus: Ritchie H., Roser M., 2018, Energy, von https://ourworldindata.org/energy

9 Aus: BP Energy Outlook 2019, Szenario «Evolving transition ET»

10 Aus: BFE, Gesamtenergiestatistik Schweiz 2019

11 Aus: BFE: Schweizerische Elektrizitätsstatistik 2019

12 Aus: https://www.energie-experten.ch/de/wissen/detail/die-geschichte-der-photovoltaik.html

13 Fraunhofer ISE, Photovoltaics Report (2020), https://www.ise.fraunhofer.de/content/dam/ise/de/documents/publications/studies/Photovoltaics-Report.pdf

14 Fraunhofer ISE, Photovoltaics Report (2020), https://www.ise.fraunhofer.de/content/dam/ise/de/documents/publications/studies/Photovoltaics-Report.pdf

15 Klauser D.: Solarpotentialanalyse für Sonnendach.ch, Schlussbericht, Bundesamt für Energie BFE, 2016

16 Walch A, Castello R, Mohajeri N, Scartezzini J.: Big data mining for the estimation of hourly rooftop photovoltaic potential and its uncertainty, 2019

17 © Fraunhofer ISE, https://www.ise.fraunhofer.de/de/presse-und-medien/presseinformationen/2016/photovoltaik-und-photosynthese-pilotanlage-am-bodensee-kombiniert-strom-und-nahrungsmittelproduktion/bildergalerie-apv-anlage-heggelbach.html

18 Foto: Huggenbergerfries Architekten, MFH Solaris Zürich, https://www.hbf.ch

19 Global Wind Report 2019, Global Wind Energy Council (GWEC), https://gwec.net/global-wind-report-2019/

20 Abbildung von: https://www.suisse-eole.ch/de/windenergie/statistik/

21 Abbildung von: https://windeurope.org/data-and-analysis/product/wind-energy-in-europe-in-2019-trends-and-statistics/

22 Report of the World Commission on Environment and Development: Our Common Future, Gro Harlem Brundtland et. al, 1987, United Nations

23 Aus: Ritchie H., Roser M., 2018, CO_2 and Greenhouse Gas Emissions, von https://ourworldindata.org/co2-and-other-greenhouse-gas-emissions

24 Werte aus: Global Warming Potential Values, 2016, https://www.ghgprotocol.org/sites/default/files/ghgp/Global-Warming-Potential-Values%20%28Feb%2016%202016%29_1.pdf

25 Bilder von World Resources Institute, Datenquelle Climate Watch, von https://wriorg.s3.amazonaws.com/s3fs-public/world-greenhouse-gas-emissions-sankey-chart-2019_0.pdf

26 Aus: Ritchie H., Roser M., 2018, CO_2 and Greenhouse Gas Emissions, von https://ourworldindata.org/co2-and-other-greenhouse-gas-emissions

27 Aus: Ritchie H., Roser M., 2018, CO_2 and Greenhouse Gas Emissions, von https://ourworldindata.org/co2-and-other-greenhouse-gas-emissions

5

Energiemanagement als Managementaufgabe

Energiemanagement ist primär eine Managementaufgabe, und die ebenfalls wichtigen Tätigkeiten auf der technischen und operativen Ebene folgen erst in zweiter Linie. Wer mit Energiemanagement etwas erreichen möchte, der muss zuallererst eine organisatorische und konzeptionelle Leistung vollbringen. Was die Organisation betrifft, beschreibt die GEFMA 124-1 dies so: «Die zentrale Aufgabe der Organisationsgestaltung besteht darin, die Gesamtaufgaben des Unternehmens durch die Bildung von organisatorischen Einheiten auf die Mitarbeiter zu verteilen und die Koordination der Einzelaufgaben sicherzustellen. Die Bildung von verschiedenen Organisationseinheiten folgt der Notwendigkeit zur Arbeitsteilung, die mit einer zunehmenden Arbeitsmenge, -vielfalt und -komplexität wächst.»

Für die Praxis bedeutet dies vor allem, dass mehr Gewicht auf das Wort Management zu legen ist. Bisher ist diese Aufgabe für den Grossteil der mit Energiemanagement beauftragten Personen zunächst einmal ein rein technisches Problem. Dabei ist es offensichtlich, dass zunächst die organisatorischen Belange geregelt werden müssen. Zudem sollte, dies ist eigentlich selbstverständlich, Energiemanagement nicht konzeptlos erfolgen. Und auch psychologische Aspekte können entscheidend sein.

5.1 Entscheidungsfindung im Energiemanagement

Zu Beginn stehen strategische Entscheidungen an. Die Entscheidungsfindung im Energiemanagement sollte nach folgendem Schema (Abb. 21) erfolgen.

Phase 1: Erwartung

In der Regel beginnt der Entscheidungsprozess, der zur Einführung und Durchführung von Energiemanagement in einem Unternehmen führt, mit der Formulierung von Erwartungen. Das Sparen von Energie ist positiv besetzt, sodass alle Beteiligten im Unternehmen dem sehr offen gegenüberstehen. Es ist aber durchaus entscheidend, wo in der Hierarchie die Initiative entsteht, die sich mit dem Thema Energie auseinandersetzt.

Ist die Unternehmung gedanklich grob in «Führung» und «Ausführung» unterteilt, wird ein aufkommendes Engagement zur Einführung von Energiemanagement vonseiten der «Ausführung» viel Überzeugungsarbeit leisten müssen. In der «Führung» zählen normalerweise hauptsächlich ökonomische Argumente. Wenn nun ein Betriebsleiter, Gebäudebetreiber oder ein Facility Manager das Energiemanagement aufbringt und eine Einführung verfolgen will, muss dieser seiner «Führung» deutlich machen, warum diese das tun sollte. Die Erwartung, mit Energiemanagement Ressourcen zu sparen,

PHASEN DER ENTSCHEIDUNGSFINDUNG

Abb. 21: Phasen der Entscheidungsfindung im Energiemanagement

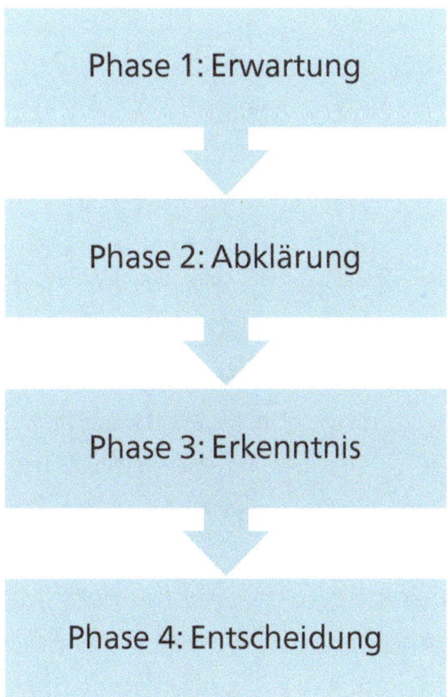

Emissionen zu vermindern und dem Umweltschutz Genüge zu tun, ist auf den ersten Blick verlockend. Wenn sich dann aber herausstellt, dass dazu erhebliche Investitionen und interne Anstrengungen notwendig sind, fällt die Argumentation schon schwerer. Häufig ist in diesem Moment ein opportunistisches Argumentationsverhalten zu beobachten. Hohe Investitionskosten und zusätzlicher Personalbedarf schrecken ab. Oft wird auch die Kostenrelation zu z.B. Personal- oder Gesamtkosten eines Unternehmens angeführt. Energie kann tatsächlich immer noch sehr preisgünstig eingekauft werden. Die Energiekosten sind deshalb im Gesamtbudget häufig fast vernachlässigbar. Grössere Investitionen in diesem Bereich rechnen sich aus ökonomischer Sicht oft nicht oder nur knapp. In diesem Fall ist die «Führung» nicht wirklich am Thema interessiert. Will also die «Ausführung» trotzdem die Einführung von Energiemanagement bei der «Führung» durchsetzen, sind klare und starke Argumente gefragt.

Energiekosten werden oft erst dann wieder thematisiert, wenn z.B. höhere Einkaufspreise für Energie (insbesondere beim elektrischen Strom) von Energieversorgern angekündigt werden. Dann sind plötzlich die Energiekosten wieder im Blickfeld der Führungsetage. Je nach Unternehmung können Energiekosten als so entscheidend angesehen werden, dass z.B. mit dem Wegzug von Produktionsstätten gedroht wird.

Anders ist die Sachlage natürlich, wenn das Engagement für Energiemanagement aus der «Führung» selbst kommt. Entscheidungen, die Investitionen und internen Aufwand zur Folge haben, werden in diesem Fall leichter gefällt. Dem Impuls folgend, werden die notwendigen Massnahmen in kurzer Zeit umgesetzt. Die *Erwartung* ist dann selbstverständlich, dass sich Erfolge einstellen und Fortschritte im Umgang mit Energie im Unternehmen erkennbar werden. Die Gefahr, die in dieser Situation lauert, ist eine falsche Erwartung an den Aufwand für das Energiemanagement. Nach einem Initialaufwand ist die Aufgabe nicht beendet. Steigt der Verbrauch nach einer gewissen Zeit wieder an, weil kein dauerhaftes Energiemanagement eingeführt wurde, stellt sich Ernüchterung ein.

Phase 2: Abklärung

Für die Einführung von Energiemanagement ist Transparenz über die energetische Situation im Gebäude resp. im Betrieb notwendig. Die Erfahrung zeigt, dass dies in der Vorstellung als unproblematisch angesehen wird. Tatsächlich stellt sich das Sammeln von Informationen zu Anlagen und Verbräuchen als schwieriges Unterfangen heraus. Die nachfolgenden Probleme sind in der Praxis anzutreffen:

- *Energieabrechnungen sind unvollständig und/oder nicht chronologisch vorhanden*
- *Reale Flächenverhältnisse sind nicht bekannt*
- *Anlagendokumentationen sind nicht oder unvollständig vorhanden*
- *Verbrauchswerte geben keinen Aufschluss über den Verbrauch bestimmter Gebäudebereiche oder Anlagen*

Die *Abklärung* benötigt ein grosses Mass an Disziplin und Organisation. Nicht selten findet dabei gleichzeitig ein Prozess der Bewusstseinswerdung statt. Die Inventarisierung der energetischen Situation im Gebäude bzw. im Unternehmen bringt so einiges zutage.

- *Bestandsaufnahme bestehender Anlagen*
- *Verbräuche der technischen Anlagen*
- *Erfassung von Verbrauchsverhalten*

Es ist wirklich erstaunlich, wie sehr das Alltagsgeschäft von Unternehmen dazu führt, mit dem Energieeinsatz vergleichsweise achtlos umzugehen. Natürlich hat es im letzten Jahrzehnt diesbezüglich einen Wandel gegeben. Dennoch herrscht in vielen Unternehmen eine gewisse Sorglosigkeit im Umgang mit Energie. Vor allem aber fehlt es sehr oft an detaillierten Zahlenwerten zum Energieverbrauch.

Phase 3: Erkenntnis

Die mehr oder weniger vollständige, transparente energetische Situation eines Gebäudes, eines Gebäudeparks eines Unternehmens oder eines Unternehmens zeigt, wie es um den Umgang mit Energie im Gebäude/Unternehmen wirklich steht. Der Energieverbrauch muss bewertet werden, um Aussagen zum Sparpotenzial zu erhalten. In dieser Phase sind weitere Erkenntnisse möglich. Es kann auch Transparenz darüber geschaffen werden,

- *in welchem Zustand die technischen Anlagen sind und wie gross der Instandsetzungsaufwand ist,*
- *wie ausführlich und aussagefähig die Gesamtdokumentation ist,*
- *mit welchem Zeithorizont für etwaige Massnahmen zu rechnen ist,*
- *welcher Personaleinsatz notwendig wird,*
- *wie sich das Budget (Investitionsvolumen und langfristige Kosten) ungefähr darstellt.*

Die dann vorliegende Faktenlage verdeutlicht, von wie vielen Einflussparametern ein zu erarbeitender Massnahmenplan abhängt. Die Festlegung der richtigen Umsetzungsstrategie muss individuell und mit einer ausgedehnten Planungsphase vonstattengehen. Es empfiehlt sich, ein geeignetes Team zusammenzustellen und für die Planung genügend Zeit vorzusehen.

Die Durchschlagskraft dieser Erkenntnisphase wird ebenfalls von der Bedeutung der Energiekosten für das Kerngeschäft eines Unternehmens beeinflusst. Wenn die Energiekosten in einem produzierenden Unternehmen direkt in die Produktkosten einfliessen, sind die aus der Erkenntnisphase resultierenden Massnahmen von ganz anderem Interesse als diejenigen eines Dienstleitungsunternehmens, welches lediglich ein paar Büros benutzt. Im letzteren Fall kann die Einführung von Energiemanagement von anderen Einflüssen abhängig sein, da die Energiekosten nur unbedeutend sind. So kann zum Beispiel das Image des Unternehmens gefördert werden.

Andere Einflüsse und Entscheidungen, die den Geschäftsverlauf stark beeinflussen oder im laufenden Unternehmensgeschehen finanzielle Mittel binden bzw. verbrauchen, werden oft zulasten der Einführung von Energiemanagement höher gewichtet. Auch Investitionen in Massnahmen zur Energieeffizienzverbesserung werden dann oft gestrichen oder vertagt.

Ist die energetische Situation geklärt, kann über die Massnahmen, die zur Durchführung eines erfolgreichen Energiemanagements notwendig sind, nachgedacht werden. In der Regel verlangen alle möglichen Massnahmen einen grösseren Aufwand an Personal und Finanzen.

Phase 4: Entscheidung

Liegen die Fakten und Argumente auf dem Tisch, muss die Entscheidung getroffen werden, ob und wie das Energiemanagement betrieben werden soll. Hierbei macht es keinen Sinn, ein Energiemanagement «light» in Erwägung zu ziehen. Das Energiemanagement ist ein langfristiges Engagement und alle relevanten Massnahmen sind in diesem Kontext zu sehen. Da Immobilien langfristig (zwischen 30 bis über 100 Jahre) betrieben werden, zahlen sich Investitionen in Energiesparmassnahmen oft aus, weil lange Payback-Zeiten erreicht werden können. Im Falle von z.B. Produktionsanlagen kann diese Payback-Dauer anders ausfallen, da deren Lebenszyklus sehr viel kürzer (wenige Jahre) sein kann.

In der heutigen Geschäftswelt wird überwiegend ökonomisch entschieden. Dies ist auch im Energiemanagement der Fall. Es ist nun die Aufgabe des Managements, alle Fakten und Chancen bzw. Hemmnisse zu beurteilen und gegeneinander abzuwägen. Je besser die Entscheidungsgrundlagen erarbeitet werden, umso sicherer können die Entscheidungen gefällt werden. Klar ist, dass die Einführung von Energiemanagement langfristig angelegt werden muss und daher sorgfältig geplant und durchgeführt werden muss.

5.2 Aufgaben des Managements

In der GEFMA 124-1 steht: «Die Leistungen des Energiemanagements sind in der Managementebene zu realisieren, müssen aber zum Teil in der operativen Ebene umgesetzt werden. Zur Managementebene gehören z.B. alle Analyse und Reportingtätigkeiten (Erfassen, Analysieren, Betreuen, Beraten, Controlling im Sinne von Steuern, Dokumentieren).»

Um zuverlässige Entscheidungsgrundlagen zu haben, werden oft auch Beratungsleistungen in Anspruch genommen. Diese können wichtige Inputs geben und Ideen vermitteln. Oft lässt sich auch fehlendes Know-how über eine Beratung einkaufen, oder fehlende interne Ressourcen können ausgeglichen werden. Die Datenerfassung, die Entscheidungsfindung sowie die Umsetzung der notwendigen Massnahmen müssen aber in der Regel intern erfolgen.

Auf der taktischen und operativen Ebene erfolgen einerseits die Datensammlung und Informationsaufbereitung sowie die Dokumentation. Andererseits gehören zur operativen Ebene die Umsetzung der Massnahmen und der laufende Betrieb. Dazu zählen z.B. Tätigkeiten wie Wartung und Inspektion, technische Betriebsführung oder der hydraulische Abgleich von Heizungs- und Trinkwasseranlagen.

Das Management eines Unternehmens ist in einer besonderen Verantwortung. Diese ist in der Bedeutung noch gestiegen, seit sich eine Energiewende in einigen Staaten angekündigt hat. Damit gewinnt der Energieverbrauch deutlich an Bedeutung und ist tendenziell ein Thema für die Unternehmensführungen. Dies ist eine neue Qualität.

Den Energieeinsatz in einem Unternehmen mittel- und langfristig zu planen und zu optimieren, ist eine Managementaufgabe, die von Personen mit strategischen Unternehmensaufgaben wahrzunehmen ist. Genauso sind selbstverständlich auch operative Manager und Ausführende für die Umsetzung von Massnahmen im Energiemanagement vonnöten. Der Gesamterfolg hängt schliesslich vom einwandfreien Zusammenspiel der verantwortlichen Personen untereinander und mit den ausführenden Personen ab.

In diesem Umfeld stehen die Facility Manager im Zentrum. Sie sind der Berufszweig, der zum einen auf der strategischen Ebene für den optimalen Energieeinsatz zum Wohle des Unternehmens zuständig ist und zum anderen sind sie die Organisatoren der operativen Umsetzung und langfristigen Aufrechterhaltung des Energiemanagements. (Abb. 22)

5.3 Bedeutung des Facility Managements

Es ist selbstverständlich, dass jedes Unternehmen eine Gesamtleitung benötigt. Im (erweiterten) Führungskader sitzen die wichtigen Protagonisten der verschiedenen Unternehmensbereiche.

So verantwortet der Leiter der Produktion den Personaleinsatz und den Betrieb der Produktion. Dank der Entwicklung der letzten Jahrzehnte herrscht heute mehr Effizienz und Kostentransparenz, wesentliche Ziele von jedem Leiter Produktion.

Der Leiter der Finanzen hat die gesamte Kostenstruktur und tatsächlichen Kosten im Visier. Das Aufstellen von effizienten Kostenstellenplänen und heutige Softwarelösungen bieten die Möglichkeit, jederzeit Einblick in die aktuelle Ausgaben- und Einnahmensituation eines Unternehmens zu gewähren. Hiervon wird die Handlungsfähigkeit von Unternehmen wesentlich bestimmt.

Der Personalverantwortliche sorgt mit guten Vorgaben und geschicktem Auswählen von Mitarbeitern für die nötige Fachkompetenz in allen Bereichen und wirkt somit ebenfalls wesentlich

FACILITY MANAGEMENT IN DER UNTERNEHMENSORGANISATION

Abb. 22: Facility Management in der Unternehmensorganisation (angelehnt an die SN EN 15221-1)

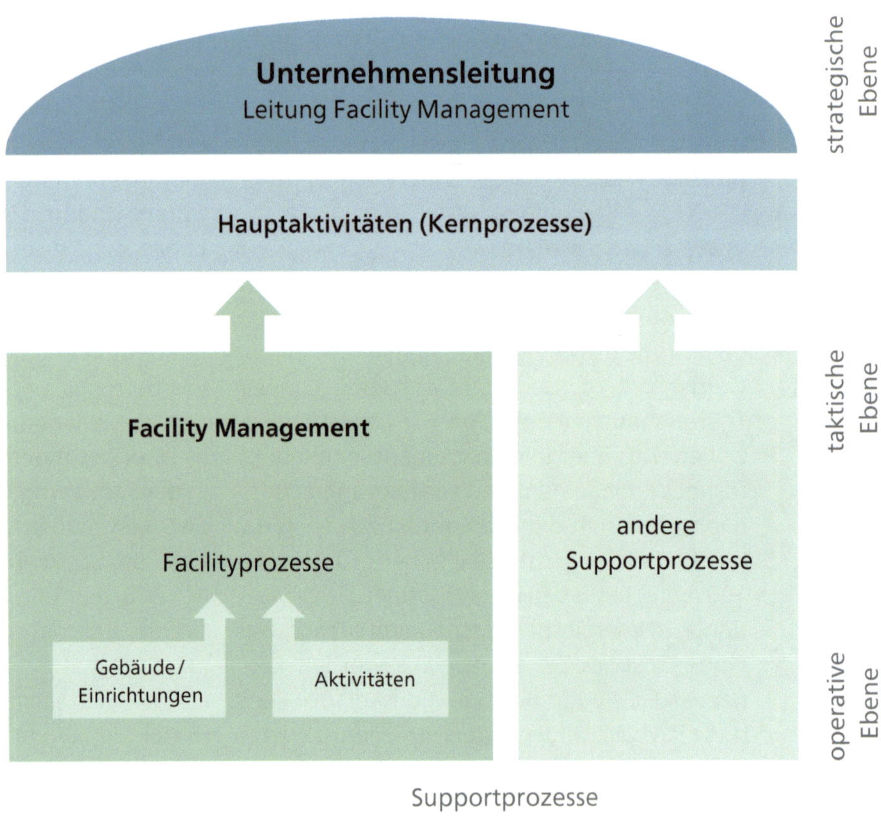

auf die Erfolgsfähigkeit eines Unternehmens ein. Ausserdem fällt auch die stetige Personalentwicklung der vorhandenen Mitarbeiter in seinen Zuständigkeitsbereich.

Als weiteres Kadermitglied bestimmt der Leiter der Entwicklung mit seinem Team die Innovationskraft und somit die Entwicklungsfähigkeit eines Unternehmens. Die Produktpflege nimmt allerdings in der Regel den grösseren Anteil am Tagesgeschäft ein. Bei jeder Produktentwicklung werden die späteren Produkt- bzw. Produktionskosten schon in der Vorentwicklungsphase bestimmt.

Der Vertriebsleiter bestimmt mit seinen Aktivitäten wesentlich das Image und die Marktstellung von Produkten und somit auch des Unternehmens.

Der Informatikverantwortliche bzw. der Leiter der internen Dienste sorgt aufgrund der starken Abhängigkeit des Tagesgeschäfts von der Verfügbarkeit der EDV für einen reibungslosen Arbeitsablauf.

Alle diese Positionen geniessen eine schon fast natürliche Daseinsberechtigung in funktionierenden Unternehmen. Der Effizienzgedanke hat wie selbstverständlich in all diesen Unternehmensbereichen Einzug gehalten. Beispielsweise kämpfen Entwicklungsteams um jeden Franken der späteren Produktkosten. Im Vertrieb müssen die geplanten Massnahmen nicht zuletzt vor dem Hintergrund von begrenzten Budgets genau geplant werden. Im Personalbereich sind die Kosten dominierend und können sich auch negativ auf die Auswahl- und Gestaltungsmöglichkeiten auswirken. Der Einsatz von organisatorischen und softwarebasierten Methoden und Werkzeugen hat zu enormen Fortschritten im Management geführt.

Während in all diesen wichtigen Unternehmensbereichen Einsparungen und Kostenbewusstsein für die Führungskräfte und Mitarbeiter selbstverständlich erscheinen, bleibt die von allen Bereichen benutzte Infrastruktur eines Unternehmens (die Facilities), die alles erst möglich macht, häufig noch zu wenig beachtet. Ebenso werden die weiteren Services zur Unterstützung der Geschäftsprozesse oft noch zu wenig effizient erbracht. Dasselbe gilt auch für den Energiebereich, wo noch vielerorts Effizienzpotenziale schlummern. Um auch bei den unterstützenden Dienstleistungen und im Energiebereich weitere Fortschritte zu erzielen, sollte ein professionelles Facility Management (FM) eingeführt werden. Der Leiter oder die Leiterin FM sollte einen Sitz in der Geschäftsleitung haben (Abb. 23). Dann kann diese Leitungsperson eine optimale Strategie in Bezug auf alle unterstützenden Leistungen und die Infrastruktur im Unternehmen entscheidend beeinflussen.

Die Energiekosten, insbesondere diejenigen der Gebäude, finden sich meist als versteckte Kosten im Overhead einer Unternehmung. Zu hohe Overhead-Kosten führen in der oft üblichen Handlungskette zu internen Vorgaben, die z.B. der Entwicklungsabteilung oder dem Vertrieb vorgeben, erneut weitere Kosten einzusparen. Dort muss dann auf jeden Franken geachtet werden, der eingespart werden kann.

Somit wird das Kostenoptimierungs- bzw. -reduzierungspotenzial im Energiebereich oft zu wenig wahrgenommen. Ob zum Beispiel ungenutzte Räume trotzdem beheizt werden oder ob infolge ineffizienter Lüftung mit fehlender Wärmerückgewinnung viel Energie verloren geht, wird oft nicht einmal registriert. Dagegen gehandelt wird meist schon gar nicht. Dabei sind im Bereich des Energiemanagements Kosteneinsparungen im zweistelligen Prozentbereich möglich, wie viele Fälle mit erfolgreichem Energiemanagement zeigen.

Der Grund für das Ausblenden solcher versteckter Kosten liegt in der häufig mangelnden

UNTERNEHMENSSTRUKTUR

Abb. 23: Unternehmensstruktur mit Leitung FM

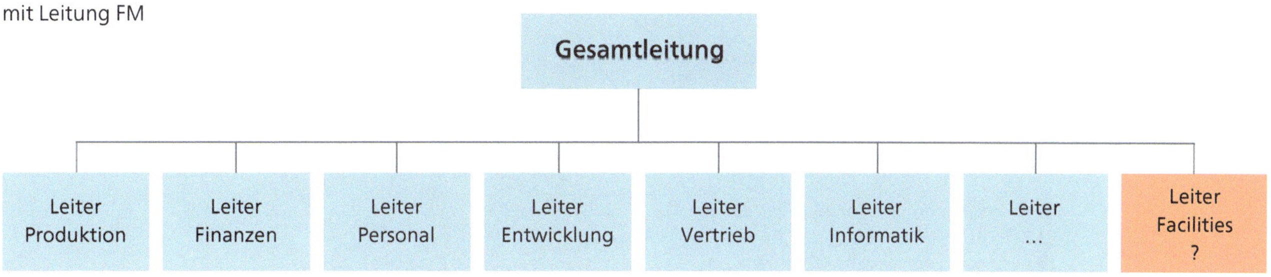

Bedeutung der Facilities im Unternehmen. Die Infrastruktur ist mit dem Erwerb oder dem Errichten von Gebäuden gegeben und wird erst bei auffallend hohen Kosten für den Betrieb hinterfragt. Ein wesentlicher Grund für die häufig fehlende Bedeutung dieses Bereichs ist auch das Fehlen einer internen Kaderposition, die sich professionell mit der Infrastruktur und allen sonstigen für die Arbeitsfähigkeit zwingend notwendigen Diensten auseinandersetzt und im Sinne des Unternehmens strategisch handelt. In den letzten Jahren ist in diesem Bereich durchaus ein Umdenken in den Unternehmen festzustellen. Dies ist nicht zuletzt auf die zunehmende Verbreitung des Facility Managements zurückzuführen. Mit einem professionellen Facility Management können die Kosten für die Infrastruktur (Gebäude und Anlagen) sowie für die unterstützenden Dienste gesenkt werden und deren Qualität kann verbessert werden.

In der Immobilienwirtschaft bildet sich dieses Umdenken in einem Paradigmenwechsel ab, der noch vor Jahren undenkbar war. Mit der Abkehr von der reinen Investitionsentscheidung im Zusammenhang mit Gebäuden (Neubau, Sanierung, Betrieb) hin zu einer Lebenszyklusbetrachtung wird vor allem Wert auf die Kosten für den Betrieb und die Nutzung des Gebäudes gelegt. Neben z.B. Personal- und Reinigungskosten sind vor allem auch die Energiekosten ein Thema (Abb. 24). Da diese wiederum merklich vom Nutzerverhalten beeinflusst werden, kommt dem laufenden Energiemanagement ebenfalls eine grosse Bedeutung zu. Diese wird offensichtlich, wenn die Kostenverhältnisse über den Lebenszyklus eines Gebäudes offenbart werden.

Mit Facility Management kann auch der Energiebedarf reduziert werden, sei es durch die energieoptimierte Planung eines Neubaus oder durch das Energiemanagement im Betrieb. Der Energiemanager einer Unternehmung kann dabei zum Facility Management gehören. In jedem Fall muss er den vollen Rückhalt der Geschäftsführung haben.

Energiekostenreduktion und -effizienzsteigerung sind Kernkompetenzen des Facility Managers. Die breit angelegte Ausbildung von Facility Managern, in der sowohl technische und betriebswirtschaftliche Kenntnisse wie auch Managementkompetenzen vermittelt werden, ist die Basis für ein an den laufenden Bedürfnissen eines Unternehmens orientiertes Handeln. Der effektivste und wirksamste Einfluss wird dann generiert, wenn der Facility Manager auch in einer Position ist, in welcher die facilitybezogenen Kompetenzen und die entsprechenden Verantwortungen bei ihm gebündelt sind. Wo strategische Entscheidungen, die auch oft Veränderungen in den Facilities mit sich bringen, getroffen werden, ist der Facility Manager von Beginn an einzubeziehen.

In der Konsequenz bedeutet dies eine Erweiterung des Geschäftsführungskreises um die Position des Facility Managers, der neben dem Finanzmanager, dem Produktionsmanager und den weiteren Führungsmitgliedern aktiv an den Entscheidungen im Unternehmen teilhat.

Dabei muss sich der Facility Manager bzw. die zuständige Person zuerst die erforderliche Transparenz zur wirklichen Situation im Unternehmen verschaffen können. Dazu sind oft Investitionen in z.B. Messkonzepte erforderlich. Aus diesen Vorarbeiten können Massnahmen abgeleitet und mit Kosten- und Risikoabschätzungen priorisiert werden. Um die Massnahmen erfolgreich umzusetzen und für das Unternehmen eine optimale Strategie zu verfolgen, muss ein guter Facility Manager mit den entsprechenden Entscheidungskompetenzen ausgestattet sein. Der Facility Manager stellt im Unternehmen – vielleicht mehr als alle anderen erwähnten Positionen – durch sein integratives Aufgabenfeld eine einmalige Vernetzungsposition dar, die auch entsprechende Kommunikationskompetenzen voraussetzt.

KOSTEN IN RELATION ZUEINANDER

Abb. 24: Verhältnis der Kostenanteile eines Bürogebäudes über 30 Jahre

Basierend auf: Ive, G. (2006). Re-examining the costs and value ratios of owning and occupying buildings. Building Research & Information, 34(3), 230–245, mit Anpassung an Saläre Schweiz

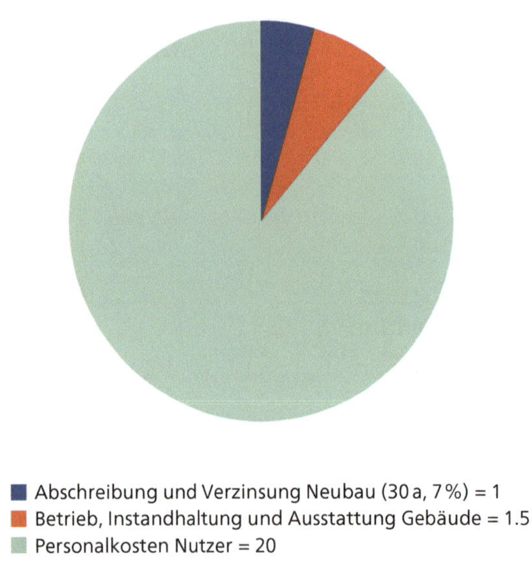

5.4 Bedeutung der Kommunikation

Eine andere Erfahrung zeigt, dass vor allem ein guter Informations- und Erfahrungsaustausch bei der Durchführung oder der Einführung von Energiemanagement Erfolg bringt. Die Einbindung der Mitarbeiter und der Nutzer kann durch Bildung eines Energieteams oder einer Projektgruppe, durch Veröffentlichung der erzielten Ergebnisse und allgemeine Informationsveranstaltungen erfolgen.

In der Regel wird das Formulieren eines Leitbildes empfohlen. Energieeinsparungsziele werden eher beachtet, wenn diese mit anderen wichtigen Unternehmenszielen verbunden werden.

Die Kommunikation von Hintergründen, Massnahmen und Informationen aus dem Energiemanagement ist zentral für den Erfolg dieser Managementaufgabe. Als allzeit präsentes Thema stellt die Kommunikation alle Beteiligten vor grosse Herausforderungen.

Aus zahlreichen Untersuchungen ist hinlänglich bekannt, dass der Nutzer bzw. auch der Betreiber eines Gebäudes enormen Einfluss auf den Energieverbrauch hat. Diesem ist also im Gebäudebetrieb besondere Aufmerksamkeit zu schenken. Die Einbindung der (Gebäude-)Nutzer in den Umsetzungsprozess des Energiemanagements ist ein wesentlicher Erfolgsfaktor.

Der Erfolg der Einführung von Energiemanagement in einem Unternehmen ist zentral von der Kommunikation über alle Unternehmensbereiche abhängig. Dem Management kommt hierbei eine besonders wichtige Rolle zu. Die Unternehmensführung muss den Mitarbeitern Folgendes klar machen:

- *Das Ziel der Einführung des Energiemanagements*
- *Die Bedeutung für das Unternehmen*
- *Die Erwartung an die Mitarbeiter*
- *Den Beitrag der Geschäftsführung für die Umsetzung des Energiemanagements*

Ein weiterer wesentlicher Aspekt bei der Einführung von Energiemanagement ist das Schaffen des Bewusstseins, dass dieses Engagement ein langfristiger Prozess ist. Diese Tatsache muss klar kommuniziert werden. Ebenso wichtig ist es, die Notwendigkeit eines kontinuierlichen Monitorings und Reportings verständlich zu machen. Nur so können die Effizienzpotenziale der umgesetzten Massnahmen auch ausgeschöpft und überprüft werden.

5.5 Ziele und Hemmnisse zur Durchführung von Energiemanagement

5.5.1 Ziele und Motivation

Massnahmen zur Steigerung der Energieeffizienz können aus verschiedenen Gründen geplant und umgesetzt werden. In der Literatur findet sich ein Fächer von Motiven. Wie massgebend diese für die Umsetzung von Effizienzmassnahmen sind, lässt sich daraus schliessen, wie stark diese in der Literatur betont werden. Abb. 25 zeigt die Häufigkeit der Nennung von Zielen in 82 Quellen, die im Rahmen einer Bachelorarbeit untersucht wurden.

Nachfolgend sind die Motive nach ihrer Gewichtung aufgelistet:

- *Kostenreduktion durch effizienten Energieeinsatz*
- *Gesetzliche Bestimmungen und Vorgaben; absehbare politische Entwicklung*
- *Energiesparen als Wettbewerbsvorteil oder zum Erhalt der Wettbewerbsfähigkeit*
- *Politische Rahmenbedingungen (Klimaschutzvereinbarung)*
- *Klimaschutzgedanke: Reduktion CO_2-Emissionen*
- *Komforterhöhung, Werterhaltung*
- *Vorbildfunktion oder zur Aufbesserung des Images*
- *Persönliche Motivation der Entscheidungsträger oder der verantwortlichen Mitarbeiter*
- *Zum Erstellen von Handlungsempfehlungen oder als Praxisbeispiel für Umsetzungsmodelle*
- *Um Kenntnisse zu Kosten bei Energieeffizienzmassnahmen in Gewerbebauten zu erlangen*
- *FM-Kompetenz innerhalb des Betriebes entwickeln und ausbauen*

Die *finanziellen Anreize* werden besonders in der Praxis thematisiert. Mehr als 75 % aller Praxisberichte enthalten Hinweise zu dieser Thematik. Zum Beispiel ist die Reduktion der Energiekosten oft das Hauptziel von Massnahmen zur Energieeffizienz.

Kosteneffizienz ist messbar und daher ein überprüfbares Ziel, welches von Unternehmen vor dem Aufgleisen eines Projekts sehr kritisch abgeschätzt wird. Um Massnahmen zur Effizienzsteigerung bei der Geschäftsleitung durchsetzen zu können, sollten daher genügend

Abb. 25: Die meistgenannten Ziele im Verhältnis zu den untersuchten Quellen

Streiff P., 2007, Energieeffizienz in KMU und der Industrie, Stellenwert, Management, Erfahrung, Diplomarbeit HSW, Wädenswil

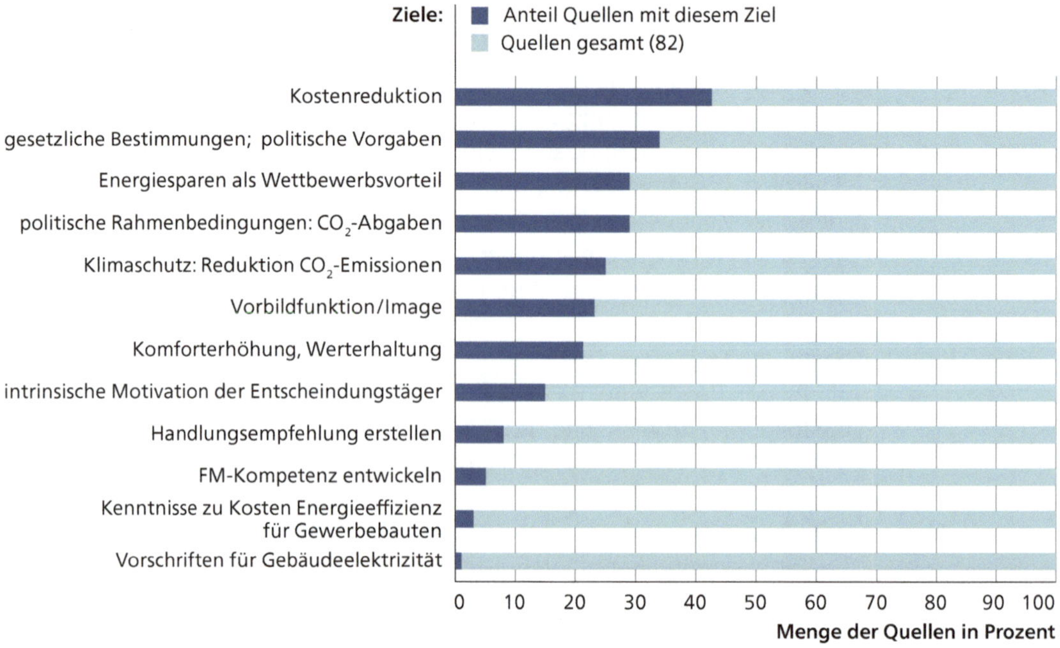

ÜBERSICHT DER AM HÄUFIGSTEN GENANNTEN ZIELE

überzeugende Daten und Argumente bezüglich Kosteneinsparungen erarbeitet werden.

In 21 Kantonen (Stand Ende 2012) wurde als staatliche Verpflichtung das Grossverbrauchermodell nach MuKEn eingeführt. Die gesetzlichen Vorgaben für die Grossverbraucher sind in einem Pflichtenheft (vgl. Baudirektion Kanton Zürich: Pflichtenheft, Energieverbrauchsanalyse für Grossverbraucher im Kanton Zürich) aufgeführt. Dadurch werden die Grossverbraucher zu Einsparmassnahmen angehalten. Diese können in der Regel zwischen zwei Varianten wählen. Entweder sie können durch die zuständige Behörde verpflichtet werden, ihren Energieverbrauch zu analysieren und zumutbare Massnahmen zur Verbrauchsoptimierung zu realisieren. Oder sie können sich verpflichten, individuell oder in einer Gruppe von der zuständigen Behörde vorgegebene Ziele für die Entwicklung des Energieverbrauchs einzuhalten.

Neben politischen Vorgaben und finanziellen Vorteilen sind für Energieeffizienzmassnahmen weitere unternehmerische Motive massgebend. Zusätzlich werden *Wettbewerbsvorteile* oder der *Wettbewerbserhalt* durch Energieeinsparungen, die *Komforterhöhung* und *Werterhaltung der Gebäude und Einrichtungen* und die *Imageverbesserung* angeführt.

Das Ziel, Kenntnisse über die *Kosten bei Energieeffizienzmassnahmen* zu erwerben, und der Beweggrund, die *Facility-Management-Kompetenz* innerhalb des Betriebes durch gezieltes Energiemanagement zu entwickeln, sind wenig häufig genannte Beweggründe für Energieeffizienz.

Neben diesen Gründen können auch ganz andere persönliche Motive, wie soziale Einflüsse aus dem persönlichen Umfeld, zu Energieeffizienzmassnahmen führen.

5.5.2 Hemmnisse

Natürlich gibt es auch Hemmnisse bei der Einführung bzw. der Durchführung von Energiemanagement.

Mit Abstand am häufigsten werden zu hohe Kosten als Hindernis zu Effizienzmassnahmen genannt. Insbesondere bei kleinen und mittleren Unternehmen ist dies ein grosser Faktor, da nur wenig liquide Mittel vorhanden sind, und Kredite als zu grosses Risiko angesehen werden. Haupthemmnis für viele Betriebe scheinen somit die hohen Investitionen oder Kosten zu sein, welche geplante Sparmassnahmen nach sich ziehen könnten. Die ersten Kosten entstehen denn auch bereits bei der Istanalyse, also beim ersten Schritt. Die vermuteten bzw. abgeschätzten Einsparungen, welche durch effizientes Energiemanagement erfolgen können, werden als nicht genügend hoch eingeschätzt, um dieses Hemmnis zu überwinden.

Fehlende Information über Möglichkeiten für mehr Energieeffizienz ist, zusammen mit dem fehlenden Wissen der Hauptakteure, ein wichtiger Grund, weshalb Einsparpotenziale weder bestimmt noch ausgenutzt werden.

Oftmals wäre ein Energieberater notwendig, um die Wissenslücken zu füllen. Da aber im Vorfeld oft davon ausgegangen wird, dass ein Energieberater nur Kosten verursacht und wenig nützt, wird darauf verzichtet.

Ein weiterer Erklärungsansatz für das Unterlassen von Energieeinsparmassnahmen ist die Bedeutung des Energieverbrauchs im betrieblichen Alltag. Dadurch, dass die Energiekosten in den gesamten Betriebskosten nur ein geringes Gewicht haben, scheint es nicht notwendig, Massnahmen in diesem Bereich zu ergreifen. Der Kosten-Nutzen-Vergleich scheint wenig überzeugend, trotz oft, absolut gesehen, recht hohen Energiekosten.

Bei grösseren Unternehmen der Industrie sind es vor allem die geringen finanziellen Einsparungen im Vergleich zu den gesamten Geldflüssen im Kerngeschäft, welche keinen Anreiz zu Massnahmen im Energieverbrauch schaffen. Die Energiekosten gehen in den Gesamtkosten unter.

Zusammen mit dem Haupthemmnis, den befürchteten hohen Kosten, kann es reichen, dass das Thema Energieeffizienz nicht einmal aufgeworfen und der Aufwand für eine genauere Untersuchung nicht getätigt wird. Eine solche würde in vielen Fällen schnell einmal zeigen, dass kostengünstige Massnahmen bestehen und diese bereits grosse Einsparungen bewirken können. Abb. 26 zeigt die am häufigsten genannten Hemmnisse in den untersuchten Quellen.

Die Energiekosten und insbesondere die Konsequenzen des (hohen) Energieverbrauchs sind nicht unmittelbar spürbar, sondern machen sich erst im Lauf der Zeit bemerkbar. So werden die Folgen der CO_2-Emissionen noch nicht bewusst wahrgenommen, sondern wirken sich erst später und in anderen Zusammenhängen (Klimawandel) und anderen Orten aus. Dadurch sind die Verursacher nicht direkt von den Konsequenzen betroffen und die Unmöglichkeit, den Verlauf zurückzuverfolgen und den Verursacher zu identifizieren und zu behaften, macht es ihm einfach, sich der Verantwortung zu entziehen.

Ein weiteres Hemmnis, welches zusammen mit den hohen Kosten auftaucht, ist die Wirtschaftlichkeitsberechnung. Von Investitionen in Energieeffizienz wird oft erwartet, dass sie sich in kurzer Zeit, in der Regel nicht länger als 3 bis

HÄUFIGSTE HEMMNISSE FÜR ENERGIEMANAGEMENT

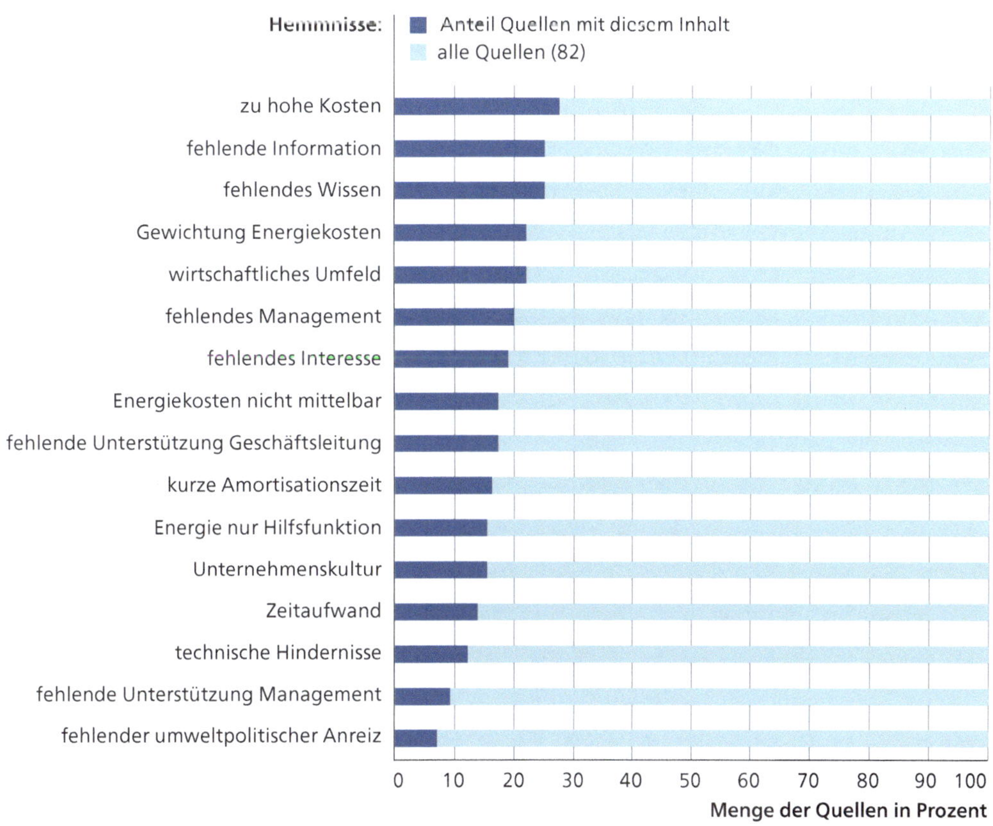

Abb. 26: Häufigste Hemmnisse für Energiemanagement

Streiff P., 2007, Energieeffizienz in KMU und der Industrie, Stellenwert, Management, Erfahrung, Diplomarbeit HSW, Wädenswil

5 Jahre, amortisieren. Der langfristige Nutzen und allfällige Zusatznutzen und nicht messbare positive Folgen der Investitionen werden weder beachtet noch berücksichtigt.

Fehlendes persönliches Interesse
Für jede nachhaltige Veränderung in einem Betrieb braucht es eine Person, welche das Projekt mit persönlichem Einsatz und einer inneren Überzeugung leitet. So sind das Fehlen einer solchen Überzeugung und ein geringer Stellenwert von Energieeffizienz ein Hemmnis.

Zu wenig Unterstützung durch die Geschäftsleitung
Massnahmen zu mehr Energieeffizienz können ausschliesslich dann ergriffen und nachhaltig umgesetzt werden, wenn sie von der Geschäftsleitung anerkannt und unterstützt werden. Hat die Geschäftsleitung kein oder nur geringes Interesse an diesem Thema, so wirkt sich dies hemmend auf entsprechende Projekte aus. Insbesondere müssen manchmal Massnahmen auch gegen die Zweifel von Mitarbeitern und Vorgesetzten durchgesetzt werden können.

Betriebliche Hemmnisse
Fehlendes innerbetriebliches Wissen und fehlende Information über die verschiedenen Möglichkeiten und Vorteile bei der Umsetzung von Energieeffizienz treten sehr häufig auf.

Mangelnde Transparenz kann dazu führen, dass vorhandene (grosse) Potenziale gar nicht erkannt werden.

Die Überforderung des beauftragten Personals ist ein weiteres Hemmnis. Das Engagieren eines externen Beraters ist aber bereits mit einigen Hindernissen und Ängsten verbunden, weil entweder die Beratungsinstitutionen nicht bekannt sind oder die Kompetenz des innerbetrieblichen Energiebeauftragten nicht infrage gestellt werden soll. Folge davon ist, dass auf externe Hilfe möglicherweise verzichtet wird und Einsparungen nicht getätigt werden.

Energie ist nur Hilfsmittel
Die Energie ist für das produzierende Gewerbe sowie für Dienstleistungsbetriebe lediglich ein Hilfsmittel. Die Bereitstellung der Energie ist wichtiger als deren Effizienz. Aus diesem Grund und weil befürchtet wird, dass Einsparungen die Qualität der Produkte und die Prozesse beeinträchtigen könnten, werden Projekte für mehr Energieeffizienz nicht durchgeführt.

5.6 Energiemanagementmodell

Energiemanagement (EM) ist aufgrund der Definition (→ Kap. 3.1) die Summe aller erforderlichen Massnahmen, um eine Organisation mit Energie zu versorgen, den effizienten Einsatz der Energie zu gewährleisten und negative Umweltauswirkungen zu verringern, sowie die Kosten für die Energieversorgung zu reduzieren und anforderungsgerecht zu erfassen und zu verrechnen. Die Synthese aus den bisher diskutierten Aspekten ist eine Beziehung der unterschiedlichen Einflüsse auf den Erfolg des Energiemanagements.

Die nachfolgende Modellgleichung fasst diese zusammen und verdeutlicht die Abhängigkeiten.

Die Gleichung zeigt, dass der Erfolg von Energiemanagement das Produkt ist von allen Vorteilen, die sich daraus ergeben, multipliziert mit dem gezeigten Engagement und der Systematik. Die Zahl und Intensität der Hemmnisse erhöht oder vermindert den Erfolg des Energiemanagements. Die Einflussgrössen *Vorteile* und *Hemmnisse* sind aufsummierte Sammelparameter und immer im Einzelfall zu interpretieren, aber gleichartig zu messen. Engagement und Systematik können zwischen null (0, gar kein Engagement resp. null Systematik) und Eins (1, maximales Engagement resp. ideale Systematik) liegen.

ENERGIEMANAGEMENT-MODELLGLEICHUNG

Jäschke; Hubbuch, 2013

$$\text{Erfolg Energiemanagement} = \sum \text{Massnahmen} \cdot \text{Erfolgsfaktor Energiemanagement}$$

$$EEM = \frac{(\sum Vorteile) \cdot Engagement \cdot Systematik}{\sum Hemmnisse + 1}$$

EEM = Erfolgsfaktor Energiemanagement

Zu den wesentlichen *Vorteilen* des Energiemanagements zählen:

- *Insbesondere Kosteneinsparungen*
- *Transparenz zu Verbräuchen und Kosten*
- *Imagegewinn und Wettbewerbsvorteil*
- *Effizienter Energieeinsatz*

Die Vorteile müssen klar einen Mehrwert für die Unternehmung bringen. Sind die Vorteile minimal, wird auch das Energiemanagement keinen Erfolg bringen (siehe Energiemanagement-Modellgleichung). Ohne Vorteile wird gar kein Energiemanagement umgesetzt.

Das *Engagement* zielt insbesondere auf die Managementebene eines Unternehmens ab. Besteht kein wirkliches Umsetzungsinteresse, kein Budget, keine strategischen Überlegungen oder Vorgaben und keine Unterstützung für die Einführung und langfristige Durchführung von Energiemanagement, so scheitert dieses Vorhaben, wie die Energiemanagement-Modellgleichung klar aufzeigt.

Mit *Systematik* ist gemeint, dass die Ein- und Durchführung von Energiemanagement genau und systematisch geplant werden muss. Sämtliche Abläufe sind festzuhalten und alle Installationen sind genau zu erfassen und zu dokumentieren. Beispielsweise ist das Ergebnis eines Messkonzeptes letztlich eine exakte Liste, wo sich welche Messstelle befindet und was dort wie gemessen wird. Diese Prozesse müssen dauerhaft aufrechterhalten werden. Ohne diesen dauerhaften Aufwand sind keine aussagekräftigen Messreihen und damit keine klare Transparenz der energetischen Situation aufrechtzuerhalten. Mit anderen Worten können so teuer installierte Messstellen im Endeffekt wertlos sein, wenn nicht systematisch und dauerhaft vorgegangen wird. Tritt ein solcher Fall ein, ist das durchgeführte Energiemanagement wertlos, wie die Energiemanagement- Modellgleichung klar zeigt. Es ist einleuchtend, dass Hemmnisse jeglicher Art den Erfolg von Energiemanagement mindern oder sogar verhindern können. Bedeutende *Hemmnisse* sind

- *Zu hohe Initialkosten*
- *Fehlende Informationen*
- *Fehlendes Management und Interesse*
- *Energiekosten sind nicht relevant*

Je mehr solcher Hemmnisse vorhanden sind, umso deutlicher zeigt die Energiemanagement-Modellgleichung, dass sich ein Erfolg des Energiemanagements nicht einstellen kann. Positiv ausgedrückt, zeigt sich, dass, wenn keine Hemmnisse vorhanden sind, der Erfolg unter der Voraussetzung, dass die anderen Sammelparameter erfüllt sind, absolut gegeben ist.

Da jedes Gebäude in Kombination mit der jeweiligen Nutzerorganisation ein Einzelfall ist, sind die vier Sammelparameter auch immer unterschiedlich stark ausgeprägt und beeinflussen sich gegenseitig. Sind beispielsweise das Engagement und die Disziplin hoch, aber die Vorteile nicht vorhanden und zusätzlich noch Hemmnisse da, wird das Energiemanagement trotzdem wenig erfolgreich sein. Mithilfe der Energiemanagement-Modellgleichung können wichtige Zusammenhänge illustriert werden. Ein Erfolgsfaktor Energiemanagement (EEM) von 1 bedeutet, dass in der Summe alle Massnahmen zu einem ausgeglichenem Ergebnis führen und der Einsatz trotz einiger Hemmnisse etwas bringt. Ist der EEM grösser oder deutlich grösser als 1, lohnt sich die Einführung des Energiemanagements und wird erfolgreich sein. Ein EEM unter oder deutlich unter 1 bedeutet, dass trotz Engagement an einer Stelle es insgesamt zu keinem Erfolg führen wird. Wenn beispielsweise sehr viel Geld in Messtechnik und Sensorik gesteckt wird und gleichzeitig im Unternehmen wenig Interesse am Ergebnis der Messungen herrscht, zahlt sich die Investition nicht aus.

Beispiel:
Ein produzierendes Unternehmen denkt über ein professionelles Energiemanagement nach. Bisher war der Energieverbrauch sporadisch ein Thema. In früheren Jahren wurden bereits zusätzliche Stromzähler an verschiedenen Stellen eingebaut. Einen Verantwortlichen für das Thema Energie gibt es derzeit nicht. Das ganze Engagement früherer Jahre ist zur Ruhe gekommen. Nun soll das Thema wieder aktiviert werden. Die Unternehmensleitung hat eine Nachhaltigkeitsstrategie verabschiedet, in der Energie einen wichtigen Stellenwert hat. Bisher gibt es noch keinerlei Konzepte, da in der Vergangenheit vieles vom individuellen Engagement einzelner Mitarbeiter abhing.

Ermittlung des Erfolgsfaktors Energiemanagement:

1. Vorteile (Summe 6)

- *verbessertes Image*
- *ist wichtig für geplanten Nachhaltigkeitsbericht*
- *mehr Transparenz*
- *bessere Planung*
- *sinkender Energieverbrauch*
- *weniger Energiekosten*

2. Hemmnisse (Summe 4)

- *Mitarbeiter, die sich früher engagiert hatten, sind nicht mehr im Unternehmen*
- *keinen eigenen Energieexperten*
- *keine Konzepte vorhanden*
- *keine Transparenz, wo wie viel Energie verbraucht wird und warum*

3. Engagement

Die Unternehmensleitung ist motiviert und willens sich in dem Thema zu engagieren. Die subjektive Einstufung auf einer Skala zwischen 0 und 1 liegt bei 0,7 (entspricht einem Engagement von 70% von 100%).

4. Systematik

An verschiedenen Stellen im Unternehmen wurde bereits in früheren Jahren invertiert. Allerdings ist die Dokumentation mangelhaft, es sind keine Konzepte vorhanden und bisher gesammelte Daten wurden nicht ausgewertet. Die subjektive Einstufung auf einer Skala zwischen 0 und 1 liegt bei 0,2 (entspricht einem Engagement von 20% von 100%).

Aus diesen Betrachtungen ergibt sich der folgende Erfolgsfaktor:

$$EEM = (6 \cdot 0{,}7 \cdot 0{,}2) / (4 + 1) = 0{,}168$$

Ein EEM von 0,168 bedeutet, dass in diesem Fall trotz guten Willens der Unternehmensführung kein erfolgreiches Energiemanagement möglich ist, wenn nicht Änderungen vorgenommen werden.

Die Unternehmung beschliesst folgende Massnahmen:

- *ein Mitarbeiter wird für das Thema Energie eingestellt*
- *dieser Mitarbeiter besitzt bereits etwas Erfahrung*
- *alle notwendigen Konzepte werden erstellt (z. B. Messkonzept)*
- *Mängel in der Dokumentation werden beseitigt und insgesamt wird der Energieverbrauch im Unternehmen strukturiert erfasst und ausgewertet.*

Mit diesen Massnahmen verringert sich die Anzahl Hemmnisse auf 1 (frühere Mitarbeiter) und die Systematik erhöht sich auf 0,8.

So ergibt sich nun ein EEF von

$$EEM = (6 \cdot 0{,}7 \cdot 0{,}8) / (1 + 1) = 1{,}68$$

Ein EEM von 1,68 bedeutet nun, dass sich das Gesamtengagement auszahlt und die Entwicklung des professionellen Energiemanagements zu Erfolgen führen wird und die selbst gesteckten Ziele erreicht werden.

Dieses Beispiel zeigt, wie die verschiedenen Faktoren zusammen wirken und zielgerichtet entwickelt werden können. Es wird deutlich, dass mehrere Faktoren stimmig sein müssen, damit der Einsatz für das Energiemanagement auch belohnt wird. Die Energiemanagementgleichung liefert aufgrund der subjektiven Einschätzung aller Faktoren kein exaktes Ergebnis, sondern einen Trend. Dieser kann für die interne Kommunikation genutzt werden, wenn es darum geht, die geeigneten Massnahmen und Budgets für die Einführung eines professionellen Energiemanagements in einem Unternehmen zu ergreifen.

5.7 Vorgehen bei Neubauten und bestehenden Gebäuden

Grundsätzlich lassen sich zwei Fälle unterscheiden, die im Hinblick auf die anstehenden Aufgaben der Energieoptimierung unterschiedliche Auswirkungen haben:

- *Neubau*
- *Bestehendes Gebäude*

5.7.1 Neubau

Ein eigentlich günstiger Fall ist der Neubau. Im Sinne des Energiemanagements lässt sich dann von Beginn an ein Energiekonzept und korrespondierend dazu ein Messkonzept erstellen. Vielfach sind diese Konzepte auch vorgeschrieben oder im Rahmen einer Zertifizierung des Gebäudes vorgesehen.

Die besondere Herausforderung ist die Abschätzung des zukünftigen, durch die Gebäudenutzung verursachten Energiebedarfs. In der Praxis treten dabei verschiedene Schwierigkeiten auf.

Ist die Nutzung in etwa bekannt, kann ein erfahrener Planer abschätzen, wie viel Energie etwa verbraucht werden wird. Zudem kann dann auch bestimmt werden, wo es Sinn macht, Daten für das Erfassen der energetischen Situation aufzunehmen und auszuwerten.

In vielen Fällen ist es aber gar nicht bekannt, wer der spätere Nutzer bzw. wie die Nutzung des Gebäudes sein wird. In diesem Fall ist es entsprechend schwer möglich, den Energiebedarf einigermassen genau vorherzusagen. Die Messkonzepte müssen auf diesen Fall ausgerichtet sein. Es werden vorerst nur Messgeräte vorgesehen, die sich auf die Erfassung mehrheitlich globaler Energiedaten von grösseren Einheiten eines Gebäudekomplexes oder eines Gebäudes beschränken. Eine Aufschlüsselung nach verschiedenen Etagen oder Bereichen ist in solchen Fällen erst nachträglich vorzunehmen. In der Regel ist dann auch der (finanzielle) Aufwand entsprechend hoch. Das Messkonzept muss es soweit wie möglich ermöglichen, dort, wo es notwendig ist, eine Messstelle unterzubringen.

Weiter ist die Konzentration aller Beteiligten in der Planungs- und Bauphase auf die eigentliche Gebäudeentstehung gerichtet. Das Messkonzept ist aber auf die spätere Nutzung ausgerichtet. Es wird deshalb oft nicht in der nötigen Qualität erstellt.

Ein anderes ernst zu nehmendes Problem in der Praxis ist die Übergabe von Informationen von der Baufertigstellung zur Inbetriebnahme. Das Konzept der Gebäudetechnik ist den Betreibern häufig nicht in der nötigen Detaillierung bekannt. Dadurch werden die Anlagen in den wenigsten Fällen optimal betrieben. Neben der Phase, wo die Anlagen «eingefahren» werden, gibt es eine längere Phase, wo die Anlagen an den Gebäudebetrieb angepasst werden müssen. Erst dann kann mit einem sinnvollen Energiemanagement begonnen werden, bzw. diese Betriebsoptimierung ist eine der ersten und wichtigsten Phasen im Energiemanagement.

Der Lebenszyklus eines Gebäudes wird anschaulich mit dem am Institut für Facility Management entwickelten 4P-Modell dargestellt. Die

4P LEBENSZYKLUSMODELL – DIE WERTSCHÖPFUNG DURCH FACILITY MANAGEMENT

Abb. 27: 4P-Modell zum Lebenszyklus eines Gebäudes

Übersetzt von: Ashworth S., 2012, Added Value of FM Know-how, Masterarbeit ZHAW, Wädenswil

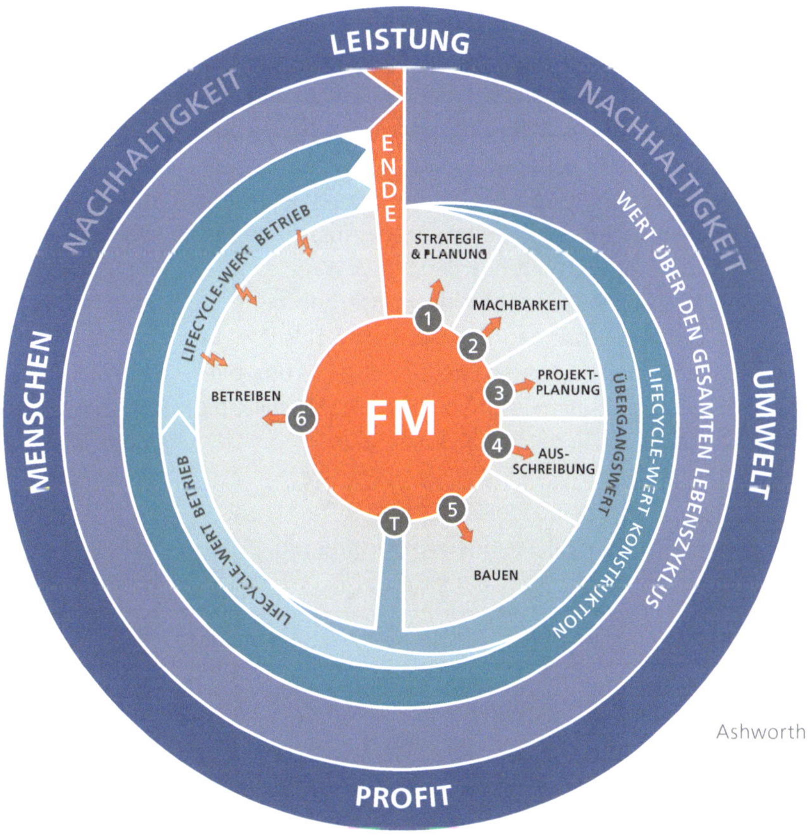

Ashworth (2012)

Vermerk:
Ein Business Case für Wertzuwachs sollte das proportionale Kostenverhältnis für den Besitz von Bürogebäuden über 30 Jahre berücksichtigen:

1 für Baukosten
5 für Unterhaltskosten
200 für Gebäudebetriebs- und Personalkosten

Zahlen basieren auf Gutachten der UK Royal Academy of Engineering

1 → 6 = SIA 112 PHASEN

T = ÜBERGANG VON DER KONSTRUKTION ZUM BETRIEB

verschiedenen Phasen im Lebenszyklus werden im Kontext der 4P «People, Performance, Planet und Profit» betrachtet.

Im Lebenszyklus eines Gebäudes dominiert die Nutzungs- und Betriebsphase (Abb. 27). Wird es in der Phase des Informationsübergangs von Planung und Errichtung zum Betrieb des Gebäudes versäumt, die nötigen Details an die Betreiber weiterzugeben, wird der Aufwand in der Anfangsphase, also nach der Inbetriebnahme des Gebäudes, oft unverhältnismässig gross.

Je besser diese Übergabe gelingt und je besser der anschliessende Betrieb schon in der Konzeptions-, Planungs- und Errichtungsphase berücksichtigt wurde, umso besser läuft die Inbetriebnahme und die Anpassung des Betriebs der Gebäudetechnik an die reale Gebäudenutzung. Das Energiemanagement kann dann verstärkt auf den Nutzereinfluss ausgerichtet werden.

Im Zentrum des 4P-Modells steht nicht zufällig das Facility Management. Dort liegt die Verantwortung für den optimalen Gebäudebetrieb. Das Modell zeigt auf, wo und wie ein Mehrwert im Gebäudelebenszyklus erreicht wird, wenn von Beginn an ein strategisch denkender, erfahrener Facility Manager miteinbezogen wird.

Teil eines guten Konzepts ist in diesem Fall auch die Ausarbeitung eines Kommunikationskonzeptes für die Gebäudenutzer. Gelingt es den Nutzer «abzuholen», beeinflusst dies sein späteres Verhalten auf positive Weise. Viele Nutzer (Mitarbeiter eines Unternehmens im Gebäude) bringen durchaus eine positive, im Sinne des effizienten Energieeinsatzes nutzbare Grundhaltung mit. Ein solches Konzept sollte die folgenden Punkte berücksichtigen:

- *Den Grundgedanken des Gebäudes (Was war die Idee?)*
- *Die Qualität des Gebäudes (Minergie P, DGNB-Zertifizierung nach SGNI)*
- *Die allgemeinen Informationen zu Grösse, Fläche usw.*
- *Die intendierte Nutzung (Wie soll was gemacht werden?)*
- *Die Funktion der Gebäudetechnik*
- *Die verantwortlichen Stellen (Wo können Mängel und Anregungen platziert werden?)*
- *ggf. weitere Punkte*

Wer den Gedanken des Kommunikationskonzepts weiterführt, kommt automatisch zu der Forderung, dass für Gebäudenutzer eigentlich eine Art «Führerschein» eingeführt werden sollte. Dies ist wohl überzogen, aber dennoch wäre eine obligatorische Einführung in die Nutzung des Gebäudes sehr wünschenswert. Bei einem neuen Auto beispielsweise ist dies selbstverständlich. Die genaue Vorgehensweise ist zwischen dem Planungsteam (zu dem selbstverständlich der Facility Manager gehört) und dem Betreiber des Gebäudes abzustimmen.

5.7.2 Bestehendes Gebäude

Viele für den Gebäudebetrieb relevante Parameter sind in genutzten Gebäuden natürlich schon gegeben. Dies betrifft die Flächen, die eingesetzte Gebäudetechnik und die Nutzung.

Nach einer vollständigen Bestandsaufnahme der energetischen Situation des betrachteten Gebäudes ist zunächst der Vergleich mit bekannten Vorgaben oder Benchmarks zu Verbrauchswerten zu ziehen. Als Nächstes wird die Funktionalität der existenten Gebäudetechnik analysiert. Die mit einer Optimierung dieser technischen Einrichtungen möglichen Verbesserungen werden untersucht, die Massnahmen soweit möglich und sinnvoll realisiert.

Ab diesem Zeitpunkt wird das Nutzerverhalten untersucht. Häufig geht mit diesem Schritt auch ein grundsätzliches Hinterfragen der normal gewordenen Abläufe und Prozesse einher. Die Kommunikation spielt hier eine entscheidende Rolle. Die erfolgreichsten Massnahmen sind diejenigen, die Energie einsparen, aber keinerlei Einschränkungen oder Komforteinbussen zu Folge haben. Da ja Gebäude häufig geplant und gebaut werden, ohne dass die Nutzung oder der Nutzer vorher genau bekannt ist, ist es der Regelfall, dass sich eine Organisation bzw. ein Unternehmen an die Gegebenheiten eines Gebäudes anpassen muss. Dies ist ein längerer Prozess, der einiges an Aufwand bedeutet. Wenn nun im Zuge der Einführung des Energiemanagements «liebgewonnene» Verhaltensweisen hinterfragt bzw. unterbunden werden müssen, ist Konfliktpotenzial vorhanden.

5.8 Reporting

Wird Energiemanagement als kontinuierlicher Prozess in einer Organisation verstanden, dann ist eine zielgerichtet aufbereitete Information nötig. Da verschiedene Hierarchiegruppen der Organisation involviert und aktiv sind, muss die Information entsprechend aufbereitet werden. Dabei sind die folgenden Kriterien zu berücksichtigen:

- *Ist die Information eine Analysegrundlage für die Betriebskontrolle und -optimierung?*
- *Sind die Informationen eine Entscheidungsgrundlage im Rahmen einer Strategieüberlegung?*
- *Sollen die Informationen als rein informativ als Bekanntgabe und Visualisierung der energetischen Situation dienen?*

Diese Aufzählung verdeutlicht, dass bei einem Reporting-Konzept einiges zu beachten ist. Es können daraus die Kategorien analytisch, strategisch und informativ gebildet werden.

Unter einem Reporting wird hier eine Zusammenstellung bzw. ein Bericht verstanden, die/der die für die Zielgruppe relevanten Informationen aufbereitet enthält. Zur Verdeutlichung ist es empfehlenswert, mit Grafiken und Diagrammen zu arbeiten, damit komplexere oder langfristige Zusammenhänge übersichtlich und verständlich dargestellt sind. Ein guter Report geht noch darüber hinaus, indem im Idealfall Hinweise und Auswertungen mit Einschätzungen und Bewertungen enthalten sind. Eine solcher Bericht kann in gedruckter Form abgeben werden, allerdings bieten digitale und automatisiert erstellte Berichte mit Anbindungen (Verlinkungen) zu Datenbanksystemen eine grössere Vielfalt. Beispielsweise können dann direkt Informationen zu einzelnen Anlagen oder innerhalb der Anlage zu einzelnen Komponenten abgerufen werden. Einerseits lassen sich so technische Daten und Spezifikationen überprüfen und andererseits kann die Historie eines Bauteils oder einer Komponente abgefragt werden. Die schnelle Auswertung, die auch vor Ort möglich ist, erspart unter Umständen unnötigen Aufwand.

Die Beschreibung zeigt ebenfalls auf, dass Berichte dieser Art (immer wieder) konfiguriert werden müssen. Trotz einer gewissen Automatisierung ist also immer Personal notwendig. Zum einen ist der Initialaufwand zu nennen. Die Zusammenstellung der richtigen Information (Kennzahlen und Grafiken) für die unterschiedlichen Zielgruppen muss einmalig eingerichtet werden. Die Person, die dies tut, muss einerseits das Unternehmen oder Gebäude und dessen technischen Einrichtungen und Anlagen kennen und deren Funktion verstehen und andererseits die eingesetzte Energiemanagementsoftware sehr gut verstehen. Zum anderen hört diese «Betreuung» nach der Phase des Einrichtens des Systems selbstverständlich nicht auf. Die Informationsbearbeitung ist eine laufende Tätigkeit, die von mindestens einer Person auszuführen ist.

5.8.1 Struktur der Reporting-Berichte

Der Reporting-Bericht kann in die Kategorien analytisch, strategisch und informativ aufgeteilt werden. Daneben sind die folgenden Zielgruppen zu unterscheiden:

- *Management*
- *Facility Management/Technik*
- *Externe*

Je nach Grösse eines Unternehmens sind in den verschiedenen Zielgruppen im Unternehmen eine oder mehrere der genannten Kategorien vorzufinden. Die Auswahl und Darstellung der Daten muss dem Fokus der Zielgruppe angepasst sein.

Im Bereich des Managements sind zusammengefasste, aussagefähige Informationen gefragt, die es ermöglichen, strategische Entscheidungen zu treffen. Je nach Unternehmensgrösse ist allerdings auch hier die Ausprägung der Berichte noch unterschiedlich. Der für das Reporting zuständige Mitarbeiter muss sich daher sehr genau überlegen, wem welche Informationen zur Verfügung stehen müssen.

Auf der Ebene Facility Management und / oder technische Leitung und deren Unterabteilungen sind die nötigen Informationen von einem deutlich höheren Detaillierungsgrad. Messresultate, die nicht plausibel sind, können sehr unterschiedliche Hintergründe haben. Immer ist die Frage zu klären, ob nun ein Messfühler falsch gemessen hat oder ob die betroffene technische Anlage bzw. Komponente ein Problem hat. Die Wichtigkeit der Anlage oder Komponenten ist dann ein Mass für die Reaktionszeit. Wenn Messresultate auf Unregelmässigkeiten hinweisen, dann ist die gesamte Messkette vom Messfühler oder -sensor über die Datenerfassung und -ablage bis hin zur Verarbeitung in einer Software zu untersuchen. Erst dann kann abschliessend bestimmt werden, ob wirklich ein technisches Problem vorliegt und wie dieses wohl zu lösen ist.

Gegenüber Externen sollten die Informationen «verdaulich» dargestellt sein. Die zielgerichtete und rein informative Darstellung der Aktivitäten und Resultate im Bereich der rationellen Energieverwendung steht absolut im Vordergrund. Viele Unternehmen nutzen dies für deren Imagepflege in der Öffentlich-

Tab. 2: Reporting-Struktur

Reporting	Management	Facility Management / Technik	Externe
Analyse	(X)	X	–
Strategie	X	(X)	–
Informativ	X	X	X

X ist enthalten
(X) ist in Abhängigkeit von der Hierarchiestufe berücksichtigt
– ist nicht berücksichtigt

keit. Diese Art von Reporting ist weniger häufig in der Auflage, dafür in der Aufbereitung deutlich anspruchsvoller.

Tab. 2 zeigt die Zusammenhänge nochmals im Überblick.

Die im Rahmen des Energiemanagements relevanten Berichte sind also zielgruppenspezifisch und dementsprechend unterschiedlich aufgebaut. Die folgenden Grundelemente sollten jedoch immer darin enthalten sein:

- *Beschreibung des Gebäudes*
- *Beschreibung der Anlage oder Komponenten*
- *Beschreibung und Status der aktuellen Nutzung*
- *Historie der Nutzung*
- *Soll-Ist-Vergleiche von relevanten Kennzahlen (kWh/m^2 oder kWh pro Mitarbeiter)*
- *Zeitliche Vergleiche (mit der Vorwoche, Vormonat, Vorjahr)*
- *Automatische Analyseergebnisse*

Damit die Reporte auf die jeweiligen Bedürfnisse optimal zugeschnitten werden können, müssen die Prozesse eines Unternehmens oder eines Gebäudebetriebs sehr genau bekannt und analysiert sein. Insofern gibt es den Standardbericht nicht.

5.8.2 Frequenz der Berichte

Die Erfahrung zeigt, dass es nicht sinnvoll oder sogar kontraproduktiv ist, die Zielgruppen der Reportings mit (Detail-)Informationen zu überhäufen. Auf der strategischen Ebene ist es sinnvoll, Reportings quartalsweise oder halbjährlich zu erstellen.

Im Rahmen von Imagebroschüren für Externe werden die nötigen Informationen zusammengefasst aufbereitet. Üblicherweise werden solche Berichte maximal jährlich erstellt.

Wenn der Gebäudebetrieb energetisch optimiert werden soll, ist die Frequenz der Reportings höher. Abgesehen davon, dass der zuständige Mitarbeitende sich täglich mit den aufgezeichneten Daten auseinandersetzt, wird der Energieverantwortliche und die für den technischen Bereich zuständige Leitungsebene monatlich informiert. Die Reportings für diese Mitarbeiter enthalten in der Regel detaillierte Hintergrundinformationen und Vergleiche, damit basierend auf diesen Daten Entscheidungen getroffen werden können. Nur permanentes Reflektieren und Agieren kann den Gebäudebetrieb optimal gestalten.

Daraus wird abermals deutlich, dass ein Engagement im Bereich Energiemanagement kein kurzfristiges, sondern im Gegenteil ein langfristiges Unterfangen ist. Hier gilt es zu Bedenken, dass es nicht nur darum geht, technisch Anlagen und Daten zu erfassen, sondern es gilt, den sich permanent ändernden Gebäudebetrieb aufgrund von Nutzungsänderungen laufend anzupassen und zu optimieren.

5.8.3 Zusätzliche Daten für Reporting

Die Aufzeichnung der Energieverbrauchsdaten führt zu enormer Transparenz im Unternehmen. Je feinmaschiger die Energiewerte erfasst werden, desto mehr Klarheit entsteht, wo mit geeigneten Massnahmen Verbesserungen erzielt werden können oder wo Schwachstellen im Betrieb bestehen. Die Energiedaten werden nach Aufbereitung in Form von Verbrauchswerten als auf eine Fläche bezogene Kennzahl als Energieverbrauch pro Quadratmeter und Jahr (kWh/m^{2}a) angegeben.

Der Wunsch nach einem Benchmarking im Energiemanagement ist sehr schwierig, da sowohl das Gebäude als auch die Nutzerorganisation und der Eigentümer individuell sind. Trotzdem sind die spezifischen Energieverbrauchswerte die (einzige) Basis, aus der Vergleiche abgeleitet werden.

In naher Zukunft wird aber das Gebäude nicht mehr eine Blackbox sein, sondern IoT-Anwendungen unter Einsatz einer Vielzahl von Sensoren sorgen dafür, dass das Gebäude zu einem beliebig grossen Datenlieferanten wird. Aus dieser Situation leitet sich die Möglichkeit ab, unternehmensspezifische Kennzahlen zu entwickeln. Die Herausforderung, die hierin besteht, ist, geeignete Kenngrössen für gewünschte Aussagen zu treffen. Dieser Prozess ist von zwei Fragen begleitet.

1. *Welche Kennzahlen sind sinnvoll?*
2. *Welche Daten sind dafür nötig?*

IoT-Anwendungen können sein (Beispiele):

- *Überwachung der raumklimatischen Bedingungen wie Temperatur, Luftfeuchtigkeit, Luftgeschwindigkeit, Messung von Gasen*
- *Belegung von Räumen; Heat-Maps durch Messung von Position, Präsenz und Annäherung*
- *Helligkeit und Lichtstärke*
- *Erfassen der Kundenanzahl*
- *Daten aus der Produktion oder Warenwirtschaft*
- *Wetter und Verkehrsdaten*
- …

Sinnvolle Kennzahlen setzen die Energieverbrauchswerte in einen Zusammenhang zu Werten, die im Betrieb eine Bedeutung haben. Die Voraussetzung dafür ist ein tiefes Verständnis der Unternehmensabläufe. Welche Zusammenhänge abgebildet werden, hängt vom Einzelfall ab. Bei einem produzierenden Betrieb sind produktbezogene Energieverbrauchswerte von Interesse. Zum Beispiel bei einer Grossbäckerei kann der Energieverbrauch pro kg Backware von Interesse sein. Ein Hotelbetrieb ist eher an dem Energieverbrauch pro Gast pro Saison interessiert. In einem Bürokomplex kann der Energieverbrauch in Abhängigkeit von der Belegung von Interesse sein. Der Fantasie sind hier keine Grenzen gesetzt. Entscheidend ist, dass diese Kombinationen (Kennzahlen) erst durch die Verfügbarkeit zusätzlicher Informationen neben den Energieverbrauchswerten möglich werden. In Kombinationen mit dem Energiepreis und weiteren ökonomischen Daten (z. B. Produktpreis oder Preis pro Übernachtung) können die Energieverbräuche nun zielgerichtet beziffert und ausgewertet werden.

Besteht nun ein Gerüst von (ökonomischen) Energiekennzahlen, deren Entwicklung dann auch langfristig verfolgt wird, folgt daraus eine neue Dimension der Transparenz der Prozesse im Unternehmen. Dem Management wird so ein Werkzeug in die Hand gegeben, welches die Effizienz und Produktivität des Energieeinsatzes verbessern kann. Zusätzlich kann mithilfe von Algorithmen der sogenannten künstlichen Intelligenz im Laufe der Zeit eine weitere Optimierung erreicht werden.

Für das Reporting von Energiemanagement bedeutet diese Entwicklung, dass zunehmend unternehmensrelevante Zusammenhänge zielgruppenspezifisch aufbereitet werden. Dadurch erhält diese deutlich mehr Relevanz und somit Aufmerksamkeit. In manchen Unternehmen ist das Sammeln von Energieverbrauchsdaten eher zu einer ungeliebten Routine geworden, wo im schlechtesten Fall einfach gehaltene Berichte regelmässig zum Abheften oder «Wegspeichern» erstellt werden. Häufig findet eine Analyse dann auch nicht mehr statt.

Im Facility Management besteht schon lange das Problem der Zuordnung verschiedener relevanter Prozesse zu den dadurch verursachten bzw. verhinderten Kosten. Ein von IoT-Anwendungen unterstütztes Energiereporting ermöglicht genau dies. Es schafft die Verbindung von Vorgängen des Tagesgeschäfts zu den Energiedaten, die sich zusätzlich noch mit Kosten beziffern lassen. Diese alltäglichen Abläufe lassen sich also nun sehr viel besser managen, da viel genauere Informationen vorliegen.

6 Energieversorgung im Betrieb

6.1 Versorgungssicherheit

Wie Eingangs im Kapitel 3.3.1 Zielsetzung erwähnt, stellt die Gewährleistung der Versorgungssicherheit das wohl wichtigste Ziel des Energiemanagements dar. Die heutigen Gebäude, Produktionsmittel und Arbeitshilfen können ohne sichere Energieversorgung nicht betrieben werden. Auch die Sicherheit von Personen und Sachwerten ist ohne sichere Energieversorgung oft nicht zu gewährleisten. Die Versorgungssicherheit steht deshalb in der Praxis meist an erster Stelle, entsprechende Massnahmen werden prioritär behandelt.

Die wichtigste Energieform ist elektrischer Strom. Der Ausfall der Stromversorgung hat die meisten und unmittelbarsten Folgen. Der Ausfall der Wasserversorgung ist ebenfalls sehr lästig, meist aber nicht mit unmittelbaren Schäden oder Gefahren verbunden. Der Ausfall der Wärmeversorgung hat weniger rasch Folgen, da die Gebäude über eine mehr oder weniger grosse Wärmespeicherfähigkeit verfügen. Sobald aufgrund der Nutzung eine bestimmte Innentemperatur erforderlich ist (z. B. Labors, Spitäler) oder wenn Wärme für Prozesse erforderlich ist, muss auch die Wärmeversorgung sicher und lückenlos gewährleistet sein. Analoges gilt für die Kälteversorgung.

Zur Erreichung einer den Anforderungen entsprechenden Versorgungssicherheit ist ein nachfolgend beschriebenes Vorgehen möglich. Diese folgt der allgemeinen Methodik aus Kapitel 3.3.

6.1.1 Definition der Anforderungen

Zu Beginn müssen die Anforderungen an die Versorgungssicherheit definiert werden. Dies kommt einer Zielsetzung gleich. Die Sicherheit der Energieversorgung soll nur so weit gewährleistet sein, wie dies von den Anforderungen her erforderlich ist. Eine unnötig grosse Sicherheit verursacht unnötige Kosten. Die Versorgungssicherheit muss zudem nach dem Energieträger und nach der benötigten Nutzenergie resp. entsprechend der Energieanwendung unterschieden werden. Ebenfalls spielen die Dauer eines Unterbruchs sowie die Häufigkeit von Unterbrüchen eine Rolle.

Zur Festlegung der Anforderung an die Versorgungssicherheit müssen der mögliche Schaden sowie die mögliche Gefährdung von Menschen beim Ausfall der Energieversorgung bestimmt werden.

Stromversorgung:

Der Ausfall der Stromversorgung in einem Bürogebäude hat unmittelbare und oft grosse Folgen. Zu den Schäden und Risiken bei Wohngebäuden kommt hinzu, dass während des Stromausfalls kaum mehr gearbeitet werden kann. Nicht nur die Computer fallen aus, auch das fehlende Licht kann die Arbeit behindern. Wo keine Fenster zum Öffnen vorhanden sind, kann bei fehlender Lüftung oder Klimatisierung die Innenluft nach einer bestimmten Zeit unerträglich werden. Der grösste Schaden kann durch den Absturz der EDV-Systeme und den dadurch verursachten Datenverlust entstehen. Solche Schäden können schon bei kürzesten Spannungsabfällen auftreten, welche sonst kaum wahrgenommen werden. Die heutigen Kommunikationssysteme können bei Stromausfall nicht mehr oder nur teilweise genutzt werden. Eine Gefährdung der Personen kann entstehen, falls das Gebäude ohne Licht nicht mehr gefahrlos verlassen werden kann. Deswegen ist eine netzunabhängige Sicherheits- resp. Notbeleuchtung der Fluchtwege erforderlich. Wo in einem Bürobau auch Server vorhanden sind, kann bei fehlender Kühlung ein Schaden an diesen Systemen entstehen.

Stromausfall bei weiteren Gebäudetypen:
Ein Stromausfall in einem Spital kann unmittelbar Leben gefährden, insbesondere im Operationssaal oder auf der Intensivstation. Dort sind die Anforderungen an die Stromversorgung sehr hoch, ein Stromausfall muss verhindert werden.

Ebenfalls sehr hohe Anforderungen an die Stromversorgung bestehen bei Rechenzentren oder bei Produktionsbetrieben mit gefährlichen Prozessen (z. B. chem. Industrie). In beiden Fällen kann selbst bei einem nur kurzzeitigen Stromunterbruch grosser Schaden oder gar eine Gefahr für Mensch und Umwelt entstehen.

Für jedes Gebäude muss deswegen eine Analyse möglicher Schäden und Risiken erfolgen. Aus dieser Analyse der Folgen eines Stromausfalles können die Anforderungen an die Versorgungssicherheit formuliert werden. Es wird festgelegt, ab welcher Zeitdauer ein Stromausfall Schäden anrichten kann oder Risiken verursacht. Daraus kann abgeleitet werden, ob resp. wie oft, für wie lange und unter welchen Bedingungen ein Stromausfall toleriert werden kann.

Wärmeversorgung:
Der Ausfall der Wärmeversorgung hat oft beim Warmwasser den am raschesten spürbaren Effekt. Ein Ausfall der Warmwasserversorgung am Morgen stellt bei heutigen Hygieneansprüchen eine starke Komforteinbusse dar. Je nach Gebäudenutzung (z. B. Hotel, Heim, Spital) können grosse Probleme entstehen.

Die Raumheizung kann in vielen Gebäuden einige Stunden ausfallen, ohne dass Probleme entstehen. In einer Schule, einem Bürobau oder in einem Wohngebäude stellt selbst ein Ausfall der Heizung von einem Tag noch kein allzu grosses Problem dar. Nach einiger Zeit wird aber die Innentemperatur ungemütlich. Der Ausfall der Wärmeversorgung ist umso rascher spürbar, je schlechter das Gebäude gedämmt ist und umso tiefer die Aussentemperatur ist. Gut gedämmte, massiv gebaute neue Gebäude haben eine Wärmespeicherfähigkeit von zwei bis drei Tagen. Erst danach wird die Innentemperatur unangenehm tief.

Sofort spürbar ist der Ausfall der Wärmeversorgung bei Zuluftanlagen, insbesondere wo keine gute Wärmerückgewinnung vorhanden ist. Die erforderliche Zulufttemperatur kann nicht mehr erreicht werden und es besteht bei tiefen Aussentemperaturen Frostgefahr für die Heizregister. Die Lüftungsanlagen müssen ohne Wärmeversorgung ausgeschaltet werden, ausser sie verfügen über eine sehr gute Wärmerückgewinnung (WRG).

In einem Krankenhaus oder in einem Pflegeheim kann eine zu tiefe Raumtemperatur die Gesundheit der Bewohner beeinträchtigen. Dazu kommt, dass die Patienten oder Bewohner nicht einfach evakuiert werden können.

In einem Hotel können bei zu tiefen Raumtemperaturen finanzielle Einbussen entstehen, weil den Gästen ein Preisnachlass gewährleistetet werden muss.

Falls Prozesse mit Wärme versorgt werden (Kochen mit Dampf, Sterilisation, Produktionsprozesse etc.), dann muss die Sicherheit der Wärmeversorgung den Anforderungen dieser Prozesse angepasst sein. Diese sind oft sehr hoch.

Aus solchen Analysen der Auswirkungen kann auch hier abgeleitet werden, wie lange eine bestimmte Wärmeversorgung maximal ausfallen und wie oft dies vorkommen darf.

Wasserversorgung:
Der Ausfall der Trinkwasserversorgung ist in allen Gebäuden sehr unangenehm. Es kann nicht mehr gekocht, gewaschen oder geduscht werden. In den WCs entstehen rasch sehr unhygienische Zustände. Auch hier sind die Anforderungen in Spitälern und in Produktionsbetrieben, welche Wasser als Produktionshilfsmittel benötigen, am höchsten.

Es kann auch vorkommen, dass zwar weiterhin Wasser aus dem Wasserhahn fliesst, dieses aber nicht mehr Trinkwasserqualität hat. Kochen und persönliche Hygiene sind dann nicht oder nur eingeschränkt möglich, zum Trinken muss Wasser aus Flaschen konsumiert werden. Solche Probleme können bei Starkregen entstehen oder infolge landwirtschaftlicher Aktivitäten, oder bei Störungen in den Wasseraufbereitungsanlagen.

Abwasserentsorgung:
Der Ausfall der Abwasserentsorgung kann dort, wo das Abwasser gepumpt werden muss, eine Überschwemmung mit grossem Sachschaden zur Folge haben. Dasselbe gilt bei Verstopfungen der Abwasser- und Kanalisationsleitungen. Die Gebäudenutzung ist nur noch eingeschränkt oder gar nicht möglich. Es entstehen rasch unhygienische Verhältnisse. Die Abwasserentsorgung kann auch bei Überschwemmungen oder bei Starkregen nicht mehr funktionieren. Auch hier braucht es eine Analyse möglicher Schäden und Gefährdungen.

Je nachdem müssen auch bei der Abwasserentsorgung Vorgaben über die maximale Ausfallsdauer und -häufigkeit gemacht werden.

Kommunikation:
Der Ausfall der Kommunikationsverbindungen in Wohngebäuden ist unangenehm. In Geschäftsliegenschaften dagegen wird die Arbeit spürbar behindert, bei vernetzten Arbeitsplätzen ganz verunmöglicht. Zumindest in solchen Fällen muss auch die Verfügbarkeit der Kommunikationseinrichtungen und der Datenverbindungen definiert werden.

Kälteversorgung:
In üblichen Gebäuden ist die Kälteversorgung an die Stromversorgung gebunden. Zudem müssen die Kältemaschinen, die Kälteverteilung und die Rückkühlung funktionieren. Bei grossen Gebäudekomplexen, wo See- oder Grundwasser vorhanden ist, oder teilweise im Ausland wird eventuell Fernkälte geliefert.

Die Folgen eines Ausfalls der Kälteversorgung sind bei Klimaanlagen, die dem Komfort dienen, hinnehmbar. Die Kälteversorgung eines Rechenzentrums hingegen muss lückenlos funktionieren, ansonsten drohen grosse Schäden. Dasselbe gilt für Prozesskälte und gewerbliche Kälte.

Fazit:
All diese Beispiele sollen zeigen, dass Energieversorgung, Medienversorgung und Entsorgung in die Überlegungen miteinbezogen werden müssen, will man ein lückenloses Bild der möglichen Folgen eines Versorgungsausfalles erhalten. Für alle Formen der Ver- und Entsorgung können dann die Anforderungen definiert werden.

6.1.2 Analyse der Energieversorgung

Die Analyse der Versorgungssituation der einzelnen Energie- resp. Medienformen am konkreten Ort entspricht dem Erfassen der aktuellen Situation. Alle Ver- und Entsorgungen resp. alle Energie- und Medienarten müssen untersucht werden. Die bestehenden Risiken bei der Versorgung müssen erfasst werden. Daraus ergeben sich Aussagen, welche Versorgungsunterbrüche oder -engpässe wie oft entstehen könnten. Die möglichen Risiken werden transparent.

In der Schweiz ist die Versorgung mit Energie bis heute sehr gut. Auch in der Schweiz sind aber Versorgungsunterbrüche möglich. Die Wasserversorgung und Abwasserentsorgung sind sogar oft so gut, dass sich kaum jemand darüber Gedanken macht. Dasselbe gilt für die Verfügbarkeit der Kommunikationsmittel.

Im Ausland stellt sich die Situation oft ganz anders dar. Es sind besondere Untersuchungen je nach Ort erforderlich. Die Güte der Energie- und Medienversorgung kann ein wichtiger Aspekt der Standortwahl für ein Betrieb oder Gebäude sein.

Im Folgenden sind einige typische Gründe für Unterbrüche pro Endenergieträger resp. Medium aufgelistet.

Stromversorgung:
Die Stromversorgung ist an allen Orten sehr hoch, wo für die Einspeisung in die Unterwerke eine Ringversorgung besteht resp. wo ab mindestens zwei unabhängigen Hochspannungsleitungen eingespiesen werden kann. Positiv wirkt sich auch die Verteilung zu den Kunden mit unterirdischen Leitungen aus.

Bei oberirdischen Leitungen können Blitzeinschläge und atmosphärisch bedingte Überspannungen bei Gewittern häufige kurzzeitige Stromunterbrüche zur Folge haben. Die Gefahr, dass Stürme die oberirdischen Leitungen beschädigen, ist ebenfalls grösser, sodass dort auch mit seltenen, dann aber längeren Unterbrüchen zu rechnen ist. Solche Verhältnisse herrschen in der Schweiz vor allem in ländlichen Gebieten.

Überall können Störungen entstehen, wenn die Trafostation ausfällt, welche die Mittel- in Niederspannung umspannt.

Eine Einspeisung ab zwei Unterwerken führt zu einer deutlichen Erhöhung der Versorgungssicherheit. Dies kommt für sehr grosse Gebäude oder Betriebe infrage.

Die Versorgungssicherheit der Stromversorgung kann beim Elektrizitäts-Versorgungs-Unternehmen (EVU, in der Schweiz Elektrizitätswerk EW) erfragt werden. Zudem erstellt die Eidgenössische Elektrizitätskommission ElCom jährlich einen Bericht über die Versorgungssicherheit mit Strom in der Schweiz.[28]

Im liberalisierten Strommarkt sollte die gewünschte Versorgungssicherheit vertraglich vereinbart werden können. Die angebotene Versorgungssicherheit kann dann ein wesentliches Kriterium für die Wahl des Energielieferanten sein. Die Liberalisierung kann auch einen Einfluss auf die Versorgungssicherheit haben. Früher hatten die EVUs nicht nur den Versorgungsauftrag, sondern auch ein Gebietsmonopol. Damit konnten sie den Versorgungsauftrag sehr gut erfüllen, da sie die Kosten dafür einfach den Konsumenten überwälzen konnten. Mit der Marktliberalisierung besteht zwar immer noch eine gesetzliche Pflicht, die Versorgungssicherheit aufrecht zu erhalten. Trotzdem könnte die Versorgungssicherheit leiden. Die EVUs stehen infolge Liberalisierung im Preiskampf zueinander und müssen deshalb die Kosten optimieren.

Ob das Beispiel Kalifornien zeigt, dass damit die Neigung der EVUs leidet, in neue Kraftwerke und eine genügende Versorgungssicherheit zu investieren, sei dahingestellt. Im Sommer, wenn alle Kalifornier ihre Klimaanlagen laufen lassen, kam es 2001 und in einer Hitzewelle 2020 zu längeren sektoriellen Abschaltungen, da die Netzverfügbarkeit nicht mehr vollständig gewährleistet werden konnte. Die Versorgungssicherheit in Kalifornien ist auch durch viele oberirdische Leitungen beeinträchtigt.

In Europa ist die Stromversorgung bisher gut gesichert und auch Prognosen bis ins Jahr 2025 sehen keine wesentlichen Engpässe voraus. Die Covid-Pandemie im Jahr 2020 hat einen dämpfenden Einfluss auf die Stromnachfrage in Europa. Es werden viele regenerative Stromerzeuger (Wind und Solar) zugebaut, sowie Gaskraftwerke. Umgekehrt werden insbesondere Braunkohlekraftwerke und einzelne Kernkraftwerke stillgelegt.

Prognosen aus den Jahren 2000 bis 2010, welche eine Stromversorgungslücke in der Schweiz ab dem Jahr 2020 voraussagten, trafen nicht zu. Infolge abnehmenden Strombedarfs sind auch die Prognosen für die Schweiz heute optimistisch, bis etwa 2030 sollte nicht mit Engpässen zu rechnen sein.

Seit etwa 2010 wird auf europäischer Ebene mehr Strom angeboten und weniger nachgefragt als prognostiziert. Dies ist auch eine Folge des starken Ausbaus der regenerativen Stromerzeugung. Die Folge sind tiefe Preise auf der Grosshandelsebene für elektrischen Strom.

Gratis ist eine gleichbleibend hohe Versorgungssicherheit aber nicht zu haben. Es sind laufende Investitionen in den Erhalt und den Ausbau der entsprechenden Infrastruktur erforderlich. Insbesondere sind Ausbauten auf der Netzebene nötig, um mit dem zunehmenden und schwankenden Angebot an erneuerbarer Energie umgehen zu können, aber auch um europaweit Strom über grosse Distanzen übertragen zu können. Nur so können gebietsweite Strommangellagen und an anderen Orten Stromüberschüsse, die abgeregelt werden müssten, verhindert werden. Da die neue erneuerbare Stromproduktion mit Fotovoltaik und Wind inzwischen sehr günstig geworden ist und auch Batterien immer billiger werden, werden allen Voraussagen nach die Strompreise aber nicht oder sicher nicht wesentlich steigen.

Die Sicherheit der Stromversorgung ist nicht nur vom Stromlieferanten abhängig, sondern auch von den eigenen Installationen. Die eigene Trafostation, die Hauptverteilung sowie die interne Stromverteilung können fehleranfällig sein und einen vollständigen oder teilweisen Stromversorgungsunterbruch im Gebäude zur Folge haben.

28 Siehe https://www.elcom.admin.ch/elcom/de/home/themen/versorgungssicherheit.html

Heizölversorgung:

Das Heizöl als lagerbarer Energieträger ist ein sehr sicherer Energieträger. Bis heute hat die Versorgung seit Ende des Zweiten Weltkriegs immer lückenlos funktioniert und es trat nie ein wirklicher Versorgungsengpass auf. Die Schweiz unterhält zudem Pflichtlagerbestände, welche den durchschnittlichem Verbrauch auf Grosshandelsstufe für etwa 4,5 Monate abdecken. Dazu kommen die Reserven bei den Endkunden.

Weltweit betrachtet werden die neuen Techniken der Erdölförderung (Fracting), welche zusätzliche Erdölquellen erschliessen können, um die Erdölversorgung für die kommenden Jahrzehnte sicherzustellen.

Die Versorgung mit Heizöl als Erdölprodukt hängt auch von der ausreichenden Verfügbarkeit der Raffineriekapazitäten ab. Die Schweiz verfügt über eine Raffinerie (Cressier), welche etwa einen Viertel des inländischen Bedarfs an Erdölprodukten erzeugt. Bisher stehen im Ausland genügend Raffineriekapazitäten zur Verfügung, eine Verknappung des Angebotes ist nicht zu erwarten.

Die örtliche, kurzfristige Versorgung mit Erdölprodukten könnte durch unterbrochene Verkehrswege (z. B. in Alpentälern) sowie durch politische Aktionen (z. B. Blockaden) gestört werden. Unter Umständen könnte so eine kurze örtliche Versorgungslücke auftreten. Diese kann leicht durch eigene Vorratshaltung kompensiert werden, indem genügend früh neues Heizöl bestellt wird. Heizöl sollte aber auch nicht zu lange gelagert werden, da mit der Zeit (ab ca. 3 Jahren) ein Qualitätsverlust eintritt, was zu Brennerstörungen führen kann.

Eine weitere mögliche Störungsursache kann der Öltank sein (z. B. ein Leck) oder die Ölversorgungsleitung zum Brenner. Beides ist selten.

Gasversorgung:
Das Erdgas ist ein leitungsgebundener Energieträger. Die Schweiz ist zu 100% auf Importe angewiesen. Trotzdem ist seit 1973, als erstmals Erdgas genutzt wurde, die Versorgungssicherheit sehr hoch. Auf europäischer Ebene sind verschiedene Erdgasquellen erschlossen, sodass momentan eine hohe Versorgungssicherheit besteht. Dies dürfte bei gleichbleibendem Bedarf bis auf Weiteres so bleiben. Jedoch nimmt die Abhängigkeit von Russland zu, und es besteht das Risiko, dass Russland die Gaslieferungen drosselt oder aussetzt. Dies ist bereits zweimal geschehen, als Spannungen zwischen Russland und der Ukraine eskalierten. Derzeit wird zwischen Russland und Deutschland eine zusätzliche Leitung durch die Ostsee gebaut, welche ab ca. 2022 eine Kapazitätserweiterung für Gasimporte aus Russland bieten wird.

Auch sehr kalte Perioden im Winter könnten bei der Gasversorgung zu gewissen Engpässen führen, was bisher aber nicht auftrat.

Auch beim Erdgas verändern neue Fördertechniken die weltweit verfügbaren Reserven. Die USA werden sich über mehrere Jahrzehnte wieder mit genügend Erdgas selbst versorgen können. Auch in West- und Osteuropa sind Bestrebungen im Gange, nach neuen Erdgaslagern zu suchen. Falls keine grösseren politischen Verwerfungen auftreten, ist kurz- und mittelfristig keine Erdgasknappheit zu befürchten.

Als leitungsgebundener Energieträger ist Erdgas nicht ohne Weiteres lagerbar. In Deutschland bestehen grössere Erdgaslager in unterirdischen Kavernen. De Schweiz verfügt bisher über keine wesentlichen Lagermöglichkeiten, Kurzzeitlager ausgenommen.

Örtlich und temporär können Versorgungslücken entstehen, wenn ein Schaden an einer Versorgungsleitung auftritt. Da alle Erdgasleitungen unterirdisch verlegt und zudem meist noch eher neu sind, sind solche Fälle bisher selten. Am ehesten entstehen Schäden an Erdgasleitungen bei Tiefbauarbeiten.

Auch die Gasinstallationen im Haus, beim Endkunden, können eine Störung verursachen. In der Schweiz müssen Gasinstallationen durch konzessionierte Installateure erstellt werden, was eine hohe Qualität bewirkt und auch Unfällen vorbeugt.

Feste Brennstoffe:
Feste Brennstoffe sind in der Schweiz vor allem Holz, da kaum mehr Kohle genutzt wird. In der Schweiz könnte Schätzungen zufolge etwa 40% mehr Holz für energetische Zwecke genutzt werden als bisher. Damit steht bisher ausreichend Holz zur Verfügung. Die Lagerung von Holz, insbesondere in grösseren Mengen, ist verglichen mit der Öllagerung teuer. Deshalb werden bei grösseren Holzschnitzelheizungen nur Silos für etwa 2 bis max. 4 Wochen Bedarf gebaut. In solchen Fällen muss genau abgeklärt werden, wie gut und sicher die örtliche Versorgung mit Holzschnitzeln ist, ausser es sei noch ein zweiter Energieträger nutzbar.

Neben Holzschnitzeln werden mehr und mehr Holzpellets genutzt, insbesondere bei kleineren Wärmeerzeugern. Diese werden in der Schweiz hergestellt, können aber auch importiert werden. Derzeit ist keine Verknappung erkennbar. Beim Endverbraucher können Pellets für mehrere Monate, eventuell für eine ganze Heizperiode gelagert werden.

Die Verwendung von Stückholz ist leicht rückläufig und kann lokal meist ausreichend abgedeckt werden.

Wasserversorgung:
In der Schweiz ist die Trinkwasserversorgung so gut, dass sich kaum je Versorgungsunterbrüche ergeben. Eine schweizweite Trinkwasserverknappung ist trotz Klimaerwärmung nicht abzusehen. Örtlich können in trockenen Jahren jedoch Mangellagen entstehen.

Dagegen stellt sich dieses Problem in südlichen Ländern und der Dritten Welt fast täglich. Die Wasserversorgung wird weltweit ein zunehmendes Problem.

Unterbrüche können sich kurzzeitig und örtlich bei Leitungsbrüchen ergeben. Die Leitungen sind inzwischen oft alt und der Leitungsersatz teuer. Wie bei Gas können auch Bauarbeiten Unterbrüche hervorrufen.

In den Gebäuden führen die Installationen für die Wasserverteilung nur selten zu Problemen. Sanitärinstallationen dürfen nur durch konzessionierte Installateure ausgeführt werden, was Störungen vorbeugt.

Abwasserentsorgung:
Auch hier bestehen in der Schweiz von der öffentlichen Kanalisation her kaum Probleme. Hingegen könnte im Haus eine Abwasserpumpe ausfallen. Ebenso können Kanalisationsrohre verstopfen und brauchen deswegen einen regelmässigen Unterhalt.

Bei einer Überschwemmung der Magadinoebene wurde auch die Kanalisation überschwemmt und funktionsuntüchtig, sodass einzelne Gebäude deswegen unbenutzbar wurden.

Kommunikationsversorgung:
Heute ist die Kommunikationsversorgung überall in der Schweiz sehr gut. Die weitgehende Liberalisierung erhöht die Versorgungsqualität eher, da heute mehr Kommunikationskanäle bestehen (Telefon, Mobiltelefon, Datennetze und Internet). Dazu kommt, dass die meisten Leitungen inzwischen unterirdisch verlegt sind, was sie unempfindlicher gegen Beschädigungen und Störungen macht. Der Trend zu einer Bündelung dieser Kommunikationstechniken, insbesondere Voice over IP (Telefonie via Internet), führt zu tendenziell wieder mehr Risiken. In Zukunft wird der technologische Wandel jeweils neue Beurteilungen erfordern.

Wärmeversorgung:
Wo ein Anschluss an ein Nah- oder Fernwärmenetz besteht, ist die Versorgungssicherheit von diesem Netz abhängig. Die Erzeugung der Nah- oder Fernwärme ist meist redundant und somit sicher. Auch die Leitungen sind im Allgemeinen sehr sicher. Die Wärmeversorgung ab Fernwärme ist deshalb gewährleistet und eine zusätzliche Wärmeerzeugung beim Abnehmer kaum je erforderlich.

Die Installationen beim Kunden (Wärmetauscher, Pumpen, Steuerung etc.) müssen ebenfalls den gewünschten Sicherheitsstandard aufweisen.

Bei eigener Wärmeerzeugung muss die Sicherheit der Wärmeerzeuger intern gewährleistet und geprüft werden.

6.1.3 Bilden von Kennzahlen und Statistiken

Bei der Versorgungssicherheit ist die Bildung von eigenen Kennzahlen eher schwierig. Dennoch kann die quantitative Kenntnis der Versorgungsicherheit von Bedeutung sein. Damit kann die Wahl eines Energieträgers und der Versorgungsunternehmung mitbeeinflusst werden. Ebenso sind qualitative Kenntnisse und quantitative Zahlenwerte über die bestehende Versorgungssicherheit wichtig, um die Wirtschaftlichkeit von Massnahmen zur Erhöhung der Versorgungssicherheit abschätzen zu können.

Kennzahlen:
Bei der Versorgungssicherheit mit Nutzenergie ist die wichtigste Kennzahl die durchschnittliche Verfügbarkeit. Es wird angegeben, zu wie viel Prozent der Zeit die Versorgung sichergestellt ist (z. B. 99,995 %, wenn jährlich während 30 Minuten ein Unterbruch zu erwarten ist). Die Verfügbarkeit sagt jedoch nichts aus über die Anzahl der Unterbrüche und deren Länge.

Dazu ist eine zweite Kennzahl erforderlich. Die **«mean time between failure»** sagt aus, alle wieviel Stunden (oder Tage, Wochen, Jahre) ein Unterbruch resp. eine Störung zu erwarten oder tolerierbar ist. Alternativ kann die Anzahl der Unterbrüche definiert werden, z. B. während eines Jahres.

Die beiden letzten Kennzahlen sagen etwas über die Anzahl der Unterbrüche aus. Zusammen mit der Verfügbarkeit (resp. der Dauer der Unterbrüche insgesamt) kann die durchschnittliche Dauer der einzelnen Unterbrüche ermittelt werden. Immer sind zwei Kennzahlen notwendig, um die Versorgungssicherheit vollständig beschreiben zu können.

Insbesondere bei der Verfügbarkeit von Anlagen kann auch die Kennzahl **«mean time to repair»** wichtig ein. Diese Zeit gibt an, wie lange eine Reparatur im Mittel dauert oder dauern darf.

Alle diese Kennzahlen sind statistische Werte, welche der Zufälligkeit unterliegen. Deshalb muss mit grösseren Abweichungen gerechnet werden.

Diese Kennzahlen können entweder verwendet werden, um den bestehenden Zustand zu beschreiben – hier muss auf Daten aus der Vergangenheit zurückgegriffen werden. Oder es werden Anforderungen definiert, die in Zukunft eingehalten werden müssen. Um einigermassen sichere und objektive Grundlagen für Entscheidungen zu haben, sollten eigene Statistiken und Aufzeichnungen geführt werden. Mit heutigen Gebäudeautomationssystemen ist dies relativ einfach möglich.

Stromversorgung:
In der Schweiz erhebt die Elcom jährlich die Versorgungssicherheit mit Strom und publiziert entsprechende Berichte zur Netzverfügbarkeit. Auch hier werden zwei Werte erhoben. Der SAIDI-Wert (System Average Interruption Duration Index) gibt die mittlere Dauer der Nichtverfügbarkeit des Netzes beim Verbraucher an (Abb. 28). Dabei wird zwischen geplanten und ungeplanten Unterbrechungen unterschieden. Demzufolge muss jeder Verbraucher im Mittel mit knapp 10 Minuten ungeplantem und etwa 10 Minuten geplantem Unterbruch pro Jahr rechnen. Der geplante Unterbruch ist insbesondere durch Netzausbauten oder Instandhaltungs- und Erhaltungsmassnahmen bedingt. Der SAIDI-Wert ist tendenziell leicht sinkend und europaweit einer der tiefsten.

Daneben wird der SAIFI-Wert (System Average Interruption Frequency Index) erhoben

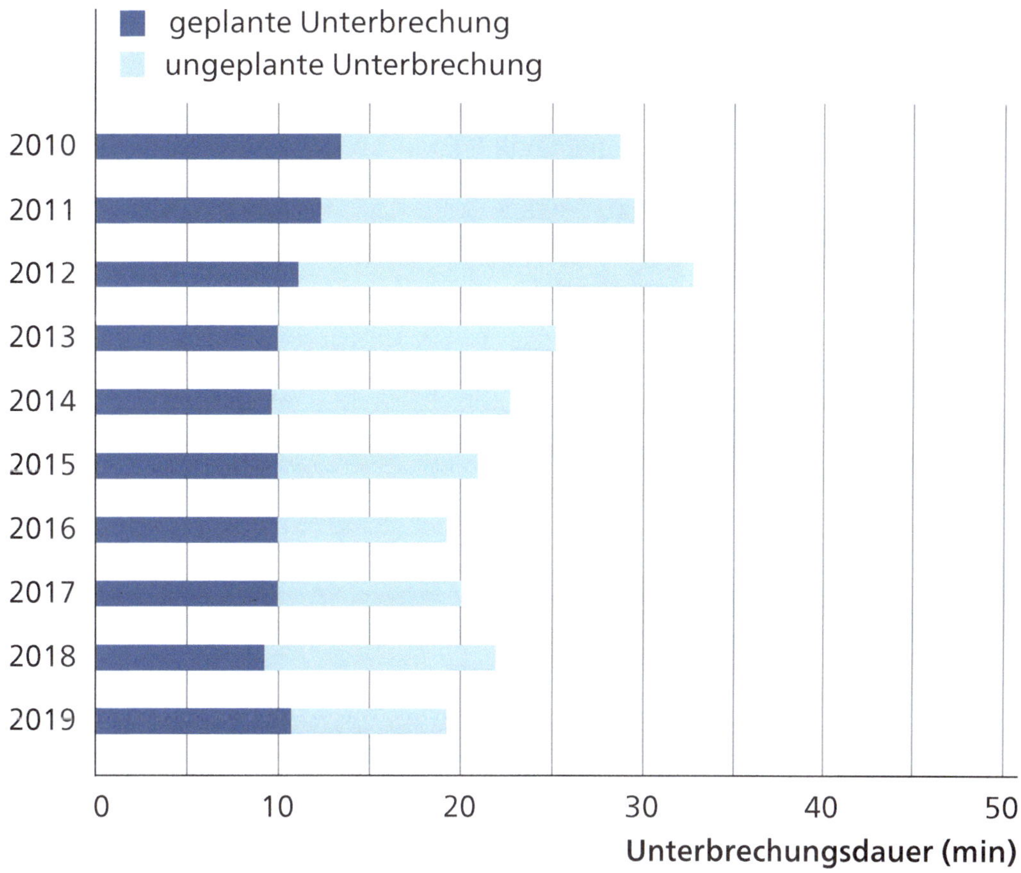

Abb. 28: Entwicklung der durchschnittlichen Unterbrechungsdauer pro Endverbraucher

(Quelle: ElCom - Stromversorgungsqualität 2019-1)

(Abb. 29). Dieser Wert bezeichnet die mittlere Anzahl Unterbrechungen beim Verbraucher pro Jahr. Es wird wiederum in geplante und ungeplante Unterbrechungen unterschieden. Auch hier belegt die Schweiz einen Spitzenplatz in Europa, mit etwa einer Unterbrechung alle drei Jahre.

Allerdings unterscheiden sich diese Werte stark zwischen urbanen, suburbanen, ländlichen und alpinen Regionen. In den suburbanen Gebieten liegen sie am tiefsten, in einzelnen ländlichen Regionen deutlich höher.

6.1.4 Vergleich mit Referenzwerten

Falls Kennwerte und Statistiken der Versorgungssicherheit von verschiedenen Versorgungsvarianten und Standorten vorliegen, kann ein Vergleich eine klare Aussage über die zu bevorzugende Variante ermöglichen. Solche Vergleiche, vor allem für Strom, können in einem liberalisierten Energiemarkt an Bedeutung gewinnen.

Vergleiche können auch gezogen werden, um verschiedene Standorte, z. B. für einen Produktionsbetrieb, zu vergleichen.

In jedem Falle sollte versucht werden, Referenzwerte zu sammeln, um zukünftig Vergleiche ziehen zu können. Kennwerte, Statistiken und eventuell Referenzwerte können auch von Energieversorgungsunternehmen als Teil der Offerten verlangt werden.

6.1.5 Schwachstellenanalyse

Wenn die Zustandsanalyse der Energieversorgung erstellt und eventuell der Vergleich mit Referenzwerten erfolgt ist, können die Resultate mit den zu Beginn definierten Anforderungen und Zielen verglichen werden. Daraus lassen sich Mängel resp. Schwachstellen erkennen.

Beispiele:

Ein typischer Mangel in der Wärmeversorgung eines Altersheimes wäre, falls festgestellt würde, dass ein Ausfall der Wärmeversorgung über mehr als 24 Stunden möglich ist. Es sind Komponenten vorhanden, welche ausfallen können und nicht innert 24 Stunden repariert werden können. Für die Bewohner könnte dann eine Gefährdung der Gesundheit eintreten.

Eine Umstellung auf ein neues, zentrales EDV-System bewirkt, dass eine Störung der Stromversorgung der zentralen Server einen Systemabsturz bewirkt und Daten beschädigen

Abb. 29:
Entwicklung der durchschnittlichen Unterbrechungshäufigkeit pro Endverbraucher
(Quelle: ElCom - Stromversorgungsqualität 2019-1)

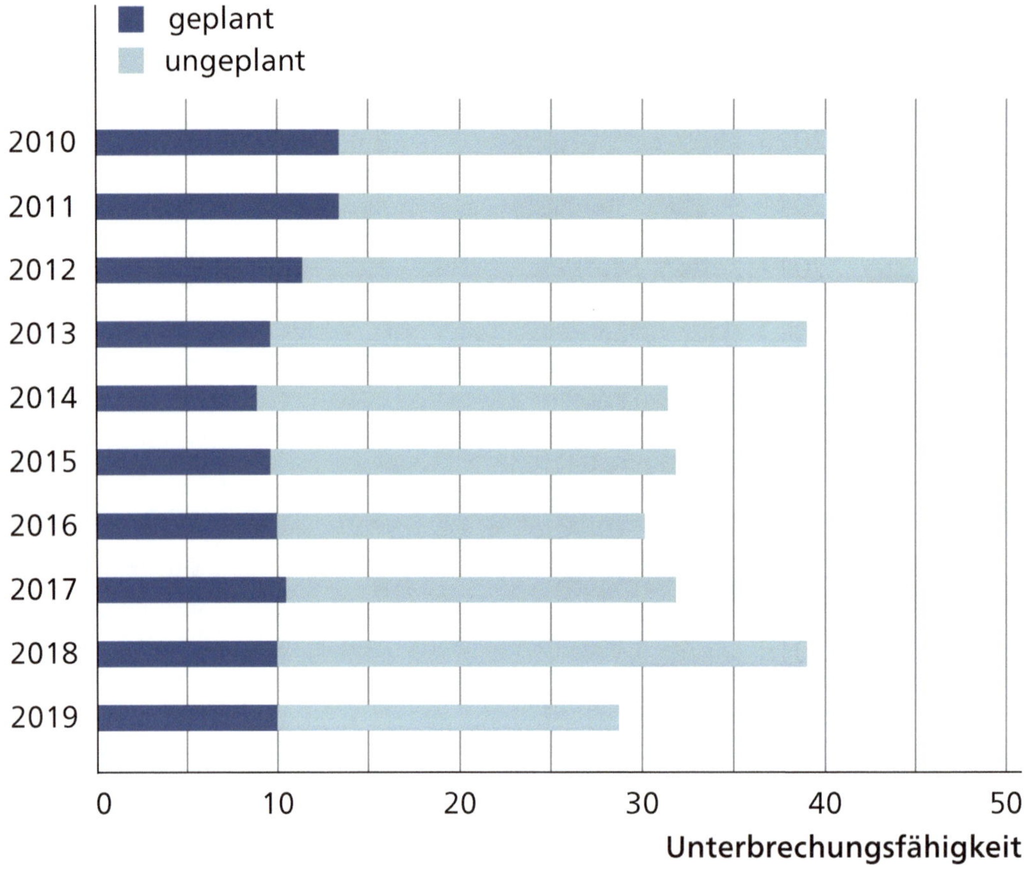

könnte. Daraus ergibt sich möglicherweise ein beträchtlicher Schaden. Das örtliche EW gibt eine mittlere Zeit zwischen zwei Netzstörungen von durchschnittlich 6 Monaten an, sodass 2-mal jährlich ein Absturz anzunehmen ist. Nun kann mit den Zielen verglichen werden, ob dies akzeptiert werden kann.

6.1.6 Massnahmenplanung

Sollten sich Schwachstellen zeigen, so müssen Massnahmen dagegen geplant werden. Je besser eine Schwachstelle eingegrenzt werden kann und die Ursache einer möglichen Störung bekannt ist, desto gezielter können Massnahmen dagegen geplant werden.

Die Massnahmen können sich auf die Wahl des Energieträgers beziehen, falls dadurch eine höhere Versorgungssicherheit erreicht werden kann. Im Allgemeinen werden lagerbare Energieträger (insbesondere Heizöl) als sicherer gegenüber leitungsgebundenen Energieträgern (Strom, Erdgas, Fernwärme) angenommen. Beim Erdgas und der Fernwärme ist die Sicherheit aber fast so hoch wie bei einem lagerbaren Energieträger. Eine besonders hohe Versorgungssicherheit kann erreicht werden, wenn zwei Energieträger genutzt werden können (z.B. Strom für eine Wärmepumpe und Heizöl als Redundanz und Spitzenabdeckung). Zu beachten ist, dass für die Energieumwandlung und -verteilung mit Heizöl, Erdgas oder Holz immer auch Hilfsenergie (Strom) erforderlich ist. Gegebenenfalls muss eine Feuerung auch mit Notstrom betrieben werden können.

Im liberalisierten Energiemarkt haben bei Strom und Erdgas der Energielieferant und der Netzbetreiber einen Einfluss auf die Versorgungssicherheit. Im Liefervertrag könnte eine Klausel bezüglich Versorgungssicherheit und Minderpreis bei Verfehlen der Versorgungsziele enthalten sein. Beim Strom kann eine zu 100 Prozent sichere Versorgung nicht erreicht werden.

Neben der Energieversorgung können Schwachstellen auch bei den eigenen Installationen vorhanden sein. Um eine Anlage, einen Prozess oder ein Gebäude sicher mit Energie und Medien zu ver- und entsorgen, muss die ganze Versorgungskette sicher sein. Entsprechend müssen sich Massnahmen auf die ganze Versorgungskette beziehen.

Falls es sich zeigt, dass die Energieversorgung die erforderliche Sicherheit nicht erreicht, so sind Massnahmen erforderlich.

Beispiele:
Bei Wärmepumpen muss auch die Gewinnung der Wärmequelle sicher sein.

Bei Holzfeuerungen muss die Versorgung mit Holz und dessen Zufuhr zum Kessel sichergestellt werden. Transportschnecken für Holzschnitzel oder Pellets sind oft Quellen von Störungen.

Die Sicherheit von technischen Anlagen kann durch Redundanzen erhöht werden. Alle Teile der Versorgungs- resp. Umwandlungskette sind doppelt resp. parallel vorhanden. Eine solche Sicherheit ist aber nur dann sinnvoll, wenn sie auch wirklich erforderlich ist.

Heute können Ersatzwärme- und kälteerzeugungsanlagen gemietet werden. Eine solche Lösung ist oft billiger und einfacher als grosse Investitionen in redundante Anlagen. Der Platz für die Aufstellung einer solchen temporären Anlage sowie ein günstig platzierter Anschlussstutzen ans Wärme- oder Kälteverteilnetz müssen vorausgeplant werden.

Mit zwei Einspeisungen ab zwei unabhängigen Unterwerken kann (wie schon erwähnt) eine aus technischer Sicht fast sichere Stromversorgung gewährleistet werden. Falls aber auf der übergeordneten Ebene ein technisches Problem auftritt oder eine Strommangellage, könnten infolge sektorieller Abschaltungen trotzdem Unterbrüche entstehen. Diese automatischen sektoriellen Abschaltungen würden vorgenommen, um grossflächige und lange andauernde Netzzusammenbrüche zu verhindern, falls die Stromnachfrage das verfügbare Angebot übersteigt.

Bei nicht genügend sicherer Stromversorgung muss eine eigene Möglichkeit vorgesehen werden, eine Versorgungslücke zu überbrücken. Für kleine Leistungen resp. für kurze Zeit können dies batteriegestützte Systeme sein (z. B. batteriegestützte unterbruchsfreie Versorgungssysteme USV für Computer und Server oder für Notbeleuchtungssysteme). Für grössere Leistungen und um länger andauernde Unterbrüche zu bewältigen, sind alternativ oder zusätzlich Netzersatzanlagen mit Notstromaggregaten erforderlich.

Bei Energieversorgungssystemen mit automatischer Steuerung (Gebäudeautomation) muss auch der Ausfall des Steuerungssystems abgesichert werden. Es braucht eine Notbedienebene, von der aus die Anlage manuell gesteuert werden kann. Dies muss getestet und geprobt werden.

Planung Vorprojekt:
Nach der Definition von nötigen Massnahmen zur Erhöhung der Versorgungssicherheit muss ein Projekt für die Umsetzung erstellt werden. Diese Arbeit wird in den meisten Fällen auswärts an Spezialisten resp. Fachplaner vergeben. Mit einem Vorprojekt wird festgelegt, wie eine Massnahme am geeignetsten (meistens am wirtschaftlichsten und sichersten) realisiert werden kann. Dabei werden auch die Investitionen und Betriebskosten ermittelt und es wird ein Terminplan erstellt. Die Machbarkeit und Bewilligungsfähigkeit werden nachgewiesen.

6.1.7 Kosten-Nutzen-Vergleich

Die Investition und die Kosten der Massnahmen müssen nun mit dem erwarteten Nutzen verglichen werden. Es ist denkbar, dass zwar ein Mangel bei der Schwachstellenanalyse gefunden wurde, dessen Behebung sich aber als sehr aufwendig herausstellt. Die Kosten der erforderlichen Massnahmen übersteigen den Nutzen, wie die Vermeidung des Schadens bei einem Netzausfall. Mit solchen Schwachstellen wird man dann leben müssen.

Für diese Kosten-/Nutzenanalyse muss der finanzielle Schaden bei einem Versorgungsunterbruch beziffert werden können. Dies ist dann schwierig, wenn es sich um die Gesundheit von Menschen handelt. Diese kann kaum monetär bewertet werden, sodass bei derartigen Mängeln auch bei hohen Kosten Massnahmen ausgeführt werden müssen.

Eine Kosten-/Nutzenanalyse kann auch Auskunft darüber geben, welche Versorgungsvariante bei geringsten Kosten den grössten Nutzen erzeugt.

Die Kosten umfassen die Kapital- und Amortisationskosten (Annuitäten) der Investitionen, die Energie-, Wartungs- und Betriebskosten. Für die Berechnung der Amortisationskosten muss die Abschreibedauer (max. die Nutzungs- oder Lebensdauer der Installationen) und die verlangte Kapitalverzinsung definiert werden. (Siehe auch Kapitel 13.)

6.1.8 Massnahmen umsetzen

Die Massnahmen mit positivem Kosten-/Nutzenverhältnis werden so rasch wie möglich umgesetzt. Der Umsetzungstermin hängt allenfalls vom vorhandenen Budget ab, evtl. muss die Umsetzung gestaffelt erfolgen. Allerdings ist so lange die Schwachstelle nicht behoben.

Bei Neuanlagen oder neuen Projekten müssen die Massnahmen mit der Realisierung des Projektes ausgeführt werden. Sie können in das entsprechende Projektbudget aufgenommen werden.

Die Umsetzung der Massnahmen erfolgt wie jede Projektrealisierung. Es sind fast immer externe Fachplaner erforderlich. Es braucht bei grösseren Massnahmen Projektplanung, ggf. Bewilligungen, Ausschreibung und Vergabe, Ausführungsplanung und Ausführung. Eventuell können bei kleineren Massnahmen klar definierte Aufträge direkt an ausführende Unternehmer vergeben werden.

Besonders wichtig sind hier eine seriöse Inbetriebnahme, Funktionstests, Abnahme und Dokumentation der Anlagen resp. Massnahmen.

Bei der Umsetzung der Massnahmen, vor allem bei Verbesserungsmassnahmen im laufenden Betrieb, muss beachtet werden, dass die Realisierung von Umbauten oder Umstellungen immer selbst eine Gefahrenquelle darstellt. Es muss vermieden werden, dass die als Verbesserung geplante Massnahme zu einer Störung resp. einem Schaden führt. So trivial dieser Satz klingt, so gross kann der Schaden sein, wenn dieser Gefahr nicht die gebührende Beachtung geschenkt wird. Auch das Austesten von Sicherheitsanlagen oder z. B. Notbedienebenen kann ein grosses Risiko für den laufenden Betrieb darstellen.

6.1.9 Erfolgskontrolle

Der Erfolg von Massnahmen zur Verbesserung der Versorgungssicherheit kann eigentlich einfach festgestellt werden. Ein Versorgungsunterbruch stellt ein augenfälliges Ereignis dar. Eine seriöse und objektive Beurteilung des Nutzens kann aber nur erfolgen, wenn vor und nach der Realisierung der Massnahmen die entsprechenden Kennzahlen genügend lang erfasst und ausgewertet wurden oder wenn geeignete Vergleichsobjekte zur Verfügung stehen. Nur dieser objektive Vergleich kann letztlich mit Sicherheit aussagen, ob sich die Massnahmen bewähren und das vorausgesagte Kosten-/Nutzenverhältnis erreicht wird.

6.2 Kostenoptimierung

Nach der Sicherstellung der Versorgungssicherheit ist die Kostenoptimierung das zweite wichtige Ziel des Energiemanagements. Die Kosten der Energieversorgung (immer inklusive Medienver- und -entsorgung) können prinzipiell auf zwei Arten minimiert werden: sparsamer Verbrauch oder günstiger Einkauf.

Der sparsame Verbrauch wird mit der Optimierung der Energieeffizienz erreicht, das heisst mit energetischer Betriebsoptimierung. Dies wird im Kapitel 11 behandelt.

Der günstige Energieeinkauf und weitere Massnahmen zur Kostenreduktion werden hier behandelt.

Bei allem wird wie immer vorausgesetzt, dass Komfort und Funktionalität nicht negativ beeinflusst werden.

6.2.1 Zielsetzung

Auch bei der Kostenoptimierung können und sollen Ziele gesetzt werden. Beispielsweise kann ein Dreijahresprogramm definiert werden, mit dem jährlich 10 % der Energiekosten eingespart werden sollen. Dazu wird ein Budget definiert, welches mit der Einsparung amortisiert wird. Die Energiepreisentwicklung wird dabei mit berücksichtigt, das heisst, die Energieteuerung (positiv oder negativ) wird rechnerisch separat erfasst. Die Einsparung wird ohne Energiepreisänderung (real resp. teuerungsbereinigt) berechnet. Ein solches Ziel kann für ein Gebäude, einen Betrieb oder ein ganzes Unternehmen definiert werden.

Ein anderes Ziel kann es sein, die Energiekosten resp. -preise mit anderen zu vergleichen (Benchmarks) und zu versuchen, einen besseren Wert resp. tiefere Preise zu erreichen.

Der Vergleich der Energiepreise kann auch bei einem Standortvergleich für eine industrielle Anlage oder ein Gebäude eine Rolle spielen, insbesondere bei energieintensiven Unternehmen. Dies, weil die Preise für Energie (insbesondere für leitungsgebundene Energieträger) stark ortsabhängig sind.

6.2.2 Kennzahlen bilden

Die Erfassung der aktuellen Kostensituation ist verhältnismässig einfach. Schnell können einige Kennzahlen gebildet werden.

Gelieferte Endenergie:

Die wichtigsten Kennzahlen sind die Energiepreise pro genutztem Energieträger, die auf eine Energieeinheit bezogen werden, meist auf eine Kilowattstunde (kWh) oder Megawattstunde (MWh). Die Bildung dieser Kennzahlen ist einfach, muss aber gemacht werden.

Aus den Rechnungen der Energielieferanten sind die Energiekosten pro Energieeinheit (Rp./kWh oder Fr./MWh) oft nicht direkt oder nicht vollständig ersichtlich.

Beim Heizöl wird nach Liter abgerechnet, hier muss mit dem Heizwert umgerechnet werden (die Literangabe muss zudem auf eine Referenztemperatur umgerechnet sein). Falls pro Jahr mehrere Lieferungen erfolgen, so muss der entsprechende Mittelwert gebildet werden. Ende Jahr müssen die Reserven im Tank bewertet und aufs neue Jahr übertragen werden.

Erdgas wird in Kubikmeter (m^3) gemessen, abgerechnet wird vom Lieferanten aber oft nach kWh, sodass die Umrechnung entfällt. Hier werden oft noch fixe Beträge wie Anschlussgebühren und Zählergebühren verlangt. Diese fixen Kosten müssen ebenfalls auf den Verbrauch in Energieeinheiten umgerechnet werden, indem sie mit dem jährlichen Verbrauch (in kWh) dividiert werden. Dieser Wert wird dann zum Gaspreis pro kWh hinzuaddiert. Erst so sind die Kosten vollständig berücksichtigt.

Beim Strom ist es noch etwas komplizierter, da hier fixe Kosten und unterschiedliche Tarife (je nach Zeit oder Vertrag mit dem Stromlieferanten) vorkommen und typischerweise noch ein Leistungspreis und ein Preis für den Blindleistungsbezug bezahlt werden muss. Um eine einfache Vergleichszahl zu erhalten, können die gesamten Kosten für den Strombezug pro Jahr durch den gesamten Verbrauch an Wirkenergie pro Jahr (in kWh) geteilt werden. So kann ein mittlerer Preis (in Rp./kWh) des Strombezugs errechnet werden. Mit diesem Wert kann dann vereinfacht der Nutzen von Sparmassnahmen errechnet werden. Ebenso kann dieser Mittelwert als Vergleichszahl genutzt werden. Eine genauere Berücksichtigung eines Hoch- und Niedertarifs in Berechnungen des finanziellen Nutzens von Sparmassnahmen ist meist nicht möglich, ausser eine Massnahme sei fast ausschliesslich in der Hoch- oder Niedertratifszeit wirksam.

Holz als Energieträger wird meist pro Gewicht (kg) oder Volumen (Ster oder m^3) verrechnet. Hier ist die Berechnung eines mittleren Energiepreises schwierig, weil der Heizwert von Holz stark vom Feuchtegehalt, von der Holzart und vom Rindenanteil abhängt. Am besten bekannt und am wenigsten schwankend ist der Brenn- und Heizwert von Holz-Pellets pro Kilogramm. Der Heizwert von Stückholz (pro Kilogramm oder Ster) ist von der Holzart und von der Feuchte abhängig. Letztere kann relativ einfach gemessen werden und sollte ohnehin tief sein. Bei Holzschnitzelkesseln kann am besten die erzeugte (Nutz-)Wärme gemessen werden, um auf den Energiegehalt der gelieferten Holzschnitzel rückschliessen zu können. Der Wirkungsgrad des Kessels muss in diesem Fall bekannt sein oder bestmöglich angenommen werden.

Beim Trinkwasser ist es ebenfalls nützlich, den mittleren Preis pro Liter und/oder pro Kubikmeter zu berechnen, inklusive Abwassergebühren. Ein grosser Teil der Wasserrechnung besteht aber aus fixen Kosten, bei welchen Einsparungen schwierig sind.

Erzeugte Nutzenergie:
Oft interessiert auch der Preis der erzeugten Nutzwärme (oder auch Kälte). Um einen Wärmepreis pro Kilowattstunde zu erhalten, muss nicht nur die Energiezufuhr zur Wärmeerzeugung bekannt sein (Endenergie), sondern auch die produzierte Nutzwärme. Dazu ist ein Wärmezähler am Ausgang des Wärmeerzeugers erforderlich. Die Kosten der Wärmeerzeugung beinhalten die Energiekosten (inkl. Hilfsenergie!), die Instandhaltungs- und Betriebskosten der Wärmeerzeugung inklusive der eigenen Energieversorgungsinstallationen (z. B. eigene Trafostation, Wartung Holzschnitzelsilo), die Amortisation der Wärmeerzeugung und der Energieversorgungsinstallationen sowie einen Kostenbeitrag an den Heizraum und den übrigen Platzbedarf (eine fiktive oder die effektive Miete). Aus all diesen Kosten, dividiert durch die erzeugte Wärmemenge, kann ein durchschnittlicher Gestehungspreis der Wärme errechnet werden. Am sinnvollsten und einfachsten wird immer bezogen auf ein Jahr gerechnet. Diese Rechnung ist oft sehr aufschlussreich und lohnt sich auf jeden Fall. Für eine erfolgreiche Kostenoptimierung kann nicht darauf verzichtet werden. Falls kein Wärmezähler vorhanden ist, kann die Wärmeproduktion auch aus der Energiezufuhr und dem angenommenen Wirkungsgrad der Wärmeerzeugung (resp. Arbeitszahl bei Wärmepumpen) berechnet werden.

Gesamtkostenvergleich verschiedener Heizsysteme
Die Gesamtkosten für den Heizbetrieb setzen sich aus folgenden Elementen zusammen:
- *Energiekosten (Strom- und/oder Brennstoff)*
- *Feste Jahreskosten für Betriebsführung und Instandhaltung*
- *Kapitalkosten (Verzinsung und Abschreibung)*

Energiekosten:
Wärmepumpe
- *Stromkosten (Arbeits- und evtl. Leistungspreise, evtl. abhängig von Hoch/Niedertarif, ggf. Anteil selbst erzeugtem Strom, sowie evtl. Blindleistungspreis)*
- *Zählermiete, Grundgebühren*

Holz-/Öl-/Gaskessel

- *Kosten Einkauf des Brennstoffs (Holz, Gas- oder mittlerer Heizölpreis)*
- *ggf. Zins für die Vorfinanzierung des Brennstoffs*
- *ggf. Grundgebühren und Mietgebühren für den Gaszähler*
- *Strom für Brenner, Hilfsaggregate*

Feste Jahreskosten:

Wärmepumpe

- *Aufwand für Betriebsführung (anteilige Arbeitskosten Hauswart, technischer Dienst, ggf. Anteil Honorar externer Facility Service Provider für das technische Gebäudemanagement)*
- *Instandhaltungskosten (Inspektions-, Service- und Reparaturkosten)*
- *Versicherungsprämien (z. B. Maschinenbruchversicherung, Anteil an Gebäudeversicherung)*

Holz-/Öl-/Gaskessel

- *Aufwand für Betriebsführung (anteilige Arbeitskosten Hauswart, technischer Dienst, ggf. Anteil Honorar externer Facility Service Provider für das technische Gebäudemanagement)*
- *Instandhaltungskosten (Inspektions-, Service- und Reparaturkosten für Brennerservice, Kaminfeger und Abgaskontrolle, ggf. jährlicher Anteil der Tankrevision (1/10 der Revisionskosten alle 10 Jahre) etc.*
- *Stromkosten für Brenner, Hilfsaggregate*
- *Versicherungsprämien (z. B. Maschinenbruchversicherung, Anteil an Gebäudeversicherung)*

Kapitalkosten:

Zur Berechnung der jährlich anfallenden Kapitalkosten (= jährliche Verzinsung des eingesetzten Kapitals und Amortisation) wird die Annuitätenmethode angewendet. Als Zinssatz gilt meist der aktuelle Hypothekenzins. Für die Berechnung von durchschnittlichen Jahreskosten kann auch ein durchschnittlicher Hypothekenzins zugrunde gelegt werden (z. B. 2 %).

Grosse Anlagen können üblicherweise mit längerer Abschreibedauer berechnet werden als kleine Anlagen. Für eine seriöse Kostenberechnung muss die Mindestlebensdauer zugrunde gelegt werden. Die effektive technische Lebensdauer kann auch höher sein.

In der Vollkostenrechnung für eine Sanierung/einen Umbau der Wärmeerzeugung sind die Abschreibezeiten für bestehende Anlageteile, die weiter verwendet werden, gemäss ihrem Restwert einzusetzen. Dies trifft zum Beispiel für ein Expansionsgefäss zu. Neuinstallationen wie z. B. die Erstellung von Erdwärmesonden sind mit den jeweiligen Amortisationszeiten in die Rechnung einzubeziehen. Falls diese Erdwäremsonden auch für die Gebäudekühlung genutzt werden, könnte ein Teil der Investition der Kühlung angerechnet werden. Der Wert eines nicht mehr genutzten Öltankraums kann von der Investition in die Sanierung der Wärmeerzeugung abgezogen werden.

Aus der Abschreibedauer (Tab. 3) und dem Zinssatz können die Annuitätsfaktoren berechnet oder mit Tabellen ermittelt werden. Damit werden die jährlichen Kapitalkosten berechnet.

Weitere Kennwerte:

Eine analoge Rechnung wie für die Heizkosten lohnt sich für die Berechnung der durchschnittlichen Kältekosten pro Kilowattstunde.

Weitere mögliche Kennzahlen sind die Energiekosten, bezogen auf die Produkte der Unternehmung (z. B. Energiebedarf in kWh pro kg Brot, pro Pflegetag, pro Arbeitsplatz oder pro CHF Honorarumsatz).

Auch die Berechnung der prozentualen Anteile der Energiekosten an den übrigen Produktions- oder Gebäudekosten ist oft aufschlussreich und kann Entscheidungen sowie das Setzen von Prioritäten erleichtern.

6.2.3 Statistiken und Verläufe

Für die Kostenoptimierung ist es wichtig, den Energieverbrauch der vergangenen Jahre zu kennen. Für die Energieoptimierung ist zudem eine monatliche Aufzeichnung des Energieverbrauches nützlich. Eine grafische Darstellung ist hilfreich, um die Entwicklung und Ausreisser sofort zu erkennen.

Energiepreiskontrolle:

Eine wichtige Vergleichsgrösse sind die aktuellen Preise auf dem Energiemarkt; dieser sollte immer beobachtet werden. Eine nützliche Hilfe ist das Aufzeichnen der vor Ort oder vom Betrieb effektiv bezahlten Energiepreise.

Der Verlauf der Energiepreise über die Zeit gibt Aufschluss über die Tendenz und die Volatilität der Preise. Beim Heizöl kann die Einkaufsstrategie überprüft werden. Allerdings ist die zukünftige Tendenz erfahrungsgemäss aus der Vergangenheit kaum abschätzbar. Ein klarer Trend, dass die Energiepreise laufend steigen, kann nicht beobachtet werden. Teuerungsbereinigt sinken die Energiepreise eher. (Abb. 30)

6.2.4 Vergleiche und Schwachstellenanalyse

Aus den gewonnenen Kennzahlen resp. hier den Energiepreisen und den spezifischen Nutzenergiekosten können Vergleiche zu ähnlichen Betrieben gezogen werden. Die Preise der einzelnen Energieträger und die spezifischen Kosten der Nutzenergie können miteinander verglichen werden. Das Problem besteht allenfalls darin, dass keine vergleichbaren Kennzahlen vorliegen, da kaum standardisierte Kostenkennzahlen und Energiepreise vorhanden sind. Ideal ist es, wenn sich verschiedene Unternehmungen zu einer «Energie-Erfahrungsgruppe» zusammenschliessen und innerhalb der Gruppe die Kennzahlen definieren und die Energiepreise vergleichen. Solche Bestrebungen gibt es. Zu nennen sind z. B. das Programm EnergieSchweiz, die Energieagentur der Wirtschaft (EnAW) oder der Verein zur Förderung der energetischen Qualität von gewerblichen Apparaten für die Hotellerie, Gastronomie und Gemeinschaftsverpflegung (ENAK).

Aus den Kostenkennzahlen kann erkannt werden, ob die bezahlten Preise für einen Energieträger konkurrenzfähig sind. Dies ist besonders relevant auf dem freien Markt für Strom. Aus den spezifischen Preisen für Nutzenergie kann ein echter Vergleich unterschiedlicher Arten der Energieerzeugung oder Umwandlung gezogen werden. Heute zeigt es sich oft, dass selbst erzeugter Strom mit Fotovoltaik billiger ist als Strom ab Netz. Genauso sind die mit den wirklichen Nutzungszeiten resp. Abschreibedauern berechneten Wärmekosten ab Wärmepumpen oder mit Holzheizkesseln oft tiefer als ab Öl- oder Gaskessel.

«Schwachstellen» der Energiekosten können zu hohe Kennzahlen im Vergleich zu Benchmarks sein oder ein kontinuierliches Ansteigen der Energiekosten bewirken. Eine weitere «Schwachstelle» kann ein zu hoher Anteil der Energiekosten an den Gesamtkosten eines Produkts sein.

6.2.5 Massnahmen zur Senkung der Energiekosten

Bei Schwachstellen sind Massnahmen zu treffen. Energiekosten können mit verschiedenen Massnahmen gesenkt werden:

ABSCHREIBUNGEN BEI HEIZUNGSANLAGEN

Tab. 3: Abschreibedauer für verschiedene Elemente einer Heizungsanlage

Anlage / Installation	Abschreibedauer (empfohlen) Jahre
Wärmepumpe Luft/Wasser, Luft/Luft	15 - 20 (18)
Wärmepumpe Erdreich/Wasser, Wasser/Wasser	20 - 25 (25)
Erdwärmesonden, Grundwasserbrunnen	35 - 50 (50)
Holzheizkessel Stückholz, Schnitzel	15 - 25 (20)
Holzheizkessel/Ofen Pellets	15 - 20 (18)
Schnitzel/Pellets-Silo	25 - 40 (35)
Wärmepumpenboiler	10 - 15 (12)
Heizkessel Öl, Gas	15 - 25 (20)
Öltank	30 - 50 (40)
Hydraulik Heizung, Pumpen, Expansion	15 - 25 (20)
Heizverteilleitungen, Flächenheizung, Heizkörper	40 - 60 (50)
Abgasanlage	25 - 50 (35)
Solarthermische Anlagen	15 - 20 (18)
PV-Anlagen	25 - 30 (25)
Thermische Speicher	25 - 40 (35)
Batteriespeicher	10 - 20 (12)
Technikraum (Rohbau)	40 - 80 (50)

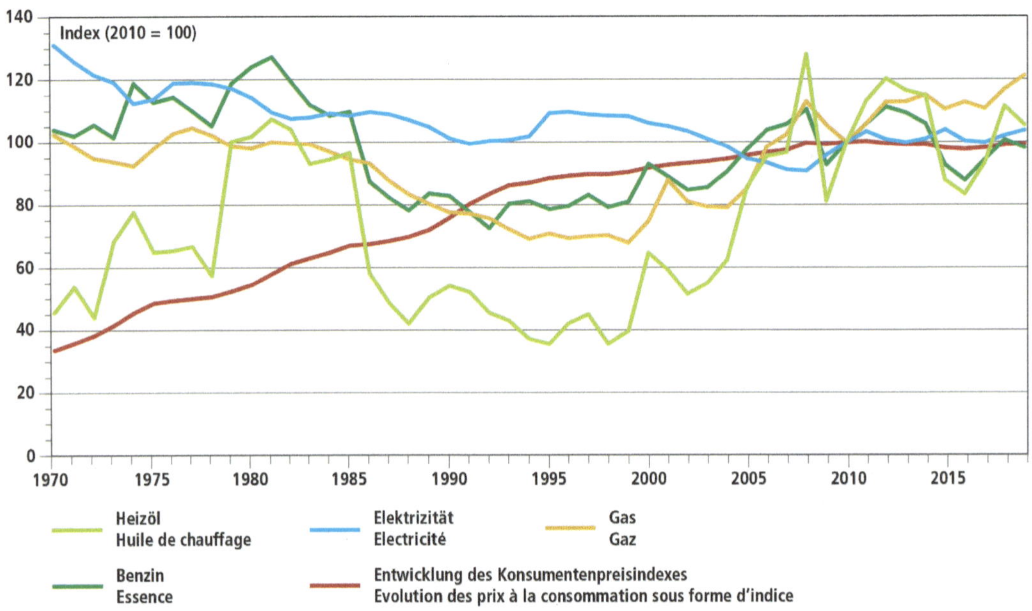

Abb. 30: Entwicklung der Energiepreise für Konsumenten (real, indexiert)

aus: Schweizerische Gesamtenergiestatisik 2019, BFE, Bern

ENTWICKLUNG DER ENERGIEPREISE

- *Energieverbrauch verringern (siehe Kapitel 11): Betriebe, die als Energiegrossverbraucher zählen, können zusätzlich Kosten sparen, wenn sie sich einer Zielvereinbarung unterziehen und den Energieverbrauch laufend optimieren. Sie können dadurch von einer Befreiung von Netzzuschlägen beim Strompreis profitieren, oder erhalten die Zuschläge für CO_2-Emissionen zurück.*
- *Billigeren Energieträger wählen: Die Gefahr dabei ist, dass kurzfristige Preisunterschiede einen langfristig wirksamen Entscheid herbeiführen könnten, welcher sich später als falsch herausstellt. Langfristig am günstigsten ist inzwischen oft die Nutzung regenerativer Energiequellen.*
- *Konkurrenzfähigen Lieferanten wählen: Auch hier muss beachtet werden, dass die Situation sich verändern kann. Langfristige Verträge mit einem Lieferanten bringen vielleicht tiefe Preise, doch auch die Gefahr, auf Änderungen am Markt nicht reagieren zu können. Ein Vorteil ist dagegen die längerfristige Sicherheit über die Energiepreise. Ob sich ein langfristiger Vertrag lohnt oder nicht, kann erst im Nachhinein beurteilt werden. Ein weiteres Problem beim Vergleich verschiedener Lieferanten ist die unterschiedliche Tarifstruktur. Die Beurteilung, welcher Lieferant insgesamt am billigsten ist, wird schwierig. Daher kann es sich lohnen, beim Energieeinkauf auf dem freien Markt einen Berater zuzuziehen.*
- *Grossverbraucher von Strom können heute den Strom nach «Fahrplan» einkaufen. Je nachdem, wie günstig dieser Fahrplan (der natürlich bekannt sein muss) für den Stromlieferanten ist, wird der Preis günstiger oder teurer. Strombedarf, der ausserhalb des vereinbarten Fahrplans benötigt wird, muss dann besonders teuer bezahlt werden. Voraussetzung ist hier eine Energiebuchhaltung, aus welcher der «Fahrplan» des Strombedarfs hervorgeht.*
- *Zeitpunkt des Energieeinkaufs: Bekanntlich spielt dies eine Rolle beim Heizöl, dessen Preis starken Schwankungen unterworfen ist. Damit wird es entscheidend, ob das Heizöl in dieser oder der nächsten Woche bestellt wird – inzwischen auch beim Einkauf von Strom auf dem freien Markt. Auch hier ändern die Preise laufend. Es ist Spekulation, welcher Zeitpunkt genau der Richtige ist, da die weitere Preisentwicklung kaum vorausgesagt werden kann. Am meisten Glück hat man, wenn ein Vertrag gerade in einer Tiefpreisphase abgeschlossen werden kann.*

- *Spitzenleistungsbedarf senken: Insbesondere bei Strom, aber auch bei Bio- oder Erdgas kann die Senkung des Leistungsbedarfs Geld sparen helfen, indem weniger Leistungsbezug bezahlt werden muss oder ein günstigerer Tarif ausgehandelt werden kann. Hierzu können Stromlastmanagementsysteme zu Einsparungen führen.*
- *Ausnutzung Nieder- oder Nachttarif: Beim Strom gibt es bisher oft zwei Tarife. Die Verschiebung des Verbrauches in die Niedertarifzeit ist eine weitere Methode, die Energiekosten zu senken.*
- *Blindenergiebezug vermeiden: Falls infolge alter Vorschaltgeräte oder nicht kompensierter Motoren bei der Stromrechnung auch für Blindenergie zu zahlen ist, lohnen sich im Allgemeinen Massnahmen, dies zu vermeiden. Dies kann durch neue Vorschaltgeräte oder effiziente LED-Leuchten mit $\cos \Phi$ um 1 sein oder es kann eine zentrale Kompensationsanlage installiert werden.*
- *In Zukunft muss der Strom eventuell dynamisch eingekauft und mit zeitlich variablen Preisen bezahlt werden, je nachdem, ob gerade viel oder wenig Strom aus regenerativen Quellen erzeugt werden kann. Dann wird ein dynamisches Lastmanagement sinnvoll.*
- *Die Speicherung von Strom oder anderer Energie, besonders bei Eigenerzeugung von Strom, kann Sinn machen, um Kosten zu sparen. Dies wird durch immer tiefere Preise für Batterien unterstützt.*
- *Bei der Eigenerzeugung von Strom lohnt es sich, mit Massanahmen des Lastmanagements einen hohen Anteil an Eigenverbrauch zu erreichen.*

Einige dieser Massnahmen haben hauptsächlich einen Kostennutzen. Energie wird zu einem tieferen Preis eingekauft, jedoch wird nicht weniger verbraucht. Die Kosten für diese Massnahmen entstehen durch die erforderliche Mehrarbeit, um Kennzahlen zu bilden und den Energieeinkauf zu optimieren.

Bei technischen Massnahmen zur Kostenreduktion fallen in der Regel auch Investitionen an. Mit diesen Massnahmen wird Energie gespeichert, Spitzenlasten werden gebrochen und/oder die Effizienz wird gesteigert. Die Kosteneinsparung äussert sich hier in besseren Kennzahlen, d. h. tieferen spezischen Nutzenergiekosten mit einer Vollkostenrechnung berechnet.

Die Umsetzung der Massnahmen auf der Einkaufs- wie auch auf der Technikseite ist anfangs oft einfach. Mit der Zeit sind die einfachen Massnahmen jedoch umgesetzt und etabliert. Das Identifizieren und Umsetzen weiterer Massnahmen wird kontinuierlich anspruchsvoller.

Für den optimalen Energieeinkauf gibt es heute auch spezialisierte Berater. Mit der Strommarktliberalisierung wird der Einkauf insbesondere des elektrischen Stromes wesentlich anspruchsvoller. Es werden unterschiedliche Tarifmodelle und Preisvergünstigungen angeboten, was den Preisvergleich erschwert. Oft muss der Kunde auch seinen Stromkonsum und dessen Verlauf genau kennen. Dies erfordert zusätzliche Messungen und Datenauswertungen, falls noch kein entsprechendes Messkonzept umgesetzt ist und keine genügende Energiebuchhaltung geführt wird.

Erfolgskontrolle:
Auch bei der Kostenoptimierung ist eine Erfolgskontrolle wichtig. Der Vergleich der spezifischen und absoluten Energiekosten über die Zeit und/oder mit Vergleichswerten zeigt auf, wie erfolgreich das aktive Energiekostenmanagement war. Sinnvoll ist es, die Kostenentwicklung der Energieversorgung an den Teuerungsindex anzupassen sowie die Produktivitätsentwicklung des Unternehmens oder die Auslastung eines Gebäudes mit zu berücksichtigen.

6.3 Kostenzuordnung

6.3.1 Zielsetzung

Die Kostenzuordnung im Bereich Energie und Medien hat zum Ziel, diese Kosten innerhalb eines Gebäudes oder eines Betriebs den unterschiedlichen Verbrauchern (den Nutzern, den Organisationseinheiten der Unternehmung oder gemäss Kostenstellen) zuzuordnen. Basis der Kostenaufteilung ist also die Nutzerstruktur eines Gebäudes, die Aufbauorganisation oder die Kostenstellenstruktur eines Unternehmens.

Eine Zuordnung der Kosten zu den Verursachern ist dann besonders wichtig, wenn für Dritte Energie oder Medien geliefert werden. Damit wird eine korrekte Weiterverrechnung der Energie- und Medienkosten möglich.

Mit der Kostenverrechnung soll einerseits erreicht werden, dass die Energiekosten gerecht und ggf. gesetzeskonform verrechnet werden. Insbesondere bei einer interen Kostenverrechnung soll die Kostentransparenz erhöht und die Kostenallokation auf einzelne Kostenverursacher verbessert werden. Dadurch sollen Anreize geschaffen werden, mit der Ressource Energie sparsam umzugehen, da sich dies positiv auf die eigene Kostenbelastung auswirkt. Mit der korrekten Zuordnung der Kosten zu Produkten oder Leistungsbereichen können auch deren Preise korrekter kalkuliert werden.

Rechtliche Grundlagen
In vermieteten Gebäuden ist die Zuordnung der Wärmekosten (Heizung und Warmwasser) zu den einzelnen Mietern teilweise in den Vorschriften der verbrauchsabhängigen Heiz- und Warmwasserkostenabrechnung (VHKA) geregelt. Diese Vorschriften unterscheiden sich im Detail von Kanton zu Kanton. Aufgrund der Mustervorschriften der Kantone im Energiebereich (MuKEn 2014) muss bei Neubauten oder bei wesentlichen Erneuerungen in Gebäuden mit fünf oder mehr Mieteinheiten eine verbrauchsabhängige Wärmekostenverrechnung erfolgen (Heizung und Warmwasser). Bei sehr sparsamen Gebäuden oder bei Beheizung mit Bauteilaktivierung (TABS) kann diese Vorschrift entfallen. Dieselbe Vorschrift (VHKA) gilt bei Gebäudegruppen (z.B. Reiheneinfamilienhäusern), welche von einer Wärmezentrale mit Wärme versorgt werden. Dort muss der gesamte Wärmebezug pro Haus gemessen und abgerechnet werden.

Eine Nachrüstpflicht für eine verbrauchsabhängige Heiz- und Warmwasserkostenabrechnung kennen nur ganz wenige Kantone.

Der elektrische Strom wird bei Mietgebäuden von den Energieversorgungsunternehmen resp. vom lokalen Verteilnetzbetreiber, früher Elektrizitätswerk EW genannt, üblicherweise direkt an die einzelnen Mieter geliefert und verrechnet. Mit der Strommarktliberalisierung kann es möglich sein, dass ein Sammelbezüger (z.B. eine Betriebsgesellschaft eines Einkaufszentrums) den Strom einkauft und an die verschiedenen Mieter weiter verteilt und verrechnet. Bei einer vollständigen Marktliberalisierung könnte auch ein Vermieter den Strom einkaufen und an die Mieter weiterverrechnen.

Im Modell der Eigenverbrauchsgemeinschaft von selbst erzeugtem regenerativem Strom wird dieser ebenfalls vom Betreiber oder Eigentümer der Erzeugungsanlage an die Verbraucher der Gemeinschaft verkauft. Der zusätzlich benötigte Strom wird durch diesen Betreiber vom lokalen Verteilnetzbetreiber oder einem Anbieter auf dem freien Markt eingekauft, falls der Bedarf gross genug ist, um in den freien Markt einzutreten.

In allen Fällen, in denen der Strom an weitere, rechtlich selbstständige Verbraucher weiterverkauft wird, muss mit zugelassenen und geeichten Messgeräten gemessen werden, und der Betreiber ist für deren periodische Prüfung und Eichung sowie für die korrekte Verrechnung zuständig.

6.3.2 Kosten- und Nutzenbetrachtung

Jede Kostenzuordnung verursacht auch einen Aufwand. In den Fällen, in denen die Kostenzuordnung freiwillig erfolgt (d.h. innerhalb der eigenen Unternehmung), muss deswegen abgewogen werden, ob der Nutzen der separaten Erfassung und Verrechnung den Aufwand lohnt.

Neben der besseren Transparenz und Kostenallokation kann ein bedeutender Nutzen der separaten Kostenerfassung darin liegen, dass dank der Zuordnung der Kosten zu den einzelnen Verbrauchern deren Sparanstrengungen gefördert werden. Damit kann erfahrungsgemäss ein Sparpotenzial erschlossen werden. Bei der individuellen Abrechnung der Heizenergie kann erfahrungsgemäss 10 % bis 15 % Energie gespart werden.

Die separate Erfassung der Energie- und Medienverbräuche kann auch die Transparenz des Energieverbrauchs erhöhen und so Schwachstellen gezielter deutlich machen. Die Erfassung des Energieverbrauchs zur Kostenverrechnung und die Messungen zur Erfassung von detaillierten Verbrauchskennwerten und Schwachstellen müssen deswegen gemeinsam geplant werden. Ein Messkonzept ist erforderlich.

Neben der Energie und weiteren Medien auch können die Entsorgungskosten in diese Zielsetzung mit einbezogen werden.

Zusammenfassend muss also ein Verrechnungskonzept für Energie und Medien erstellt werden. Dieses sollte Wärme, Elektrizität, Warmwasser, Kaltwasser, evtl. Kommunikation sowie evtl. Abfälle und Entsorgung berücksichtigen. Es muss folgende Kriterien berücksichtigen:

- *Kostenstellenstruktur/Verbrauch für eigenen Betrieb resp. für Dritte*
- *Gesetzliche Bestimmungen*
- *Relevanz der Energie-, Medien- oder Entsorgungskosten*
- *Nutzen der separaten Verrechnung*
- *Aufwand für separate Erfassung und Verrechnung*
- *Messkonzept für Energieoptimierung*

6.3.3 Umsetzung der Kostenzuordnung

Aufgrund des Verrechnungskonzepts müssen die erforderlichen Messungen geplant und realisiert werden. Da auch für die Energieoptimierung ein Messkonzept empfohlen wird, kann dies in diesem Zusammenhang erfolgen (siehe Kapitel 8).

Die Verrechnung gemäss gesetzlichen Vorgaben sowie die Energieverrechnung an Dritte müssen bestimmten Anforderungen genügen. Insbesondere sind Weiterverrechnungen an Dritte nur aufgrund von Messungen mit geeichten, zugelassenen Messgeräten statthaft.

Die Energie- und Medienverrechnung kann auch mit Pauschalbeträgen resp. aufgrund einer festen Zuordnung (Schlüssel) nach Miet- resp. Nutzflächen, Umsatz oder ähnlichen Grössen erfolgen. Bei diesen Lösungen erfolgt aber keine verbrauchsabhängige Kostenzuordnung. Für eine Verrechnung an Dritte kann dies nachteilig oder nicht zulässig sein. Zudem entsteht kein Sparanreiz.

Für die Kostenstellenzuordnung innerhalb eines Betriebes ist man in der Wahl der Methode und der Messgeräte frei. Damit kann eine möglichst einfache und kostengünstige Lösung realisiert werden. Die Genauigkeit der Messungen und der Kostenaufteilung spielt zur Erreichung der gewünschten Ziele kaum je eine Rolle.

Um den Aufwand der separaten Erfassung und Abrechnung zu verringern, sollte, wo dies möglich ist, eine automatisierte Messdatenerfassung (mit einem Bussystem) und eine EDV-gestützte Verrechnung realisiert werden. Nur in kleinen Betrieben mit wenigen Messungen kann eine manuelle Ablesung die günstigere Lösung sein. Immer ist auch hier eine möglichst einfache Lösung anzustreben.

Selbstverständlich kann für interne Zwecke der Energie- und Medienverbrauch auch anders als mit Messungen zugeordnet werden, falls dies einfacher ist. Beispielsweise mit Betriebsstundenzählern und einer Ablesung der Leistung, mit Berechnungen, Abschätzungen oder Erfahrungszahlen. Das Ziel, einen Sparanreiz zu schaffen, wird dann aber weniger oder nicht erreicht.

Wenn es möglich ist (bei EDV-gestützten, verbrauchsabhängigen Verrechnungen), wäre es sinnvoll, den einzelnen Verbrauchern eine Information (am besten eine grafische Darstellung) über den vergangenen Verbrauch, mindestens als Vergleich der aktuellen mit der letzten Periode, mitzuliefern. Damit kann der einzelne Verbraucher sofort feststellen, ob sein Verbrauch steigt bzw. sinkt oder ungewöhnlich grosse Schwankungen oder Abweichungen aufweist, und daraus allfällige Massnahmen ableiten.

Erfolgskontrolle:

Bei der Kostenzuordnung sollten die gesetzten Ziele überprüft werden. Dazu gehören bei freiwilligen Massnahmen die Erfassung des Nutzens der separaten Erfassung und die Überwachung des erforderlichen Aufwandes. Konnten die gesetzten Ziele erreicht werden, resp. führt die Kostenzuordnung zu einem reduzierten Energieverbrauch? Wie hoch sind die erzielten Einsparungen? Sind die Kosten für die verbrauchsabhängige Energiekostenzuordnung tiefer als der Nutzen?

Das Energieverrechnungskonzept sollte jeweils nach einer gewissen Zeit aufgrund einer aktuellen Neubeurteilung des Kosten-Nutzen-Verhältnisses überarbeitet und angepasst werden. Die Energiekostenentwicklung, die Entwicklung der Technik und der internen Prozesse können Anpassungen erfordern.

7 Kennzahlen, Benchmarking

7.1 Energiebuchhaltung

Pro Betrieb, Standort oder Gebäude sollte eine Energiebuchhaltung geführt werden. Die Aufzeichnung des Nutzenergieverbrauches sollte nach Verwendungszweck sowie nach Betriebsteilen, Gebäude pro Standort, Nutzungszonen im Gebäude oder gemäss einer analogen Unterteilung erfolgen. Dazu ist es notwendig, die Aufteilung des Energieverbrauches nach Verwendungszweck zu kennen. Dies wird mit dem Messkonzept ermöglicht. Für die Erfassung und Aufteilung des Stromverbrauch sind Privatzähler erforderlich, für den Wärmeverbrauch Wärmezähler. Am idealsten ist es, diese Daten über das Gebäudeleitsystem und/oder ein separates Messsystem zu sammeln und in einer Energiemanagementsoftware zu speichern und auswerten. Diese Thematik wird im Kapitel «Messkonzepte» vertieft behandelt (siehe Kapitel 8.3).

Ein Minimum an Aufteilung beispielsweise für ein Gebäude könnte sein:

- *Wärmeverbrauch pro Gebäude, separat für Warmwasser und für spezielle Wärmeverbraucher. Ideal ist auch die Erfassung des Wärmeverbrauchs für Lüftungsanlagen. Diese Aufteilung kann mit Einschränkungen auch durch Berechnungen und Momentanmessungen erfolgen, wie sie ein fachkundiger Energiespezialist durchführen kann.*
- *Stromverbrauch pro Gebäude, separat für Wärmeerzeugung und eventuell Warmwasser, separat für Kälte, separat für Lüftung (hier evtl. Berechnung möglich), wenn möglich separat für Beleuchtung, und separat für einzelne Grossverbraucher und Küche*

Mit dieser Aufteilung können die wesentlichen Kennzahlen des Energieverbrauchs gebildet werden.

Je detaillierter der Energieverbrauch aufgeteilt und bekannt ist, desto eher können Rückschlüsse auf Sparpotenziale gezogen und desto besser kann eine Erfolgskontrolle nach der Umsetzung von Massnahmen durchgeführt werden. Die aufgezeichneten Verläufe über einige Jahre der Kennzahlen zeigen auf, wie sich der Energieverbrauch über die Zeit verändert. Daraus lassen sich Einflüsse erkennen, beispielsweise ob eine neue Einrichtung, eine Veränderung der Betriebsführung und Instandhaltung (neue Prozesse), ein neuer Service-Provider oder eine technische/bauliche Massnahme Einfluss auf den Energieverbrauch hat (und welchen) oder nicht.

7.2 Grundlagen des Benchmarkings

Benchmarking ist ein Analyse- und Planungsinstrument, das eine Optimierung von Prozessen, Produkten oder Leistungen erlaubt. Es ist ein Prozess, der Produkte, Methoden, Abläufe oder Strukturen von einem oder mehreren Unternehmen vergleicht und dem Bestwert gegenüberstellt. Der Bestwert bei einem Vergleich wird als Benchmark bezeichnet, er gibt vor, was im optimalen Fall erreichbar ist. Der Benchmark ist also die Zielgrösse oder wörtlich übersetzt die Messlatte, an der man sich orientieren kann. Damit können Rationalisierungspotenziale oder Qualitäts- und Leistungssteigerungspotenziale aufgedeckt werden. Benchmarking verkörpert das Streben nach Bestleistung.

Im Facility Management und in der Immobilienwirtschaft ist Benchmarking eine wichtige Methode, um Prozesse zu bewerten und Schwachstellen und Verbesserungspotenziale zu identifizieren. Daneben können auch Liegenschaften und Mietobjekte sowie Anlagen aufgrund definierter Kriterien verglichen und bewertet werden.

Grundsätzlich muss das Ziel, zu den Besten zu gehören und dazu das Instrument Benchmarking zu nutzen, von der Führungsebene einer Unternehmung vorgegeben werden. Dazu gehört auch die Bereitschaft zu einer gewissen Offenheit und zur Veränderung. Benchmarking kann als Teil eines Qualitätsmanagementprozesses verstanden werden.

Die Potenziale von Benchmarking liegen in den unterschiedlichsten Gebieten und bei unterschiedlichsten Prozessen. Insbesondere können folgende Verbesserungen erreicht werden:

- *Höhere Transparenz*
- *Unterstützung einer Stärken-Schwächen-Analyse*
- *Aufzeigen von Sparpotenzialen*
- *Optimierung der Qualität von Leistungen und Produkten*
- *Entwicklung von Perspektiven für die laufende Optimierung*
- *Bessere Steuerbarkeit von Prozessen*
- *Bewertung von Produkten, Projekten und Gebäuden*
- *Klare Entscheidungsgrundlagen*

7.3 Kennzahlen, Kenngrössen, Kennwerte

Kennzahlen dienen als Grundlage für die Vergleiche mit anderen und der Orientierung an Bestwerten. Sie sind insbesondere im Energiemanagement wichtig. Wie auch in der Betriebswirtschaftslehre allgemein, gilt auch hier:

If you can't measure it, you can't manage it![29]

Als Kennzahl wird eine definierte und damit vergleichbare absolute oder relative Grösse bezeichnet, die messbar ist. Die effektiven Zahlenwerte in konkreten Fällen werden als Kennwerte bezeichnet.

Es gibt es zwei Arten von Kennzahlen: relative und absolute Kennzahlen.

Relative Kennzahlen werden aus dem Verhältnis einer Kenngrösse (der Zahl im Zähler) – etwa Leistung oder Kosten – zu einer Bezugsgrösse wie Arbeitsplatz oder Flächeneinheit gebildet. Eine relative Kennzahl ist also ein klar definierter, spezifischer, eingegrenzter Wert, bezogen auf eine klar definierte Einheit resp. Bezugsgrösse. Relative Kennzahlen können für Prozesse, betriebliche Leistungen, Verbrauchswerte oder Grössen der Infrastruktur gebildet werden.

Eine relative Kennzahl wird wie folgt definiert:

Relative Kennzahl = Kenngrösse / Bezugsgrösse

Beispiele von relativen Kennzahlen:
- *Leistung/Output pro Arbeiter*
- *Energieverbrauch pro Flächeneinheit (Energiekennzahl)*
- *Kosten pro Arbeitsplatz*
- *Fläche pro Mitarbeiter*
- *Arbeitskosten pro Stunde*

Das Problem oder die Herausforderung an relative Kennzahlen ist, dass die Bezugsgrösse bekannt sein muss. Im Energiemanagement ist dies oft die Energiebezugsfläche (siehe Kapitel 11).

Absolute Kennzahlen sind Werte, die als absolute Zahl gemessen werden können. Typische absolute Kennzahlen sind zum Beispiel:
- *Rendite eines Immobilienportfolios*
- *Kosten eines Projekts*
- *Umsatz mit einem Produkt*
- *Prozentsatz zufriedener Kunden*
- *Wirkungsgrad einer Maschine*
- *Jahresarbeitszahl einer Wärmepumpe*

7.4 Arten von Benchmarking

Grundsätzlich können drei Arten von Benchmarking unterschieden werden, je nachdem, woher resp. von wem die zu vergleichenden Kennzahlen stammen.

Internes Benchmarking
Es werden Prozesse oder Anlagen innerhalb einer Unternehmung miteinander verglichen. Dieses Vorgehen bietet sich insbesondere in grösseren Unternehmungen mit verschiedenen Filialen, Gebäuden oder Standorten an. Vorteil ist, dass keine Probleme betreffend Vertraulich-

keit von Daten bestehen, ein einheitliches Vorgehen bei der Kennwertermittlung durchgesetzt und die Vergleichbarkeit der Daten gut beurteilt werden kann. Nachteil ist, dass Vergleiche mit anderen Unternehmungen nicht oder nur eingeschränkt möglich sind. Neue Ideen oder bessere Lösungen werden somit oft nicht erkannt.

Externes Benchmarking

Es werden Prozesse, Produkte oder Anlagen des eigenen Unternehmens mit anderen Unternehmen verglichen. Voraussetzung ist ein einheitliches Verständnis darüber, wie Kenn- und Bezugsgrössen gebildet werden. Der Benchmark des «Klassenbesten» unter den Mitbewerbern kann dann festgestellt werden. Während im Kerngeschäft externes Benchmarking meist an der mangelnden Bereitschaft zur gegenseitigen Offenheit scheitert, ist externes Benchmarking bei den Unterstützungsprozessen und damit beim Energiemanagement durchaus möglich. Insbesondere bei Immobilien können auch Vergleiche mit branchenfremden Unternehmen sinnvoll sein. Externes Benchmarking eignet sich gut auch für kleine Firmen oder einzelne Gebäude.

Benchmarking über die Zeit

Einzelne Kennzahlen und Prozesse können auch über die Zeit verfolgt und verglichen werden. Damit können Abweichungen, z. B. von Jahr zu Jahr, festgestellt und wenn nötig entsprechende Massnahmen eingeleitet werden.

Alle drei Arten von Benchmarking können auch im Energiemanagement sinngemäss eingesetzt werden.

7.5 Vorgehen

Um Benchmarkingprojekte erfolgreich abzuwickeln, sind einige Empfehlungen zu beachten. Wichtig ist es, sich auf das Wesentliche zu konzentrieren, das heisst auf Bereiche und Prozesse, welche Kostentreiber sind oder den Energieverbrauch wesentlich beeinflussen. Wichtig ist es auch, dass die verglichenen Prozesse oder Anlagen falls nötig auch verändert werden können.

Eines der grössten Risiken besteht darin, dass zu detaillierte, zu genaue oder zu umfangreiche Benchmarkingvorhaben gestartet werden, welche dann zu hohe Kosten verursachen und deshalb vorzeitig wieder aufgegeben werden.

Für die zu vergleichenden Prozesse oder Bereiche müssen die für ein Benchmarking notwendigen Daten und Informationen vorhanden sein. Es sind Kennwerte erforderlich, was eine entsprechende Datenbasis verlangt. Insbesondere müssen auch die Bezugsgrössen bekannt sein. Die Daten stammen z. B. aus Kostenstellenrechnung, Energiebuchhaltung oder Betriebsstatistik sowie aus der Dokumentation der Bezugsgrössen.

Um die eigenen Kennwerte mit anderen zu vergleichen, braucht es in einem Benchmarkingprojekt interne oder externe Partner. Am einfachsten ist dies, wenn im eigenen Betrieb solche Partner zu finden sind, z. B. aus verschiedenen Filialen oder Standorten (internes Benchmarking). Ansonsten müssen Partner von ausserhalb gesucht werden, welche ebenfalls am Benchmarking interessiert sind (externes Benchmarking). Es werden Gruppen gebildet, innerhalb derer die entsprechenden Daten resp. Kennwerte ausgetauscht werden, was eine entsprechende Offenheit und Transparenz erfordert. Solche Gruppen werden mit Vorteil innerhalb der eigenen Branche gebildet. Nur wenn in Gruppen ein Erfahrungs- und Know-how-Austausch möglich ist, kann vom Besten wirklich gelernt werden.

Weiter ist es wichtig, sich Klarheit über die Vergleichbarkeit der Kennwerte zu verschaffen. Bei unterschiedlichen Rahmenbedingungen können sich auch stark unterschiedliche Kennwerte für an sich gleiche Prozesse oder Anlagen ergeben.

Im Energiemanagement sind einige Kennzahlen allgemein definiert und normiert. Dort, wo Kennzahlen normiert sind, sind die zugehörigen Kennwerte oft öffentlich zugänglich, sodass auch ein Vergleich mit solchen Werten möglich ist. Jedoch fehlt dann die Möglichkeit, Erfahrungen auszutauschen und so zu lernen, wie der Bestwert erreicht werden kann.

7.6 Erfolgsfaktoren

Um mit Benchmarkingprojekten Erfolg zu haben, sind folgende Regeln zu beachten:

- *Klare Zielsetzungen und definierte Visionen oder Leitbilder*
- *Expliziter Wille für Verbesserungen und Veränderung*
- *Genügend gute Datenbasis*
- *Klare Definition der Kennzahlen, Bezugsgrössen, Vergleichskriterien*

- *Vergleichbare Prozesse, Gebäude, Randbedingungen (richtige Partner)*
- *Kleine, überschaubare Projekte mit in kurzer Zeit nachweisbaren Erfolgen*
- *Auch qualitative Aspekte einbeziehen (nicht nur sparsam, sondern auch gut)*
- *Kennzahlen, welche relevant sind, vergleichen*
- *Geeignete Werkzeuge und Methoden anwenden*
- *Klare und angepasste Organisation*
- *Langfristige Denkweise und Zielsetzungen*
- *Umsetzung der Erkenntnisse mit organisatorischen und technischen Massnahmen und Monitoring derselben zur Erfolgskontrolle*

Auf diese Weise können mit Benchmarking wesentliche Erfolge erzielt werden. Im Energiemanagement können Sparpotenziale erkannt, von Erfahungen Dritter profitiert und so die Grundlagen erarbeitet werden, auf deren Basis die Energieeffizienz verbessert werden kann.

29 Die Quelle ist nicht zu eruieren. W. E. Deming wird oft als Autor genannt, er wies aber im Gegenteil darauf hin, dass es eine der «Seven Deadly Diseases» ist, sich nur auf messbare Grössen zu stützen. Im Gegenteil, oft seien die wichtigsten Faktoren, die gutes Management beeinflussen, nicht messbar.
Ein anderer Autor könnte H. James Harrington sein. Er sagt: «If you cannot measure it, you cannot control it. And if you cannot control it, you cannot manage it. It's as simple as that.» Oder auch Peter Drucker wird als Autor genannt, oder auch Norton Kaplan.

8 Konzepte

8.1 Grundlagen

Was ist ein Konzept?
Ein Konzept ist gemäss Duden ein klar umrissener Plan resp. ein Programm für ein Vorhaben. In der Technik wird darunter eine vertiefte Untersuchung mit Lösungsvorschlägen verstanden: Wie kann ein komplexes Problem oder ein anspruchsvolles Vorhaben mit verschiedenen Beeinflussungsgrössen, Teilproblemen und Lösungsmöglichkeiten am geeignetsten gelöst werden?

Zu Beginn der Bearbeitung eines jeden Konzeptes steht die Zielsetzung. Konzepte ermöglichen es, anspruchsvolle Ziele zu erreichen. Es kann diejenige Lösung gefunden werden, welche die gestellten Anforderungen am besten erfüllt. Was wiederum impliziert, dass die Ziele und Anforderungen an die Lösung klar definiert und anspruchsvoll sind.

Ein Konzept ermöglicht es, strategische Zielsetzungen umzusetzen, langfristige Anforderungen zu berücksichtigen und verschiedene Lösungsvarianten zu vergleichen und zu bewerten. Ein wichtiger Teil der Konzeptarbeit ist Kreativität und Innovation. Ein Konzept soll auch neue und innovative Lösungsmöglichkeiten untersuchen, um neue Wege in Betracht zu ziehen. Die Umsetzung neuer Lösungen braucht eine Risikobereitschaft und ein kontrolliertes Risikomanagement.

Ein Konzept soll zu einer gesamtheitlich optimierten Lösung führen. Die verschiedenen Teilprobleme resp. Komponenten eines Vorhabens sollen integral betrachtet werden und die Lösung soll über das Ganze gesehen den unterschiedlichen Anforderungen am besten entsprechen.

Konzepte dienen auch dazu, planmässig vorzugehen und eben nicht konzeptlos. Die parallel ablaufenden oder zeitlich gestaffelten Arbeitsschritte zur Umsetzung eines Vorhabens resp. zur Erreichung eines Zieles werden koordiniert und übergreifend untersucht. Ein Konzept ist so gesehen auch ein gut überlegtes und klar definiertes Programm für ein Vorhaben.

Ein Konzept zeigt unterschiedliche Lösungsvarianten auf und definiert die beste Lösungsmöglichkeit resp. das optimale Vorgehen. Ein Konzept soll also sowohl dazu führen, dass strategisch und langfristig richtige Entscheide gefällt werden, als auch dazu, dass die gestellten Anforderungen oder Ziele mit den besten aller möglichen Varianten erreicht werden.

In der Konzeptphase entscheidet sich meistens der Erfolg oder Misserfolg eines Vorhabens. Die Kosten sowie die Erfolgsfaktoren werden massgebend bestimmt, mit minimalen Ausgaben im Vergleich zu den folgenden Phasen eines Projekts. Fehler im Konzept oder Versäumnisse beim Suchen nach der bestmöglichen Lösung lassen sich in den nachfolgenden Phasen eines Projekts meistens nicht mehr beheben oder aufholen. Zudem kann nur mit gut durchdachten Konzepten Innovation und damit Fortschritt erzielt werden.

Die Abb. 31 zeigt diesen bekannten Zusammenhang. In der Phase der strategischen Planung sind noch kaum Kosten aufgelaufen. Hier aber sind die Möglichkeiten, die Kosten eines Projekts zu beeinflussen, am grössten. Während der Projektrealisation (z.B. der Bauphase) können die Kosten kaum mehr wesentlich beeinflusst werden, insbesondere nicht nach unten.

In der Betriebsphase eines Gebäudes (oder auch einer Anlage) können die Kosten wieder mehr beeinflusst werden. Die Entscheide und Lösungen, welche in der Konzeptphase erarbeitet wurden, haben aber einen grösseren Einfluss auf die Betriebskosten. Da innerhalb von 10 bis 20 Jahren die Betriebskosten eines gewerblichen Gebäudes die Investition zur Erstellung übertreffen, sind die Entscheide in der Konzeptphase von grösster Bedeutung. Fehler in der Konzeptphase können meist nicht mehr behoben werden, oder dann nur mit sehr grossem Aufwand.

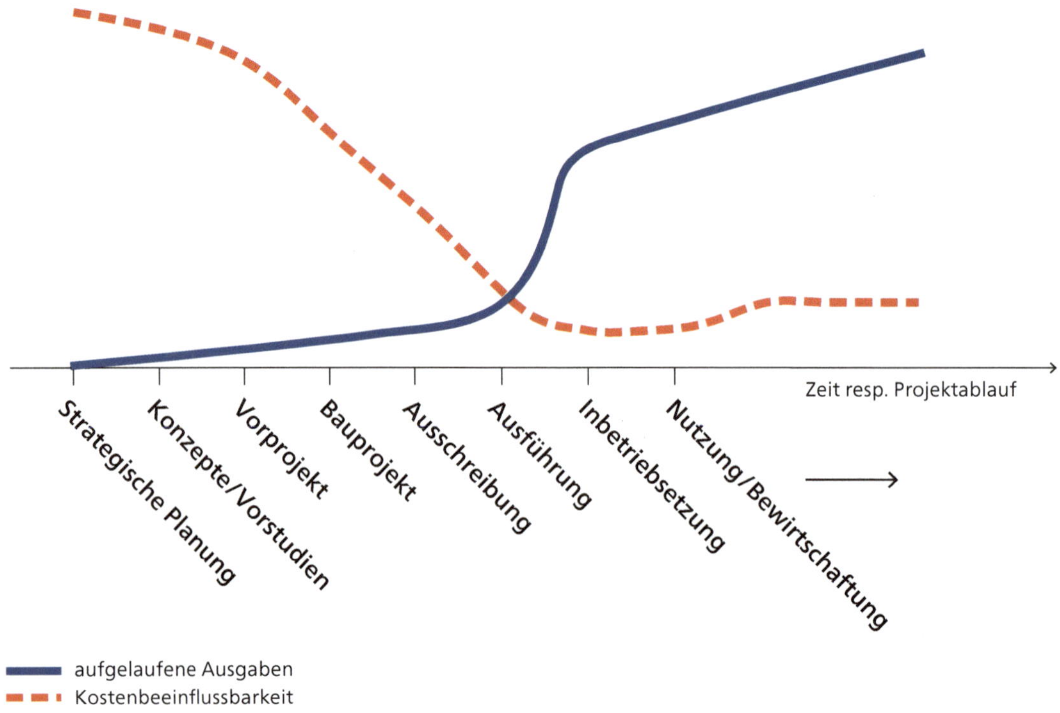

Abb. 31: Qualitative Möglichkeiten der Kostenbeeinflussung in den verschiedenen Projektphasen

KOSTENBEEINFLUSSUNG IN VERSCHIEDENEN PROJEKTPHASEN

8.2 Energiekonzepte

Unter einem Energiekonzept wird eine Untersuchung verstanden, wie ein Gebäude so energieeffizient wie möglich geplant und erstellt werden kann. Gleichzeitig soll der Komfort sowohl im Winter wie auch im Sommer hoch sein. Dazu sind drei Teilkonzepte erforderlich.

Zum Ersten ist das Gebäude so zu planen und zu bauen, dass der Komfort im Gebäude mit möglichst wenig Energieverbrauch erreicht werden kann. Dies ist Aufgabe des Architekten zusammen mit dem Bauphysiker. Die Form und Ausrichtung des Gebäudes, die Fensteranordnung, Grösse und Beschattung, die Dachgestaltung (für möglichst viel Fotovoltaik) sowie die Wärmedämmung und Baumasse sind zu optimieren. Dies kann als *nachhaltiges Entwurfs- und Baukonzept* bezeichnet werden.

Zum Zweiten ist zu untersuchen, wie das Gebäude am sinnvollsten mit der noch erforderlichen Energie (Wärme für Heizung und Warmwasser, Kälte für Kühlung, Strom für Beleuchtung und Betriebseinrichtungen, Ladestationen für Elektrofahrzeuge etc.) versorgt werden kann. Anzustreben ist eine zu 100 % fossilfreie und regenerative Energieversorgung. Es soll geklärt werden, wie möglichst viel Strom vor Ort erzeugt und ob resp. wie Umgebungswärme oder Nah- oder Fernwärme genutzt werden kann. Zu prüfen ist auch eine Eigenverbrauchsgemeinschaft resp. ein Zusammenschluss zum Eigenverbrauch (ZEV) mit Nachbarn, um einen möglichst hohen Eigenverbrauch an PV-Strom zu ermöglichen. Hier kann von einem *Energieversorgungskonzept* gesprochen werden.

Zum Dritten muss geklärt werden, wie die ggf. erforderliche Umwandlung, Speicherung und Verteilung der Energie innerhalb des Gebäudes vor sich gehen soll. Es ist festzulegen, mit welchen Systemen der Gebäudetechnik das Gebäude ausgerüstet werden soll. Dabei sind die Gewerke der Gebäudetechnik (Heizung, Kühlung, Lüftung, Sanitär, Elektro und Gebäudeautomation) integral zu betrachten. Gleichzeitig sollten die Vorgaben an das Messkonzept definiert werden. Hier kann von einem *Gebäudetechnikkonzept* gesprochen werden.

Diese drei Subkonzepte werden oft unter dem Begriff *Energiekonzept* zusammengefasst. Sie sind aufeinander abzustimmen und müssen in einer frühen Konzeptphase bearbeitet werden. Es ist immer der Winter- und der Sommerfall zu optimieren: Wie kann das Gebäude im Winter angenehm warm und im Sommer angenehm kühl behalten werden, wie kann es kontrolliert belüftet werden, mit einem Minimum an Energie- und Technikbedarf.

8.2.1 Zielsetzung

Wie erwähnt, muss als Erstes eine klare, möglichst ambitionierte Zielsetzung erfolgen. Nur damit wird ein zielgerichtetes Vorgehen möglich, die gestellten Anforderungen sind bekannt und es können anspruchsvolle Ziele erreicht werden.

Die Ziele müssen von der Bauherrschaft vorgegeben werden. Je nach Erfahrungen und Kenntnissen der Bauherrschaft kann eine Beratung durch einen Energiefachmann sinnvoll oder nötig sein. Gegebenenfalls kann auch mit einem an Energiefragen interessierten Architekten oder einem Bauphysiker zusammengearbeitet werden. Die einzelnen Ziele können auch gewichtet werden, um so mögliche Varianten besser vergleichen zu können. Es empfiehlt sich, der Zielsetzung einen genügend hohen Stellenwert einzuräumen. Nur so können die Ziele anschliessend effizient erreicht und Enttäuschungen oder unnötige Arbeit und «Ehrenrunden» vermieden werden. Aus der Erfahrung lässt sich sagen, dass je anspruchsvoller die Ziele gesetzt werden, desto besser wird die Lösung.

Für ein Energiekonzept können beispielsweise folgende Ziele im Vordergrund stehen:

- *Fossilfreie Energieversorgung*
- *Kein Verbrauch an nicht regenerierbarer Primärenergie*
- *Maximale Produktion und Nutzung von regenerierbarer Energie*
- *Minimierung auch der grauen CO_2-Emissionen*
- *Minimale Emissionen an Schadstoffen (z. B. in urbaner Umgebung)*
- *Erreichung eines vorgegebenen Komfortniveaus im Sommer und Winter*
- *Einfache Gebäudetechnik (eher Lean-Tech statt High-Tech-Lösung)*
- *Minimale Unterhaltskosten der Gebäudetechnik resp. des Gebäudes*
- *Bewährte Systeme*
- *Innovative Systeme und Technik*
- *Flexible Systeme und Raumnutzung*
- *Erreichung bestimmter Zielwerte oder Labels (z. B. nach MuKEn, Minergie®, DGNB-Swiss, SNBS, 2000-Watt-Gesellschaft, 2000-Watt-Areal)*
- *Minimaler Platzbedarf der Gebäudetechnik*
- *Vorgaben an die Versorgungssicherheit resp. Redundanz der Systeme*
- *Ermöglichen von Energiespeicherung und Demand-side-Management*
- *Smarte Ladestationen für Elektrofahrzeuge*
- *Langfristiger Werterhalt des Gebäudes*
- *usw.*

Die Ziele können in einem Lastenheft für das Energiekonzept vorgegeben werden. In diesem Lastenheft kann der Bauherr auch diejenigen Lösungen und Randbedingungen definieren, welche er schon kennt resp. sicher erfüllt haben will. Im Lastenheft muss des Weiteren vorgegeben werden, wie die Umsetzung des Energiekonzeptes sichergestellt wird und wer dafür verantwortlich ist. Der Energiekonzeptplaner erstellt daraus das konkrete Energiekonzept als Pflichtenheft für das Gebäude. Dieses zeigt die umzusetzenden Lösungsmöglichkeiten auf und stellt die verbindliche Vorgabe für die weitere Planung dar. Es muss sichergestellt werden, dass die im Lastenheft vorgegeben Ziele und das darauf basierend erarbeitete Energiekonzept über den ganzen Planungs- und Bauprozess hinweg beachtet und umgesetzt wird. In der Praxis ist oft zu beobachten, dass ein zu Beginn erstelltes Energiekonzept in den weiteren Planungs- und Realisierungsschritten laufend verwässert wird und am Ende nicht viel davon übrigbleibt. Die Ziele der Bauherrschaft können dann selbstredend nicht erreicht werden.

Auch für bestehende Bauten kann ein Energiekonzept erstellt werden. Darin werden die langfristige Planung und ein sinnvolles Vorgehen definiert, wie ein heute noch mit Mängeln und Schwachstellen behafteter Altbau mittelfristig saniert werden kann. Dabei werden die ohnehin erforderlichen Erneuerungen, Sanierungen und Umbauten so ins Konzept integriert, dass am Ende des Planungshorizontes ein ambitioniertes Ziel erreicht werden kann und das Gebäude ganzheitlich und zielgerichtet optimiert wird. Es sollen nicht einfach die gerade nötigen Veränderungen konzeptlos vorgenommen werden.

Leider wird auch heute nur für die wenigsten bestehenden Bauten ein Energiekonzept erstellt. Noch am ehesten wird bei grösseren Umbauten oder Umnutzungen ein Energiekonzept erstellt. Kleinere Umbauten sowie der Ersatz von Anlagen erfolgen meist aufgrund des momentanen Bedarfs, ohne dass dahinter ein längerfristiges Konzept oder eine strategische Zielsetzung steht. Bestehende Schwachstellen eines Gebäudes können so oft nicht behoben werden. Im Endeffekt können weder die Nachhaltigkeit des Gebäudes noch die Bewirtschaftungskosten optimiert werden.

8.2.2 Vorgehen

Das Energiekonzept steht bei einem Neubau am Beginn der Planung, im Idealfall zusammen mit dem Beginn der architektonischen Entwürfe für das Gebäude. Ein erstes Energiekonzept sollte auch bereits Teil des Wettbewerbsverfahrens zur Auswahl des Planerteams sein. Lediglich die strategische Planung kommt noch vorher: Was soll wann wo gebaut werden, wie könnte der Raumbedarf anders gedeckt werden, ist ein eigenes Gebäude oder Mietobjekt sinnvoll, für wie lange soll resp. kann das Gebäude wie geplant genutzt werden etc.

Das Energiekonzept behandelt sowohl das Gebäude an sich als auch die Energieversorgung und die ganze Gebäudetechnik, das heisst die drei zu Beginn des Kapitels 8.2 beschrieben Teilkonzepte. Es muss deshalb in einem interdisziplinären Team unter Leitung eines Energie- resp. Gebäudetechnikspezialisten (z.B. eines Energieingenieurs oder eines Spezialisten in nachhaltigem Bauen) erarbeitet werden. Diese Person muss im Gebiet der Energie- und Gebäudetechnik ein Generalist sein, d.h. er oder sie muss alle für das Energiekonzept wichtigen Spezialgebiete sowie deren theoretische Grundlagen kennen. Zudem sollte diese Person so viel von der Praxis wissen, dass keine nicht ausführbaren oder an kleinen praktischen Details scheiternden Lösungen vorgeschlagen werden. Zum Team gehört auch der Architekt, der Bauingenieur (Statiker), meistens der Bauphysiker oder einzelne Gebäudetechnikplaner und idealerweise ein Bauherrenvertreter.

Die folgenden Sachgebiete spielen für das Erarbeiten eines Energiekonzeptes eine Rolle.

Für das nachhaltige Entwurfs- und Baukonzept:
- *Architektur*
- *Bauphysik*
- *Fassaden- und Fenstertechnik*
- *Bautechnik (Statik)*
- *Fensterbeschattung*
- *Aktive und passive Solarenergie*
- *Tageslichtnutzung*
- *Materialwahl*

Für das Energieversorgungskonzept:
- *Gesetzliche Grundlagen*
- *Quartier- und Stadtplanung aus Sicht Energie*
- *regenerierbare Energie, Fotovoltaik*
- *Fern- und Nahwärme (Hoch- und Niedertemperatur)*
- *Geologie, Nutzung des Untergrunds, Grundwasser*
- *Nutzung von Umgebungswärme (Aussenluft, Oberflächenwasser)*
- *Nutzung von Biomasse*
- *Abwärmenutzung*

Für das Gebäudetechnikkonzept:
- *Heizungstechnik*
- *Lüftungs- und Klimatechnik*
- *Kältetechnik*
- *Sanitärtechnik*
- *Elektrotechnik*
- *Beleuchtung*
- *Gebäudeautomation*
- *Messtechnik*
- *Komfortkriterien, Ergonomie, Gesundheitsschutz*

Übergeordnet resp. für alle Teilkonzepte:
- *Kosten- und Wirtschaftlichkeitsrechnung, LCC-Rechnungen*
- *Nutzung von Simulationstools und Energie-Berechnungsmethoden*
- *Ökologie, LCA-Betrachtungen*
- *weitere Nachhaltigkeitsaspekte*
- *Kenntnisse betreffend Standards und Labels*

Kommunikation und soziale Aspekte

Um ein Energiekonzept innerhalb eines interdisziplinären Planungsteams einbringen und umsetzen zu können, muss die verantwortliche Person für das Energiekonzept zudem ein ausgesprochener «Teamplayer» sein und gleichzeitig so viel Kompetenz und Führungskraft ausstrahlen, dass sie anerkannt wird und ihre Ideen und Ansprüche durchsetzen kann.

In der Praxis gibt es kaum jemanden, der oder die in allen genannten Sachgebieten eines Energiekonzepts vertiefte Kenntnisse hat. Die fehlenden Kenntnisse müssen deshalb bei Spezialisten des betreffenden Sachgebiets eingeholt werden.

Die wichtigste, aber manchmal schwierige Schnittstelle besteht zwischen der Architektur und der Energietechnik. Es ist klar: Das architektonische Konzept muss viele unterschiedliche Anforderungen erfüllen wie Funktionalität und Nutzbarkeit des Gebäudes, ästhetische Qualität, Kosten, Statik, Sicherheit, baurechtliche Randbedingungen. Ein Bau muss vom Architekten, aber auch nach energetischen und gebäudetechnischen Aspekten geplant werden. Nur so können die Ziele des Energiekonzepts mit minimalem Aufwand erreicht werden. Ohne Berücksichtigung der energetischen Aspekte beim architektonischen Gebäudeentwurf kann auch mit einem noch so intelligenten Energieversorgungs- und Gebäudetechnikkonzept eine anspruchsvolle Zielsetzung kaum oder gar nicht erreicht werden. Nur wenn alle drei Teilkonzepte hohen Anforderungen genügen, kann ein zukunftsfähiges Gebäude geplant und errichtet werden.

Während der Konzeptbearbeitung sollte die Energiefachperson (oft zusammen mit dem Bauphysiker) den Architekten darin beraten und dazu anhalten, den Gebäudeentwurf, die Fassadengestaltung und den Innenausbau so zu planen, dass ein tiefer Energieverbrauch, eine einfache Gebäudetechnik und eine hoher Komforts möglich werden. Er muss gleichzeitig die übrigen Anforderungen an die Architektur anerkennen und den Architekten darin unterstützen, seine gestalterischen Vorstellungen und Wünsche möglichst umzusetzen. Eine hochwertige architektonische Gestaltung eines Gebäudes und gleichzeitig die Erfüllung ambitionierter Ziele beim Energiekonzept sollte nicht als Gegensatz verstanden werden, sondern als Ansporn zu gemeinsamen Höchstleistungen. Dass auf diese Weise Gebäude verwirklicht werden können, die in architektonischer wie auch energetischer Sicht vorbildlich sind, zeigen heute viele Beispiele.

8.2.3 Vorgehen bei bestehenden Bauten

Bei bestehenden Bauten muss das Vorgehen insofern angepasst werden, als hier wesentlich mehr Randbedingungen fest vorgegeben sind. Das Energiekonzept soll, ausgehend vom Ist-Zustand des Gebäudes und des Energiebedarfs, die weiteren Schritte und vor allem ein Endziel aufzeigen. Vom Endziel abhängig, können dann zielgerichtet alle nötigen Sanierungen und anfallenden Ersatzinvestitionen in die Gebäudetechnik und -hülle vorgenommen werden. Dazu erforderlich ist eine Zustandsanalyse und eine Mehrjahresplanung der in den nächsten 5 bis 10 Jahren anstehenden Ersatzmassnahmen.

Die anfallenden Ersatzmassnahmen und Sanierungsschritte haben vielfach einen gegenseitigen Einfluss. So beeinflusst der Ersatz einer alten Klimaanlage den Wärme- und Kälteleistungsbedarf. Eine Erneuerung der Beleuchtung beeinflusst den Strombedarf, den Kühlbedarf im Sommer und auch den Heizbedarf im Winter. Zudem könnte sich z.B. die Möglichkeit ergeben, mit der Beleuchtung auch die Doppeldecke zu sanieren resp. ganz wegzulassen. Damit erhöht sich die Speicherfähigkeit der Räume und die Kühllast sinkt.

Der Ersatz der Fenster hat Einflüsse auf den Heizbedarf (besserer U-Wert), den Lüftungsbedarf (neu öffenbar, im Winter dicht), den Kühlbedarf (neu äusserer Sonnenschutz). Damit soll aufgezeigt werden, dass nur ein konzeptionell und gesamtheitlich geplantes Vorgehen zu einem optimalen Endresultat führt. Ansonsten entsteht ein Flickwerk und viele Chancen zu Verbesserungen und Kosteneinsparungen werden verpasst.

Bei falschem Vorgehen werden Sachzwänge erzeugt, welche die Möglichkeiten bei nachfolgenden Umbauten einschränken, oder es werden unnötige Investitionen getätigt. Muss beispielsweise ein Heizkessel notfallmässig ersetzt werden, reicht die Zeit, um die Umstellung auf eine Wärmepumpe zu planen, oft nicht. Werden wenige Jahre nachher die Fenster erneuert, ist nachher die neue Wärmeerzeugung zu gross dimensioniert. Nur ein auf ein mittel- und langfristiges Ziel ausgerichtetes Energiekonzept verhindert solche nicht optimale Lösungen und kann helfen, die Investitionen zu optimieren. Anspruchsvolle Ziele werden nur so erreichbar.

Beispiel:
Ein Bürogebäude aus den 1980er-Jahren verfügt über eine schlecht wärmegedämmte Fassade (U-Wert 0,7 W/m²K und einigen Wärmebrücken), nicht öffenbare Fenster mit 2-fach-Verglasung (U-Wert 2,8 W/m²K mit dazwischen liegenden Lamellenstoren), eine Klimaanlage mit 6-fachem Luftwechsel (6 h^{-1}) und zwei Ölheizkessel. Der Innenausbau mit Spannteppich und abgehängter Decke sowie leichten Bürotrennwänden ist ebenfalls veraltet.
Die alten FL-Einbau-Rasterleuchten haben ca. 15 W/m² Anschlussleistung.
Ziel könnte es sein, am Ende ein Gebäude mit gut speichernden Gruppenbüros zu haben, öffenbare Fenster mit äusserem Sonnenschutz, eine effiziente LED-Beleuchtung, keine mechanische Kälteerzeugung mehr, nur noch eine Lüftung mit dem hygienisch erforderlichen Luftwechsel (mit effizienter WRG). Die Wärmeerzeugung wird dann noch einen Bruchteil der heutigen Leistung benötigen, sodass eine kleine Wärmepumpe reicht.
Mit einem Energiekonzept wird eine nötige Sanierung der Wärmeerzeugung vorerst so ausgeführt, dass nur ein Kessel durch eine kleinere Wärmepumpe ersetzt wird. Falls Grundwasser nutzbar ist oder Erdwärmesonden gebohrt werden können, kann eine entsprechende Wärmepumpe eingebaut werden. Ansonsten muss auf eine Luft/Wasser-Wärmepumpe zurückgegriffen werden, die über einen Luftwärmetauscher aussen verfügt. Der andere wird vorerst als Spitzenkessel mit nur wenigen Betriebsstunden belassen. An der Kälte- und

Klimaanlage wird nur das Nötigste gemacht, bis die Fenster (neu mit 0,8 W/m²K und aussen liegenden Lamellenstoren) und gleichzeitig die Fassade (neu mit 0,15 W/m²K ohne wesentliche Wärmebrücken) erneuert sind. Anschliessend werden der Innenausbau und die Decken mit der Beleuchtung saniert. Die Decken werden teilweise offen gestaltet, teilweise mit Heiz- und Kühlelementen ausgestattet, welche gleichzeitig die Raumakustik verbessern. Die neue LED-Beleuchtung mit 5 W/m²K bietet einen höheren Sehkomfort und hat sehr tiefe Instandhaltungskosten. Dann kann eine neue Lüftung (unter Nutzung der bestehenden Kanäle) installiert werden, die nur noch auf den hygienisch notwendigen Aussenluftwechsel dimensioniert wird (ca. 1,2 Luftwechsel pro Stunde). Der alte Heizkessel kann nun stillgelegt werden, der Öltankraum kann umgebaut und anderweitig verwendet werden. Falls Grundwasser oder Erdwärmesonden genutzt werden, kann im Sommer damit über die Kühldecken direkt gekühlt werden. Ansonsten wird nachts der Wärmetauscher der Luft-WP zur freien Kühlung genutzt. Wenn noch eine PV-Anlage auf dem Dach sowie eventuell auch als Fassadenverkleidung installiert wurde, dann entsteht aus der alten Energieschleuder ein modernes, sehr komfortables Null-Energiegebäude mit tiefen Betriebskosten, das im Betrieb keine CO_2-Emissionen mehr erzeugt.
Überlegen Sie sich, wie das Resultat wäre, wenn ungeplant oder konzeptlos vorgegangen würde.

Ein solches Energiekonzept für bestehende Gebäude darf nicht mit der energetischen Betriebsoptimierung der bestehenden Anlagen und Gebäude verwechselt oder gleichgesetzt werden. Die Anstrengungen (und Erfolge) der Betriebsoptimierung müssen im Energiekonzept berücksichtigt werden. Das Energiekonzept umfasst aber im Gegensatz zur «täglichen» Arbeit der Betriebsoptimierung die grossen Sanierungs-, Umbau- und Erneuerungsvorhaben sowie die Koordination und holistische, längerfristige Planung dieser Projekte.

Hemmnisse zur Erstellung eines solchen Energiekonzepts sind neben der Unkenntnis über den Nutzen vor allem, dass die Nutzung eines Gebäudes oft nicht längerfristig bekannt ist. Zudem sind die für den Gebäudebetrieb verantwortlichen Personen vielfach in die tägliche Arbeit verstrickte und mit dringenden Problemen zugedeckte Praktiker. Deswegen sind sie oft nicht in der Lage, längerfristige Konzepte zu erarbeiten. Der unvorhergesehene Ausfall einer Anlage zur falschen Zeit, der einen sofortigen Ersatz nötig macht, kann das Konzept zudem infrage stellen oder das geplante Vorgehen erschweren.

8.2.4 Werkzeuge für Energiekonzepte

Organisatorische Voraussetzungen

Innerhalb der Bauherrschaft muss der Wille bestehen, ein energetisch mustergültiges Gebäude zu besitzen resp. zu erstellen. Dieses Ziel muss auch den externen Planern kommuniziert werden. Entweder ist seitens Bauherrschaft der Projektleiter für das Energiekonzept (Beauftragung, Genehmigung, Kontrolle der Umsetzung) oder der interne Energiebeauftragte verantwortlich oder es wird ein externer Berater bestimmt. In jedem Fall muss diese verantwortliche Person über gute Fachkenntnisse verfügen, aber auch über die nötigen sozialen Kompetenzen. Sie sollte auch über das ganze Projektvorhaben hinweg mit dieser Aufgabe betraut bleiben.

Integrale Planung:

Entsprechend der obigen Aufzählung der Sachgebiete, welche ein Energiekonzept beeinflussen, wird klar, dass ein Energiekonzept innerhalb eines Teams erarbeitet werden muss. Die Organisation im Planungsteam spielt eine wesentliche Rolle bei der Frage, welche Ziele erreicht werden können. Der Bauherr kann dies steuern, indem er den Planungsauftrag entsprechend vergibt. Die integrale Planung ist nicht nur für das Vorgehen wichtig, sondern kann auch als das wichtigste Werkzeug für ein energetisch optimiertes Bauvorhaben bezeichnet werden. Oft werden zusätzliche Leistungen zu den üblichen Honorarleistungen erforderlich sein, welche abgegolten werden müssen.

Im Einzelfall kann die Organisation im Planungsteam (das Projektorganigramm) unterschiedlich aussehen. Auch hier sind eine klare und einfache Struktur sowie klare Kompetenz- resp. Aufgabenzuordnungen wichtig. Fast noch wichtiger ist jedoch, wie die «Chemie» innerhalb des Teams spielt. Gute Kommunikation und Zusammenarbeit ist matchentscheidend. Dies gelingt nur bei gegenseitiger Achtung und Akzeptanz, sowie wenn alle am gleichen Strick ziehen.

Energiekonzept als Pflichtenheft

Das Pflichtenheft basiert auf dem Lastenheft des Bauherrn, in welchem dieser seine Anforderungen und Zielsetzungen vorgibt. Das Lastenheft enthält alle relevanten Projektziele, Randbedingungen und Anforderungen an das Bauvorhaben. Die Vorgaben und Zielformulierungen vom Bauherrn sollen Nutzung, Finanzierung, Betrieb, architektonische Vorstellungen, Energieversorgung und Anforderungen an die Gebäudetechnik, Ökologie, ggf. zu erreichende Labels etc. umfassen. Insbesondere wichtig ist die klare Vorgabe der Erfordernisse für einen kostengünstigen und effizienten Betrieb des Gebäudes. Ebenfalls wichtig ist es, den Grad an Flexibilität der Gebäudenutzung vorzugeben, damit auf spätere Nutzungsänderungen und neue Ansprüche reagiert werden kann.

Das Pflichtenheft ist ein Arbeitsinstrument, in welchem jeder relevante Themenkreis eines Gebäudes behandelt wird. Im Pflichtenheft werden die Vorgaben, Zielwerte und Lösungswege definiert. Es dient der klaren Kommunikation von einer übergeordneten Stelle im Projekt zur nächst unteren resp. zur zeitlich folgenden, z. B. vom Konzeptplaner zu den Sachbearbeitern. In diesem Sinne stellt das Pflichtenheft dann das konkrete Energiekonzept dar.

Die klar strukturierte, umfassende und präzise Information im Pflichtenheft dient als Informationsbasis und zur Erfolgskontrolle der Planung und Ausführung. In diesem Sinne ist das Pflichtenheft ein wesentlicher Bestandteil der Qualitätssicherung in einem Projekt.

Ein Pflichtenheft erfüllt seine Aufgabe nur dann, wenn es laufend dem Projektfortschritt angepasst wird. Gleichzeitig muss die Einhaltung der übergeordneten Ziele und fixen Vorgaben laufend kontrolliert werden, um Abweichungen möglichst früh erkennen zu können.

Da das Pflichtenheft den Bau gewerkeübergreifend beschreibt, sollte es im Team und ggf. unter Beizug von Spezialisten der Fachgebiete geschrieben werden.

Nach dem Verfassen und im Laufe des Projekts bei wesentlichen Veränderungen muss das Pflichtenheft dem Bauherrn zur Genehmigung vorgelegt werden.

Fachkenntnisse

Wie oben beschrieben, sind Kenntnisse vieler Fachgebiete der Bauwirtschaft für ein Energiekonzept relevant. Es muss sichergestellt sein, dass alle Gebiete im Energieplanungsteam abgedeckt sind oder dass die drei einzelnen Teilkonzepte je von einer Fachperson bearbeitet werden. Diese drei Personen müssen dann aber eng zusammenarbeiten. Bei kleinen und wenig komplexen Bauvorhaben kann u. U. eine Person alle Fachkenntnisse auf sich vereinigen.

Nutzung, Instandhaltung und Gebäudebetrieb

Kenntnisse der Nutzung oder der Nutzungsarten sind für ein Energiekonzept ebenfalls wichtig. Ein Energiekonzept sollte auch den Betrieb und die Instandhaltung der technischen Anlagen und die Gebäudenutzung erleichtern und vereinfachen. Deswegen sind diesbezügliche Kenntnisse wichtig und es muss mit Fachleuten aus dem Gebäudebetrieb und dem Facility Management zusammengearbeitet werden.

Simulationen

Unter einer Simulation wird eine typischerweise in Zeitschritten vorgenommene Berechnung verstanden, welche einen mit physikalischen Gesetzen formulierbaren Sachverhalt abbildet. In der Gebäudetechnik wird mit Simulation eine dynamische Berechnung eines Raumes, eines Gebäudes oder einer Anlage bezeichnet. Diese umfasst im Unterschied zu einer statischen Berechnung, welche einen Momentanwert abbildet, eine schrittweise Berechnung über einen längeren Zeitraum. Typischerweise werden diese Berechnungen in Stundenschritten durchgeführt. Dabei werden auch sogenannt dynamische Effekte wie die Wärmespeicherung in Wänden und Decken sowie die zeitlich variable Nutzung mitberücksichtigt.

Simulationen sind recht anspruchsvolle Aufgaben, da nicht nur die technischen und physikalischen Grundlagen beherrscht werden müssen, sondern auch die erforderlichen Computerprogramme. Es gibt in der Schweiz Spezialisten in einigen Planungsbüros sowie an der ZHAW in Wädenswil sowie an der Hochschule für Technik und Architektur in Horw, Luzern. Diese Institution betreibt auch Forschung auf diesem Gebiet und bietet Berechnungen als Dienstleistung an.

Jede Simulation basiert auf Eingabedaten. Das Resultat kann nur so gut sein wie diese Eingaben. Es gilt der bekannte Spruch: «garbage in = garbage out».

Die Resultate von Simulationsrechnungen sehen oft beeindruckend aus. Grafische Darstellungen von Temperaturverläufen und Leistungsdaten erwecken den Eindruck hoher fachlicher Kompetenz. Wie die Architekten heute ihre Projekte mit dreidimensionalen Visualisierungen darstellen, kann ein Gebäudetechnikplaner seine Konzepte mit Simulationsresultaten untermauern. Dies ist aber nicht immer eine Garantie für hervorragende Arbeit, sodass man sich von solchen Darstellungen nicht blenden lassen darf. Das Konzept muss in sich stimmig sein, die Simulationen müssen korrekt sein und relevante Sachverhalte abbilden.

Fachgerechte Simulationsrechnungen können im Sinne von Sensitivitätsuntersuchungen Auskunft über die Auswirkung von verschiedenen Varianten geben. Unterschiedliche Varianten können so verglichen werden. Es kann eine Optimierung stattfinden und die Entscheidungsfindung für die beste Variante wird unterstützt.

Mit den entsprechenden Kenntnissen und Fähigkeiten ist es auch möglich, den Energiehaushalt und die zu erwartenden Raumtemperaturen im Voraus zu berechnen und so insbesondere ein neues oder ungewöhnliches Konzept auf seine Machbarkeit zu testen. Um solche Ergebnisse auf ihre Richtigkeit zu prüfen, sollte jede Simulation validiert werden, das heisst entweder mit Messwerten oder mit statischen Berechnungen verglichen werden.

In vielen Kantonen ist heute für grössere Klimaanlagen resp. für die mechanische Kühlung von Räumen ab einer bestimmten Leistung ein Bedarfsnachweis erforderlich. Auch dazu werden Simulationsrechnungen eingesetzt, um rechnerisch nachzuweisen, dass ohne eine solche Klimaanlage zu hohe Raumtemperaturen zu erwarten wären. Darauf basiert dann die Bewilligung, falls weitere Vorgaben wie eine gute Beschattung der Fenster eingehalten werden.

Nebst Simulationsprogrammen für Energiehaushalt, HLK-Anlagen und Raumtemperaturen gibt es auch Simulationsprogramme für die künstliche und natürliche Beleuchtung und für viele weitere Gebiete. Insbesondere können auch der Ertrag von Solaranlagen simuliert werden, die langfristen Bodentemperaturen bei Feldern von Erdwärmesonden oder die Fremdbeschattung von Gebäuden und Fassaden.

Normen, Richtlinien, Empfehlungen

Normen, Richtlinien und Empfehlungen können weitere Werkzeuge für Energiekonzepte sein. Diese reflektieren den Stand der Technik und können auch als Nachweis für die Einhaltung von Gesetzen und Sicherheitsanforderungen dienen. Ebenso fördern sie die klare Kommunikation mit allen Beteiligten und können in Verträgen genutzt werden, um klare Anforderungen zu definieren.

In der Schweiz haben die Normen des SIA (Schweiz. Ingenieur- und Architektenverein), aber auch Richtlinien und Empfehlungen anerkannter Fachvereine, insbesondere von SWKI (Die Planer, früher Schweiz. Verein der Wärme- und Klimaingenieure), Suissetec (Verband der HLKS-Installateure) und weiteren insofern einen rechtlich verbindlichen Charakter, als im Schadensfalle dem Planer ein Verschulden angelastet wird, wenn er gegen Normen und Richtlinien verstossen hat. Diese Normen und Richtlinien gelten bei Gerichtsfällen als Stand der Technik.

Umgekehrt kann das zu strikte Festhalten an bestehenden Normen und Richtlinien hemmend auf den Fortschritt und auf neue, innovative Lösungen wirken. Hier ist zwischen dem möglichen Nutzen und dem Risiko abzuwägen. Der Planer muss sich sicher sein, dass auch bei einer Abweichung des Standes der Technik kein Schaden eintritt.

Natürlich darf ein Energiekonzept in keinen Punkten von zwingenden gesetzlichen Vorschriften abweichen. Insofern sind auch Kenntnisse der relevanten Vorschriften erforderlich.

8.2.5 Darstellung des Energiekonzeptes

Das Ergebnis eines Energiekonzeptes kann ein Bericht sein, der als Beilage auch einfache Schemata und Pläne enthalten kann. Der Bericht sollte knapp formuliert sein und klare Aussagen in einer auch für Laien verständlichen Sprache enthalten. Aus den gemachten Untersuchungen und Variantenstudien sollten klare und konkrete Empfehlungen abgeleitet sein. Auch sollten für die weiteren Planungsschritte die nötigen und überprüfbaren Vorgaben enthalten sein.

Auch ein Pflichtenheft wird in Form eines schriftlichen Berichtes verfasst und kann analog aussehen.

Ein typischer Aufbau eines Energiekonzeptberichts könnte wie folgt aussehen:

1. *Zusammenfassung*
2. *Grundlagen, Ausgangslage*
3. *Vorgaben aus Lastenheft Bauherr*
4. *Untersuchte Lösungsvarianten*
5. *Darstellung und Beschreibung der empfohlenen Lösungsvariante*
6. *Beschreibung der Anforderungen und des Vorgehens zur Umsetzung*
7. *Schlussfolgerungen und Empfehlungen*
8. *Anhang mit Berechnungsresultaten, Details zu den Lösungsvarianten, Daten etc.*
9. *Beilagen: ev. Pläne, Schemata*

Zur Verdeutlichung der Aussagen und Lösungsvorschläge sind grafische Darstellungen hilfreich (Beispiele siehe Abb. 32, Abb. 33 und Abb. 34). Gut bewährt hat sich auch die Darstellung von Raummodulen in Schnitt und eventuell Grundriss, um die Funktionalität und Ausrüstung typischer resp. repräsentativer Räume zu verdeutlichen.

8.2.6 Kosten

Ein Energiekonzept verursacht auch Kosten in Form von Honoraren und der eigenen Arbeit der Bauherrschaft. Der Nutzen lohnt diese Kosten aber immer. Erfahrungsgemäss kann für kleine Bauten mit einem Honorar von etwa 1 % der Investitionskosten für die Gebäudetechnik (resp. ca. ¼ % der Gesamtinvestition) gerechnet werden. Bei sehr grossen Bauten können auch schon Resultate mit der Hälfte dieser Prozentsätze erreicht werden. Es ergeben sich Beträge von CHF 5000.– bis ca. CHF 250'000.–. Für Bauten unter einer Bausumme von CHF 2 Mio. lohnen sich spezielle Energiekonzepte nur in Ausnahmefällen oder bei besonderen Anforderungen. Hier sollten gute Standardlösungen vorgezogen werden.

8.3 Messkonzepte

8.3.1 Grundlagen Messkonzepte

Für die Optimierung und den Betrieb von gebäudetechnischen Anlagen (und der Gebäude selbst) muss bekannt sein, wie die Anlagen «laufen». Es braucht Messdaten und damit ein Messkonzept, um planmässig und effizient Energieverbrauchsdaten und weitere energierelevante Messwerte erheben zu können. Für ein Energiecontrolling und für jedes Energiemanagementsystem im Sinne ISO 50001 ist dies unabdingbar. Ebenso werden Messdaten für die Verrechnung resp. Zuordnung der Energiekosten benötigt.

ENERGIEKONZEPT DOCK MIDFIELD ZÜRICH

Abb. 32: Beispiel Schemaschnitt Dock E (Midfield), Zürich Flughafen

nach: Energiekonzept Dock Midfield Zürich Flughafen, ARGE Zayetta, 1998

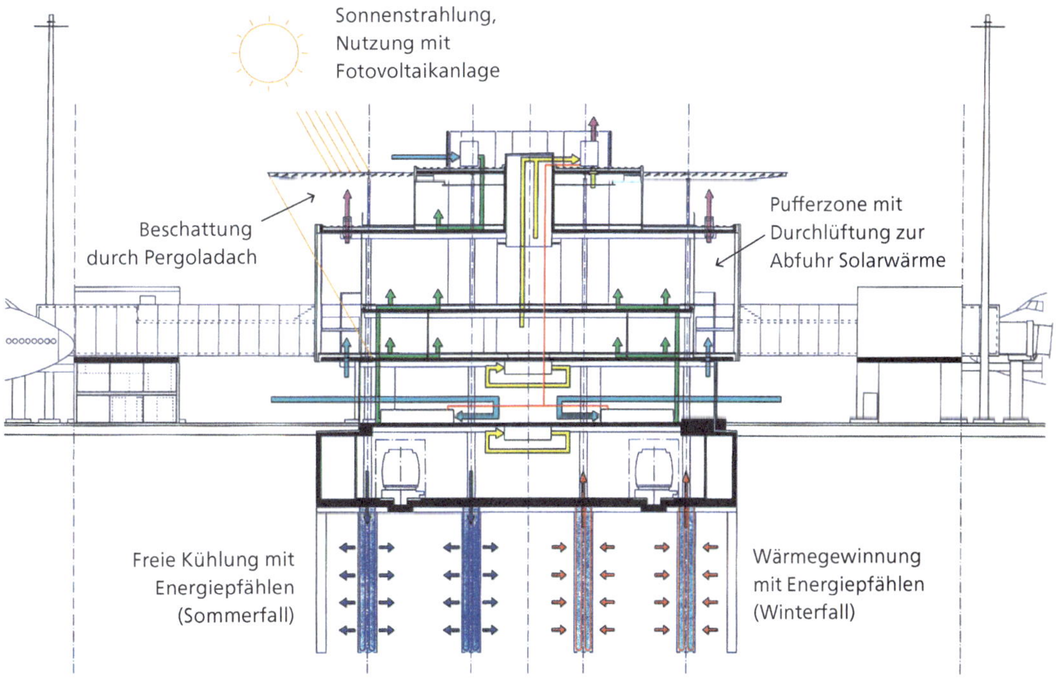

Farblegende:
Hellblau: Aussenluft
Grün: Zuluft (Quelllüftung)
Gelb: Abluft bzw. Umluft
Violett: Fortluft (nach aussen)
Rot (dünn) : Wärmerückgewinnung Abluft zu Zuluft (Verbund-WRG)

Farblegende Energiepfähle
Blau: Sommerfall: Wärmeabgabe an das Erdreich (= direkte freie Kühlung)
Rot: Winterfall: Wärmeentzug aus dem Erdreich (= Wärmegewinnung, Nutzung mit Wärmepumpe)

Abb. 33: Raummodul Klassenzimmer (aus: Amt für Hochbauten Stadt Zürich, 2008, Raummodul Klassenzimmer, Standard)

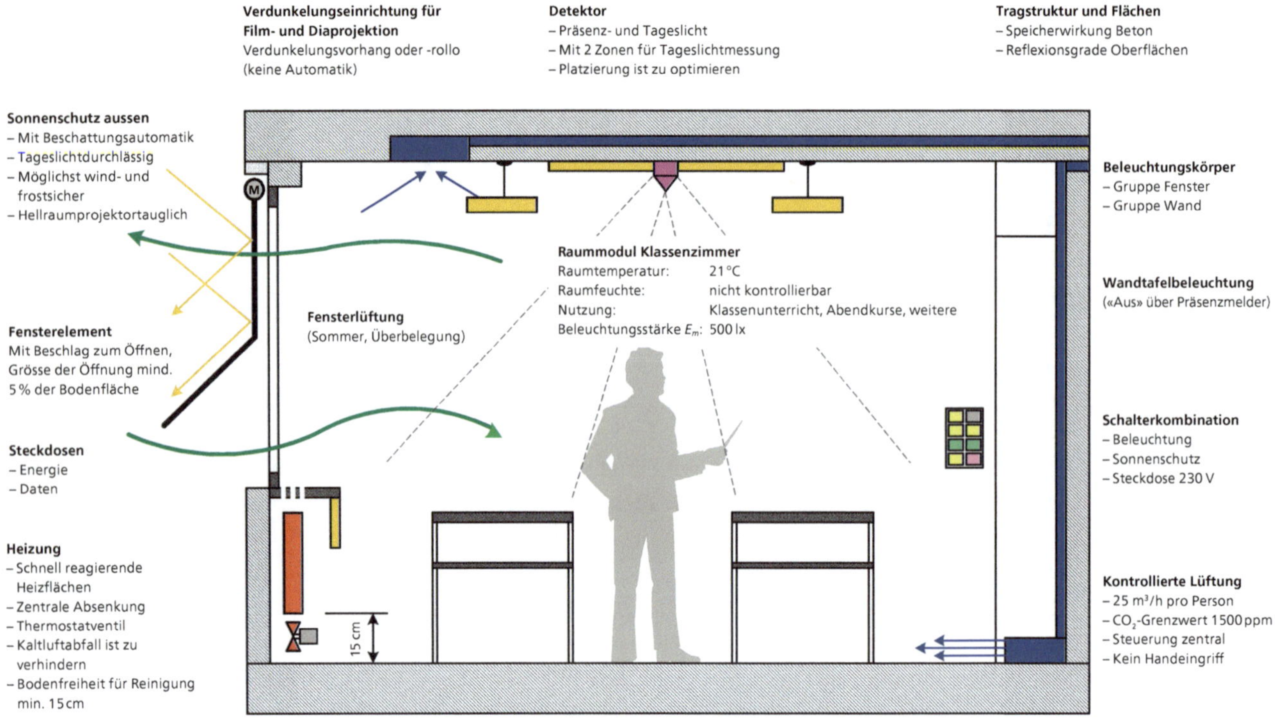

RAUMMODUL KLASSENZIMMER

Es kann auch hier auf die alte Weisheit aus der Betriebswirtschaftslehre hingewiesen werden: If you can't measure it, you can't manage it.

Was ist ein Messkonzept?

Für eine Energiebuchhaltung, den sicheren Gebäudebetrieb, für energetische Betriebsoptimierung sowie für die Zuordnung und die Verrechnung der Energiekosten und für weitere Ziele des Facility- und Energiemanagements sind korrekte Messdaten erforderlich. Ein Messkonzept soll aufzeigen, wie diese Daten des Energie- und Medienverbrauchs erhoben werden können. Es ist eine wesentliche Voraussetzung für eine korrekte geplante und sinnvolle Messdatenerfassung.

Ein Messkonzept zeigt damit primär auf, welche Grössen sinnvollerweise gemessen werden müssen. Wo müssen welche Messgeräte (und gegebenfalls Sensoren) installiert werden? Damit einher geht die Definition der Struktur der Energie- und Medienverteilung, um die notwendigen Messungen möglich zu machen. Ebenfalls zum Messkonzept gehört die Klärung, mit welchen Technologien die Messdaten ausgelesen und übertragen werden, wie entsprechende Bussysteme konzipiert sind und wie die Daten dann abgespeichert und verarbeitet werden. Hierzu gehört auch die Definition allfällig notwendiger Software. Und nicht zuletzt muss festgelegt werden, durch wen und wie die aufbereiteten Messdaten interpretiert werden und was die Massnahmen sind, die daraus folgen können.

Messkonzepte können für Neubauten und für bestehende Bauten erarbeitet werden. Sie können sich auf Gebäude beziehen oder auch auf ganze Betriebe inklusive Energieflüsse, resp. Messungen für Produktionsprozesse etc.

Das Messkonzept kann auch mögliche temporäre oder später nachrüstbare Messungen aufzeigen.

8.3.2 Umsetzung Messkonzepte

Zielsetzung

Wie immer steht auch hier zu Beginn eine klare Zielsetzung. Die wichtigsten Ziele eines Messkonzeptes sind in der Regel:

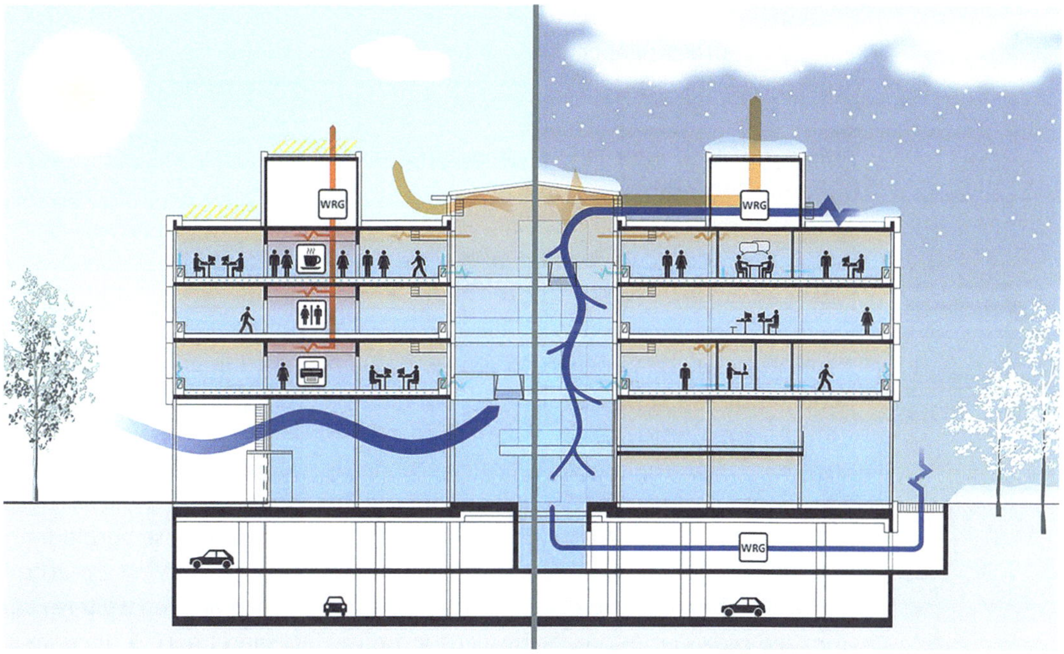

Abb. 34: Lüftungskonzept Swisscom Businesspark, Ittigen bei Bern (Konzept: Ernst Basler + Partner AG, Architekt, Bild: Atelier 5 Architekten und Planer AG / Aus https://atelier5.ch/arbeiten/2014-swisscom-businesspark-ittigen?cat=&cHash=dc615d3b2c124e2f965b873cedca831e)

LÜFTUNGSKONZEPT IM SOMMER RESPEKTIVE IM WINTER

- *Verbrauchsabhängige Energieverrechnung*
- *Energiebuchhaltung und Energiecontrolling*
- *Energetische Betriebsoptimierung (eBO)*

Für diese Ziele muss der Energieverbrauch (inkl. Wasser und weiteren Medien) bekannt sein, wobei der Detaillierungsgrad resp. die Aufteilung unterschiedlich sein kann. Als Grundlage für ein Messkonzept muss bekannt sein:

- *Wem muss oder soll welche Energie separat und verbrauchsabhängig verrechnet werden?*
- *Welche Messungen resp. Daten sind für die Energiebuchhaltung und für die energetische Betriebsoptimierung erforderlich?*

Daneben kann ein Messkonzept weitere Ziele beinhalten wie:

- *Überprüfung von Garantiewerten bei der Abnahme technischer Anlagen, Geräte ermöglichen*
- *Grundlagen, Daten liefern für die Erneuerung von technischen Anlagen (z. B. Ersatz Wärmeerzeuger)*
- *Grundlagen, Daten liefern für ein «Demand Side Management», das heisst die dynamische Anpassung von Energieangebot und -verbrauch*
- *Daten für die Sicherstellung der unterbrechungslosen Energieversorgung liefern*
- *Daten für den Energieeinkauf (z. B. nach Lastprofil) bereitstellen*

Auch hier ist ein Lastenheft seitens Gebäudeeigentümer resp. der Leitungsebene der Organisation vorteilhaft. Der Fachplaner kann darauf basierend ein Messkonzept im Sinne eines Pflichtenheftes erarbeiten. Daneben kann ein Messkonzept weitere Ziele beinhalten:

Definition der Messgrössen

Zu Beginn, nach der generellen Zielsetzung, müssen die zu messenden Grössen bestimmt werden. Es wird definiert, welche Messungen erforderlich sind, wie die Ablesehäufigkeit sein soll und wie die Genauigkeit der Messungen sein muss.

Gesetzlich vorgeschriebene Messungen:
Für die verbrauchsabhängige Heizkostenabrechnung (VHKA) sind je nach Kanton und Anzahl Mietern, Gebäudealter und Energiestandard Messungen erforderlich. Ebenso muss der Strombezug für jeden Mieter separat gemessen werden, was bis heute meist durch das Elektrizitätsversorgungsunternehmen erfolgt. Vorgeschrieben sein können auch Messungen bei Eigenstromerzeugungsanlagen, z. B. bei Fotovoltaikanlagen. Für Messungen, welche der

Energieverrechnung an Dritte dienen, ist die Genauigkeit vorgeschrieben (Messgeräte mit Zulassung und Eichpflicht).

Messungen für interne Energiebuchhaltung und die Betriebsoptimierung:
Diese Messungen sind nicht gesetzlich vorgeschrieben oder reglementiert und sie werden auch als Privatmessungen bezeichnet. Sie dienen der Überwachung der gebäudetechnischen Anlagen sowie zur Generierung von Kennzahlen und Statistiken. Es können auch Fehlfunktionen von Anlagen festgestellt werden. Ebenso können mit Privatmessungen Garantiewerte nachgewiesen werden oder Grundlagen für die Erneuerung von Anlagen gewonnen werden.

Einzelne Messungen können auch nur temporär durchgeführt werden. Dies zum Beispiel, um die maximal erforderliche Leistung einer Wärme- oder Kälteerzeugeranlage zu messen, bevor sie ersetzt werden muss. Oder um eine Lüftungsanlage nach Inbetriebnahme hydraulisch korrekt abzugleichen.

Die Genauigkeit solcher internen oder Privatmessungen ist meist sekundär, geeichte und teure Messgeräte sind nicht erforderlich.

Messungen für Kostenzuordnung:
Innerbetrieblich kann es empfehlenswert sein, die Energiekosten den Kostenstellen, Organisationseinheiten oder Produkten zuzuordnen. Auch in diesem Fall sind Privatmessungen ausreichend.

Messkonzept als Bestandteil der Gebäudetechnikplanung

Nach der Definition der erforderlichen Messungen muss innerhalb des Planerteams für die Gebäudetechnik ein Messkonzept erarbeitet werden. Das Messkonzept betrifft die Sparten Heizung, Kälte, Lüftung, Elektro und Sanitär.

Das Messkonzept sollte parallel zur Vorprojektplanung erstellt werden. Die Verläufe der Leitungen und Verteilschemata der einzelnen Medien haben einen wesentlichen Einfluss auf die Messbarkeit. Deswegen muss die Medienverteilung auf die Bedürfnisse der Messungen Rücksicht nehmen. Dies gilt insbesondere, wo nach Verbraucher gemessen werden soll. Daher muss das Messkonzept bei Neuanlagen in einer möglichst frühen Planungsphase definiert werden.

Die erforderlichen Messungen erfordern Investitionen, welche in der Kostenschätzung und im Kostenvoranschlag enthalten sein müssen. Um das Messkonzept gewerkeübergreifend zu koordinieren, muss eine verantwortliche Person im Planungsteam bestimmt werden. Bei bestehenden Bauten kann diese Aufgabe einer Person des technischen Dienstes zugeordnet werden.

Messkonzept und Kommunikationstechnik, Gebäudeautomation

Heute werden die meisten Messgeräte und Sensoren zur Datenübertragung resp. Kommunikation an ein Bussystem (einen Feldbus) angeschlossen. Ein Bussystem (Bus = Binary Unit System) ist ein Kommunikationssystem zwischen Teilnehmern, welches den Datenaustausch über definierte Leitungsarten ermöglicht – seltener über drahtlose Verbindungen, Steckverbindungen, Protokolle («Sprache» resp. Kommunikationsregeln) und weitere Funktionalitäten wie Adressierungen, Fehlererkennung und Korrektur. Im Messkonzept muss dieses Bussystem und sein Aufbau definiert werden.

Der Typ des Bussystems muss festgelegt werden. Nur so können die richtigen Messgeräte und Sensoren mit der passenden Busanbindung beschafft und installiert werden. Oft ist dies ein M-Bus oder ein Mod-Bus, mit welchem eine Daten- und Kommunikationsverbindung zu den Messgeräten geschaffen wird. Diese Bussysteme brauchen nur einfache Kupferdrähte zur Verbindung. Sie haben zwar nur eine begrenzte Datenübertragungsrate, was aber für Messzwecke meist ausreicht. Daneben gibt es viele proprietäre (firmenspezifische) Bussysteme oder Bussysteme für spezielle Anwendungen wie Beleuchtung. Meist werden die Messbussysteme dann auf einen anderen Bus, typischerweise auf BACnet, übertragen, wozu ein Gateway erforderlich ist. BACnet (Building Automation and Control Networks) stellt ein Kommunikationsprotokoll dar und kann als Standard in der Gebäudeautomation bezeichnet werden. BACnet lässt auch grosse Datenübertragungsraten zu. Je nachdem können Messgeräte und weitere Komponenten auch direkt an BACnet angeschlossen werden. Mit BACnet kann über Ethernet-Leitungen oder über Internet (IP) die Datenverbindung zu einem zentralen Messdatenserver geschaffen werden. Dort werden alle Mess- und Sensordaten gespeichert. Mit einer Energiemanagementsoftware können diese dann ausgewertet und für die Anwender in eine nutz- und lesbare Form gebracht werden. Die Anwender oder Nutzer der Daten können dann wieder über Internet auf diese Informationen zugreifen resp. erhalten Meldungen und Alarme übermittelt, je nach Berechtigung und Rolle.

Neben dem Bussystem müssen die Topologie und der Systemaufbau geplant werden. Die Topologie bedeutet, wie die einzelnen Messgeräte und Sensoren («Teilnehmer») schematisch miteinander verbunden sind. Die einzelnen Topologien sind:

Linientopologie:
Alle Teilnehmer sind in Reihe geschaltet, die Informationen durchlaufen alle Teilnehmer. Dies ist die einfachste Topologie, es braucht keine Netzwerkkomponenten. Fällt aber eine Verbindung oder ein Teilnehmer aus, ist das ganze System betroffen. Diese Topologie ist selten und höchstens für kleine Anwendungen zu empfehlen.

Bustopologie:
Ähnlicher Aufbau wie die Linientopologie, aber die Datenverbindung verläuft unabhängig neben und nicht «durch» die Teilnehmer. Die Teilnehmer sind in Reihe an die Busverbindung angehängt. Die Teilnehmer können adressiert werden und erhalten dann die für sie relevanten Informationen. Es können auch Informationen an alle Teilnehmer gesendet werden. Umgekehrt können die einzelnen Teilnehmer adresseierte Informationen absenden. Vorteil ist der einfache Systemaufbau, der umgekehrt aber recht starr ist. Weiterer Nachteil ist, dass beim Unterbruch der Leitung das ganze System betroffen ist.

Baumtopologie:
Hier werden die Teilnehmer ab einem hierarchisch höchsten Punkt wurzel- oder baumförmig verbunden, mit einer sich verzweigenden Struktur. Diese Struktur ist einfach und flexibel erweiterbar mit neuen Haupt- oder Unterzweigen. Die einzelnen Zweige funktionieren wie bei der Bustopologie. Beim Unterbruch einer Leitung funktionieren die nicht betroffenen Zweige weiter. Für die Verzweigungen sind meist aktive Netzwerkkomponenten (z. B. Switch) erforderlich.

Ringtopologie:
Die Teilnehmer werden ringförmig miteinander verbunden. Damit kann bei einem Leiterunterbruch die Datenübertragung weiter funktionieren. Die Einbindung der Teilnehmer kann dabei nach dem Linien- oder Busprinzip erfolgen. Es können weitere Teilnehmer eingebunden werden. Es sind keine aktiven Netzwerkkomponenten erforderlich. Diese Topologie kann nur gewählt werden, wenn das entsprechende Bussystem dies unterstützt. Je nach Grösse des Rings kann die Datenübertragung länger dauern oder es sind nur eingeschränkte Datenübertragungsraten möglich.

Sterntopologie:
Die Sterntopologie kann als eine Sonderform der Baumtopologie, aber nur mit Hauptzweigen, ab einem zentralen Punkt verstanden werden. Es gelten entsprechend die analogen Bedingungen, aber es sind keine aktiven Netzwerkkomponenten erforderlich. Es sind meist mehr resp. längere Leitungen erforderlich.

Vermaschte Topologie:
Teilnehmer können auf eine beliebige Art und Weise verbunden werden. Jeder Teilnehmer muss mindestens eine Anbindung haben. Diese Topologie kann nur gewählt werden, wenn das entsprechende Bussystem dies unterstützt. Dann aber ist sie die flexibelste Struktur und bietet die meisten Möglichkeiten. Die Leistungslängen können minimiert werden. Bei Anbindung jedes Teilnehmers von zwei Seiten kann die Übertragungssicherheit erhöht werden. Es sind aber viele aktive Netzwerkkomponenten erforderlich. Der Betrieb und die Wartung solcher Systeme können anspruchsvoller sein, je nach Bussystem.

Vollvermaschte Topologie:
Hier ist jeder Teilnehmer mit jedem verbunden. Damit sind keine aktiven Netzwerkkomponenten mehr erforderlich, da diese Aufgabe durch die Teilnehmer selbst erfolgen kann. Die Ausfallsicherheit und die Datenübertragungskapazität wie auch die Geschwindigkeit sind am höchsten. Umgekehrt ist das System recht aufwendig, gerade auch bei Erweiterungen, und grosse Systeme mit vielen Teilnehmern sind kaum mehr machbar. Deswegen kommt dieses System für Messanwendungen kaum je zur Anwendung.

Die Wahl der Typologie muss im Konzept erfolgen, in Übereinstimmung mit der Wahl des Bussystems. Oft ist eine vermaschte Topologie zu empfehlen, da diese die grössten Freiheiten in der Gesaltung der Topologie und in der Leitungsführung bietet.

Auch das Gebäudeautomationssystem kann je nachdem zur Messdatenerfassung genutzt werden. Die Erfahrung zeigt, dass es oft einfacher ist, ein separates Messdatensystem aufzubauen.

Gesetzliche Grundlagen

In den Kantonen ist die Pflicht zur verbrauchsabhängigen Heizkostenabrechnung (VHKA) unterschiedlich geregelt. Diese sind in den Mustervorschriften der Kantone zum Energiebereich (MuKEn) geregelt. Seit der Umsetzung von MuKEn 2008 in allen Kantonen gilt die Regel, dass in Neubauten ab fünf Bezügern die Heizkosten separat und verbrauchsabhängig verrechnet werden müssen. Die Messgeräte resp. Messsysteme brauchen eine Zulassung. In wenigen Kantonen muss auch in bestehenden Gebäuden die VHKA nachgerüstet werden. Nun wurde oder wird die MuKEn 2014 umgesetzt. Diese entspricht betreffend VHKA weitgehend der MuKEn 2008. Leider ist die Umsetzung aber kantonal und in den Details unterschiedlich, sodass in jedem Kanton die genauen Regelungen nachfragt werden müssen.

Falls Energie (in irgendeiner Form) an andere Organisationen verkauft werden soll (z.B. an Mieter), so ist eine Messung mit geeichten und zugelassenen Messgeräten erforderlich. Dies wird bei einer Liberalisierung des Strom- und Gasmarkts vermehrt vorkommen. Auch bei Zusammenschlüssen zum Eigenverbrauch für selbst erzeugte regenerative Energie (ZEV) gelten Anforderungen an die Messungen. Desgleichen verlangen die Elektrizitätsversorgungsunternehmungen bestimmte Messungen, wenn selbst erzeugter Strom ins Netz zurück gespiesen werden soll.

In der Schweiz ist das Eidgenössische Institut für Metrologie (METAS) für die Umsetzung der Bundesgesetze betreffend Messwesen zuständig; es überwacht die zugelassenen Eichstellen.

8.3.3 Werkzeuge

Um ein Messkonzept zu erstellen, sind folgende Werkzeuge erforderlich und es müssen folgende Vorgaben und Konzepte berücksichtigt werden:

- *Kenntnis der gesetzlichen Grundlagen*
- *Kenntnis über Messtechnik*
- *Klarheit über die Ziele des Energiekonzeptes*
- *Anzahl der Mieter resp. Nutzer eines Gebäudes resp. einer Anlage*
- *Kostenstellenstruktur der Finanzbuchhaltung der Nutzerorganisation resp. des Betriebs*
- *Kostenstellen der Liegenschaftsbuchhaltung*
- *Gebäudetechnikkonzept*
- *Eigenstromerzeugung ja oder nein*
- *Betriebskonzept der Anlage*
- *Konzept der Gebäudeautomation*
- *Konzept der Kommunikations- und BUS-Systeme*
- *Konzept der Messdatenerfassung und -speicherung*
- *Vorhandensein einer Energiemanagement-software*
- *Anforderungen an die Messgenauigkeit und die Ableseverfahren*
- *Struktur der Energiekennzahlen gemäss SIA 380/1 und SIA 380/4*

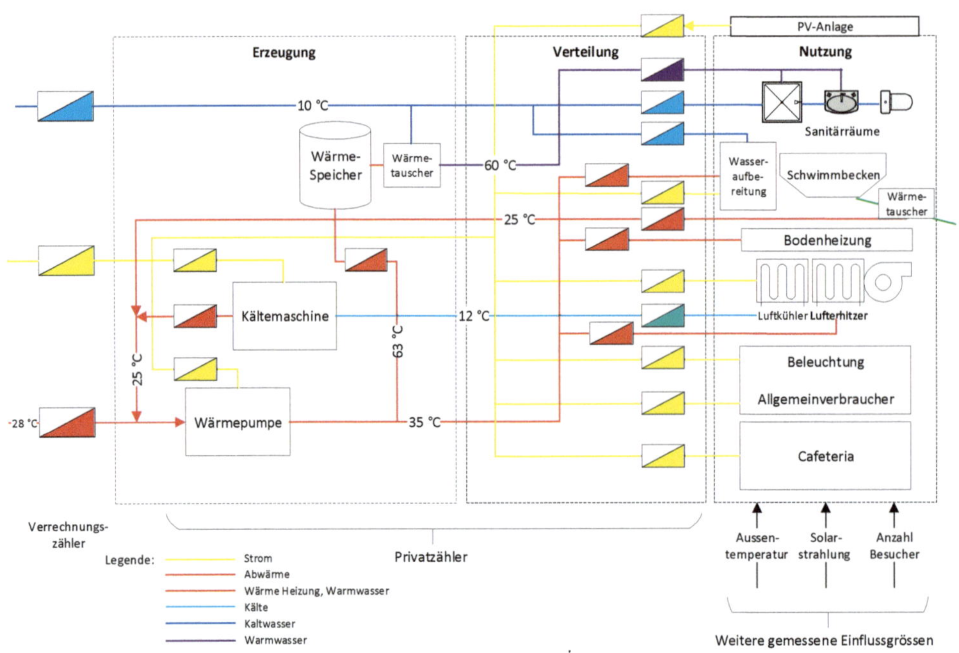

Abb. 35: Messkonzept Hallenbad, das mit Abwärme von einer benachbarten Trafostation versorgt wird

8.3.4 Darstellung des Messkonzeptes

Das Messkonzept wird als schematische, möglichst einfache grafische Darstellung erfasst. Das Schema zeigt die Struktur der Energie- resp. Medienverteilung, die Verbraucher resp. Verbrauchergruppen und die Messstellen (Beispiel siehe Abb. 35).

In der Abb. 35 ist das Messkonzept eines Hallenbads wiedergegeben. Mit diesen Messungen könnte eine energetische Betriebsoptimierung erfolgen und die Stromkosten könnten der Cafeteria verrechnet werden. Mit den vorhandenen Wärmezählern können die Leistungszahl und die Jahresarbeitszahl der Wärmepumpe ermittelt werden. Dasselbe gilt für die Kältemaschine. Jedoch kann die Genauigkeit resp. Funktion der Wärmezähler nicht überprüft werden. Dies im Gegensatz zur Strommessung. Dort muss die Summe der privaten Stromzähler auch dem Wert des Verrechnungszählers entsprechen. Dasselbe gilt für die Wassermessung, wo der Eingangswasserzähler jeweils dasselbe messen muss wie die Summe der beiden Kaltwasser- plus der Warmwasserzähler.

Jede Messstelle erhält eine eindeutige Kennzeichnung, im Allgemeinen eine strukturierte Nummer resp. eine Zahlen-Buchstaben-Kombination. Dazu gehört eine Tabelle mit den Messstellen, welche für jede Messstelle die Kennzeichnung, die Bezeichnung, die gemessenen Grössen mit Messbereichen, die Genauigkeit resp. Messgeräteklasse sowie den Rhythmus der Ablesung, den Speicherort und den Sinn der Messung (Betriebsoptimierung, Kostenzuordnung, Kostenverrechnung etc.) angibt (Tab. 4).

Dazu kommt noch eine Beschreibung mit den Zielen des Messkonzeptes, der Ablesetechnik, des Bussystems mit seiner Topologie und seinen Komponenten für die Datenübertragung, des Datenspeicherkonzeptes und der Datenverarbeitung zu Statistiken, zu Kennzahlen und Verbrauchswerten.

8.3.5 Kosten-Nutzen-Betrachtung

Jede Messung resp. jede Messstelle kostet mehrfach Geld:

- *Die einmalige Investition für die Messgeräte (Hardware, Fühler, Messaufnehmer etc.), deren Installation, Verdrahtung und je nachdem die Datenerfassung über einen Messbus zu einem zentralen Rechner oder über das Gebäudeleittechniksystem (GLS) zum zentralen Rechner. Diese Investition muss über die Nutzungsdauer abgeschrieben und verzinst werden.*
- *Die regelmässige Messdatenerfassung und Speicherung (Ablesung oder automatische Speicherung) und die Auswertung der Daten verursachen ebenso regelmässig einen Aufwand.*
- *Das Messsystem muss unterhalten werden, es benötigt Kontrollen, periodische Eichungen sowie Reparaturen und unterliegt einer Alterung.*

All dies verursacht jährliche Kosten, deren Höhe je nach System und Fall unterschiedlich sind.

Diesem Aufwand muss ein entsprechender Ertrag gegenüberstehen.

Bei gesetzlich vorgeschriebenen Messungen (z.B. VHKA, resp. neu VEWA) erübrigt sich diese Kosten-Nutzen-Betrachtung, hier ist das Bestreben, die Auflagen möglichst kostengünstig zu erfüllen.

Bei Privatmessungen, welche für die Kostenzuordnung vorgesehen werden, muss man sich die Kosten-Nutzen-Frage schon eher stellen. Hier muss zumindest das Verhältnis der Messkosten zu den Kosten der so erfassten Energie sinnvoll sein. Der Messaufwand darf höchstens einen Bruchteil der Energiekosten betragen, welche den Verursachern zugeordnet werden.

Bei Messungen, welche zum Zweck der Betriebsoptimierung eingerichtet werden, sollte das Kosten-Nutzen-Verhältnis vertieft untersucht werden. Der Nutzen von Messungen für die Betriebsoptimierung resp. das Energiemanagement ist:

- *Energieeinsparung: Die Messung sollte eine optimale Betriebsweise und Überwachung der Anlagen und Installationen ermöglichen und so einen unnötigen Energieverbrauch verhindern. Es kann als erste pauschale Schätzung mit ca. 10 % Energieeinsparung und den entsprechenden Ausgaben für Energie gerechnet werden.*
- *Umweltentlastung: Die Energieeinsparung führt auch zu einer Umweltentlastung und in der Regel zu einer Einsparung an Treibhausgasemissionen. Gegebenfalls können diese Einsparungen als Emissionszertifikate verkauft werden. Oder es können bei einer Zielvereinbarung mit dem Kanton oder dem Bund andere Vorteile resultieren, die sich monetär auswirken.*
- *Abnahmekontrolle: Eine präzise Messung der Leistung und der Effizienz von neu installierten Anlagen kann zu Kosteneinsparungen resp. Vermeidung von zu viel bezahlten Leistungen führen. Je nach Vertrag*

kann nur die effektiv gelieferte Leistung bezahlt werden. Wie gross der erzielbare Nutzen ist, ist stark vom jeweiligen Einzelfall abhängig. Der Aufwand für die Messung darf jedenfalls nur einen Bruchteil der Investition für die Anlage ausmachen. Falls eine Abnahmemessung erforderlich ist und eine feste Messstelle existiert, mit der die Abnahmemessung erfolgen kann, können die vermiedenen Kosten für die Abnahmemessung dieser gutgeschrieben werden.

- *Grundlagen für den Anlagenersatz resp. Anlagenausbau: Die Messung der maximal abgegebenen Leistung einer installierten Anlage (entsprechend dem maximalen Bedarf der Abnehmer) ermöglicht eine genaue Kenntnis der vorhandenen Leistungsreserve für Erweiterungen und stellt eine gute Grundlage für die Dimensionierung einer Ersatzanlage dar. Damit können unnötige Investitionen vermieden werden. Welcher finanzielle Nutzen daraus folgt, ist wiederum sehr vom Einzelfall abhängig. Erfahrungsgemäss lohnen sich solche Messungen oft. Maximal kann auch hier einer vorhandenen festen Messung der eingesparte Betrag gutgeschrieben werden, welcher sonst für eine temporäre Einzelmessung erforderlich wäre.*

Zusammengefasst kann gesagt werden, dass nur die Energieeinsparung einfach in eine Kosteneinsparung umgerechnet werden kann. Der übrige finanzielle Nutzen ist meist schwieriger bezifferbar. Es kann von einem Einsparpotenzial von etwa 10 % des Energiebedarfs ohne Messungen ausgegangen werden. Da Messungen oft weiteren Nutzen stiften, rechtfertigen sich im Sinne einer Faustregel Messpunkte immer dann, wenn die jährlichen Messkosten kleiner als 10 % der Kosten der gemessenen Energie sind.

Mit einfachen Leistungsgrenzen, ab welchen eine Messung für Betriebsoptimierung sinnvoll resp. wirtschaftlich gerechtfertigt ist, kann eine einfache Entscheidungs- und Planungsgrundlage geschaffen werden (Tab. 5).

(Grundlagen: Sparpotenzial = 10 %, Messkosten = eingesparte Energiekosten, Wärmezähler kostet 2000.– CHF, Strom- oder Wasserzähler 500.– CHF, Unterhalt 3 % von Zählerkosten, Zinssatz 4 %, Lebensdauer Zähler 15 Jahre, dazu pro Zähler zwei Datenpunkte à 500.– CHF, Lebensdauer 10 Jahre, Unterhalt 5 %, pro Messstelle 1 h à 100.– CHF Arbeit pro Jahr).

Tabelle 5 kann auch so gelesen werden: Unterhalb dieser Grenzwerte lohnt sich eine Messung zur Betriebsoptimierung normalerweise nicht. Nur wenn mit der Messung wesentliche weitere Vorteile erzielt werden, können diese Grenzwerte auch tiefer sein.

In der Tabelle 5 nicht berücksichtigt ist die Tatsache, dass eine Messung allein noch keine Energie spart. Nur wenn die Daten auch gewissenhaft ausgewertet und die Optimierungsmöglichkeiten definiert und umgesetzt werden, kann Energie gespart werden. Umgekehrt kann oft eine Anlage oder ein Gebäude ohne Messungen nicht optimiert werden.

Ein weiterer Nutzen von Energiemessungen kann dann realisiert werden, wenn die Energie (insbesondere Strom, aber auch Erdgas) am freien Markt eingekauft wird. Die genaue Kenntnis des Energiebedarfs und des Leistungsverlaufs kann genutzt werden, um die Energie günstiger einkaufen zu können.

Tab. 4: «Schulbeispiel» einer Tabelle der Messungen

Messpunkt	Nummer	Messort	Art	Gemessener Trakt/Verbraucher		Messgerät
Beschreibung Name	Nr. im Messsystem	= Raumnummer oder ggf. Anlagenummer	Menu	Bezeichnung Gebäudetrakt	Bezeichnung Verbraucher	Typenbezeichnur
Eingangsmessung	E 001	RA E0.2	Elektro	Rundbau alt	Allgemeinverbraucher RA	L&K Smartmeter
Messung Heizung	W 030	RA E0.5	Wärme	Rundbau alt	Bodenheizung RA	GWL Wärmezähle
Eingangsmessung	WK 009	RA E0.4	Kaltwasser	Rundbau alt	Allgemeinverbraucher RA	GWL Wasseruhr
Eingangsmessung	K 012	RA E0.4	Kälte	Rundbau alt	Lüftung L RA 005	GWL Wärmezähle
Dampferzeuger	D 003	RA E01.12	Dampf	Rundbau alt	Sterilisation	Lehn Balgenzähle

8.3.6 Messprinzipien

Struktur der Medienverteilung

Die Messungen der einzelnen Energie- resp. Medienbezüger erfordern eine entsprechende Verteilstruktur. Die Planung der Medienverteilung hat also auf das Messkonzept Rücksicht zu nehmen. Das Messkonzept muss deshalb früh genug erstellt werden. Es sollte pro Medium (Wärme-, Kälte-, Kaltwasser-, Warmwasser-, Luft-, Druckluftverteilung und weitere Medien) ein Prinzipschema der Medienverteilung inkl. Verbraucherstellen erstellt werden. In diesem Prinzipschema («geografisch» oder besser synoptisch) müssen die Messstellen deutlich sichtbar eingezeichnet und bezeichnet werden. Nur so kann ein Überblick über die Messungen geschaffen werden, und es kann erkannt werden, wo die Verteilstruktur eines Mediums noch besser an die Anforderungen der Messungen angepasst werden muss.

Eine klare Verteilstruktur ermöglicht es auch, später oder bei Bedarf temporäre Messungen durchzuführen. Oft ist es sinnvoll, für den Einbau von Messgeräten den erforderlichen Platz resp. ein Leerteil generell vorzusehen. Auch sollten wo sinnvoll Messstutzen vorgesehen werden (z. B. «Twin-lock»). Dies kostet nicht viel, vereinfacht aber eine spätere, eventuell erforderliche mobile oder temporäre Messung stark.

Auswahl der zu messenden Grössen

Es ist nur sinnvoll, Messdaten zu erfassen und Messungen einzurichten, welche auch wirklich ausgewertet werden. Die Gefahr, dass Datenfriedhöfe angelegt werden, wenn zu viel gemessen wird oder wenn zu viele Daten gesammelt werden, ist gross. Oft ist weniger mehr.

Minimal sollten pro Gebäude (beim Gebäudeeintritt) alle zugeführten Medien (Strom, Nah- oder Fernwärme, Gas, gelieferte lagerbare Energieträger wie Heizöl oder Holz, etc.) gemessen werden. Sehr empfehlenswert ist es auch, im Gebäude den Wärmeverbrauch für Heizung und Warmwasser separat zu messen und auch den Energiebedarf von grossen Einzelverbrauchern.

Ablesung

Ab ca. 20 Messgeräten, die in einem Gebäude oder Betrieb installiert sind, sollte eine automatisierte Messdatenerfassung installiert werden. Wo automatisiert abgelesen wird und die Daten gespeichert und mit einer Software ausgwertet werden, sind sinnvolle Ablesehäufigkeiten für Energiedaten einmal die Stunde oder einmal pro 15 Minuten. Wenn kürzere Ableseintervalle für besondere Untersuchungen erforderlich sind, sollte dies wenn möglich nur temporär und örtlich erfolgen. Es können dazu mobile Messgeräte eingesetzt werden.

Wo ausnahmsweise noch manuell abgelesen wird, ist eine Ablesung pro Monat sinnvoll, allenfalls eine Ablesung pro Woche. Wenn manuell abgelesen wird, muss erfahrungsgemäss mit vielen Ablesefehlern gerechnet werden. Es sind sehr einfache Formulare und eine Schulung des Personals erforderlich.

In jedem Fall müssen die Qualität und Plausibilität der Messdaten regelmässig überprüft werden.

8.3.7 Messdatenauswertung

Nur Messungen, welche auch ausgewertet werden, machen einen Sinn. Der Aufwand für die Auswertung darf nicht unterschätzt werden.

ssbereich		Grenzwert für Alarm		Genauigkeit	Ablesefrequenz	Daten-Übertragungsart
Messgeräts, , bis	Einheit	unterer Wert	oberer Wert	Klasse oder in % Messwert	Minuten	Bussystem, Geb. automation Handelsablage
00	kW, kWh	1	80	Kl. 1	15	M-Bus
20	kW, kWh	0	90	Kl. 1	15	M-Bus
	m³	-	-	Kl. 2	-	Hand pro Monat
0	kW, kWh	0	35	Kl. 1	15	M-Bus
0	kg/h	0.1	2	5%	60	GA-System

Neben statistischen Auswertungen und Summenbildung für die Verrechnung ist für das Energiemanagement eine grafische Auswertung mit Trendkurven am hilfreichsten. Die Darstellung des Verlaufes des Verbrauchs (auch Histogramm genannt oder Energiesignatur) zeigt sofort Abweichungen. Der Erfolg von Massnahmen kann einfach überprüft beziehungsweise Defekte können früh erkannt werden.

Die Messdatenauswertung kann auf der Managementebene des Gebäudeautomationssystems erfolgen. Noch besser ist die Anschaffung einer speziellen Energiemanagementsoftware (siehe Kapitel 10).

Es gibt Firmen, welche die Auswertung von Messdaten mittels künstlicher Intelligenz anbieten. Mit speziellen Algorithmen werden die Daten ausgewertet, um bestimmte Muster, Strukturen oder Abweichungen zum bisherigen Verlauf oder zu einem Sollverlauf oder Sollzustand festzustellen. Auch kann so bei geeigneten Voraussetzungen ein automatisiertes Benchmarking erfolgen. Mit solchen Methoden können Fehler und unnötige Verbräuche schneller und automatisiert festgestellt werden.

Heute machbar sind z. B. monatliche Energie-, Instandhaltungs- und Störungsberichte, die automatisiert erstellt werden. Zusätzlich können Störungen und Instandhaltungsaufträge von Mitarbeitern oder Gebäudenutzern über mobile Geräte ins System eingegeben werden. Diese können zur Arbeitsplanung genutzt werden. Auch ein «digitaler Störungskatalog» kann erstellt werden. Mit einer automatischen und sofortigen Erfassung von Störungen bei Energieerzeugungsanlagen kann eine raschere Alarmierung und Störungsbehebung erfolgen. Folgeanlagen, welche mit Energie versorgt werden, können geordnet heruntergefahren, automatisch auf andere Versorgungswege umgeschaltet oder über Speicher weiter mit Energie versorgt werden. «Intelligente» Systeme können hinterlegte Vorschläge zur Störungsbehebung machen, wissen, wer gerade zuständig ist, oder können Anlagen mit häufigen Störungen kennzeichnen.

Auch diskutiert wird die automatische Anpassung des Energieverbrauchs (soweit beeinflussbar, z. B. Ladung von Elektrofahrzeugen, Betrieb von Wärmepumpen, um Wärme in einen Speicher oder direkt ins Gebäude zu speichern) an das Angebot fluktuierender Erzeugung von regenerativer Energie. Wenn diese Energie selbst erzeugt wird, kommt ein optimiertes Speichermanagement (thermische Speicher und Batteriespeicher) für diese Energie hinzu. Solche Systeme können den Eigenverbrauch von selbst erzeugter Energie erhöhen, die Speicherung und die Einspeisung der Energie «netzdienlich» gestalten oder den Bezug von Energie ab Netz so regeln, dass günstige Tarife genutzt werden können.

Die Messungen, wie im Beispiel Abb. 35 gezeigt, könnten dazu genutzt werden, die elektrischen Lasten so zu steuern, dass der erzeugte Solarstrom immer direkt selbst verbraucht werden kann. Als Energiespeicher dienen das Badwasser (welches in der Temperatur um 1,5 °C schwanken darf) und eingeschränkt der Wärmespeicher für das Warmwasser. Auch die Bodenheizung kann als weitere Speichermöglichkeit genutzt werden. Damit kann der Betrieb

LEISTUNGSGRENZEN

Tab. 5: Anhaltswerte für Grenzwerte, ab welchen sich eine Messung lohnt

Messort	Energiepreis	Messkosten	Grenzwert für Messung
Heizgruppe	10 Rp./kWh (Öl, Gas)	CHF 500.– p. a.	25 kW
Heizgruppe	14 Rp./kWh (Fernwärme)	CHF 500.– p. a.	18 kW
Luftkühler/Klimakälte	20 Rp./kWh (Strom)	CHF 500.– p. a.	100 kW Kälte (40 kW el.)
Gewerbliche Kälte	20 Rp./kWh (Strom)	CHF 500.– p. a.	15 kW Kälte (7 kW el.)
Kaltwasser	4 CHF/m³	CHF 300.– p. a.	750 m³ Verbrauch p. a.
Warmwasser 60 °C	4 CHF/m³ 20 Rp./kWh (Strom) 10 Rp./kWh (Öl, Gas)	CHF 300.– p. a.	 200 m³ Verbrauch p. a. 300 m³ Verbrauch p. a.
Stromanschluss	20 Rp./kWh (Strom)	CHF 300.– p. a.	15'000 kWh Verbrauch p. a.

Abb. 36: Einflussfaktoren auf Bestandsaufnahmen

Klingenberger, 2007

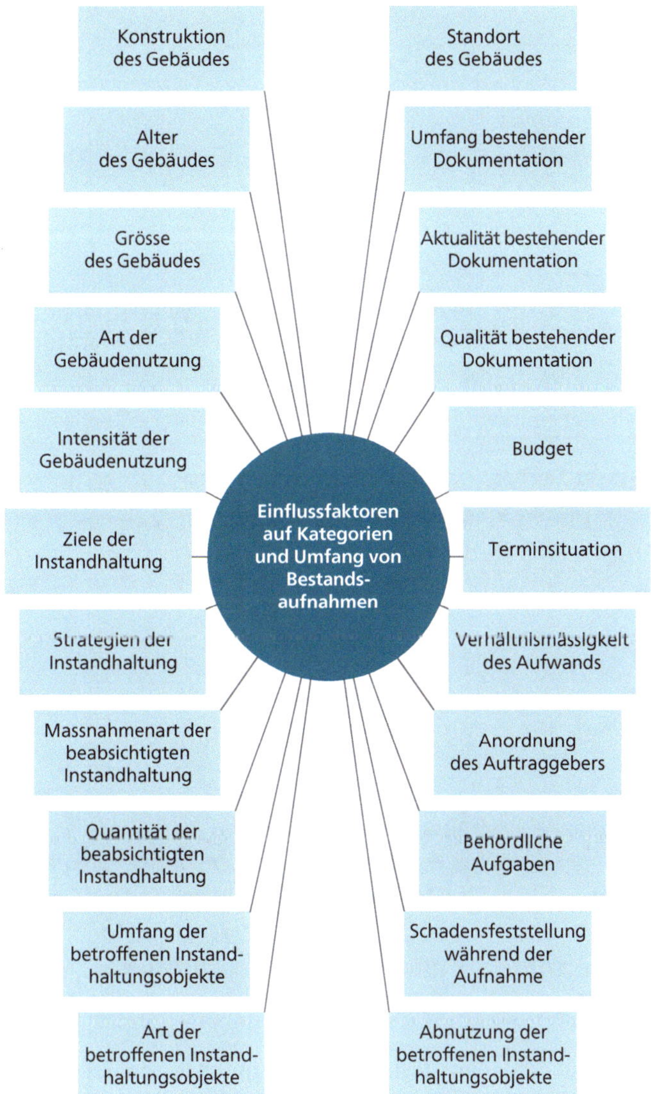

der Wärmepumpe an das Stromangebot angepasst werden. Mit einem Kältespeicher kann die Kältemaschine im Sommer dem Stromangebot entsprechend betrieben werden. Mit diesen ohnehin vorhandenen thermischen Speichern könnte so auf einen Batteriespeicher verzichtet werden.

8.4 Zustandsanalyse

Die Zustandsanalyse gebäudetechnischer Anlagen ist im Zusammenhang mit der Betriebssicherheit, dem gewünschten Behaglichkeitsniveau und sonstigen gebäude- und nutzerbezogenen Anforderungen eine wichtige, wiederkehrende Notwendigkeit. Umso erstaunlicher ist es, dass es dazu nur wenig bis gar keine Literatur gibt.

Ohne die Kenntnis des Zustands technischer Anlagen im Gebäude ist ein Management dieser Anlagen auch nicht möglich. Die Zustandsanalyse gehört zu den Voraussetzungen, die im Energiemanagement erfüllt sein müssen. Dies bedingt, dass bereits eine Inventarisierung der technischen Anlagen im Gebäude erfolgt ist. Der Betrieb der Anlagen verändert laufend den Zustand, sodass die Zustandsanalyse eine permanente Aufgabe bleibt. Im Zuge der Digitalisierung werden für diese Aufgabe verstärkt Sensoren eingesetzt, die Gebäudebetreiber in die Lage versetzen, jederzeit den Zustand der technischen Anlagen beurteilen und Massnahmen planen zu können.

Anleihen bzw. Hinweise, die für die Zustandsanalyse technischer Anlagen in Gebäuden relevant sind, finden sich in verwandten Disziplinen wie die Instandhaltung und die technische Diagnostik. Abb. 36 zeigt Einflüsse auf Bestandsaufnahmen technischer Anlagen. (Klingenberger, 2007)

Die Grafik macht deutlich, wie vielfältig die Umstände sind, die den Zustand einer technischen Anlage beeinflussen. Im Hinblick auf einen zuverlässigen Betrieb eines Gebäudes inklusive der Energieversorgung zeigt Abb. 36 umfassend, warum es so schwierig ist, einerseits den Zustand einer technischen Anlage zu erfassen und andererseits eine terminierte Aussage bezüglich einer anstehenden Instandhaltungsmassnahme zu treffen.

Der Betrieb von Immobilien ist von Erfahrungswissen geprägt. Anders ist dies in der produzierenden Industrie mit einem entsprechenden Maschinenpark. Ein zuverlässiger Betrieb der Produktion entscheidet über das Fortbestehen der Unternehmung. Aus diesem Zwang heraus ist die technische Diagnostik entstanden (s. Abb. 37, Brendel et al., 1979).

Als Teil der planmässig, vorbeugenden Instandhaltung (Predictive Maintenance) dienen die Methoden der technischen Diagnostik dazu, den Zeitpunkt für eine Instandhaltungsmassnahme möglichst gut abschätzen zu können. Der Zeitpunkt entscheidet über die Höhe und Häufigkeit der eingesetzten Mittel für Personal und Material. Die Bedeutung dieser Disziplin ist somit offensichtlich. Um so erstaunlicher ist es, dass die technische Diagnostik für den Gebäudebetrieb bisher keine besondere Bedeutung hat.

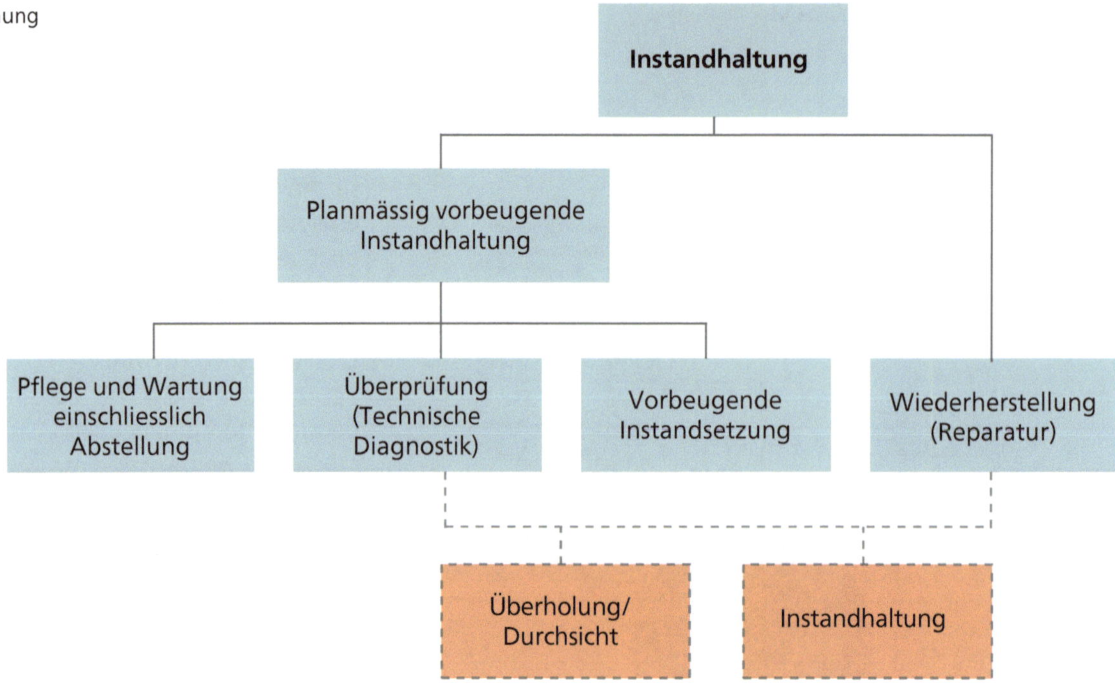

Abb. 37: Einordnung der technischen Diagnostik
Brendel et al., 1979

(Brendel et al., 1979) definierten verschiedene Zustände einer technischen Anlage:

Betriebszustand:
Zustand, in dem die vorgegebenen Betriebsparameter eingehalten werden.

Schädigungszustand:
Zustand, der im Ergebnis einer Schädigung infolge von Verschleiss, Korrosion, Ermüdung, Alterung oder anderen äusseren Einflüssen eingetreten ist (unabhängig von der Nutzungsdauer).

Sicherheitstechnischer Zustand:
Zustand, in dem die gesetzlichen und betriebsbedingten Erfordernisse des Gesundheits-, Arbeits- und Brandschutzes erfüllt werden.

Neuzustand/Instandsetzungszustand:
Zustand, den das betrachtete Objekt (Betrachtungseinheit) nach der Neufertigung oder nach einer Instandsetzung aufweist.

Die Bestimmung des Zustands von
- *einzelnen Bauelementen*
- *einzelnen Baugruppen*
- *ganzen Maschinen*
- *Maschinensystemen*

muss die Bewertung von
- *Einsatzfähigkeit und richtiger Funktion*
- *Ort und Art der Funktionsstörung*
- *sicherheitstechnischem Zustand*
- *möglicher Restnutzungsdauer*
- *Gütezustand*

entsprechend den geforderten Einsatzbedingungen zur Folge haben.

Die technische Diagnostik dient (Brendel et al., 1979) dem Überprüfen
- *des Betriebszustandes der technischen Anlage,*
- *des Schädigungszustandes,*
- *der Restnutzungsdauer der technischen Anlage*
- *der Sicherheitstechnik der technischen Anlage und*
- *der Ermittlung der Notwendigkeit von Pflegemassnahmen*
- *permanente Überwachung des Zustandes von einzelnen Baugruppen oder Elementen durch Messeinrichtungen, die in die Maschine eingebaut sind*
- *Überprüfung der Herstellungs- und Instandsetzungsqualität im Rahmen der Endkontrolle*

(Brendel et al., 1979) unterscheiden unterschiedliche Formen der Diagnose:

Funktionsdiagnose:
Massnahmen zum Überprüfen der Funktionsfähigkeit von technischen Arbeitsmitteln (Bestimmung und Bewertung von Funktions- und Betriebsparametern technischer Systeme entsprechend geforderter Einsatzparameter, wie z. B. Leistung, Drehzahl, spezifischer Energieverbrauch)

Schädigungsdiagnose:
Massnahmen zum Ermitteln des Schädigungszustandes technischer Arbeitsmittel und Baugruppen

Teildiagnose:
Massnahmen zum Überprüfen einzelner Teile oder Baugruppen eines technischen Arbeitsmittels

Gesamtdiagnose:
Die Gesamtdiagnose/Volldiagnose ist der Vorgang des Ermittelns und Bewertens des Zustandes technischer Systeme und ihrer Elemente. Eine Gesamtdiagnose umfasst alle Baugruppen und Elemente eines technischen Systems.

Tiefendiagnose:
Massnahmen zum detaillierten Überprüfen von Baugruppen oder Einzelteilen. Tiefendiagnosen dienen überwiegend der Ermittlung des Zustandes technischer Systeme und ihrer Elemente und der Bestimmung der Restnutzungsdauer.

Komplexdiagnose:
Massnahmen zum Feststellen des Allgemeinzustandes technischer Arbeitsmittel und Baugruppen anhand umfassender Kenngrössen.

Ist der Zustand einer technischen Anlage geklärt, besteht die Aufgabe der Analyse und der Interpretation für den Gebäudebetrieb. Für das bessere Verständnis eignet sich zur Verdeutlichung der Herausforderung das Modell des Abnutzungsvorrats, welches Abb. 38 zeigt (Klingenberger, 2007).

Die Ordinate zum Zeitpunkt t_0 widerspiegelt den Neuzustand einer gebäudetechnischen Anlage. Ist die Anlage frisch installiert und wird in Betrieb genommen, ist der sogenannte Abnutzungsvorrat auf dem Höchststand. Mit jeder Nutzung wird etwas von diesem Vorrat verbraucht, bis irgendwann zum Zeitpunkt tA1 es zu einem Ausfall der Anlage kommt. Dann ist der ursprünglich vorhandene Abnutzungsvorrat soweit verbraucht worden, dass die Abnutzungsgrenze erreicht wurde. Der Ausfallzeitpunkt ist dabei nicht einzig von der Nutzungszeit, sondern auch noch von weiteren Parametern wie z. B. die Nutzungsintensität abhängig.

Das Modell des Abnutzungsvorrats veranschaulicht sehr schön, was durch Nutzung von Anlagen passiert, und zeigt gleichzeitig die Problematik auf, warum Vorhersagen eines Anlagenausfalls so schwierig sind. Die Zustandsbewertung ist somit unverzichtbar, um der Abschätzung des Zeitraums bis zum Erreichen der Abnutzungsgrenze mehr Sicherheit in der Prognose zu geben. Hersteller von Anlagen geben

KLINGENBERGER, J. (2007). EIN BEITRAG ZUR SYSTEMATISCHEN INSTANDHALTUNG VON GEBÄUDEN

Abb. 38: Modellvorstellung des Abnutzungsvorrats in Abhängigkeit von der Zeit

Klingenberger, 2007

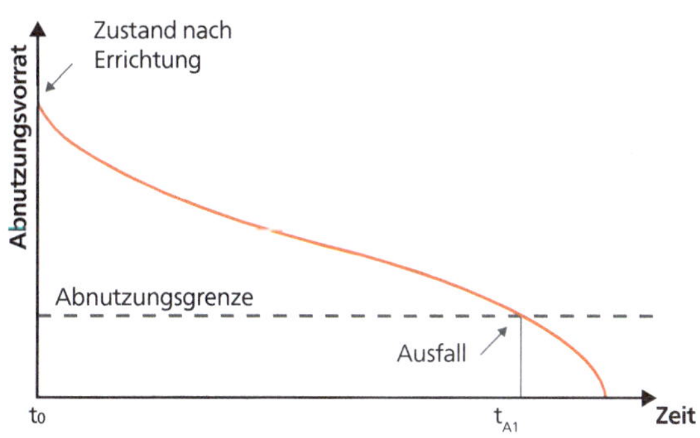

Abb. 39: Verschiebung des Ausfallzeitpunkts durch Wartung

Klingenberger, 2007

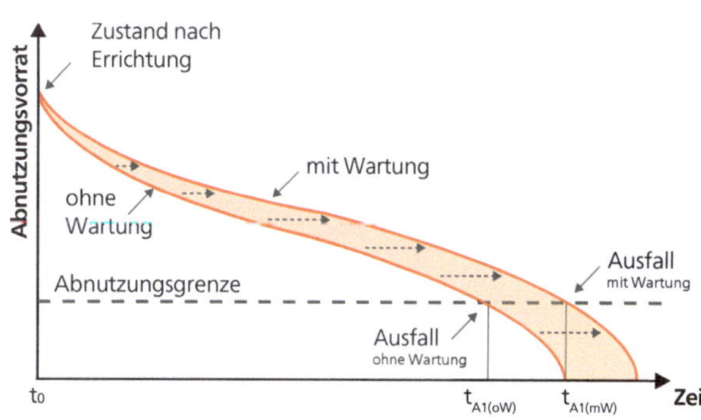

grobe, sicher bei «normaler Nutzung» erreichbare Lebensdauerzeiten an. Der Ausfallzeitpunkt ist also nicht berechenbar und dies macht den Umgang mit der Abnutzung so schwierig.

In der Praxis wird diese Unsicherheit, wie lange eine Anlage noch problemlos funktioniert, mit vor allem dem Erfahrungswissen der die Anlage betreuenden Mitarbeitenden kompensiert. Mithilfe von Instandhaltungsstrategien und -massnahmen wird versucht, den Abnutzungsvorrat nicht unter die Abnutzungsgrenze fallen zu lassen.

Abb. 39 (Klingenberger, 2007) zeigt, was mit einer Wartung bezüglich des Abnutzungsvorrats erreicht werden kann.

Eine (regelmässige) Wartung von Anlagen verschiebt den Ausfallszeitpunkt t_{A1} weiter in die Zukunft und erhöht die störungsfreie Nutzungsdauer. Technische Anlagen in Gebäuden werden über viele Jahre betrieben. Innerhalb der jeweils erreichten Lebensdauerzeiten werden Massnahmen zur Erhaltung der Funktionalität (Instandsetzungen) durchgeführt, bis es genügend Gründe für eine Stilllegung der Anlage gibt.

Abb. 40 (Klingenberger, 2007) zeigt die Zyklen im Abnutzungsvorrat, die durch Instandsetzungen entstehen.

Nach jeder Instandsetzung ist der Abnutzungsvorrat wieder auf dem ursprünglichen Niveau. Sind die Intervalle regelmässig (nur durch Erfahrung zu ermitteln), kann der Ausfallszeitpunkt t_{A1} recht genau prognostiziert werden. In diesem Fall kann also eine präventive Instandsetzung als Betriebsstrategie gewählt werden.

Um bezüglich einer Betriebsstrategie bzw. einer Instandhaltungsstrategie zu einem praktikablen Ergebnis zu kommen, ist eine gute Zustandsanalyse als Ausgangspunkt notwendig. Letztlich ist diese aber auch eine Risikoanalyse, die sich auf den Betrieb von gebäudetechnischen Anlagen bezieht. Abb. 41 (Klingenberger, 2007) zeigt die Beurteilungskriterien, die eine Bewertung des Zustands einer technischen Anlage hinsichtlich der Auswirkungen und hinsichtlich der Wahrscheinlichkeit eines Ausfalls ermöglicht. Die Auswirkungen reichen dabei von «unbedeutend» bis zu «katastrophal».

Eine Risikoanalyse ist notwendig, damit etwaige Gefahren z. B. für Leib und Leben oder finanzielle Schäden aufgrund von Betriebsausfall minimiert werden können. Die Abwägung ist daher immer individuell zu treffen.

Ganz grundsätzlich sind Modelle wie der Abnutzungsvorrat und Hilfsmittel wie die Risikobewertungsmatrix nützlich, um sich die Fragestellung, um die es geht, klarzumachen. Letztlich aber basieren sämtliche Abschätzungen auf Erfahrungswissen und Annahmen. Insofern ist eine gute Zustandsbewertung etwas, was in der Praxis erlernt werden muss. Des Weiteren empfiehlt es sich, dies in einem Team zu machen.

KLINGENBERGER, J. (2007). EIN BEITRAG ZUR SYSTEMATISCHEN INSTANDHALTUNG VON GEBÄUDEN

Abb. 40: Zyklen des Abnutzungsvorrats durch Instandsetzungen

Klingenberger, 2007

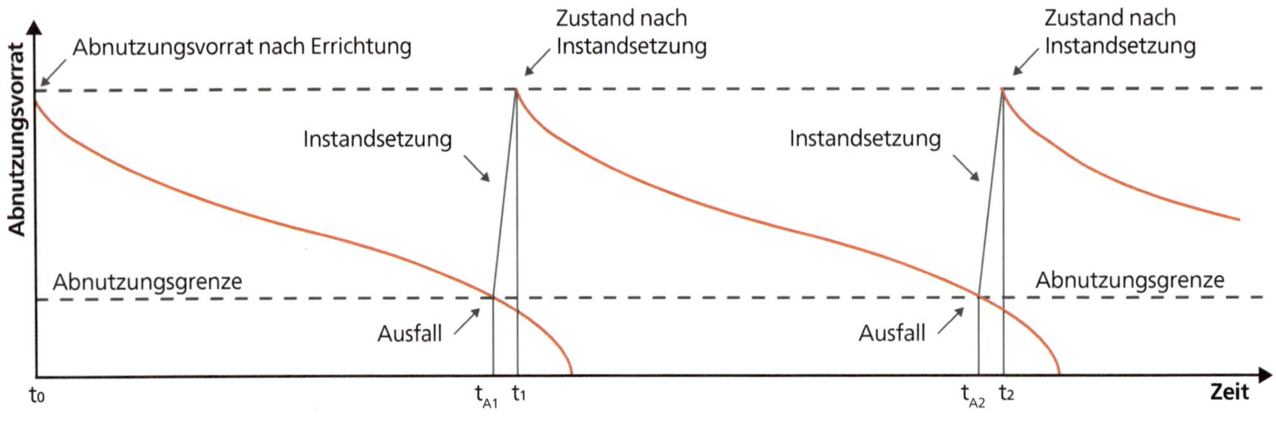

Ein weiterer wichtiger Aspekt ist das Augenmass. Eine übertrieben vorsichtige Einschätzung führt zwangsläufig zu unnötigem (finanziellen) Aufwand. Andersherum ist eine unangebrachte Laissez-faire-Haltung mit den gleichen Risiken bzw. auch folgenschwereren Risiken behaftet.

Die folgenden Kennzeichen im Rahmen einer Zustandsanalyse sind also gegeben bzw. zu beachten:

- *Jede Zustandsanalyse ist individuell (Zustand, Art der Anlage, (Ab-)Nutzung)*
- *Die Rahmenbedingungen sind ebenfalls individuell (Personalressourcen, Budget, Anzahl Anlagen)*
- *Risikobewertung ist notwendig und unterliegt dem verfügbarem Erfahrungswissen*
- *Betreiberverantwortung ist ein wesentlicher Punkt innerhalb der Zustandsanalyse*
- *Nutzeranforderungen (Verfügbarkeit) sind selbstverständlich prioritär zu beachten*
- *Überblick im Gebäude (Anzahl, Ort und Zustand der Anlagen)*
- *Erfahrung aus dem Betrieb der Anlagen*
- *Erfahrung mit der Nutzung des Gebäudes (Verhalten des Gebäudes)*
- *Gesunder Menschenverstand*

Damit eine Zustandsanalyse zum gewünschten Ergebnis führt, ist es notwendig, dies mit der nötigen Zeit und Bedacht zu tun. Alle nachfolgenden Entscheidungen stützen sich auf die Einschätzung der Zustandsbewertung. Aus diesem Grund ist dabei die Sorgfalt in der Ausführung besonders zu beachten.

Literatur

Brendel, H., Hornung, E., Leistner, D., Neukirchner, J., Schmidt, H.-J., Winkler, H. und Winkler, L. (1979). Technische Diagnostik. In Brendel, H., Hornung, E., Leistner, D., Neukirchner, J., Schmidt, H.-J., Winkler, H. und Winkler, L., Herausgeber, Wissensspeicher Tribotechnik: Schmierstoffe — Gleitpaarungen — Schmiereinrichtungen, Seiten 271–307. Springer Wien, Wien.

KLINGENBERGER, J. (2007). EIN BEITRAG ZUR SYSTEMATISCHEN INSTANDHALTUNG VON GEBÄUDEN

Abb. 41: Matrix zur Risikoanalyse

Klingenberger, 2007

Ausfall eines Instandhaltungsobjekts

Wahrscheinlichkeit eines Ausfalls	Auswirkung eines Ausfalls: 1 *unbedeutend*	2 *bedeutend*	3 *ernst*	4 *sehr ernst*	5 *katastrophal*
A *sehr unwahrscheinlich*	A1	A2	A3	A4	A5
B *unwahrscheinlich*	B1	B2	B3	B4	B5
C *möglich*	C1	C2	C3	C4	C5
D *wahrscheinlich*	D1	D2	D3	D4	D5
E *sehr wahrscheinlich*	E1	E2	E3	E4	E5

Erläuterungen:

Handlungsstufe I (geringes Risiko eines Ausfalls): Auf vorbeugende Instandhaltungsmassnahmen kann verzichtet werden.

Handlungsstufe II (mittleres Risiko eines Ausfalls): Vorbeugende Instandhaltungsmassnahmen sind empfehlenswert.

Handlungsstufe III (hohes Risiko eines Ausfalls): Vorbeugende Instandhaltungsmassnahmen sind erforderlich.

Die Bestimmung des Entscheidungsprinzips ist zu überprüfen. Das verfügbarkeitsorientierte und das nutzungsbezogene Entscheidungsprinzip sind aufgrund der Auswirkungen eines Ausfalls vorzuziehen.

9 Messtechnik im Energiemanagement

Wie bereits im Kapitel «Messkonzepte» geschildert, ist die Erhebung von Messdaten für jedes sinnvolle Energiecontrolling und Energiemanagementsystem unausweichlich. Genauso wichtig sind Messungen für einen optimierten und sicheren Betrieb der gebäudetechnischen Anlagen und deren Überwachung.

Der Automatisierungsgrad in Gebäuden nimmt tendenziell zu. Grössere Gebäude besitzen heute Automationssysteme für Heizung, Ventilation, Klimatisierung, Beleuchtung und Beschattung. Die jeweiligen Teilsysteme sind dabei mit entsprechenden Sensoren und Aktuatoren ausgestattet, die über Bussysteme untereinander kommunizieren und gesteuert bzw. ausgelesen werden können. Zusätzlich sind diese Mess- und Automationssysteme oft an zentrale Datenserver, Webserver und Managementsoftware gekoppelt.

Eine Kenntnis der messtechnischen Grundlagen, der physikalischen Grundprinzipien und der wichtigsten Messgrössen und -geräte bildet die Basis der Handhabung und Realisierung von Messsystemen.

Dieses Kapitel soll einen Überblick über die Grundlagen der Messtechnik vermitteln. Generelle Messtechniken und -anordnungen werden vorgestellt. Die Einbindung fest installierter Messgeräte und Sensoren in ein Messdatenübertragungssystem und die dazu angewandte Netzwerktechnik werden aufgezeigt. Praxisrelevante Begriffe werden erläutert und schliesslich werden die im Energiemanagement wichtigen Messgrössen und Messprinzipien an konkreten Beispielen von Messgeräten anschaulich gemacht.

9.1 Grundlagen der Messtechnik

Zuerst soll verdeutlicht werden, wie physikalische Messgrössen in Messeinrichtungen umgewandelt und auf einfach verständlichen Anzeigen vom Beobachter abgelesen werden können. Die Integration von Messgeräten in grössere Messsysteme wird erklärt und einige der vielen Faktoren identifiziert, welche die Korrektheit eines Messresultats beeinflussen können. In [30], [31] und [32] finden sich ausführlichere Informationen zu den hier erklärten Konzepten sowie weitere wichtige Begriffe der Messtechnik.

9.1.1 Direkte und indirekte Messungen

Direkte Messungen (unmittelbare Messungen) erfolgen, wie ihr Name vermuten lässt, durch das direkte Ablesen einer Messgrösse X anhand eines Messmittels. Ein einfaches Beispiel ist die Längenbestimmung mithilfe eines Massbands. Die Länge L wird durch den unmittelbaren Vergleich mit einem Bezugswert bestimmt.

Gewisse Grössen können hingegen nur schwer oder überhaupt nicht mit einer direkten Messung bestimmt werden. Sie müssen stattdessen indirekt gemessen werden.

Indirekte Messungen (mittelbare Messungen) sind Messungen, bei denen statt der eigentlichen Messgrösse selbst eine Grösse Y gemessen wird, die einen funktionalen Zusammenhang mit der Messgrösse X hat: $Y(X)$. Die mathematische Beschreibung solcher Zusammenhänge wird Modellbildung genannt.

Ein illustratives Beispiel mittelbarer Messgeräte sind Flüssigkeitsthermometer. Das Volumen V der Flüssigkeit im Röhrchen (z.B. Quecksilber) hängt von deren Temperatur T ab: $V(T)$. Da das Glasröhrchen seine Grösse in Abhängigkeit der Temperatur nicht bemerkenswert ändert, kann sich die Flüssigkeit nur entlang einer Dimension ausdehnen. Schlussendlich kann aus der Länge der Flüssigkeitssäule im Röhrchen auf die Temperatur rückgeschlossen werden: $L(V(T))$.

9.1.2 Messketten, Messeinrichtungen und Messgeräte

Das Beispiel des Flüssigkeitsthermometers ist bereits auch ein Beispiel einer kurzen Messkette. Generell sind *Messketten* Aneinanderreihungen mehrerer Messschritte. Die Messgrösse wird aufgenommen, weitergeleitet, mehrmals umgeformt und dem Beobachter schliesslich auf einer Anzeige mit Skala oder auf ähnlich komfortable Weise bereitgestellt.

Die Gesamtheit der Messschritte wird als *Messeinrichtung* oder *Messgerät* bezeichnet. Solche Messeinrichtungen enthalten meistens Messumformer, welche die Messgrösse in ein elektrisches Signal umwandeln, das ausgelesen, weiterverarbeitet oder auch gespeichert werden kann. Heutzutage ist die (digitale) Signalverarbeitung in Mikrokontrollern oder Computern ein weiterer wesentlicher Bestandteil vieler Messgeräte. Abb. 42 zeigt eine schematische Messeinrichtung mit den genannten Komponenten.

9.1.3 Analoge und digitale Messgeräte

Innerhalb eines Messgeräts kann das Messsignal entweder komplett stufenlos verarbeitet werden, sich nur in diskreten Amplitudenschritten bewegen oder sowohl zeitlich als auch in der Amplitude diskretisiert werden. Im ersten, stufenlosen Fall spricht man von einem *analogen Messgerät*, in den beiden anderen, quantisierten Fällen von *digitalen Messgeräten*.

Die beiden Beispiele einer Längenmessung und einer Temperaturmessung in Abb. 43 stellen Fälle einer analogen Messung dar. Die Messwerte liegen auf einer kontinuierlichen Skala vor.

Ein einfaches, etwas altmodisches Beispiel digitaler Messgeräte sind Zähler, die nach jedem gemessenen Eingangssignal mittels eines Zählwerks eine Ziffer um einen diskreten Wert weiterbewegen (quantisierte Amplitude).

Mithilfe von Analog/Digital-Wandlern (kurz A/D-Wandler) kann auch ein analoges elektrisches Signal abgetastet und so in ein digita-

Abb. 42: Schematisches Beispiel einer Messeinrichtung. Die zu messende physikalische Grösse wird aufgenommen, umgeformt, diskretisiert und in digitaler Form weiterverarbeitet. Ein Anzeigegerät zeigt die Messgrösse direkt am Gerät an. Mittels einer entsprechenden Schnittstelle können die Messdaten von externen Geräten ausgelesen werden.

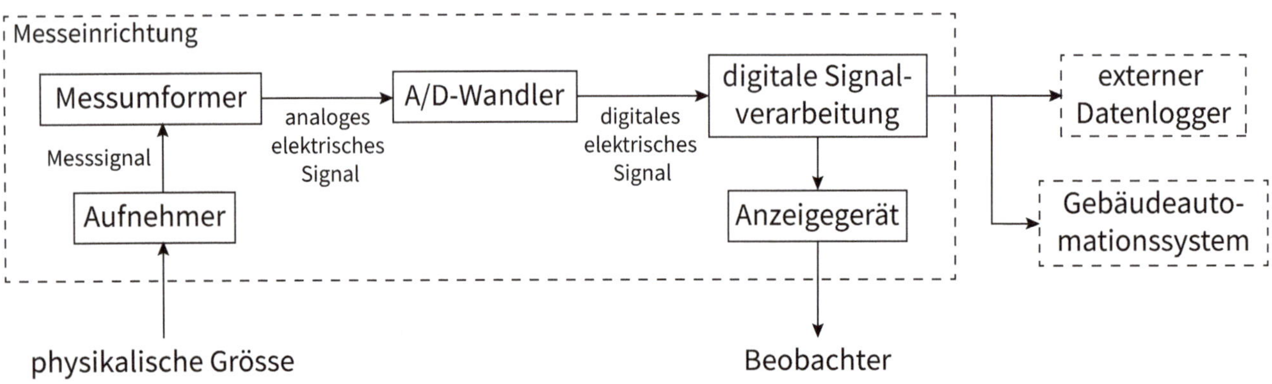

Abb. 43: Beispiele typischer Anzeigeelemente von analogen (links) und digitalen (rechts) Messgeräten. Es gibt gewisse Ausnahmen (z.B. analoge Rollenzählwerke in Induktionszählern), bei denen die Anzeige eine falsche Messgerätfunktion vermuten lassen kann. Zudem gilt zu beachten, dass Messgeräte mit Digitalanzeigen trotz z.B. zusätzlicher Kommastellen nicht unbedingt präziser sind.

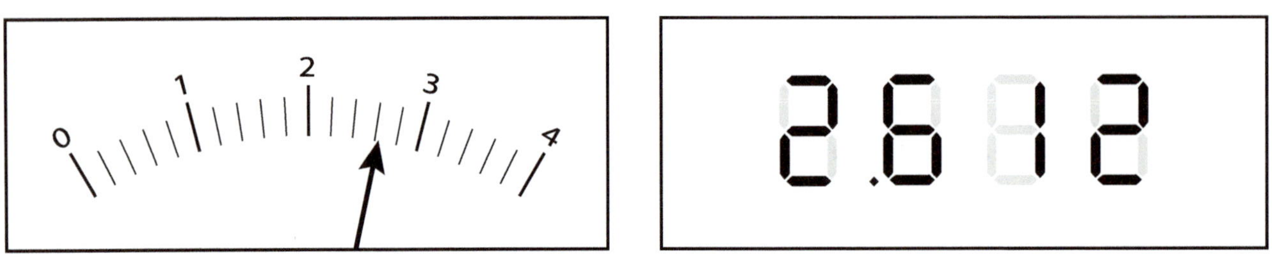

les Signal umgewandelt werden. Eine analoge Messgrösse kann also in ein elektrisches Signal umgewandelt, diskretisiert und als digitalisierte Grösse weiterverarbeitet werden.

Zusammen mit im Messgerät integrierten Mikroprozessoren können die digitalisierten Messdaten beispielsweise in Zahlenform auf einem LCD (liquid crystal display) oder Ähnlichem angezeigt werden. Alternativ werden die Daten in interne Speicher geschrieben, wo sie zu einem späteren Zeitpunkt über eine Schnittstelle wieder ausgelesen werden können, oder sie werden mit einem Datenübertragungsmodul über ein entsprechendes Kommunikationsprotokoll an weitere externe Geräte gesendet – sei dies eine kleine externe Platine mit Prozessor, ein Smartphone, ein Laptop, ein lokaler Datenserver oder ein Webserver.

9.1.4 Vernetzte Mess- und Automationssysteme in Gebäuden

Aufgrund ihrer Kosteneffizienz, Grösse und Genauigkeit werden in Gebäudeautomationssystemen und Messsystemen zunehmend Messgeräte installiert, die lediglich Messgrössen erfassen und über Datenbusse übertragen können.

Ein Bus ist ein Datenübertragungssystem, das die Kommunikation zwischen mehreren Teilnehmenden auf nur einem Übertragungsweg regelt. Wenn Messgerät *A* dem Buskontroller Messdaten übermitteln will, kann Messgerät *B* nicht gleichzeitig seine Messdaten auf derselben Busleitung übertragen, ohne die Kommunikation zwischen *A* und dem Buskontroller zu stören. Die reibungslose und verlustfreie Datenübertragung wird durch ein entsprechendes Busprotokoll geregelt. Dieses definiert, zu welchem Zeitpunkt welcher Teilnehmer die Sprechberechtigung auf der gemeinsamen Leitung besitzt.

In der konkreten technischen Umsetzung eines Busprotokolls besteht sehr viel Freiheit. Gebräuchliche Beispiele von Busprotokollen auf der Feldbusebene in Messsystemen und in der Gebäudesystemtechnik sind M-Bus, EIB/KNX und LON. Diese Busprotokolle können sowohl auf drahtgebundenen als auch auf drahtlosen Übertragungswegen eingesetzt werden.

Abb. 44 zeigt ein Beispiel eines Messbusnetzwerks. Zuunterst, auf der Feldebene, kommunizieren einzelne Messgeräte über eine Busschnittstelle mit dem Buscontroller, bzw. dem

MESSSYSTEM

Abb. 44: Beispiel eines Messsystems

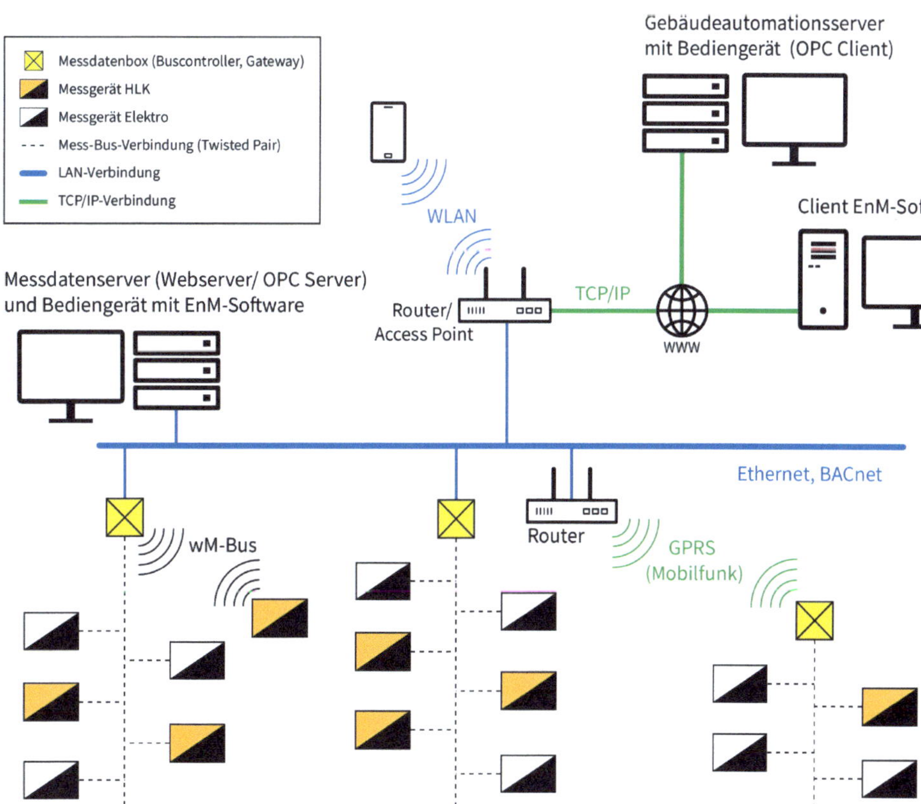

Gateway zur nächsten Ebene des Messsystems. Auf dem Markt finden sich hier verschiedenste Geräte zur Implementierung und Anbindung von Feldbussystemen. Feldbusse können damit selbst mehrere Untergruppen besitzen, die sowohl kabelgebunden (Twisted-Pair-Kabel, manchmal mit Standard-Netzwerksteckern) als auch via Funk kommunizieren können. Wie im Kapitel «Messkonzepte» beschrieben, können Bussysteme in verschiedenen Netzwerktopologien realisiert werden.

Der Buscontroller selbst verfügt normalerweise über eine Schnittstelle zur Anbindung an ein LAN (Ethernet, in der Gebäudesystemtechnik auch oft BACnet). Gewisse Controller implementieren zusätzlich GPRS-Gateways, haben Routingfähigkeiten (TCP/IP) oder hosten einen eigenen Webserver, um Messdaten direkt über das Netzwerk im Webbrowser auszulesen. Manche Geräte nutzen auch LPWANs (low-power wide-area networks) zur Messdatenübertragung, wie beispielsweise LoRaWAN. Mit diesen günstigen, energieeffizienten Drahtlos-Netzwerken können Messgeräte über mehrere Kilometer kommunizieren, ohne Gateways nutzen zu müssen.

Innerhalb des lokalen Netzwerks können die Messdaten über ein (mobiles) Bediengerät mit entsprechender Software eingesehen oder beispielsweise auf einem Server gespeichert werden. Ein Messdatenserver kann zusätzlich einen Webserver hosten oder die Messdaten via OPC (Open Platform Communications) einem externen OPC-Client zur Verfügung stellen. Die OPC-Standards wurden entwickelt, um den Datenaustausch zwischen Anwendungen vieler verschiedener Hersteller von automationstechnischen Geräten zu regeln. Bilden verschiedene Sensoren und Steuerungen von verschiedenen Herstellern ein gemeinsames Netzwerk, werden mit OPC die entsprechenden Daten vereinheitlicht.

Letztlich kann das lokale Netz mit einem TCP/IP-Router an das Internet angeschlossen werden.

9.1.5 Messabweichungen

Ein Messwert kann aus verschiedensten Gründen vom wahren physikalischen Wert abweichen. Deshalb muss in der Praxis das Resultat einer Messung immer mit einer gewissen Skepsis betrachtet werden. Wurde das Messgerät korrekt bedient? Ist die Messung präzis? Und ist die Messanordnung überhaupt sinnvoll?

Die Abweichung des Messwerts vom wahren Wert besteht aus der Messabweichung und der Messunsicherheit. In Abb. 45 sind die wichtigsten Komponenten von Messabweichungen visualisiert.

Die Messabweichung bezeichnet die Differenz zwischen Messwert und dem realen physikalischen Wert. Die Abweichung kann verschiedene, mehr oder weniger problematische Ursachen haben. Die Art der Messabweichung fällt üblicherweise in eine der folgenden Kategorien.

Grobe Messfehler

Grobe Messfehler entstehen bei schlechten Messbedingungen, falscher Bedienung eines Messgeräts, Störungen und Defekten im Messgerät oder bei der Messdatenübertragung. Beispiele wären der Versuch, die Raumtemperatur

Abb. 45: Illustration der Messabweichung, die sich aus einer systematischen und einer zufälligen Komponente zusammensetzt. Die zufällige Messabweichung ist normalverteilt und die Konfidenzintervalle der Standardunsicherheit u und der erweiterten Unsicherheit $2u$ sind gezeigt.

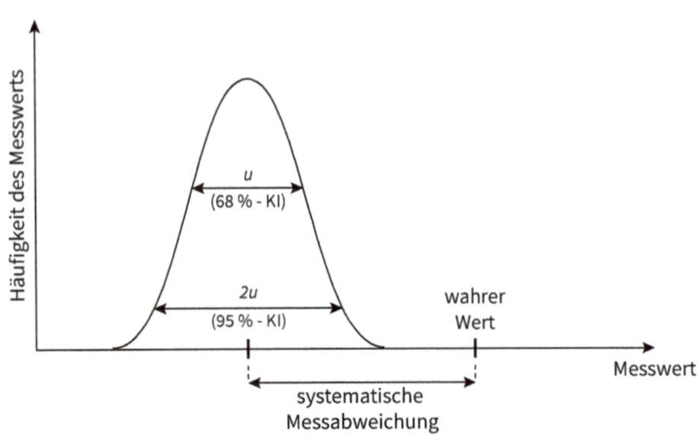

Abb. 46: Visualisierung des Begriffs der Genauigkeit. Genauigkeit setzt sich aus Präzision und Richtigkeit zusammen. Nur Messungen, die sowohl präzise als auch richtig sind, sind genaue Messungen.

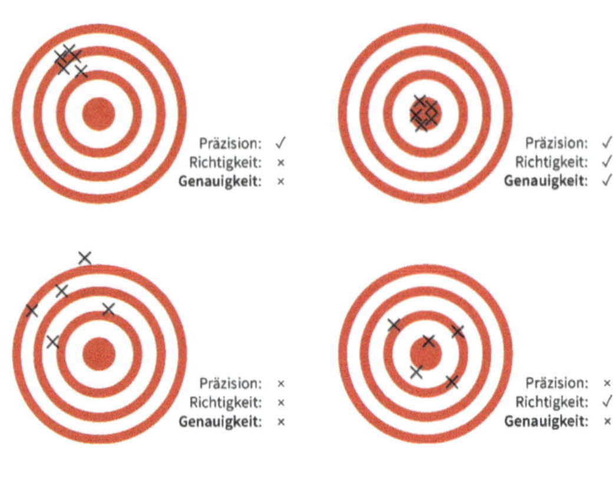

direkt neben einem Heizelement zu messen, oder das Setzen eines falschen Parameters, z.B. der Wärmekapazität in einem Wärmezähler. Diese Messfehler sind grundsätzlich durch korrekte Handhabung des Geräts vermeidbar.

Systematische Messabweichungen

Systematische Messfehler sind konstante Messabweichungen. Das Messresultat ist vom wahren Wert mit gleichbleibendem Vorzeichen und Betrag verschieden. Wiederholtes Messen derselben Grösse unter den gleichen Bedingungen liefert dasselbe Ergebnis, weshalb systematische Messfehler schwer zu identifizieren sind. Die Ursache systematischer Messabweichungen findet sich bei Ungenauigkeiten in der Messeinrichtung oder bei Mangeln im Messverfahren.

Eine weitere Quelle systematischer Messfehler ist eine Rückwirkung des Messvorgangs auf die Messgrösse selbst. Beispielsweise wird durch den Innenwiderstand eines Voltmeters die zu messende Spannung verändert.

Durch Vergleich mit einem genaueren, geeichten Messgerät lässt sich die Messgeräteabweichung jedes Messgeräts bestimmen. So kann eine Fehlerkurve des Messgeräts bestimmt werden, die aufzeigt, wie stark das Messresultat vom wahren Wert im jeweiligen Wertebereich abweicht. Als Beispiel sind Thermistoren (temperaturabhängige elektrische Widerstände) nur in gewissen Wertebereichen linear von der Temperatur abhängig. Sind die systematischen Abweichung eines Messgeräts bekannt, können sie durch Umrechnung kompensiert werden.

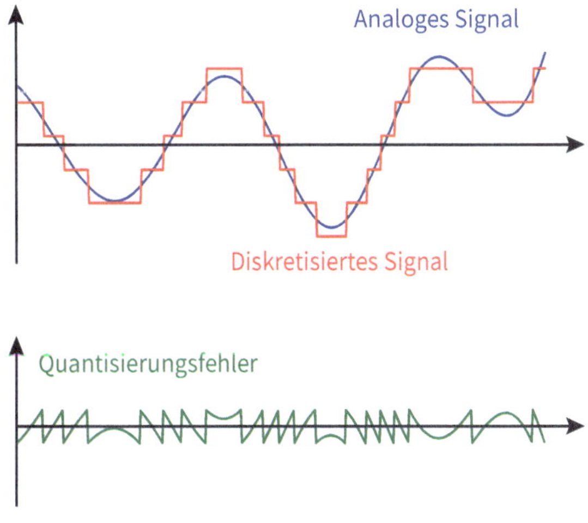

Abb. 47: Quantisierung eines analogen Messsignals (oben). Der resultierende Quantisierungsfehler (unten) trägt zur Messabweichung bei.

Zufällige Messabweichungen

Wie der Name schon sagt, sind zufällige Messabweichungen im Gegensatz zu systematischen Messabweichungen nicht konstant. Bei wiederholter Messung, selbst unter scheinbar exakt denselben Bedingungen, streuen sich die Messresultate. Sie finden ihre Ursache in kleinen, nicht beherrschbaren Schwankungen der Messgrösse, der Messbedingungen, des Messgerätes oder in Einflüssen des messenden Beobachters (z.B. nicht perfektes Ablesen einer Skala).

Oft sind zufällige Messabweichungen normalverteilt und können mittels Fehlerrechnung aus einer genug grossen Anzahl Messungen abgeschätzt werden.

Sonderfälle

Ein Sonderfall von Messabweichungen sind einerseits *dynamische Messabweichungen*, die sich also zeitlich ändern. Nach Eingang einer neuen physikalischen Grösse verzögert sich die Anzeige des korrekten Resultats oder gleicht sich ihm nur langsam an. Ein Beispiel hierfür ist die Messung einer Partikelkonzentration (z.B. CO_2 oder Radon) in einem neuen Raum. Messgeräte mit dynamischen Messabweichungen benötigen eine gewisse Zeitspanne, um einen neuen Wert vom Eingang zum Ausgang zu propagieren.

Speziell im Hinblick auf digitale Messgeräte sind *Quantisierungsabweichungen* ein weiterer Spezialfall von Messabweichungen. Sie entstehen bei der Quantisierung analoger Grössen. Analoge Signale können jeden beliebigen Wert annehmen und sich kontinuierlich im Wertebereich der reellen Zahlen verändern; digitale Signale nehmen hingegen nur diskrete Werte an. Eine Analog/Digital-Umwandlung entspricht also einer Rundung und der resultierende Rundungsfehler entspricht der Quantisierungsabweichung. In Abb. 47 ist die Diskretisierung eines analogen Signals zusammen mit der resultierenden Messabweichung gezeigt.

9.1.6 Messunsicherheiten

Die Messunsicherheit dient zur Eingrenzung des Wertebereichs, innerhalb dessen sich der wahre Wert mit einer angegebenen Wahrscheinlichkeit befindet. Sie beschreibt also die Streuung der zufälligen Komponente der Messabweichung.

Wie bereits erwähnt, sind zufällige Messabweichungen oft normalverteilt, weshalb meist entweder die Standardunsicherheit *u* (68 %-Konfidenzintervall) oder die erweiterte Unsicherheit *2u* (95 %-Konfidenzintervall) als Messunsicherheit angegeben werden. Eine Angabe wie 27,6575 ± 0,0054 ist nicht sehr hilfreich, wenn nicht ausdrücklich erklärt wird, wofür die nach «±» angegebene Grösse steht.

Zu einem aussagekräftigen Messresultat gehört deshalb eine klare Angabe der Messunsicherheit, denn sie erlaubt es erst, den angegebenen Messwert zu objektivieren. Auf einem Digitaldisplay wird beispielsweise der Wert 2,612 angezeigt. Dieser Wert allein kann stark irreführend sein und lässt in dieser Form auf vermeintlich hohe Präzision schliessen. Wenn die Messunsicherheit aber $u=0,1$ beträgt, sind die zusätzlichen Nachkommastellen reine Dekoration.

Auch in der Definition der Anforderungen an ein einzusetzendes Messgerät sollten immer die tolerierbaren Messunsicherheiten enthalten sein. Ein genaueres Messgerät bringt gewöhnlich höhere Kosten mit sich. Deswegen gilt hier zu hinterfragen, ob es beispielsweise wirklich nötig ist, eine Verbraucherleistung im Sekundentakt und mit hoher Präzision zu messen, wenn eine weniger präzise Messung im Fünfzehnminutentakt im gleichen Mass zielführend wäre.

9.1.7 Justierung, Kalibrierung und Eichung

Die Begriffe Justieren, Kalibrieren und Eichen liegen nahe beieinander und werden daher auch oft verwechselt.

Justieren bezeichnet das Einstellen eines Messgerätes mit dem Ziel, systematische Messabweichungen zu korrigieren. Eine Nachjustierung kann bei bestimmten Messgeräten regelmässig notwendig sein. Oft können Geräte vom Messenden selbst justiert werden. So kann ein Messgerät beispielsweise mit einer Vergleichsmessung eines besseren Messgeräts justiert werden, oder indem eine bekannte Grösse gemessen wird (z.B. Eiswasser mit 0 °C Temperatur oder gesättigte Luft mit 100 % relativer Feuchte).

Kalibrieren ist die Bestimmung des Zusammenhangs zwischen Anzeige des Messgerätes und dem wahren Wert über den gesamten Messbereich. Dies erfolgt meist durch Vergleich mit einer zweiten, vertrauenswürdigeren Messung (z.B. mit einem geeichten Messgerät) oder im Labor. Die Kalibrierung kann bei genügender Fachkompetenz selbst vorgenommen werden oder erfolgt z.B. durch den Gerätehersteller im Rahmen eines Service.

Eichen ist das Kalibrieren durch amtliche Institutionen (kantonale Eichämter) oder durch ermächtigte Eichstellen. In der Schweiz beaufsichtigt das Eidgenössische Institut für Metrologie (METAS) sämtliche Eichstellen und betreibt zusätzlich auch einen eigenen Eichdienst.

Bei bestimmten Messeinrichtungen, wie z.B. Energiezählern zur Abrechnung des Energieverbrauchs, kann eine Eichung vorgeschrieben sein. Eichpflichtige Messgeräte benötigen eine amtliche Zulassung mit Konformitätsbewertung und

IP-KLASSIFIZIERUNG

Tab. 6: IP-Schutzkodierung, 1. Kennziffer

EN 60529	ISO 20653	Fremdkörperschutz	Berührungsschutz
0.	0.	Kein Schutz	Kein Schutz
1.	1.	Schutz gegen feste Fremdkörper mit über 50 mm Durchmesser	Schutz gegen Berührung mit der Hand
2.	2.	Schutz gegen feste Fremdkörper mit über 12 mm Durchmesser	Schutz gegen Berührung mit Fingern
3.	3.	Schutz gegen feste Fremdkörper mit über 2,5 mm Durchmesser	Schutz gegen Berührung mit Werkzeugen und Draht ≥ 2,5 mm
4.	4.	Schutz gegen feste Fremdkörper mit über 1 mm Durchmesser	Schutz gegen Berührung mit Drähten ≥ 1 mm
5.	5K.	Staubdicht, Eindringen von Staub nur an unschädlichen Stellen oder in unschädlichen Mengen	Vollständiger Berührungsschutz
6.	6K.	Vollkommen staubdicht	Vollständiger Berührungsschutz

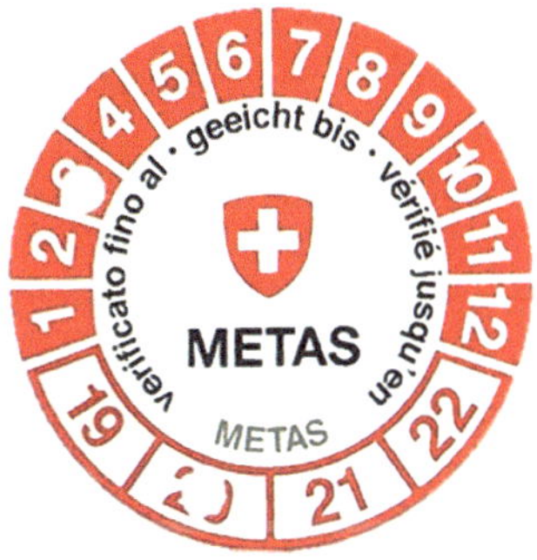

Abb. 48: Eichmarke des METAS, gültig bis März 2020

Eidgenössisches Institut für Metrologie METAS

EICHMARKE

einer Bauartprüfung. Sie müssen den zuständigen Eichämtern gemeldet werden.

Die Ersteichung erfolgt typischerweise durch das METAS. Erforderliche Nacheichungen werden typischerweise von kantonalen Eichstellen gehandhabt. Sie werden durch einen Kleber (Abb. 48) bestätigt, der auf die nächstfällige Nacheichung verweist.

9.1.8 Praktische Anforderungen an Messgeräte

Abhängig vom Einsatzgebiet eines Messgeräts, ist es diversen äusseren Einflüssen wie Feuchtigkeit, Temperatur, Staub und mechanischen Krafteinwirkungen ausgesetzt. Soll das Messgerät seine Funktion wie vorgesehen erfüllen, muss es durch ein Gehäuse im entsprechenden Mass geschützt sein. Die Gehäuseschutzart ist in ISO 20653 und EN 60529 festgelegt und wird mit der zweistellige IP-Kennziffer angegeben (Tab. 6 und Tab. 7). Die erste Ziffer bezeichnet dabei den Schutz gegen feste Fremdkörper (wie z.B. Staub), die zweite Ziffer den Schutz gegen Wasser und Feuchtigkeit.

Die Schutzart gegen mechanische Krafteinwirkung (Stossfestigkeit) wird mit den IK-Codes (Tab. 8) angegeben und ist gemäss EN 50102 resp. IEC 62262 festgelegt. Gemessen wird die Aufschlagenergie eines Schlages mit einem Hammer.

Messgeräte, die in explosionsgefährdeten Zonen (Gas- oder Staubexplosionen) eingesetzt werden, wie in Benzintanks oder Holzschnitzelsilos, dürfen nachvollziehbar auf keinen Fall Zündquellen erzeugen. Dies wird durch einen entsprechenden Konstruktionsstandard sichergestellt und ist in weiteren europäischen Normen festgelegt. Bei elektrischen Geräten sind die Explosionsschutzmassnahmen als Zündschutzarten definiert. In gasexplosionsgefährdeten Bereichen werden beispielsweise Strom und Spannung im Gerät begrenzt, um so eine Überschreitung der Zündgrenzwerte zu vermeiden (Zündschutzart

IP-KLASSIFIZIERUNG

Tab. 7: IP-Schutzkodierung, 2. Kennziffer

EN 60529	ISO 20653	Wasserschutz
.0	.0	Kein Schutz
.1	.1	Schutz gegen senkrecht fallendes Tropfwasser
.2	.2	Schutz gegen schräg (15°) fallendes Tropfwasser
.3	.3	Schutz gegen Sprühwasser bis 60°, regengeschützt
.4	.4	Schutz gegen Spritzwasser aus allen Richtungen
	.4K	Schutz gegen Spritzwasser aus allen Richtungen mit erhöhtem Druck
.5	.5	Schutz gegen Strahlwasser (aus Düse) aus allen Richtungen
.6	.6	Schutz gegen starkes Strahlwasser
	.6K	Schutz gegen starkes Strahlwasser mit erhöhtem Druck
.7	.7	Schutz bei kurzem Ein- und Untertauchen
.8		Schutz bei anhaltendem Untertauchen
.9		Geschützt vor Wasser bei Hochdruck-/Dampfstrahlreinigung in der Landwirtschaft
	.9K	Geschützt vor Wasser bei Hochdruck-/Dampfstrahlreinigung für Strassenfahrzeuge

Tab. 8: IK-Schutzkodierung

IK	Aufschlagenergie in Joule
IK00	Kein Schutz
IK01	Bis 0,14 J
IK02	Bis 0,2 J
IK03	Bis 0,35 J
IK04	Bis 0,5 J
IK05	Bis 0,7 J
IK06	Bis 1 J
IK07	Bis 2 J
IK08	Bis 5 J
IK09	Bis 10 J
IK10	Bis 20 J

IK-CODES

der Eigensicherheit «Ex i»). Alternativ kann verhindert werden, dass eine Explosion im Inneren des Geräts nach aussen gelangt (Zündschutzart der druckfesten Kapselung «Ex d»).

Die verschiedenen Explosionsschutzarten sind in der Normenreihe EN 60079-ff definiert. Für Messgeräte, die in explosionsgefährdeten Zonen eingesetzt werden, ist eine Konformitätserklärung nach der Verordnung über «Geräte und Schutzsysteme zur Verwendung in explosionsgefährdeten Bereichen» (VGSEB) zu verlangen, entsprechend der Richtlinie 2014/34/EU über «Geräte und Schutzsysteme zur bestimmungsgemässen Verwendung in explosionsgefährdeten Bereichen» (ATEX 95).

9.2 Relevante Messgrössen und -prinzipien im Energiemanagement

Eine ganze Reihe unterschiedlicher physikalischer Grössen sind für ein erfolgreiches Energiecontrolling und damit auch für das Energiemanagement als Ganzes relevant. Im Folgenden werden wichtige Messgrössen beschrieben und die jeweiligen Messprinzipien und Geräte kurz aufgezeigt. Während die direkte Relevanz einiger Grössen schon auf den ersten Blick ersichtlich sein sollte, stehen andere Messgrössen vielleicht etwas weniger offensichtlich in Verbindung mit Energieeffizienz. Trotzdem können beispielsweise Messungen bezüglich Lichtqualität später in ein effektives Energiemanagement einfliessen.

9.2.1 Spannung und Strom

Spannung und Strom bilden die Grundbestandteile der elektrischen Energie und sind damit natürlich auch für die Messung elektrischer Energie wichtig. Weiterführende Informationen über die elektrische Messtechnik finden sich in.[33]

Das ohmsche Gesetz $U = R \cdot I$ formalisiert den Zusammenhang zwischen Spannung U, Strom I und Widerstand R. Handelt es sich um eine Wechselstromschaltung, wo also $u(t) = \hat{u} \sin(\omega t)$ und $i(t) = \hat{\imath} \sin(\omega t)$ zeitlich variierende, sinusförmige Grössen mit Amplitude $\hat{u}$ bzw. $\hat{\imath}$ und Kreisfrequenz ω sind, schreibt sich $u(t) = R \cdot i(t)$.

Die elektrische *Spannung*, SI-Einheit Volt (V), wird mit einem Spannungsmessgerät oder Voltmeter gemessen. Zur Messung der Spannung über einem Widerstand R wird das Messgerät parallel zum Widerstand geschaltet, wie in Abb. 49 gezeigt.

Abb. 49: Elektrische Schaltung zur Spannungsmessung. Ein hochohmiges Spannungsmessgerät wird parallel zum Verbraucher *R* geschaltet, über den der Spannungsabfall gemessen werden soll.

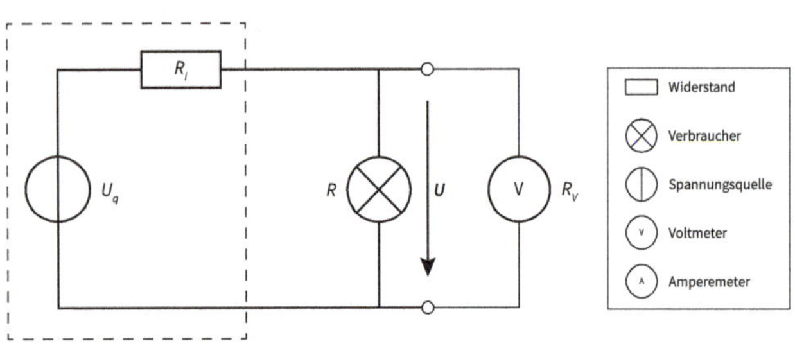

Abb. 50: Elektrische Schaltung zur Strommessung. Ein niederohmiges Strommessgerät wird in Serie mit dem Verbraucher *R* geschaltet, um den durch ihn fliessenden Strom zu messen.

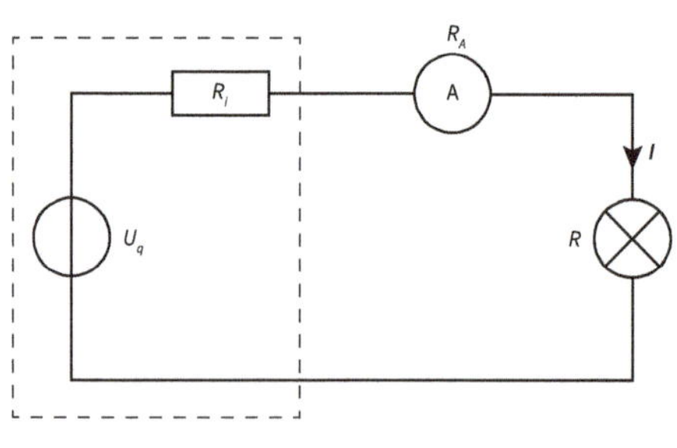

Das Spannungsmessgerät besitzt einen gewissen Innenwiderstand R_V und hat als Spannungsteiler eine Rückwirkung auf den wahren Spannungswert. Diese Messabweichung wird jedoch für hochohmige Voltmeter, wo $R_V \gg R / R_i$, vernachlässigbar klein.

Geräte, die den elektrischen *Strom*, SI-Einheit Ampere (A), messen, werden als Strommessgeräte oder Amperemeter bezeichnet. Zur Messung des Stroms durch einen Widerstand R wird das Messgerät, wie in Abb. 50, in Serie mit dem Widerstand geschaltet.

Wie bei der Messung der Spannung hat ein Amperemeter einen gewissen Innenwiderstand und somit eine Rückwirkung auf den wahren Stromwert. Für niederohmige Strommessgeräte, wo $R_a \ll R + R_i$, kann die Messabweichung durch diese Rückwirkung wiederum vernachlässigt werden.

Abb. 51: Digitales Multimeter zur Messung von Gleich- und Wechselspannungen und -strömen und verschiedenen Impedanzen mit Infrarot-Schnittstelle und integriertem Datenspeicher

GMC-Instruments

Abb. 52: Stromzangen-Multimeter zur Gleich- und Wechselstrommessung mit LC-Display

BENNING

Auf dem Markt erhältliche Strom- und Spannungsmessgeräte werden teilweise fest eingebaut, um eine dauerhafte Überwachung über ein Mess- oder Automationssystem zu ermöglichen. Sie können aber auch als mobile Handmessgeräte eingesetzt werden, um beispielsweise Defekte in der Stromzufuhr zu identifizieren. Im Folgenden finden sich einige Beispiele gängiger Strom- und Spannungsmessgeräte und Messprinzipien.

Multimeter

Elektronische Vielfachmessgeräte oder Multimeter können, wie ihr Name schon vermuten lässt, eine Vielzahl elektrischer Grössen messen. Moderne, meist digitale Messgeräte, messen neben Gleich-/Wechselstrom und -spannung auch Widerstand, Kapazitäten, Induktivitäten und Frequenzen in elektrischen Schaltungen. Digitalmultimeter sind üblicherweise mit einer LC-Ziffernanzeige ausgestattet und können in gewissen Fällen auch Messdaten über eine serielle Schnittstelle übertragen. Hier gilt wiederum, die Messunsicherheit genau zu beachten (Quantisierungsabweichung, systematische Messabweichung aufgrund der Temperatur, usw.).

Stromfühlwiderstand (Shunt)

Vor allem bei fest installierten Messungen von grossen Strömen wird ein Verfahren angewendet, bei dem ein niederohmiger Stromfühlwiderstand in den Stromkreis mit eingebaut wird. Ein Spannungsmessgerät misst die Spannung über dem exakt definierten Stromfühlwiderstand und die Stromstärke wird daraus abgeleitet. Der in diesem Verfahren eingesetzte Widerstand ist üblicherweise kleiner als 0,01 Ω.

Stromzange

Mit einer Stromzange können Ströme gemessen werden, ohne den jeweiligen Stromkreis auftrennen zu müssen.

Eine mobile Stromzange zur Wechselstrommessung besteht aus einer Spule, die einen aufklappbaren Ringkern umschliesst. Die Stromzange wird um den Leiter angelegt, in dem der Stromfluss gemessen werden soll. Der im Leiter fliessende Wechselstrom induziert ein Magnetfeld, das über den Ringkern wiederum einen Sekundärstrom in der Spule induziert. Aus der Messung des Sekundärstroms kann auf den Primärstrom im Leiter geschlossen werden. Mit einem sekundärseitigen Widerstand kann der Strom in eine proportionale Spannung umgewandelt werden und anschliessend beispielsweise auf einem Oszilloskop oder einem Multimeter angezeigt werden.

Für die Messung von Gleichstrom ist dieses Messprinzip nicht anwendbar, da das oben beschriebene Transformatorprinzip eben genau die magnetischen Wechselfelder um den Leiter nutzt. Stattdessen kann ein *Hall-Sensor* in einem Luftspalt des Ringkerns genutzt werden. Statische Magnetfelder modulieren Stromdichten über die Lorentz-Kraft. Hall-Sensoren nutzen diesen Effekt, um von Magnetfeldern auf einen bestimmten Leiterstrom zurückzuführen.

Aktuelle mobile Strommesszangen sind meistens Multimessgeräte, die über unterschiedliche Sensoren und Messmöglichkeiten verfügen (Abb. 52).

Mit demselben Transformatorprinzip lassen sich auch fest installierte Strommessungen realisieren. Ringkern-Messwandler werden um die Leiter montiert, resp. auf die Leiter gezogen (bei geschlossenen Ringkern-Wandlern). Messungen mit offenen Ringkern-Wandlern sind üblicherweise weniger genau als Messungen mit geschlossenen Ringkern-Wandlern.

Bei offenen Ringkern-Wandlern kann in einem Luftspalt zusätzlich wieder ein Hall-Sensor eingebaut werden, der eine Signalspannung erzeugt, die dem Gleich- oder Wechselstrom im Leiter entspricht.

Bei dreiphasigem Wechselstrom werden zur Leistungsbestimmung Messwandler über alle drei Phasenleiter montiert. Mit einem zusätzlichen Phasenspannungsmessgerät kann so schliesslich die elektrische Leistung gemessen werden.

9.2.2 Elektrische Leistung

Die physikalische Leistung, SI-Einheit Watt (W), bezeichnet generell die Umsetzung von Energie in einer bestimmten Zeitspanne. Wenn es sich dabei um die Umsetzung elektrischer Energie handelt, spricht man von elektrischer Leistung.

In Gleichstromkreisen berechnet sich die elektrische Leistung P direkt als Produkt aus Spannung und Strom: $P = U \cdot I$. Handelt es sich beim Verbraucher um einen ohmschen Widerstand R, dann erhält man durch einfaches Einsetzen: $P = \frac{U^2}{R} = I^2 \cdot R$.

Im Energieversorgungsnetz, wo Strom und Spannung hingegen Wechselgrössen mit derselben Grundfrequenz sind, wird auch die Leistung eine zeitabhängige Grösse:

$$p(t) = u(t) \cdot i(t) = \hat{u} \sin(\omega t) \cdot \hat{\imath} \sin(\omega t - \varphi) = \frac{1}{2} \hat{u}\, \hat{\imath}\, [\cos(\varphi) - \cos(2\omega t - \varphi)] = U \cdot I \cos(\varphi) - U \cdot I \cos(2\omega t - \varphi).$$

Hier beschreibt φ den Phasenverschiebungswinkel zwischen Spannung und Strom und $U = \frac{1}{\sqrt{2}} \hat{u}$ bzw. $I = \frac{1}{\sqrt{2}} \hat{\imath}$ sind die Effektivwerte der Wechselgrössen.

In diesem Zusammenhang wird die Grösse $p(t)$ als *Momentanleistung* bezeichnet. Sie besteht aus einem zeitlich konstanten, jedoch vom Phasenverschiebungswinkel abhängigen Term $U \cdot I \cos(\varphi)$ und einem Term $U \cdot I \cos(2\omega t - \varphi)$, der mit doppelter Kreisfrequenz 2ω schwingt.

Die Amplitude $S = U \cdot I$ ist die sogenannte *Scheinleistung*. Sie setzt sich nach $S = \sqrt{P^2 + Q^2}$ aus der Wirkleistung P und der Blindleistung Q zusammen.

Abb. 53: Auswirkung des Phasenverschiebungswinkels φ auf die Momentanleistung $p(t)$ und ihr zeitliches Mittel, die Wirkleistung P. Sind Spannung und Strom in Phase (links), ist die gesamte Scheinleistung als Wirkleistung nutzbar. Bei einer Phasenverschiebung (rechts) verkleinert sich die Wirkleistung und die Blindleistungskomponente der Scheinleistung ist nicht null.

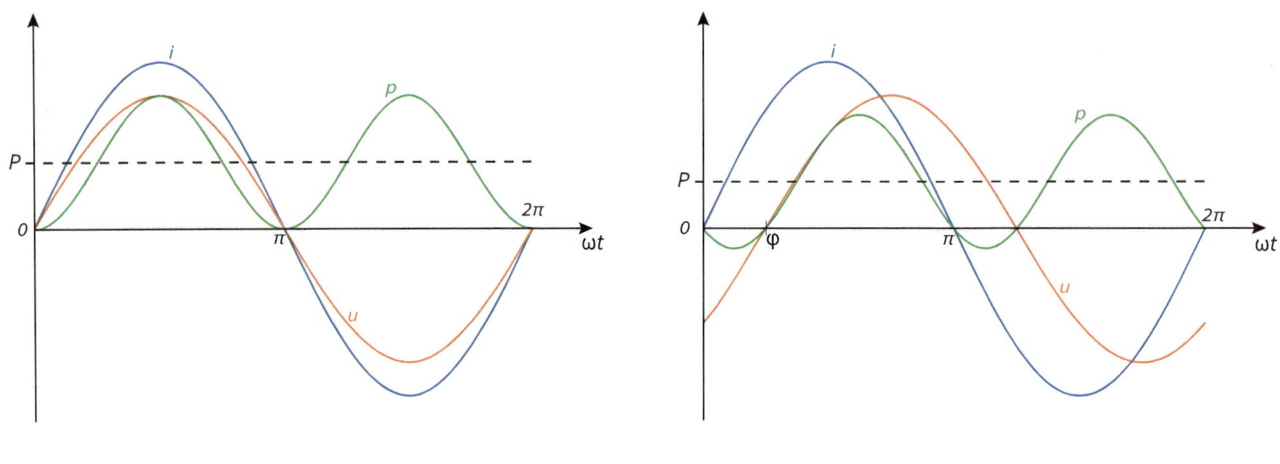

Die *Wirkleistung P* ist das zeitliche Mittel der Momentanleistung: $P = <p(t) = U \cdot I \cdot cos(\varphi)$. Sie ist diejenige Komponente der Scheinleistung, die zum effektiven Leistungstransport beiträgt.

Die *Blindleistung Q* hingegen trägt nicht zum eigentlichen Leistungstransport bei. Sie ergibt sich als $Q = U \cdot I \cdot sin(\varphi)$.
Die Zusammenhänge der verschiedenen genannten Grössen lassen sich am besten grafisch veranschaulichen (siehe Abb. 54).

Der Effektivwert des Stroms *I* wird bei gegebener Scheinleistung umso grösser, je grösser die Phasenverschiebung φ (bzw. je kleiner der cos(φ)-Wert) ist. Weil grössere Ströme im Verteilnetz zu höheren ohmschen Verlusten führen, ist Blindleistung in der Praxis unbeliebt und wird innerhalb des Stromnetzes auf verschiedene Arten kompensiert.

Zur Bestimmung der Blindleistung können moderne digitale Messgeräte *u(t)* und *i(t)* abtasten, um den Phasenverschiebungswinkel zu berechnen und damit auf die Blindleistung zurückführen.

Zur Bestimmung der elektrischen Leistung muss ein Messgerät also sowohl die Spannung zwischen Phasenleiter und Nullleiter messen als auch die Ströme pro Phase. Zudem muss der jeweilige cos(φ) bestimmt werden.

Die genaue Definition der relevanten Messgrösse ist auch bei der Messung der elektrischen Leistung wichtig. Zur Dimensionierung eines Versorgungsnetzes können beispielsweise Maximalwerte von Interesse sein, während bei einer Energieverbrauchsmessung Mittelwerte im Vordergrund stehen.

9.2.3 Elektrische Energie (Stromzähler)

Die elektrische Energie ist die Gesamtheit der elektrischen Leistung über einen gewissen Zeitraum. Im alltäglichen Gebrauch und natürlich speziell auch im Zusammenhang mit Energiemanagement wird sie in Kilowattstunden (kWh) gemessen. Geräte, die elektrische Energie messen, werden auch als «Stromzähler» bezeichnet und finden ihren Haupteinsatz als Verrechnungszähler.

Mit einem Verrechnungszähler wird die elektrische Energie gemessen, die ein Verteilnetzbetreiber seiner Kundschaft liefert. Diese Zähler werden für jede beziehende Person (in grösseren Gebäuden für jede Mietpartei) vom Verteilnetzbetreiber fest installiert und abgelesen. Der Energiebezug, den es zu bezahlen gilt, wird bestimmt. Verrechnungszähler müssen geeicht sein und über eine Zulassung verfügen, um ihrem Einsatzzweck gerecht zu werden.

Dort, wo Strom nicht von Elektrizitätswerken an Dritte geliefert wird, müssen ebenfalls Verrechnungszähler installiert werden. Dies ist insbesondere bei Zusammenschlüssen zum Eigenverbrauch von regenerativ erzeugter Energie der Fall, oder falls ein Vermieter Strom an seine Mieterschaft verkauft.

Es gibt zwei grundsätzlich unterschiedlich funktionierende Stromzähler, elektronische resp. digitale Stromzähler und mechanische Induktionszähler.

Induktionszähler (Ferraris-Zähler)

In vielen Gebäuden sind heute noch elektromechanische Induktionszähler, wie in Abb. 55 gezeigt, im Einsatz. Bei diesen Zählern wird eine Aluminiumscheibe durch ein magneti-

Abb. 54: Verhältnis von Scheinleistung, Wirkleistung und Blindleistung in Bezug auf den Phasenwinkel φ zwischen sinusförmigem Wechselstrom und -spannung.

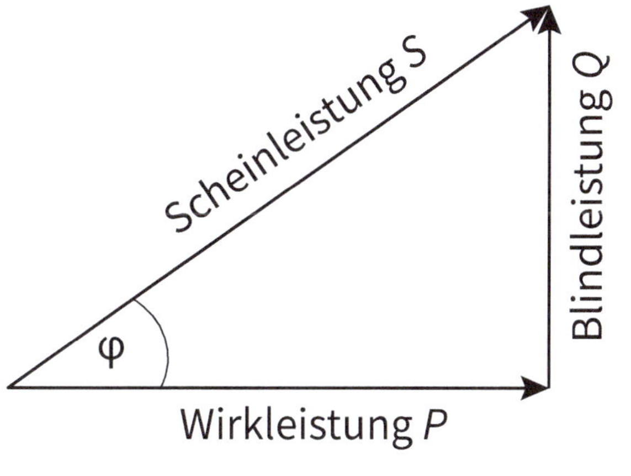

Abb. 55: Drehstromzähler

KMJ, URL: http://commons.wikimedia.org/wiki/File:Drehstromzaehler_01_KMJ.jpg

sches Drehfeld, das proportional zur elektrischen Leistung ist, zur Rotation gebracht.

Auf einer Seite der Aluminiumscheibe befindet sich eine Spule mit niedriger Impedanz, durch die der Verbraucherstrom fliesst (Strompfad, wenige Windungen). Auf der anderen Seite der Scheibe befindet sich eine grosse Spule mit hoher Impedanz, über der die Verbraucherspannung anliegt (Spannungspfad, viele Windungen). Die zwei Spulenkerne sind an der Drehscheibe so angeordnet, dass sie zusammen ein magnetisches Drehfeld aufbauen und die Scheibe über induzierte Wirbelströme in Bewegung setzen. Die Drehgeschwindigkeit ist zu jedem Zeitpunkt direkt vom Produkt aus Spannung und Strom, also von der Verbraucherleistung, abhängig. Die Drehbewegung wird auf ein Rollenzählwerk übertragen, wo die zeitlich integrierte Leistung, die verbrauchte Energie, abgelesen werden kann.

Trotz der für digitale Geräte typischen Ziffernanzeige handelt es sich hier um ein rein analoges Messgerät: Die Ziffern rollen langsam zur nächsten über.

Digitale Stromzähler

Anstelle einer kontinuierlichen Integration der Leistung, wie beim Induktionszähler, kann die Leistung auch digital durch numerische Integration bestimmt werden.

Abb. 56: Smart Meter für den privaten Bereich mit Netzwerkanschluss und optischer M-Bus-Schnittstelle

Landis+Gyr

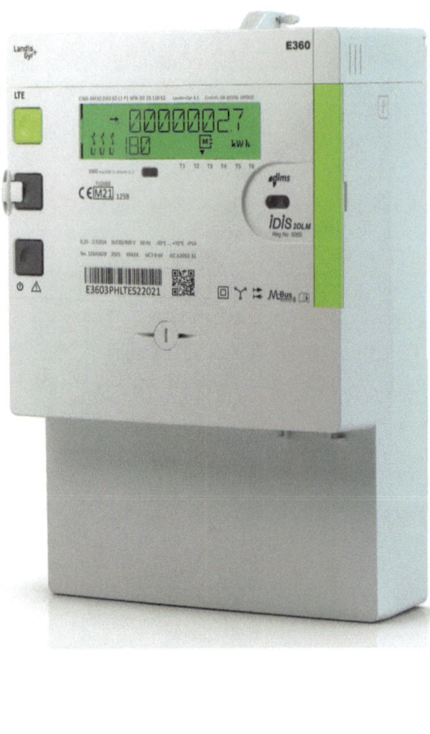

Digitale Stromzähler messen zunächst die Leistung in kurzen Zeitabständen. Um daraus die verbrauchte Energie zu berechnen, wird die mittlere Leistung im Zeitabschnitt erst mit dem jeweiligen Zeitabstand multipliziert. Diese Energieinkremente werden zur Energie über den betrachteten Zeitraum aufsummiert. Dies geschieht typischerweise jeweils über eine Viertelstunde. Die Anzeige am Gerät erfolgt ebenfalls digital, z.B. über ein LCD.

Diese Zählerart verspricht Präzision und einen grossen Messbereich dank der eingesetzten modernen Messtechnik. Ein weiterer wesentlicher Vorteil sind Zusatzfunktionen wie ein separater Rückliefertarif oder mehrere, zeitvariable Tarife. Werte können gespeichert werden und die bezogene Höchstleistung kann mit genauer Zeitmarke bestimmt werden.

Elektromechanische Induktionszähler werden zunehmend durch sogenannte «Smart Meter» abgelöst. Seit 2018 sind Smart Meter bei Neuinstallationen sogar vorgeschrieben. Abb. 56 zeigt ein Beispiel eines Smart Meters.

Diese «intelligenten» Zähler sind im Grunde digitale Zähler, die zusätzlich über eine Kommunikationsschnittstelle und einen internen Prozessor verfügen, welcher zusätzliche Funktionalität liefert – die Zähler eben «smart» macht. Die kommunikationsfähigen Stromzähler ermöglichen eine Fernablesung bzw. Fernüberwachung des Energieverbrauchs. Sofern es sich um eine bidirektionale Kommunikationsschnittstelle handelt, können Tarife sogar dynamisch angepasst oder Verbrauchsinformationen an die Kundschaft weitergegeben werden. Des Weiteren können Störungsmeldungen oder Schaltbefehle übertragen werden, um Lasten in Spitzenzeiten zu regeln oder um Stromverbraucher ein- und auszuschalten.

Die Installation intelligenter Messsysteme wird vom Bund in der Stromversorgungsverordnung (StromVV) vorgeschrieben – mit dem Ziel, ein sogenanntes «Smart Grid», ein «intelligentes» Netz, aufzubauen. Da das Verteilnetz künftig stärker fluktuierende Ströme aus erneuerbaren Energiequellen aufnehmen muss, können die Vernetzung von Smart Metern und die mit ihnen gesammelten Daten Möglichkeiten zur besseren Kontrolle des Stromnetzes bieten.

Mit einem Smart Grid soll der Kundschaft zudem ein stromsparenderes Verhalten nahegelegt werden. Genaue Informationen zum jeweiligen Energieverbrauch können im 15-Minuten-Takt geliefert werden.

Natürlich lassen Kontrollmöglichkeiten, wie sie mit Smart Meter möglich sind, Fragen bezüglich der Datensicherheit aufkommen. Verteilnetzbetreiber müssen die geltenden Datenschutzbestimmungen einhalten.

Privatzähler

Als Privatzähler werden Stromzähler verstanden, die nicht per se zu Verrechnungszwecken eingesetzt werden. Privatzähler sind also auch nicht eichpflichtig und deswegen meist wesentlich günstiger als geprüfte Verrechnungszähler.

Diese Klasse von Stromzählern wird eingesetzt, um Stromverteilungen zu überwachen oder den Stromverbrauch einzelner Verbraucher zu messen. Mögliche Einsatzziele sind ein Sicherstellen der Stromverteilung im Betrieb, das Vermeiden sowie das Ausfindigmachen der Ursachen von Störungen, und natürlich auch die Messung des Stromverbrauchs für das Energiemanagement.

Abb. 57: Multifunktionaler Netzanalysator und Stromzähler mit Messdatenspeicher und Datenbusschnittstellen

Janitza electronics GmbH

Abb. 58: Steckdosenmessgerät mit Datenspeicher und USB-Schnittstelle zur elektrischen Leistungs- und Energiemessung

EMU Elektronik AG

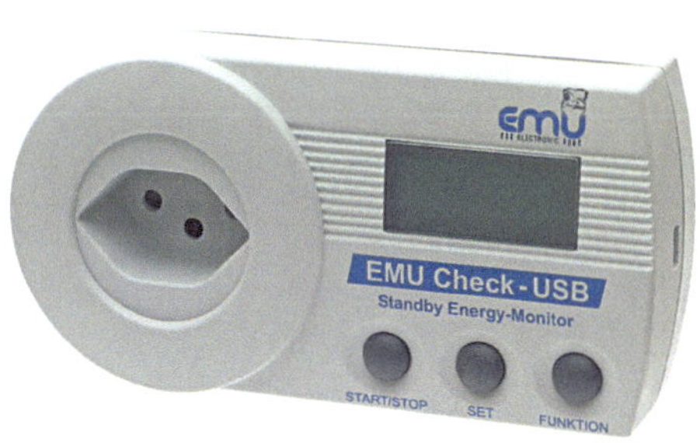

Auf dem Markt sind verschiedenste Produkte erhältlich, vom einfachen, billigen Energiezähler bis zu Universalmessgeräten wie in Abb. 57, sowie Netzanalysatoren mit unterschiedlichsten Funktionen. Die meisten dieser Messgeräte sind heute elektronische Geräte mit Kommunikationsfähigkeit. Messdaten können über Bussysteme ausgelesen und in Messdatenspeichern gesammelt werden. Daten können im Gerät selbst gespeichert und Alarmwerte konfiguriert werden (z.B. bei zu hoher Leistung oder anderen kritischen Netzparametern wie Spannung, Blindstrom, Klirrfaktor oder Oberwellenanteil).

Steckbare Zähler

Steckbare Messgeräte (Abb. 58) erlauben einfache Leistungs- und Energieverbrauchsmessungen an diversen kleinen elektrischen Geräten. Oft können auch Netzspannung und Stromfluss angezeigt werden. Steckzähler sind häufig auf die Messung von 230-V-Verbrauchern beschränkt, können also nur eine Phase messen.

Das Messgerät wird an die Steckdose angeschlossen und der Stecker des Verbrauchsgerätes mit der Steckdose des Messgerätes verbunden. Auf einer integrierten Anzeige findet sich nun die gewünschte Information.

Diese Energiemessgeräte enthalten Elektronik, die mit kleinen Gleichströmen arbeitet. Zur Verarbeitung der Wechselgrössen im Stromnetz müssen die analogen Eingangssignale in kurzen Intervallen abgetastet werden. Die erhaltenen Werte werden digital weiterverarbeitet.

9.2.4 Oberschwingungen im Stromnetz

Durch den vermehrten Einsatz von Leistungselektronik im Stromnetz (z.B. Wechselrichter zur Netzeinspeisung von Solarstrom) ist die Netzrückwirkung ein grösser werdendes Problem. Hochfrequente Schaltvorgänge führen zu Störungen der Netzspannung und damit zu einer Verschlechterung der gesamten Netzqualität. Sie können Flicker in Leuchtmitteln auslösen, die Lebensdauer von Geräten verkürzen oder die Funktionalität von Induktionszählern oder ganzen IT-Anlagen beeinträchtigen.

Die fundamentale sinusförmige Frequenz im europäischen Übertragungsnetz liegt bei 50 Hz (in Nordamerika sind es 60 Hz). In leistungselektronischen Geräten, Schaltnetzteilen von Alltagselektronik und in anderen Verbrauchern mit nicht linearen Stromspannungskennlinien (z.B. Transformatoren, Leuchtstofflampen) fliessen jedoch nicht sinusförmige Ströme. Als Konsequenz wird die Netzspannung verzerrt, d.h.

neue, nicht fundamentale Frequenzen werden angeregt. Das Frequenzspektrum eines gemessenen Signals kann durch Fourier-Analyse mit dem FFT (fast Fourier transform) algorithmuseffizient berechnet und dann dargestellt werden.

In Abb. 59 ist die Verzerrung einer Sinusspannung an einem nicht linearen Verbraucher illustriert.

Handelt es sich bei den neu angeregten Frequenzen um ganzzahlige Vielfache der Grundfrequenz (100 Hz, 150 Hz, usw.), spricht man von harmonischen Oberschwingungen. Ist die Frequenz einer neu angeregten Sinusschwingung keine harmonische Oberschwingung, spricht man von Zwischenharmonischen. Im Zusammenhang mit Oberschwingungen werden verschiedene Grössen definiert:

Der *Grundschwingungsgehalt g* ist der Quotient aus dem Effektivwert der Grundschwingung I_{S1} und dem Gesamtstrom, also der geometrischen Summe aller Effektivwerte:

$$g = \frac{I_{S1}}{\sqrt{I_{S1}^2 + I_{S2}^2 + I_{S3}^2 + \cdots}}$$

Der *Klirrfaktor k* (auch Oberschwingungsgehalt) ist der Quotient aus der geometrischen Summe aller Oberschwingungen und dem Gesamtstrom:

$$k = \sqrt{1 - g^2} = \frac{\sqrt{I_{S2}^2 + I_{S3}^2 + I_{S4}^2 + \cdots}}{\sqrt{I_{S1}^2 + I_{S2}^2 + I_{S3}^2 + I_{S4}^2 + \cdots}}$$

Heute ist vor allem eine Angabe der *Total Harmonic Distortion THD* gebräuchlich. Sie ist definiert als Quotient aus der geometrischen Summe der Effektivwerte aller Oberschwingungen und dem Effektivwert der Grundschwingung:

$$THD = \frac{\sqrt{I_{S2}^2 + I_{S3}^2 + I_{S4}^2 + \cdots}}{I_{S1}}$$

Flickermessung

Oberwellen und Schwankungen der Netzspannung können in ungeregelten Leuchtmitteln (Leuchtstoffröhren, usw.) visuell wahrnehmbare Helligkeitsschwankungen auslösen. Diese werden als Flicker bezeichnet. Flicker ist von Lichtflimmern zu unterscheiden (siehe auch «Messung von Lichtflimmern»): Flicker tritt nur in ungeregelten Leuchtmitteln durch schwankende Netzspannungen auf, während Lichtflimmern durch die Bauweise des Leuchtmittels selbst bedingt ist.

Anhand einer empirischen Flickerkurve (IEEE-Standard 519) kann bestimmt werden, ob Flicker in FL-Lampen jeweils für den Menschen wahrnehmbar oder gar störend wirkt. Die jeweiligen Grenzwerte sind sowohl von der Stärke der Schwankung als auch von ihrer Frequenz abhängig.

Da die Qualität von Flicker subjektiv ist, muss zur Flickermessung das menschliche Wahrnehmungssystem modelliert werden. Die genauen Anforderungen an ein Flickermeter sind in DIN EN 61000-4-15 festgelegt.

Abb. 59: (A) FFT-Frequenzspektrum einer 50 Hz-Sinusspannung.
(B) Umsetzung der Sinusspannung in einen verzerrten Wechselstrom an einem Verbraucher mit nicht linearer Stromspannungskennlinie.
(C) FFT-Spektrum des verzerrten Verbraucherstroms. Neben der 50 Hz-Grundschwingung sind nun mehrere Oberschwingungen im Spektrum vorhanden.

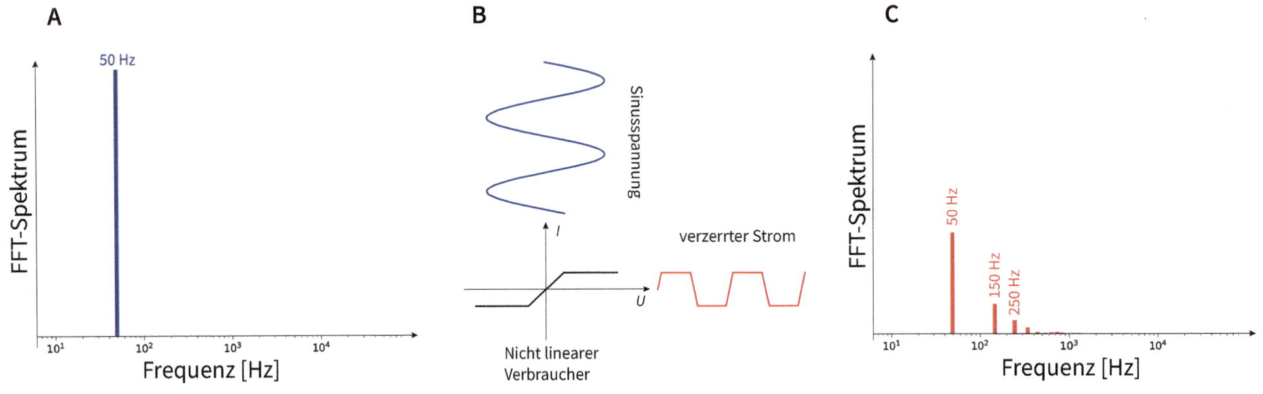

Netzanalysatoren
Wie bereits im letzten Teilkapitel erwähnt, sind Netzanalysatoren auf dem Markt erhältlich, die Oberwellen messen können. Hier sind digitale Netzanalysegeräte verfügbar, die Oberwellen in Einphasenleitern oder in dreiphasigen Stromkreisen messen können. Sie basieren auf demselben Transformatorprinzip wie einfache Stromzangen, tasten diese Messsignale dann ab und verarbeiten sie in digitaler Form mittels integrierter Prozessoren. Schliesslich machen sie das entsprechende Oberwellenspektrum und die relevanten Grössen auf einem Display auslesbar oder übertragen die Messdaten über eine Schnittstelle (z.B. USB).

9.2.5 Lichtqualität

Bestimmte Wellenlängen des elektromagnetischen Spektrums können vom Menschen wahrgenommen werden. Das Helligkeitsempfinden des menschlichen Auges ist jedoch abhängig von der jeweiligen Frequenz. Die sogenannte $V(\lambda)$-Kurve («V-Lambda-Kurve») beschreibt die relative Helligkeitsempfindung des Auges in Abhängigkeit der Strahlungsfrequenz. Die mit der $V(\lambda)$-Kurve gewichtete elektromagnetische Strahlung wird als Licht bezeichnet.

Unsere Augen sind tagsüber auf elektromagnetische Strahlung mit einer Wellenlänge von 555 nm am empfindlichsten, während sich das Maximum nachts bei etwas kürzeren Wellenlängen findet. In Abb. 60 sind die jeweiligen $V(\lambda)$-Kurve zu sehen.

Zum Energiemanagement gehören auch die Berücksichtigung und Messung der gesamten Lichtqualität von Leuchtmitteln. Verschiedene Leuchten haben unterschiedliche Eigenschaften bezüglich ihrer Nachhaltigkeit, der Lebensdauer und ihrem Energieverbrauch, die zusammen mit der Qualität des erzeugten Lichts abgewogen werden müssen. Eine gute Lichtqualität verhilft zu einer guten Sehleistung und einem hohen Sehkomfort, was wiederum einen Beitrag zur Produktivität leisten und gefährliche Situationen verhindern kann.

Um die Lichtwahrnehmung quantitativ zu erfassen, wird dem Maximum der $V(\lambda)$-Kurve ein *fotometrisches Strahlungsäquivalent* K_m zugeschrieben.

Die Basisgrösse der Fotometrie ist die *Lichtstärke* I_v in einer bestimmten Richtung, gemessen in Candela (cd). Die Candela ist definiert, indem dem fotometrischen Strahlungsäquivalent K_m bei monochromatischer Strahlung mit einer Frequenz von 540 THz ($\approx$555 nm) der

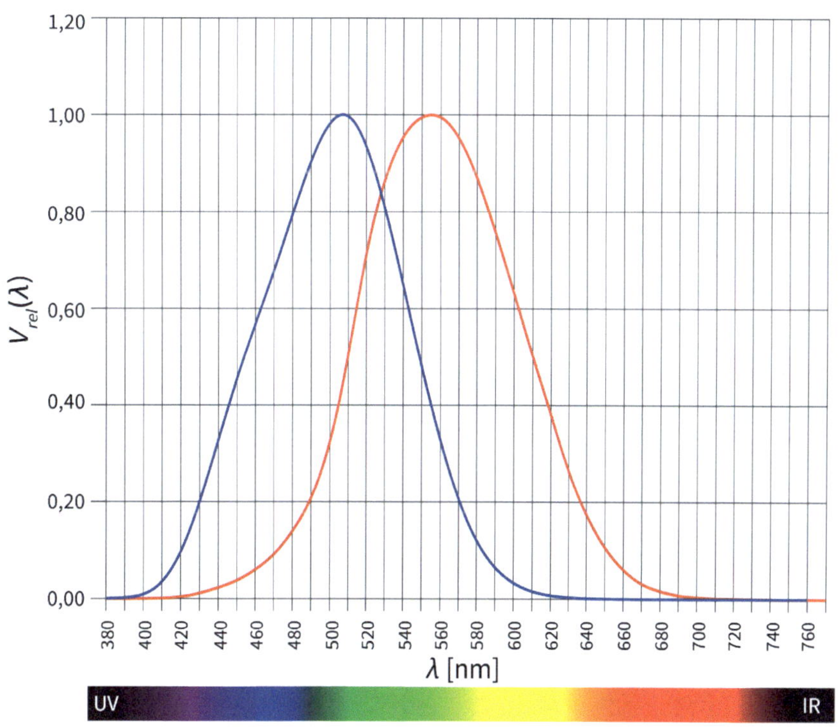

Abb. 60: $V(\lambda)$-Hellempfindlichkeitskurven. Tagsehen (rot) und Nachtsehen (blau)
HHahn URL: https://commons.wikimedia.org/wiki/File:V-lambda-phot-scot.svg

explizite Zahlenwert von 683 cd · lm · W^{-1} gleichgesetzt wird.

Diese komplizierte Definition einer SI-Basiseinheit wird heute noch verwendet, obwohl der Lichtstrom (lm) aus heutiger Sicht die grundlegendere Grösse wäre. Zur Anfangszeit der Fotometrie war der visuelle Vergleich verschiedener Lichtquellen jedoch von besonderer Wichtigkeit, weshalb nicht das Lumen, sondern die Candela als Basiseinheit gewählt wurde.

Die Grössen des Lichtstroms, der Lichtmenge, der Beleuchtungsstärke und der Belichtung sind nah mit der Lichtstärke verwandt und auch über die Candela definiert.

Der *Lichtstrom* Φ_v in Lumen (lm) gibt an, wie viel für das menschliche Auge wahrnehmbares Licht von einer Strahlungsquelle pro Zeiteinheit abgestrahlt wird. Per Definition gilt: $1\,lm = 1\,cd \cdot sr$. Die fotometrische Strahlungsenergie ist der zeitlich integrierte Lichtstrom und wird als *Lichtmenge* Q_v in Lumensekunden (lm · s) angegeben.

Die *Beleuchtungsstärke* E_v in Lux (lx) beschreibt den Lichtstrom pro Fläche, der auf ein beleuchtetes Objekt trifft. Es gilt: $1\,lx = 1\,lm \cdot m^{-2} = 1\,cd \cdot sr \cdot m^{-2}$. Das zeitliche Integral der Beleuchtungsstärke ist die *Belichtung* H_v, gemessen in Luxsekunden (lx · s).

Zusätzlich zu diesen Grössen ist in gewissen Fällen auch die *Lichtausbeute* η_v gefragt. Sie ist das Verhältnis des Lichtstroms und der elektrischen Leistung, die für dessen Erzeugung aufgewendet werden muss. Definiert ist sie als $\eta_v = \frac{\Phi_v}{P}$ und wird in der Einheit lm · W^{-1} gemessen.

Ulbricht-Kugel

Zur Messung des Lichtstroms einer bestimmten Lichtquelle werden sogenannte Ulbricht-Kugeln eingesetzt. Dabei handelt es um Hohlkugeln, deren innere Oberflächen mit einem möglichst stark diffus reflektierenden Material beschichtet sind. Licht, das in die Kugel gelangt, wird durch diese Beschichtung gleichmässig in der Kugel verteilt. Abb. 61 zeigt die schematische Darstellung einer Ulbricht-Kugel.

Zur Bestimmung des Lichtstroms wird die zu prüfenden Lichtquelle vor einer kleinen Öffnung oder im Inneren der Ulbricht-Kugel platziert. Ein Sensor misst den Lichtstrom, wobei ein Schatter verhindert, dass Direktlicht von der Lichtquelle zum Sensor gelangt und die Messung verfälscht. Auf diese Weise wird zuerst die Beleuchtungsstärke bestimmt. Da der Reflexionsgrad und die Geometrie der Kugel bekannt sind, kann auf diese Weise auch von der Beleuchtungsstärke auf den Lichtstrom rückgeschlossen werden.

Luxmeter

Die Beleuchtungsstärke wird mit Luxmetern gemessen. Der Strom einer Halbleiter-Fotodiode ist über den fotoelektrischen Effekt direkt abhängig von der jeweiligen Beleuchtungsstärke. Die Gewichtung mit der $V(\lambda)$-Kurve wird dabei mit speziellen Filtervorsätzen erreicht.

Gewisse Geräte können über den Fotodiodenstrom auch direkt mit Energie versorgt werden und brauchen keine zusätzliche Stromversorgung.

Abb. 61: Ulbricht-Kugel zur Bestimmung des Lichtstroms. [34]

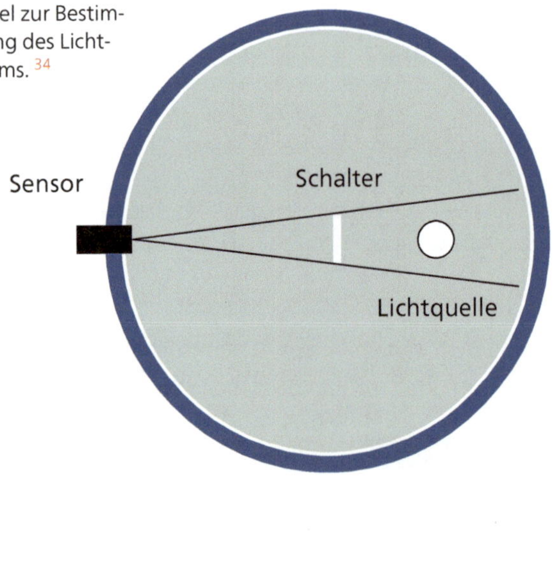

Abb. 62: Luxmeter mit Messdatenspeicher und USB-Schnittstelle

GOSSEN Foto- und Lichtmesstechnik GmbH

Leuchtdichtekameras

Die Leuchtdichte L_v, gemessen in cd · m^{-2}, beschreibt die Positions- und Richtungsabhängigkeit des Lichtstroms, der von einer Lichtquelle abgegeben wird. Eine Leuchtdichtemessung ist an grösseren, ausgedehnten Lichtquellen (z.B. Monitore oder ein wolkenbedeckter Himmel) am meisten angebracht.

Zwischen Leuchtdichte und Lichtstärke besteht folgender Zusammenhang:

$$L_v(\varepsilon) = \frac{I_v(\varepsilon)}{A \cdot \cos(\varepsilon)},$$

wobei der Abstrahlwinkel ε den Winkel zwischen Flächennormaler und dem abgegebenen Lichtstrahl bezeichnet und A die gleichmässig leuchtende ebene Fläche ist.

Zur Messung der Leuchtdichte werden Leuchtdichtekameras verwendet; sie messen diese direkt über den fotoelektrischen Effekt mit CCD-Sensoren (charge coupled device) und optischen Filtern. Wie von Halbleitersensoren gewohnt, ist die Messung schnell, vergleichsweise einfach und es können auch oft farbmetrische Grössen mit demselben Gerät gemacht werden.

Messung von Lichtflimmern

Im Gegensatz zu Flicker, der durch Schwankungen in der Spannungszufuhr in ungeregelten Leuchtmitteln entsteht, beschreibt Lichtflimmern Helligkeitsschwankungen, die durch die Konstruktion des Leuchtmittels selbst zustande kommen. Lichtflimmern kann die Ursache von Kopfschmerzen sein und zu gefährlichen Situationen führen, z.B. im Zusammenhang mit bewegten Maschinen.

Das Lichtflimmern eines spezifischen Leuchtmittels hat technologiespezifische Ursachen und damit auch jeweils technologiespezifische Ausgleichsmassnahmen. Leuchtstofflampen besitzen beispielsweise elektronische Vorschaltgeräte, die wahrnehmbares Lichtflimmern auslösen können. Leuchtmittel mit Dimmfunktion funktionieren oft über Pulsweitenmodulation oder Phasenanschnittsteuerung, was hochfrequentes Lichtflimmern auslösen kann. Die Helligkeit von LED-Leuchten folgt sehr schnell dem Strom, weshalb speziell hier ein gutes Vorschaltgerät eine grosse Rolle in der Qualität des emittierten Lichts spielen kann.

Einerseits kann starkes Lichtflimmern einen Stroboskopeffekt (ruhendes Auge, ein Objekt bewegt sich im Licht) oder einen Perlschnureffekt (bewegtes Auge, ein Licht oder Objekt im Licht unbewegt) auslösen. Diese Effekte können auch noch bei Lichtflimmern mit Frequenzen bis zu 2 kHz sichtbar sein.

Zur Messung des Lichtflimmerns können verschiedene Verfahren angewandt werden. Am Anfang der Messreihe steht meist eine Fotodiode mit $V(\lambda)$-Gewichtung. Das erhaltene Signal wird mit genügend hoher Frequenz abgetastet (in der Praxis flimmert Licht mit bis zu 80 kHz) und mittels Fourier-Transformation in seine Frequenzanteile zerlegt.

Die Grössen der kurzzeitigen Wahrnehmbarkeit von Helligkeitsschwankungen P_{st}^{LM} (short-term light modulation perceptibility) und des *SVM* (stroboscopic visibility measure) sind in DIN EN 61000-3-3 bzw. in DIN IEC/TR 63158 festgelegt. Im September 2021 tritt eine neue EU-Verordnung in Kraft, welche die Grenzwerte $P_{st}^{LM} \leq 1{,}0$ und $SVM \leq 0{,}4$ für Leuchtmittel erstmals quantitativ festlegt.

Abb. 63: Leuchtdichtekamera

GOSSEN Foto- und Lichtmesstechnik GmbH

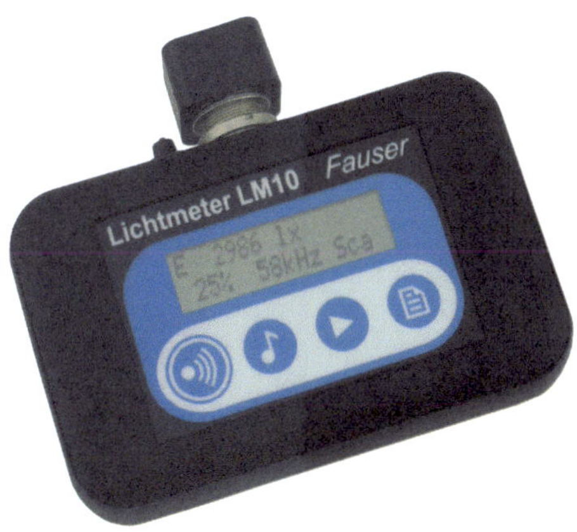

Abb. 64: Lichtmeter mit Datenspeicher zur Bestimmung des Flimmeranteils und der Flimmerfrequenz bis 400 kHz

Fauser Elektrotechnik

Abb. 65: Optisches Spektrometer mit V-Lambda-Gewichtung

GOSSEN Foto- und Lichtmesstechnik GmbH

Optische Spektrometer

Mit einem optischen Spektrometer kann die spektrale Zusammensetzung des Lichts gemessen werden. Es gibt einige verschiedene Messprinzipien, die in Spektrometern angewendet werden, jedoch bestehen sie üblicherweise aus mindestens einem Beugungsgitter und einem Fotodetektor.

Das Beugungsgitter kann beispielsweise ein Prisma sein, das die Strahlung durch Dispersion im Prisma in ihre spektralen Anteile aufspaltet. Der Detektor misst anschliessend die Stärke der einzelnen spektralen Anteile im Licht.

9.2.6 Temperatur

Die Temperatur ist ein objektives Mass dafür, wie heiss oder kalt ein Gegenstand ist. In festen, flüssigen und gasförmigen Materialien beschreibt die Temperatur den Mittelwert der Energie aller Teilchen (in der Regel der Moleküle) infolge ihrer Lage und Bewegung (kinetische Energie). Die SI-Einheit der Temperatur ist Kelvin (K), wovon auch das gebräuchliche Grad Celsius (°C) abgeleitet ist. Es gilt die Definition 273,15 K=0 °C.

Die Temperaturmessung kann je nach Messbereich und geplanter Anwendung auf verschiedene Arten erfolgen, z.B. mit mobilen Handmessgeräten, fest installierten Messgeräten oder mit Temperatursensoren, die an ein Messbussystem gekoppelt sind.

Zu unterscheiden sind auch Messungen durch direkten thermischen Kontakt zum Messsubjekt und berührungslose Messverfahren über Wärmestrahlung.

Tab. 9 zeigt eine Übersicht verschiedener Thermometerprinzipien und deren jeweilige Messbereiche nach VDI/VDE 3511.

Die gängigsten Sensorarten für die Berührungsmessung sind Thermoelemente, Widerstandsthermometer (oft Pt100-Fühler) und Thermistoren. Infrarot-Strahlungssensoren können eine Oberflächentemperatur via Wärmestrahlung ohne direkten Kontakt messen.

Ausdehnungsthermometer

Ausdehnungsthermometer nutzen die Eigenschaft flüssiger und gasförmiger Medien, sich

THERMOMETER UND IHRE MESSBEREICHE

Tab. 9: Messbereiche verschiedener Thermometer (nach VDI/VDE 3511)

Möglicher Messbereich (°C)	Messgerät/-verfahren
–200 bis +210	Flüssigkeitsthermometer (organische Flüssigkeit)
–38 bis +630	Flüssigkeitsthermometer (metallische Flüssigkeit)
–50 bis +400	Bimetallthermometer
–35 bis +500	Flüssigkeitsfederthermometer
–40 bis +180	NTC-Thermistoren
+5 bis +200	PTC-Thermistoren
–60 bis +250	Ni-Widerstandsthermometer
–220 bis +850	Pt-Widerstandsthermometer
–200 bis +400	Typ T Thermoelemente (Cu-CuNi)
–200 bis +700	Typ J Thermoelemente (Fe-CuNi)
0 bis +1000	Typ K Thermoelemente (NiCr-Ni)
0 bis +1300	Typ R Thermoelemente (Pt13Rh-Pt)
–100 bis +3500	Strahlungsthermometer

mit steigender Temperatur zunehmend auszudehnen. Sie funktionieren nur bei direktem thermischem Kontakt mit dem zu messenden Objekt.

Heute basieren nur noch einfache analoge Thermometer auf der Wärmeausdehnung von Flüssigkeiten. Selten finden sich auch noch fest eingebaute Quecksilber-Glasthermometer, deren Messbereich im Fall von Quarzglas 35 °C bis 800 °C abdecken kann.

Weitere Beispiele von Ausdehnungsthermometern sind Fadenthermometer, Dampfdruckthermometer, Metall-Ausdehnungsthermometer, Stabthermometer und Bimetallthermometer.

Bimetallthermometer können in einfachen, analogen Thermostaten eingesetzt werden, um bei bestimmten Temperaturen Schaltvorgänge auszulösen. Sie wurden zum Beispiel in der Konstruktion von Toastern oder Bügeleisen genutzt.

Thermoelemente

Der Seebeck-Effekt (auch thermoelektrischer Effekt) erlaubt die Konstruktion eines Temperatursensors aus zwei unterschiedlichen elektrischen Leitern. Ein Temperaturgefälle entlang des jeweiligen Leiters bringt dementsprechend eine elektrische Potenzialdifferenz mit sich, die auch Thermospannung genannt wird. Die Grösse dieser Spannung ist bei gegebener Temperaturdifferenz für jedes Material verschieden.

Die zwei Leiter werden an einem Ende elektrisch verbunden und in Kontakt mit dem zu messenden Objekt gebracht. Die anderen Enden werden bei einer bekannten Temperatur gehalten und die Spannungsdifferenz zwischen ihnen wird gemessen. Die Temperatur kann nun aus der Differenz der Thermospannungen in den zwei Leitern bestimmt werden.

Diese Spannungsdifferenz in den zwei Materialien ist eine komplizierte Funktion der Temperatur, die für gewisse Materialpaare in Referenzfunktionen genormt und für verschiedene Messbereiche tabelliert wird (genormt in DIN EN 60584-1).

Zur Messung ist hier keine Stromquelle erforderlich, jedoch muss natürlich die Referenztemperatur, bei der die Spannungsdifferenz gemessen wird, bekannt sein. In der Praxis kann dies ein isoliertes Gefäss sein, welches eine Wasser- und Eismischung enthält und so genau bei 0 °C liegt. Alternativ kann die Referenztemperatur auch mit einem Widerstandsthermometer gemessen werden und die Spannungsdifferenz der Thermospannungen in digitaler Form korrigiert werden.

Thermoelemente kommen einerseits in industriellen Anlagen und Laboratorien zum Einsatz, andererseits aber auch in der Wärmeverteilung und der Energieerzeugung.

Abb. 66: Mobiles Thermometer mit verschiedenen Typ-K-(NiCr-Ni)-Thermoelement-Aufsätzen und Smartphonebedienung

Testo SE & Co. KGaA

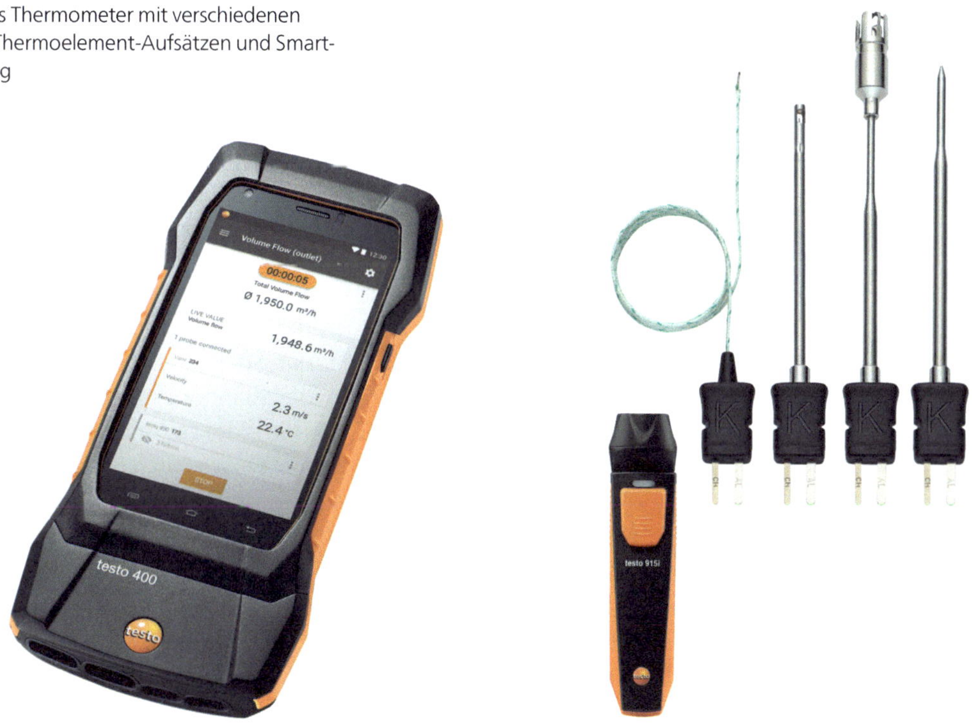

Thermistoren und Widerstandsthermometer

Der elektrische Widerstand von Metallen nimmt mit steigender Temperatur beinahe linear zu. Elektrische Widerstände aus solchen Materialien werden als RTDs (resistance temperature detectors) oder *Widerstandsthermometer* bezeichnet und können eine grosse Breite von Temperaturen messen.

Die Bezeichnungen für RTDs setzen sich aus dem verwendeten Material und dem jeweiligen Nennwiderstand bei 0 °C zusammen. Der Pt100-Messwiderstand, der also ein Platinwiderstand mit einem Nennwert von 100 Ω bei 0 °C ist, ist einer der gebräuchlichsten RTDs. Oft werden auch Pt1000-Thermistoren eingesetzt, dementsprechend Platinwiderstände von 1000 Ω bei 0 °C.

Temperaturabhängige Widerstände aus Halbleiter-, Polymer und Keramikmaterialien werden *Thermistoren* genannt. Diese Materialien können einen positiven Temperaturkoeffizienten haben und werden dann als PTC-Thermistor (positive temperature coefficient) oder Kaltleiter bezeichnet. Thermistoren mit negativen Temperaturkoeffizienten werden als NTC-Thermistor (negative temperature coefficient) oder Heissleiter bezeichnet.

Abb. 67: Temperatur- und Feuchtigkeitsmessgerät mit NTC-Sensor

Fluke Corporation

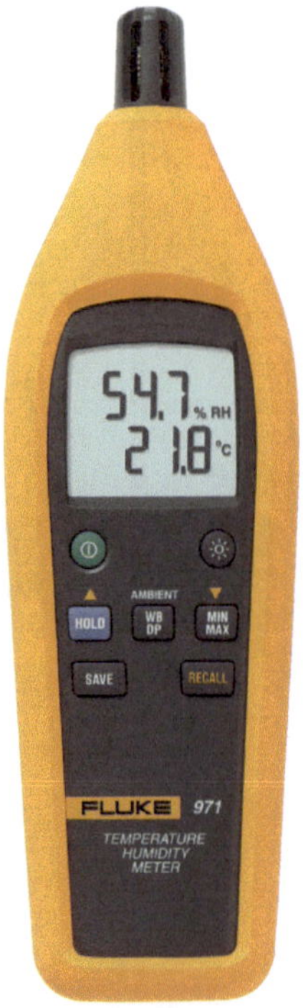

NTC-Thermistoren werden oft in Temperaturmessgeräten eingesetzt, messen aber im Gegensatz zu RTDs meist eine viel kleinere Temperaturspanne. In Abb. 67 ist ein Temperatur- und Luftfeuchtigkeitsmessgerät gezeigt, das zur Temperaturmessung mit einem NTC-Thermistor ausgestattet ist.

PTC-Temperaturwiderstände werden vermehrt als Thermostate resp. Grenztemperaturschalter oder in Strombegrenzungsschaltungen genutzt.

Zur Messung eines Widerstands muss dieser von einem gewissen konstanten Strom durchflossen werden. Um Eigenerwärmung des Messwiderstands möglichst zu vermeiden, sollte dieser Strom so klein wie möglich gehalten werden (bei Pt100 RTDs nicht höher als 1 mA). Mit einer differenzbildenden Schaltung muss nun nicht die eigentliche Spannung über dem Widerstand gemessen werden, sondern nur deren Änderung bezüglich eines Anfangswerts. Die Wheatstone-Brücke ist eine solche Schaltung.

Die einfachste Schaltung hier ist die Zweileiterschaltung. Sie zieht den Nachteil mit sich, dass der gemessene Widerstand eine Kombination aus dem Temperaturwiderstand und dem Leitungswiderstand ist, wobei der Leitungswiderstand wiederum von der Leitungslänge, dem Kabelquerschnitt und der Leitungstemperatur abhängig ist. Kupferleitungen haben beispielsweise ungefähr denselben Temperaturkoeffizienten wie ein Pt100. Als Konsequenz sind mit Zweileiterschaltungen nur bedingt genaue Messungen möglich, wobei grössere Widerstände (z.B. ein Pt1000) sich besser eignen.

Häufig ist es nötig, grössere Distanzen zwischen Messwiderstand und Messumformer zu überbrücken. In einer Dreileiterschaltung lässt sich der Einfluss des Leitungswiderstands über eine zusätzliche, stromlose Leitung teilweise kompensieren.

Mit einem weiteren stromlosen Leiter erhält man eine Vierleiterschaltung. Zwei Leiter dienen dem konstanten Stromfluss durch den Temperaturwiderstand. Über die weiteren zwei wird die Spannung gemessen. Wird ein genügend hochohmiges Spannungsmessgerät verwendet, kann der Einfluss der Leitungen komplett vernachlässigt werden, wodurch genaue Messungen auch über eine grössere Distanz möglich sind.

Alternativ zur Vierleiterschaltung kann direkt beim Widerstand ein Messumformer eingesetzt werden, der den gemessenen Widerstand in ein genormtes Spannungs- oder Stromsignal (z.B. 0 bis 10V oder 4 bis 20 mA) umwandelt, bevor dieses dann weitergeleitet und -verarbeitet wird.

Halbleiter-Temperatursensoren

Eine weitere, sehr weit verbreitete Form von Temperaturmessgeräten sind monolithische Silizium-Bandlücken-Temperatursensoren. Diese integrierten Schaltungen messen die Temperatur mittels einer temperaturabhängigen Transistorspannung. Mit steigender Temperatur ändern sich gewisse Materialeigenschaften des Halbleitermaterials Silizium, wodurch sich wiederum die Eigenschaften eines Siliziumtransistors ändern.

Die Temperatur kann dann anhand analoger oder digitaler Spannungswerte ausgelesen und weiterverarbeitet werden.

Durch die enorme Verbreitung von Halbleiterschaltungen und ihren kleinen Formfaktor finden diese Temperatursensoren Anwendung in vielen elektronischen Alltags- und Messgeräten.

Pyrometer (Strahlungsthermometer)

Jeder Körper, der eine Temperatur von über 0 K hat, emittiert Strahlung im Infrarotbereich (IR-Bereich). Die Intensität der abgestrahlten Energie ist dabei von der Temperatur T und vom Emissionsfaktor ε der jeweiligen Oberfläche abhängig. Die physikalische Grundlage von Pyrometern bildet das Stefan-Boltzmann-Gesetz:

$$P = \varepsilon \cdot \sigma \cdot A \cdot T^4,$$

wobei σ die Stefan-Boltzmann-Konstante, A die Oberfläche des Körpers und P die Gesamtstrahlungsleistung sind.

Die gemessene Energie einer IR-Strahlung kann dann in ein elektrisches Signal umgewandelt werden. Bei bekanntem Emissionsgrad der Oberfläche kann die Oberflächentemperatur so direkt berührungslos gemessen werden, wobei der Sensor genau auf die zu messende Oberfläche (den Messfleck) fokussiert sein muss und nur die zu messende Fläche erfassen darf. Hierzu braucht das Messgerät eine Optik mit einer IR-Linse. Zudem muss eben der Emissionsgrad der zu messenden Oberfläche bekannt sein und korrekt im Messgerät eingegeben werden.

Pyrometer können nach gemessenem Wellenlängenbereich unterschieden werden. Gesamtstrahlungsthermometer messen den gesamten Spektralbereich, Bandstrahlungsthermometer einen schmaleren Wellenlängenbereich und Spektralstrahlungsthermometer nur kleinste Frequenzbänder.

Infrarot-Strahlungsthermometer sind als fest zu verbauende Geräte oder in der Form von mobilen Messgeräten, wie in Abb. 68, erhältlich. Sie können mit Kalibrierstrahlern kalibriert und kontrolliert werden.

Abb. 68: Infrarot-Temperaturmessgerät mit Smartphonebedienung

Testo SE & Co. KGaA

Globe-Thermometer

Globe-Thermometer dienen der Bestimmung einer operativen (empfundenen) Raumtemperatur. Die vom Menschen empfundene Raumtemperatur ist das Mittel zwischen der Raumlufttemperatur und der Strahlungstemperatur aller Umgebungsflächen.

Globe-Thermometer werden als mattschwarze Hohlkugel realisiert, in deren Innerem die Temperatur gemessen wird (Abb. 69). Die operative Temperatur liegt jeweils zwischen der Oberflächentemperatur der Kugel und der Lufttemperatur.

Globe Thermometer werden beispielsweise zur Messung der Raumbezugstemperatur bei Leistungsmessungen an Kühldecken verwendet oder zur Messung von Komfortparametern in Büroräumen eingesetzt.

9.2.7 Durchfluss

Die Grösse der Durchflussrate $\dot{V}$ (auch Volumenstrom oder Durchflussmenge) beschreibt, welches Volumen eines Mediums in einem gewissen Zeitabschnitt durch einen bestimmten Querschnitt (z.B. ein Rohr oder ein Kanal) fliesst. Der Volumenstrom wird typischerweise in l/s, m^3/s oder m^3/h gemessen.

Abb. 69: Globe-Thermometer zur Bestimmung des thermischen Komforts
BAPPU - ELK GmbH

Durchflussmesser messen diese Durchflussrate $\dot{V}$, während *Durchflusszähler* den zeitlich integrierten Volumenstrom messen. Letztere messen also das gesamte Volumen *V* des Mediums, das den jeweiligen Querschnitt über eine gewisse Zeitspanne durchfliesst.

Zur Messung und Zählung des Durchflusses können eine ganze Reihe verschiedener Messprinzipien angewendet werden. Hierbei sind gewisse Verfahren nur für Gase bzw. nur für Flüssigkeiten geeignet. Es existieren aber auch Verfahren, die für beide gleichermassen zum Einsatz kommen. Drosselgeräte können beispielsweise sowohl bei Flüssigkeiten als auch bei Gasen genutzt werden, während induktive Durchflussmesser bei Gasen nicht anwendbar sind.

Es gilt grundsätzlich zu beachten, dass der Durchfluss in beruhigten, geraden Leitungsstrecken gemessen werden sollte. Andernfalls können turbulente Strömungen die Messung verfälschen.

Im Folgenden werden einige verschiedene Verfahren zur Durchflussmessung und -zählung kurz beschrieben.

Drosselgeräte

Über einer Drosselstelle (Verengung) in einer Rohrleitung bildet sich eine Druckdifferenz (analog zu einer Potenzialdifferenz über einem elektrischen Widerstand). Dieser Druckunterschied kann zur Bestimmung des Volumenstroms ausgenutzt werden, indem ein Differenzdruckmessgerät eingesetzt wird.

Drosselgeräte sind sehr genau und eignen sich sowohl für Flüssigkeiten als auch für Gase.

Staudruckgeräte

Ähnlich dem Funktionsprinzip von Staudruckanemometern in der Luftgeschwindigkeitsmessung, können Staudruckrohre zur Messung der Fliessgeschwindigkeit eingesetzt werden. Mit dem Durchmesser des Rohrs kann dann der gesamte Volumenstrom berechnet werden.

Da die Fliessgeschwindigkeit über den Rohrquerschnitt nicht konstant ist, müssen Staudruck-Durchflussmessgeräte die Geschwindigkeit über den Querschnitt mitteln. Durch geschickte Messungen von Druckdifferenzen können Staudrucksonden nach dem Annubar-Prinzip die Fliessgeschwindigkeit analog über den Querschnitt mitteln. Andere Staudruck-Durchflussmessgeräte mitteln die Fliessgeschwindigkeit elektronisch. Die entsprechenden Material-parameter müssen hierzu wiederum korrekt gesetzt werden.

Gaszähler

Grundsätzlich können zwei Typen Gaszähler unterschieden werden:

Nasse Gaszähler (Trommel-Gaszähler) bestehen aus einer Trommel, die zur Hälfte mit Wasser gefüllt ist und aus vier Kammern besteht. Durch geringen, einseitigen Gasüberdruck dreht sich die Trommel langsam um die eigene Achse. Unterdessen füllen und entleeren sich die Kammern. Nasse Gaszähler sind sehr genau, jedoch wegen der Flüssigkeitsfüllung wartungsintensiv.

Trockene Gaszähler (Balgen-Gaszähler) bestehen aus zwei Balgen, die sich in einem Metall-gehäuse befinden. Diese Balgen aus einer künstlichen Membran (z.B. synthetischer Kautschuk) dienen als Messräume und werden abwechselnd gefüllt und wieder entleert. Die entstehende Bewegung wird anschliessend auf ein Zählwerk über-tragen. Das zu messende Gas darf dabei den Werkstoff der Bälge nicht angreifen oder schädigen.

Verdrängungszähler

Die oben beschriebenen Gaszähler sind Beispiele von Verdrängungszählern. Verdrängungszähler besitzen bewegliche Messkammern, die durch das Strömungsmedium in der jeweiligen Form angetrieben werden. Sie eignen sich im Allgemeinen für Kraftstoffe, Gase, Warm- und Kaltwasserkondensate.

Weitere Beispiele von Verdrängungszählern sind Hubkolbenzähler, Drehkolbenzähler, Ovalradzähler und Ringkolbenzähler.

Verdrängungszähler messen die Volumenströme unmittelbar, das heisst, das Messresultat muss nicht mit Korrekturfaktoren wie Gasart, Temperatur, Feuchte etc. korrigiert werden. Bei Gas muss aber natürlich die Temperatur und Druck bekannt sein, wenn auf Normalkubikmeter umgerechnet werden soll.

Flügelradzähler

Im Gegensatz zu Verdrängungszählern besitzen Flügelradzähler (Abb. 71) keine Messkammern. Stattdessen wird ein Flügelrad von einer Flüssigkeit tangential angeströmt und in Rotation versetzt. Die Bewegung wird auf ein Zählwerk übertragen und der Volumenstrom dadurch zeitlich integriert. Diese Zähler werden zum Messen von Flüssigkeiten, insbesondere Wasser, verwendet.

Turbinenzähler

Turbinenzähler (auch Woltman-Zähler, Abb. 72) haben eine ähnliche Funktionsweise wie die zuvor genannten Flügelradzähler. Statt eines klassischen Flügelrades besitzen Woltman-Zähler eine Turbine. Die Rotation der Turbine wird wiederum auf ein Zählwerk übertragen, um das Gesamtvolumen des durchströmenden Mediums über die Zeit zu ermitteln. Sie erzeugen nur geringe Druckverluste und eignen sich deshalb auch zur Messung grösserer Volumenströme, wie sie beispielsweise in grossen Hauptwasserleitungen zu finden sind.

Schwebekörper-Durchflussmesser

Schwebekörper-Durchflussmesser bestehen in ihrer einfachsten Ausführung aus einem Messkonus, in dem sich ein Schwebekörper (typischerweise aus Metall) befindet. Das bewegte Fluidvolumen, welches den Messkonus durchströmt, hebt den Schwebekörper im Messkonus nach oben. Der Hub des Schwebekörpers ist proportional zum Fluidstrom. Bei transparent ausgeführten Schwebekörper-Messgeräten kann der Durchfluss optisch kontrolliert werden.

Schwebekörper-Durchflussmesser sind sowohl für Gase als auch für Flüssigkeiten geeignet. Ein Nachteil ist, dass sie für das jeweilige Medium neu kalibriert werden müssen.

Ultraschall-Durchflussmesser

Zur Messung von Fluidströmen in ganz- oder teilgefüllten Leitungen können akustische Wellen eingesetzt werden. Dadurch, dass diese Messgeräte aussen an der Leitung angebracht werden, ist ihre Wartung relativ einfach und sie verursachen keinen Druckabfall in der Leitung. In der Praxis wird meistens entweder das Doppler- oder das Laufzeit-Ultraschallverfahren eingesetzt.

Um das *Dopplerverfahren* anwenden zu können, muss das Fluid kleine Verschmutzungen oder Luftbläschen enthalten, die als Reflexionspunkte der akustischen Wellen dienen. Ein Ultraschallsender emittiert akustische Wellen in das Medium, die Wellen werden an den Unreinheiten reflektiert und schliesslich mit einem Ultra-

Abb. 70: Moderner Trommel-Gaszähler

Dr.-Ing. RITTER Apparatebau GmbH & Co. KG

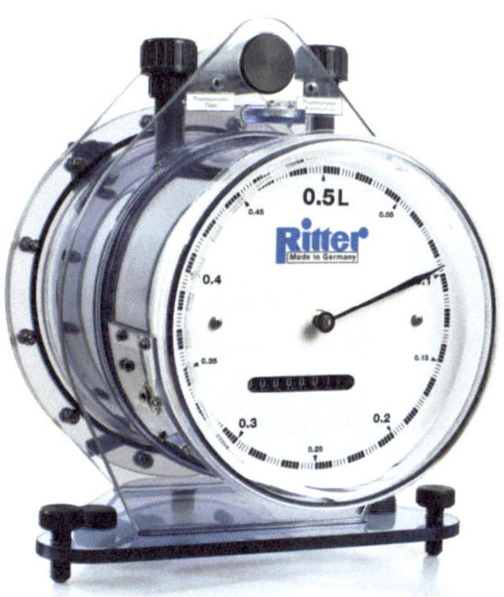

Abb. 71: Aufbau eines Flügelradzählers

GWF MessSysteme AG

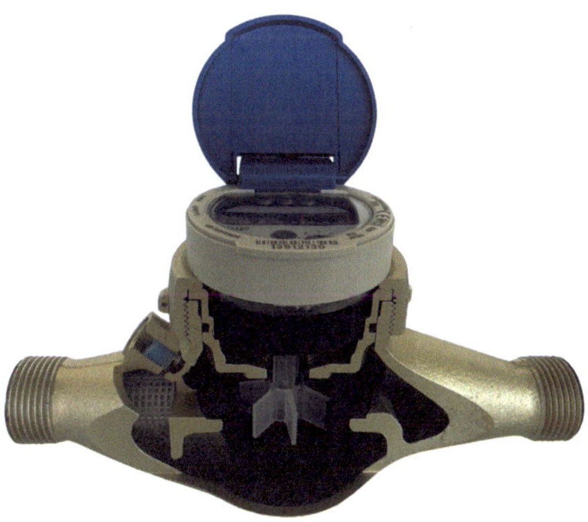

Abb. 72: Woltman-Zähler
GWF MessSysteme AG

schallsensor wieder empfangen. Durch die Frequenzverschiebung zwischen gesendeten und empfangenen Wellen kann auf die Geschwindigkeit der Partikel im Fluid rückgeschlossen werden (Dopplereffekt).

Die Laufzeit akustischer Wellen in Strömungsrichtung ist kleiner als die Laufzeit entgegen der Strömung. Die *Laufzeitdifferenzmessung* (Abb. 73) nutzt diese Eigenschaft, um aus der Laufzeitdifferenz zweier akustischer Wellen, die einmal mit und einmal gegen den Strom propagieren, auf die Fluidgeschwindigkeit zu schliessen. Dieses Messprinzip eignet sich am besten für möglichst homogene Medien.

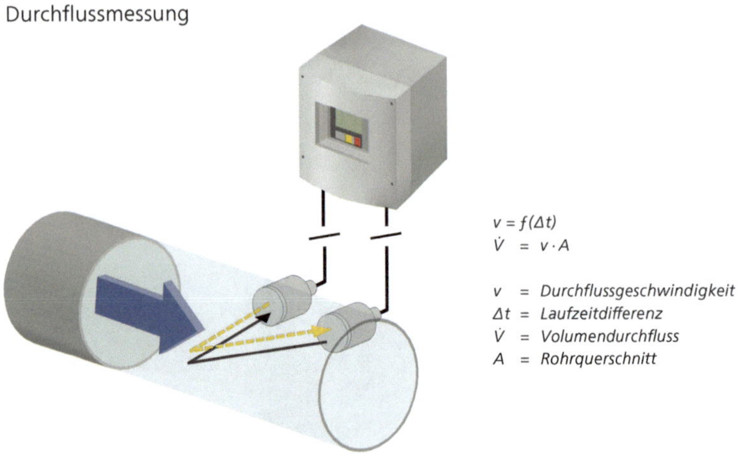

Abb. 73: Ultraschallverfahren zur Durchflussmessung

Für beide Verfahren werden heute digitale Signalprozessoren zur Bestimmung der Frequenz- bzw. Phasenverschiebung genutzt. Aus der gemessenen Fluidgeschwindigkeit kann der Volumenstrom mit Kenntnis des Leitungsquerschnitts leicht berechnet werden. Der innere Leitungsquerschnitt muss also bekannt sein und im Gerät korrekt eingegeben werden. Insbesondere bei alten, verkrusteten Leitungen kann eine Falschmessung entstehen, wenn der ursprüngliche statt der aktuell vorhandene Querschnitt eingegeben wird.

Magnetisch-induktive Durchflussmesser

Das Induktionsverfahren eignet sich für die Durchflussmessung bei Fluiden, die eine gewisse Leitfähigkeit aufweisen. Zwei Spulen aussen an einem Messrohr aus nicht magnetischem Metall in der Rohrleitung erzeugen ein Magnetfeld, welches das Medium senkrecht zur Fliessrichtung durchströmt. Zwei gegenüberliegende Elektroden, die senkrecht zum Magnetfeld und zur Fliessrichtung am Rohr angebracht sind, messen die induktiv erzeugte Spannung im Medium.

Durch die Leitfähigkeit des Fluids verhält es sich wie eine bewegte elektrische Ladung, also wie ein elektrischer Strom. Der Hall-Effekt wird genutzt, um die Strömungsgeschwindigkeit mittels einer gemessenen Hall-Spannung zu berechnen.

Die zur Funktion nötige Mindestleitfähigkeit wird von den meisten Flüssigkeiten erreicht, kann jedoch gerade im Fall von Heizwasser ungenügend sein.

Wie auch im Fall von Ultraschalldurchflussmessungen hat dieses Verfahren eine hohe Messgenauigkeit und verursacht keinen Druckverlust im System. Es ist auch für aggressive Medien anwendbar. Die zu messenden Flüssigkeiten dürfen aber innen am Messrohr keine Ablagerungen verursachen, da dies über die Zeit zu einem Messfehler führen würde.

9.2.8 Wärme

Die Wärmeenergie Q mit der SI-Einheit Joule (J) ist eine der wichtigsten Messgrössen im Energiemanagement. Die Messung der Wärmeenergie ist zur verbrauchsabhängigen Heizkostenabrechnung vorgeschrieben und die erforderliche Genauigkeit und Eichpflicht von Wärmemessgeräten ist gesetzlich verankert. Die Angabe erfolgt in diesem Zusammenhang gebräuchlich in Megawattstunden (MWh) oder Gigajoule (GJ). Es gilt 1 MWh = 3,6 GJ.

Im Folgenden wird erklärt, wie Wärmezähler und Heizkostenverteiler realisiert und eingesetzt werden können.

Abb. 74: Kompaktwärmezähler

GWF MessSysteme AG

Wärmezähler

Wärmezähler, wie in Abb. 74, sind Messgeräte zur Bestimmung der Wärmeenergie, die einem Verbraucher im Heizkreislauf zugeführt wird. Sie bestimmen den Volumenstrom und die Enthalpiedifferenz zwischen Vor- und Rücklauf eines Heizkreislaufs und berechnen daraus die jeweilige Wärmeenergie.

Der Volumenstrom kann beispielsweise mit Flügelradzählern oder einem Drosselgerät bestimmt werden. Die Enthalpiedifferenz kann bei bekannter Dichte und spezifischer Wärmekapazität des Mediums mittels der Temperaturdifferenz zwischen Vor- und Rücklauf errechnet werden (Abb. 75). Das zu messende Medium muss im Rechenwerk des Wärmezählers korrekt eingegeben werden.

Abb. 75: Schematische Darstellung eines Wärmezählers

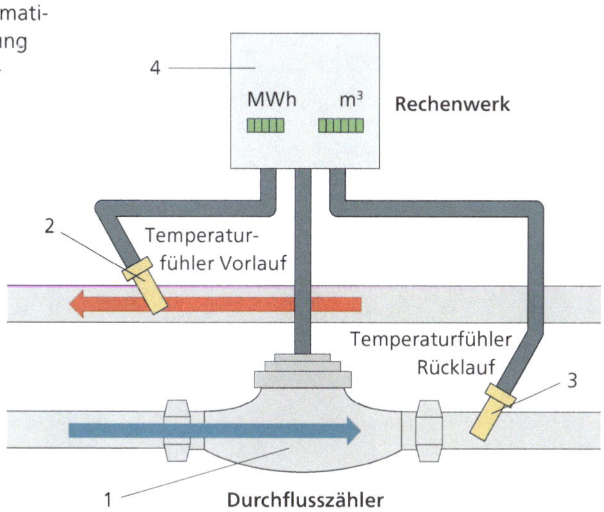

Die Enthalpiedifferenz wird mit dem gemessenen Volumenstrom multipliziert, um die Wärmeleistung $\dot{Q}$ (z.B. in kW) zu bestimmen. Durch zeitliche Integration der Wärmeleistung erhält man schliesslich die dem Verbraucher zugeführte Wärmeenergie.

Heizkostenverteiler

Heizkostenverteiler dienen der Ermittlung eines jeweiligen Anteils am Gesamtwärmeverbrauch. Sie sind keine Wärmemessgeräte im eigentlichen Sinne, da keine Volumenströme gemessen werden.

Sie werden an einem Heizkörper befestigt, wo sie nach dem Verdunstungsprinzip oder durch kontinuierliche Temperaturmessungen den Wärmeverbrauch abschätzen. Durch den Vergleich verschiedener baugleicher Heizkostenverteiler am Heizkreislauf kann der relative Wärmeenergiebezug des jeweiligen Verbrauchers ermittelt werden.

Heizkostenverteiler nach dem Verdunstungsprinzip bestehen aus einem Rückteil aus Metall, einem Messröhrchen, das mit einer Flüssigkeit gefüllt ist, und einer Strichskala zur Ablesung des Füllstandes im Röhrchen. Im Lauf einer Heizperiode verdunstet die Flüssigkeit im Röhrchen langsam, wobei die Menge der verdunsteten Flüssigkeit als Mass für die vom Heizkörper abgegebene Wärmemenge angenommen wird.

Dieses Verfahren ist kostengünstig, hat jedoch den Nachteil, dass eine manuelle Ablesung vor Ort erforderlich ist und die Ampullen jährlich gewechselt werden müssen. Zusätzlich ist bei dieser Methode mit einem Verteilfehler von 5 % bis 10 % zu rechnen. Heizkostenverteiler nach dem Verdunstungsprinzip sind heute veraltet und werden kaum mehr hergestellt. Sie eigenen sich nur für Heizungssysteme mit hoher Vorlauftemperatur.

Elektronische Heizkostenverteiler sind im Allgemeinen Temperaturmessgeräte am Heizkörper und/oder im beheizten Raum. Einfühlgeräte messen lediglich die Heizkörpertemperatur, Zweifühlgeräte messen sowohl die Heizkörpertemperatur als auch die Raumlufttemperatur und Dreifühlgeräte messen zusätzlich die Vor- und Rücklauftemperatur im Heizkreislauf. Auch elektronische Heizkostenverteiler messen den Wärmeverbrauch nicht direkt, sondern nur eine Vergleichsgrösse. Um die Wärmeabgabe

Abb. 76: Elektronischer Funk-Heizkostenverteiler mit LCD
NeoVac

zu schätzen, muss auch die Art und Grösse des Heizkörpers bekannt sein, an dem der Heizkostenverteiler befestigt ist.

Bei elektronischen Heizkostenverteilern ist der Verteilfehler mit 0 % bis 5 % geringer als bei Heizkostenverteilern nach dem Verdunstungsprinzip. Zusätzlich ermöglicht eine elektronische Messung weitere Zusatzfunktionen wie die Speicherung der Messwerte oder eine Fernablesung über Funk. In der Regel sind sie mit Batterien betrieben, welche von Zeit zu Zeit ausgewechselt werden müssen.

9.2.9 Wärmedämmung (*U*-Wert)

Der Wärmedurchgangskoeffizient *U* quantifiziert, wie viel Wärmestrom (pro Temperaturdifferenz) von einem wärmeren Fluid durch ein Bauteil in ein kälteres Fluid fliessen kann. Er ist von den Wärmeleitfähigkeiten der im Bauteil verwendeten Materialien, dessen Oberfläche, Dicke und Geometrie abhängig. Es gilt: Je kleiner der Wärmedurchgangskoeffizient eines Bauteils, desto besser seine Wärmedämmung.

Die Berechnung eines repräsentativen *U*-Werts kann sich schwierig gestalten. Wärmedurchlasskoeffizienten von Baustoffen werden auf Anforderung der Hersteller von Materialforschungs- und Prüfanstalten mittels komplexer Messeinrichtungen bestimmt. Um die Qualität der Wärmeisolation eines Gebäudes zu beurteilen, gibt es aber noch weitere Methoden, die eine Messung vor Ort erlauben. Im Folgenden wird zuerst die Gebäudethermografie erklärt, die zu einem gewissen Mass helfen kann, Schwachstellen in der Wärmedämmung zu identifizieren. Anschliessend wird die Wärmeflussmethode zur Bestimmung des eigentlichen *U*-Werts eines Bauteils beschrieben.

Gebäudethermografie

Die Thermografie ist ein Verfahren zur Visualisierung von Oberflächentemperaturen. Im Anwendungsfall der Gebäudethermografie kann sie genutzt werden, um Energieverluste an Gebäuden aufzudecken und deren Wärmeisolation zu überprüfen. In Abb. 77 ist das Ergebnis einer Bauthermografie abgebildet.

Abb. 77: Bauthermografie einer gedämmten und einer noch ungedämmten Doppelhaushälfte

Abb. 78: Durchflussmessung mit der Wärmeflussmethode. Links im Bild ist ein Wärmeflusssensor zu sehen, rechts daneben ein Temperatursensor.

greenTEG AG

Die von einer Oberfläche abgegebene Infrarotstrahlung kann von einer Infrarotkamera aufgenommen und als Falschfarbenbild dargestellt werden. Jede jeweilige Farbe stellt dabei eine bestimmte Temperatur dar.

Die IR-Thermografie ist äusserst anfällig für Störungen, was bei unsachgemässer Ausführung zu erheblichen Messfehlern führen kann. Erfolgreiche Aussenaufnahmen können nur erfolgen, wenn folgende Bedingungen erfüllt sind:

Kein momentanes oder kürzlich eingestrahltes Sonnenlicht auf der Gebäudeaussenfläche (dies verfälscht die Oberflächentemperatur).

- *Es muss möglichst windstill sein.*
- *Gebäudeoberflächen müssen beim Aufnehmen schneefrei und trocken sein.*
- *Nebel, Schneefall oder Regen müssen während der Messung vermieden werden.*
- *Die Differenz zwischen Innen- und Aussentemperatur sollte zwölf Stunden lang mindestens 15 °C betragen und darf sich währenddessen um höchstens 30 % verändern.*
- *Der Himmel muss bedeckt sein.*

Diese Voraussetzungen für eine erfolgreiche Gebäudethermografie sind oft nur an wenigen Tagen im Jahr erfüllt. In der Praxis wird meist früh morgens gemessen. Hochnebel oder Bewölkung verhindern, dass Wärme von der Fassade gegen das All abgestrahlt werden kann und die Messwerte erheblich verfälscht.

Für die Gebäudethermografie müssen die Emissionsgrade ε der abgebildeten Materialien bekannt sein. An der Wärmebildkamera kann nur ein Emissionsgrad pro Bild eingestellt werden. Meist wird der Wert für die Fassadenbekleidung eingegeben, was zwangsläufig zu Fehlern führt. Die Oberflächentemperatur von Kupfer und Glas wird deswegen meist falsch ausgewertet. Die Auswertung einer Thermografie kann daher nur für bestimmte Oberflächen korrekt erfolgen. Auflösungen im Zehntel-Grad-Bereich sind mit Thermografie nicht möglich.

Mit der Thermografie können auch Luftundichtheiten, die zu Wärmeverlust in Gebäuden führen, erkannt werden. Zudem können Baumängel (z.B. Wärmebrücken) oder -schäden (z.B. aufgrund durchfeuchteter Aussenwände) sichtbar gemacht werden.

Thermografie kann mit Innenaufnahmen helfen Stellen zu finden, wo eine Durchfeuchtungs- oder Schimmelgefahr droht, oder es werden kalte Oberflächen sichtbar, die zu Komfortproblemen führen können. Bei wärme- oder kältetechnischen Anlagen können mangelhaft insolierte Stellen erkannt werden.

Bei elektrotechnischen Anlagen und Tableaus können erwärmte Klemmen oder andere Stellen erkannt werden, wo ein unzulässiger Widerstand zu Brandgefahr oder Störungen führen könnte.

Wärmeflussmethode

Bei der Wärmeflussmethode zur Messung des *U*-Werts vor Ort werden ein Wärmefluss- und zwei Temperatursensoren eingesetzt.

Zuerst wird das Bauteil (z.B. eine Aussenwand) identifiziert, dessen Wärmedurchgangskoeffizient gemessen werden soll. Der Wärmeflusssensor und einer der Temperatursensoren werden nun an einer geeigneten Stelle im Gebäudeinnern am Bauteil befestigt. Der zweite Temperatursensor wird an der entsprechenden Stelle auf der Aussenwand platziert.

Über entsprechende Software (z.B. auf einem Laptop) kann nun die Messung gestartet werden und die Messdaten können ausgewertet werden. Die Messdauer sollte bei dieser Methode gemäss der Standards ISO 9869, ASTM C1046 und ASTM C1155 mindestens 72 Stunden betragen.

Temperaturunterschiede von 5 °C reichen bei der Wärmeflussmethode bereits aus, um den *U*-Wert an einer Gebäudehülle zuverlässig und genau zu messen, ohne dabei das Material zu beschädigen.[35]

9.2.10 Luftdichtheit (Blower-Door-Test)

Die Luftdichtheit eines Gebäudes wird mit dem n_{L50}-Wert und seltener mit dem w_{50}-Wert angegeben. Beide geben ein Mass für die Luftdichtheit bei einer Druckdifferenz von 50 Pa zwischen Gebäudeinnerem und -äusserem an.

Der n_{L50}-Wert beschreibt, wie oft das Innenraumvolumen pro Stunde umgesetzt wird, während der w_{50}-Wert den Luftstrom in $m^3 \cdot h^{-1}$ angibt, der pro Quadratmeter Geschossfläche ausgetauscht wird. Für Minergie-P-Häuser (Passivhäuser) ist eine Luftdichtheit von $n_{L50} < 0{,}6\ h^{-1}$ und deren Messung vorgeschrieben.

Blower-Door-Test (Differenzdrucktest)

Die Luftdichtheit eines Gebäudes kann mit der Blower-Door-Methode gemessen werden, die in Abb. 79 illustriert ist.

Die Eingangstüre wird durch eine «Blower-Door» ersetzt. Dieser Ventilator erzeugt im Gebäude einen Unterdruck von 50 Pa. Über eine Messblende vor oder nach dem Ventilator wird gleichzeitig das dabei strömende Luftvolumen gemessen. Nach kurzer Zeit entspricht dieser Luftstrom genau der Aussenluft, die durch Undichtheiten in das Gebäudeinnere einströmt. Mit dem Volumen des getesteten Gebäudes kann so der Luftwechsel berechnet werden.

Um eine akkurate Messung zu erhalten, müssen hierbei natürlich alle Fenster und Aussentüren geschlossen sein. Ebenso müssen andere Öffnungen, wie die Rauchklappe in einem Cheminée, berücksichtigt werden. Abluftanlagen (z.B. in der Küche oder im Bad) müssen ausgeschaltet sein und Kellertüren oder Türen zu unbeheizten Nebenräumen (z.B. Garage) müssen geschlossen sein. Alle anderen Innentüren bleiben beim Blower-Door-Test offen.

Eine Luftdichtheitsmessung über die Blower-Door-Methode wird heute von einigen spezialisierten Firmen angeboten.

9.2.11 Luftgeschwindigkeit

Die Luftgeschwindigkeit kann beispielsweise zur Einschätzung des Komforts im Raum (bezüglich Zugluft) oder zur Überwachung einer Lüftungsanlage eingesetzt werden. Zur Messung von Luftgeschwindigkeit im Raum werden Anemometer verwendet. Im Folgenden sind einige Messprinzipien verschiedener Anemometer zu finden.

Staudruckanemometer

Staudruckanemometer messen den Differenzdruck zwischen statischem Umgebungsdruck und dem Gesamtdruck, der neben statischem Druck auch den Luftströmungsdruck beinhaltet. Da der Luftströmungsdruck abhängig von der Luftgeschwindigkeit ist, kann durch eine Differenzdruckmessung auf Letztere geschlossen werden.

Eine Staudrucksonde (auch Pitotrohr) ist ein einseitig offenes Rohr, das zur Messung des Gesamtdrucks eines Fluids eingesetzt wird. Zur Differenzdruckmessung bestehen sogenannte Prandtlsonden aus einer Staudrucksonde und aus einer zusätzlichen statischen Drucksonde. Prandtlsonden werden aufgrund der niedrigen Luftgeschwindigkeiten eher selten zur Messung der Raumluftgeschwindigkeit verwendet, können

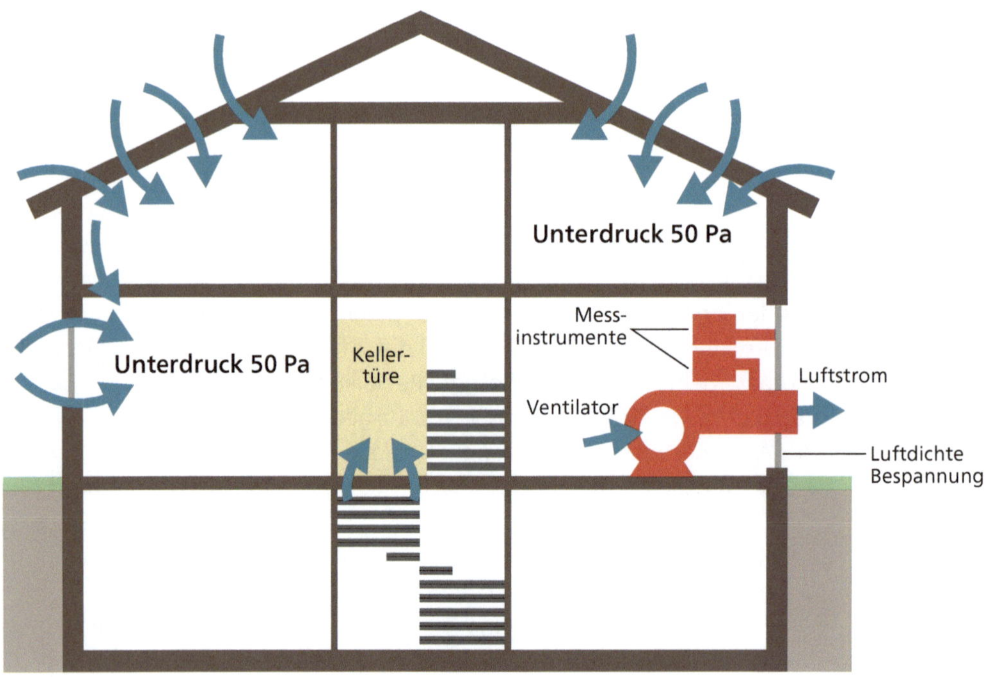

Abb. 79: Schema eines Blower-Door-Tests

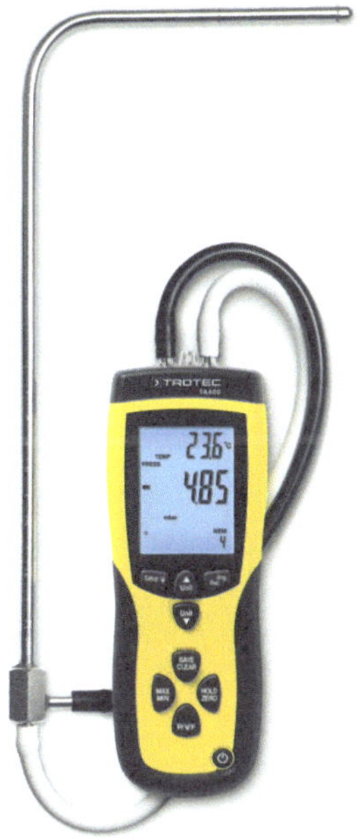

Abb. 80: Digitales Staudruckanemometer

Trotec GmbH

aber, wie im Teilkapitel «Durchfluss» beschrieben, zur Volumenstrommessung in Luftkanälen genutzt werden.

Thermisches Anemometer

Thermische Anemometer (auch Hitzdrahtanemometer) verwenden einen elektrisch beheizten RTD als Sensorelement. Durch die Luftbewegungen wird dieser Temperaturmesswiderstand gekühlt und ändert seinen elektrischen Widerstand.

Zur Bestimmung der Luftgeschwindigkeit kann entweder der Strom oder die Temperatur des Sensors konstant gehalten werden. Bei konstantem Strom wird die Luftgeschwindigkeit durch eine Widerstandsmessung bestimmt, bei konstanter Temperatur dient der erforderliche Heizstrom als Indikator für die Luftgeschwindigkeit.

Flügelradanemometer

Die wahrscheinlich bekanntesten Flügelradanemometer sind die in der Meteorologie verwendeten Schalenkreuzanemometer. Wie ihr Name es vermuten lässt, besitzen Flügelradanemometer ein Flügelrad zur Messung der Luftgeschwindigkeit. In Abb. 82 wird ein typisches mobiles Flügelradanemometer gezeigt.

Die Umwandlung der Drehbewegung des Flügelrads in ein elektronisches Signal kann auf verschiedene Arten erfolgen:

- *Ein eingebauter Gleichstromgenerator erzeugt eine Spannung, die mit einem Voltmeter abgelesen und anschliessend in eine Geschwindigkeit umgerechnet wird.*
- *Ein Induktivgeber erzeugt eine Frequenz, die zu einem elektrischen Normausgangssignal gewandelt wird.*
- *Die Drehzahl des Flügels wird durch Lichtschranken abgetastet und gezählt.*

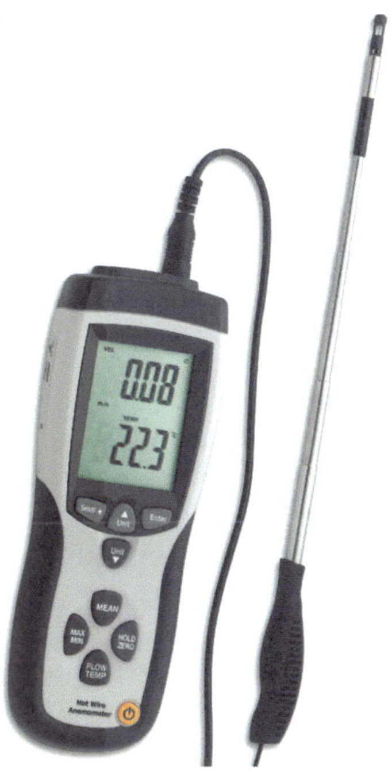

Abb. 81: Hitzdrahtanemometer für Strömungsmessungen in der Klimatechnik

Dostmann electronic GmbH

Abb. 82: Flügelradanemometer zur Messung von Luftströmungen mit integrierten Temperatur-, Luftfeuchte und CO_2-Sensoren

Wöhler Technik GmbH

Rauchgasröhrchen

Mit Rauchgasröhrchen können Luftströmungen auf einfache Art sichtbar gemacht werden. Eine rauchende Substanz im Röhrchen (z.B. rauchende Schwefelsäure) erzeugt einen weissen Rauch, der sich mit der vorhandenen Luftströmung bewegt.

Rauchgasröhrchen eignen sich nicht zu einer genauen Geschwindigkeitsmessung, sondern dienen vor allem der Sichtbarmachung von Luftströmungen, deren Turbulenz und der Verteilung der Luftverunreinigungen im Raum.

9.2.12 Luftfeuchtigkeit

Die Luftfeuchtigkeit ist ein wichtiger Faktor der Raumluftqualität. Zudem kann eine andauernde übermässig hohe Luftfeuchtigkeit in gewissen Fällen zu Schimmelbildung und zu Beschädigungen von Aussenwänden führen. Durch Luftfeuchtigkeitsmessungen können diese Folgen verhindert werden.

Bei der Messung der Luftfeuchtigkeit wird zwischen der absoluten und der relativen Luftfeuchtigkeit unterschieden:

Die *absolute Luftfeuchtigkeit* ist die Masse des Wasserdampfs in einem bestimmten Volumen. Sie wird oft in $g \cdot cm^{-3}$ oder $g \cdot kg^{-1}$ gemessen.

Die *relative Luftfeuchtigkeit*, gemessen in Prozent, beschreibt das Verhältnis zwischen dem Dampfdruck der Luft und dem Sättigungsdampfdruck über einer Wasseroberfläche.

Bei der Luftfeuchtigkeitsmessung kommen Hygrometer zum Einsatz. Einige Beispiele von Hygrometern werden im Folgenden kurz erklärt.

Haarhygrometer

Entfettete Haare (und andere hygroskopische Stoffe) haben die Eigenschaft, ihre Länge mit der relativen Luftfeuchtigkeit zu ändern. In Haarhygrometern wird diese Längenänderung mechanisch umgesetzt, um die relative Luftfeuchtigkeit auf einer entsprechenden Skala anzuzeigen.

Haarhygrometer müssen regelmässig kalibriert und bei andauernd niedriger Luftfeuchtigkeit auch durch Befeuchtung regeneriert werden. Sie sind reine Anzeigeelemente, können aber eine Messgenauigkeit bis auf ±3 % erreichen.

Resistive Hygrometer

Zur Messung wird in resistiven Hygrometern (auch Leitfilmhygrometer) ein Kunststoffplättchen verwendet, das mit einem hygroskopischen Material beschichtet ist. Die Leitfähigkeit der hygroskopischen Schicht ist von der relativen Luftfeuchtigkeit abhängig.

Kapazitive Hygrometer

Bei der kapazitiven Feuchtemessung wird eine hygroskopische Folie zwischen zwei Elektroden platziert. Durch eine Veränderung der Luftfeuchte verändert sich die Kapazität dieses Kondensators. Die Luftfeuchtigkeit kann so durch eine Messung der Kapazität bestimmt werden.

Wägemethode

Kalziumchlorid, Schwefelsäure und andere hygroskopische Stoffe können genutzt werden, um Wasserdampf aus der Luft zu absorbieren. Die absorbierte Wassermenge wird gewogen und die entsprechende Luftmenge mit einem Gaszähler gemessen. Aus diesen Grössen kann dann die relative Feuchtigkeit bestimmt werden.

Psychrometer

Ein Psychrometer besteht aus zwei Thermometern, von denen das eine die Temperatur der Raum- oder Umgebungsluft und das andere mit Feuchtigkeit gesättigte Luft misst. Die relative Luftfeuchtigkeit kann so durch die Temperaturdifferenz der beiden Thermometer bestimmt werden.

9.2.13 Luftqualität (CO_2, VOC, Partikel und Radon)

Eine kontinuierliche Messung der Luftqualität ist die Voraussetzung für eine bedarfsgerechte Raumlüftung. Komfort und Luftwechsel (und damit Energieverbrauch) können mithilfe von Messdaten optimiert werden. Die Art der Luftverunreinigung entscheidet dabei, welcher Sensor am besten geeignet ist.

In einem Restaurant kann beispielsweise CO_2 nicht als einziger Indikator für die Luftqualität verwendet werden, da die Luft vor allem durch die Geruchsentwicklung der Speisen belastet ist. Hier ist ein Mischgas- resp. VOC-Sensor das Richtige. In einem Hörsaal hingegen ist der CO_2 -Gehalt ein guter Indikator für die Luftqualität.

Im Folgenden werden einige Indikatoren für die Luftqualität und deren Messung beschrieben.

CO_2-Messungen

CO_2 wird bekanntlich vom Menschen bei der Atmung ausgestossen und kann sich bei ungenügender Lüftung in Innenräumen anreichern. Schon bei relativ geringen CO_2-Konzentrationen von 800 ppm bis 1500 ppm kann es zu Befindlichkeitsstörungen in Bezug auf die Innenluft kommen.

Messungen des CO_2-Gehalts können elektrochemisch oder mit einer Kombination aus IR-Diode und -Detektor erfolgen.

Abb. 83: Messgerät zur Überwachung der CO_2-Konzentration in Gebäuden
TFA Dostmann - 31.5006

VOC-Messungen

Flüchtige organische Verbindungen, kurz VOCs (volatile organic compounds), sind im Allgemeinen bei Zimmertemperatur gasförmige organische Verbindungen. Den grössten Anteil der durch Menschen freigesetzten VOCs bilden Lösemittel, Kältemittel und Abgase im Strassenverkehr.

In der Innenluft können speziell auch Bau- und Kunststoffe, Körpergerüche und der Tabakkonsum Quellen von VOCs sein. Wo vor allem diese Luftverunreinigungen die Innenluftqualität beeinflussen, werden VOC- resp. Mischgassensoren angewendet.

VOCs werden heute meist mit integrierten elektrochemischen Sensoren gemessen.

Partikelzähler

Partikelzähler für Innenräume können genutzt werden, um die Qualität von Filtern zu überprüfen, die Innenluftqualität in industriellen Räumen zu messen oder die Luftqualität in Reinräumen zu kontrollieren. Mit modernen Geräten kann die Verteilung der Partikel nach Grösse gemessen werden. Gleichzeitig werden Lufttemperatur und Luftfeuchte gemessen. Die Daten der Luftproben können gespeichert und ausgelesen werden, um sie weiter verarbeiten zu können.

Radonmessung

Radon ist ein natürliches radioaktives Edelgas, das im Untergrund beim Zerfall von Uran entsteht. Die Radonkonzentration wird in Becquerel pro Kubikmeter ($Bq \cdot m^{-3}$) gemessen, wobei ein Becquerel einem radioaktiven Zerfall pro Sekunde entspricht.

Aufgrund der geologischen Beschaffenheiten ist Radon an vielen Standorten ein Problem. Es kann durch undichte Stellen in der Gebäudehülle in Häuser eindringen, speziell dann, wenn beheizte Luft nach oben steigt. So entsteht eine Sogwirkung und es zieht Radon aus dem Keller in das Gebäudeinnere.

Weil Radon durch seine Radioaktivität die zweithäufigste Ursache für Lungenkrebs ist, sind Radonmessungen und entsprechende Massnahmen gegen eine Ansammlung des Gases wichtig. Eine Radongefährdungskarte der Schweiz und ein Onlinecheck, ob eine Messung zu empfehlen ist, findet sich auf der Website des BAG. [36] Auf www.radonhaus.ch finden sich weitere Informationen zu Radon und Massnahmen bei Radonbelastung.

Das am Weitesten verbreitete Verfahren zur direkten Radonmessung ist das Diffusionskammerverfahren. Das Radongas in der Luft diffun-

Abb. 84: Multifunktionsgerät zur Messung von VOC- und CO_2-Konzentration, Temperatur, Luftfeuchte und Schallpegel in Innenräumen
air-Q - Corant GmbH

Abb. 85: Partikelmessgerät zur Überwachung der Feinstaubbelastung
Trotec GmbH

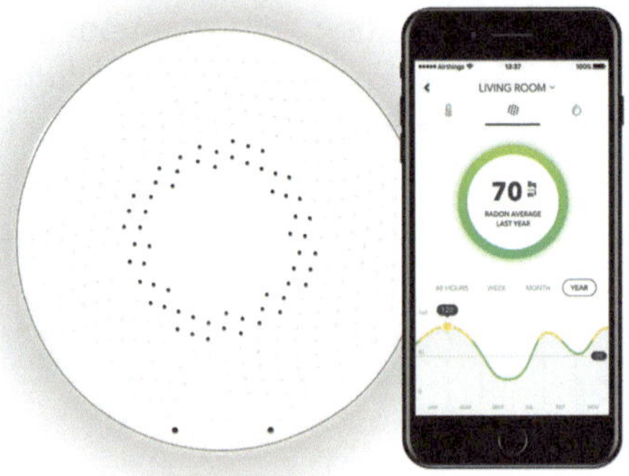

Abb. 86: «Smartes» Radonmessgerät mit VOC- und CO_2-Sensoren
Airthings

Abb. 87: Exposimeter zur Langzeitmessung der Radonkonzentration
Radonova

diert durch einen Filter in eine Messkammer. Im Innern dieser Kammer misst beispielsweise ein Halbleiterstrahlungsdetektor die Zerfallsprodukte des Radons und erlaubt so, auf die Radonkonzentration in der Luft rückzuschliessen.[37]

Ein anders, häufig angewendetes Verfahren sind Messdosen, welche eine Zeit lang im Winter in zu messenden Räumen aufgestellt werden und die Radongas absorbieren. Nach einer definierten Zeit müssen die Dosen in ein Labor eingesendet werden, um dort ausgewertet zu werden. Damit kann die mittlere Radonbelastung in einem Raum bestimmt werden.

9.2.14 Druck

Wirkt eine gewisse Kraft *F* auf eine Fläche *A*, ergibt sich ein Druck

$$p = \frac{F}{A}.$$

Die üblichen Einheiten in der Druckmessung sind das Bar (bar) und das Pascal (Pa), wobei $1\,\text{bar} = 10^5\,\text{Pa}$ gilt. Die Druckmessung liegt der Funktionsweise einiger Messgeräte aus den vorangehenden Teilkapiteln zugrunde (z.B. bei Staudruckanemometern und bei Drosselgeräten zur Volumenstrombestimmung). Hier soll nochmals kurz auf Druckmessgeräte (Manometer) eingegangen werden.

Druckmessungen können grundsätzlich in Absolut- und Differenzdruckmessungen eingeteilt werden.

Bei *Differenzdrücken* handelt es sich um Unterschiede beliebiger zwei Drucke. Oft wird hier auch der Begriff des Relativdrucks verwendet, der sich in der Regel auf den atmosphärischen Luftdruck bezieht.

Bei *Absolutdrücken* ist der Bezugspunkt Null, was einem drucklosen Vakuum entspricht.

Bei der Messung von Drücken kann ebenfalls zwischen unmittelbaren und mittelbaren Messgeräten unterschieden werden. U-Rohr-Manometer und Federmanometer sind unmittelbare Druckanzeigeelemente, während elektrische Manometer über Sensoren und Messumwandler arbeiten. Am Beispiel von Differenzdruckmessgeräten zur Messung eines Filterdrucks ist auch eine Kombination beider Komponenten möglich.

U-Rohr-Manometer

U-Rohr-Manometer (Abb. 88) bestehen aus einem gebogenen Glasrohr, das mit einer Flüssigkeit gefüllt ist. Wenn sich die Drücke an den beiden Enden des U-Rohrs unterscheiden, stellen sich unterschiedliche Flüssigkeitshöhen in den beiden Schenkeln ein. Hieraus kann der entsprechende Differenzdruck berechnet werden.

Federmanometer

Bei der Druckmessung mit Federmanometern (Abb. 89) kommen metallische Federn verschiedener Art zum Einsatz. In Federmanometern bewirkt die Druckkraft auf einer Membran die Auslenkung dieser Federn.

Federmanometer sind kostengünstige und robuste Messgeräte. Sie werden mit Flüssigkeitsmanometern geeicht.

Elektrische Manometer

Elektrische Drucksensoren können auf mehrere Arten realisiert werden. Heutzutage werden sie oft in der Form von elektromechanischen Mikrosystemen eingesetzt. Hier sollen der kapazitive und der piezoresistive Drucksensor kurz näher erläutert werden.

Kapazitive Drucksensoren sind in ihrer Funktion variable Luftspaltkondensatoren. Ihre beiden Elektroden werden durch einen Luftspalt getrennt, in dem sich eine Membran befindet. Besteht zwischen den beiden Seiten der Membran eine Druckdifferenz, bewegt sich die Membran aus ihrer Symmetrielage, wodurch sich die Kapazität ändert. Dieses Messprinzip wird beispielsweise auch in kapazitiven Touchscreens verwendet.

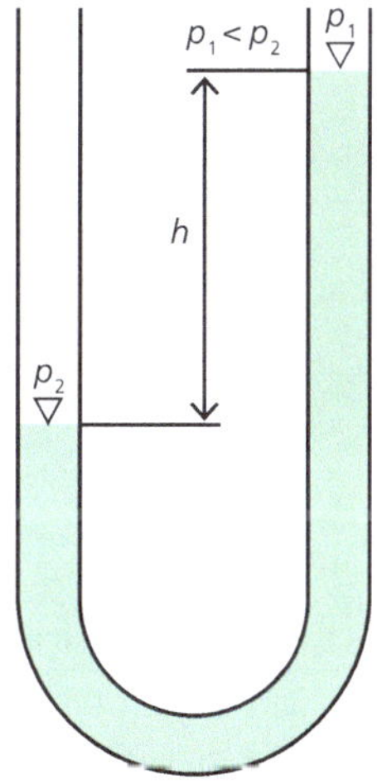

Abb. 88: Schematische Darstellung eines U-Rohr-Manometers

Abb. 89: Rohrfedermanometer
WIKA Schweiz AG

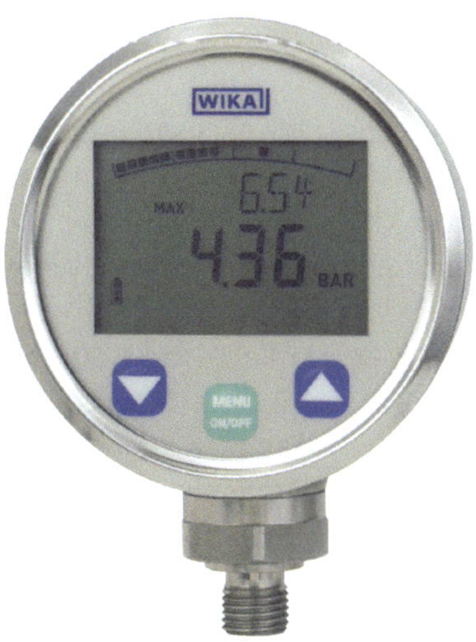

Abb. 90: Digitalmanometer mit LCD
WIKA Schweiz AG

In *piezoresistiven Drucksensoren* wird der piezoelektrische Effekt genutzt. Ein piezoresistives Material ändert seinen Widerstand in Abhängigkeit des wirkenden Drucks. Ist dieser elektrische Widerstand Teil einer Messbrücke, kann die Widerstandsänderung leicht gemessen und daraus auf den Druck rückgeschlossen werden.

9.2.15 Schall

Mit Schall ist in der Umgangssprache die Summe der vom Menschen wahrnehmbaren Geräusche, Klänge und Töne gemeint. Es kann zwischen Nutzschall (Gesprächsinhalt, Hinweistöne, Musik, usw.) und Störschall (z.B. Strassen- oder Maschinenlärm, Stimmen im Hintergrund) unterschieden werden.

Schallwellen sind im Grunde Druckschwankungen oder mechanische Deformationen, die in einem Medium propagieren. Verglichen mit dem statischen Druck der Atmosphäre sind diese Druckschwankungen in der Luft jedoch typischerweise sehr klein.

Eine wichtige Grösse in der Akustik ist der *Schalldruck* $p(t)$ in Pascal (Pa). Sofern p eine sinusförmige Wechselgrösse $p(t) = \hat{p}\sin(\omega t)$ ist, kann ihm ein Effektivwert von $P = \frac{1}{\sqrt{2}} \cdot \hat{p}$ zugewiesen werden. Über diesen Effektivwert definiert sich dann der relative Schalldruckpegel L_p in Dezibel (dB):

$$L_p = 20\log_{10}\left(\frac{P}{P_0}\right),$$

wobei $P_0 = 2 \cdot 10^{-5}$ Pa als die menschliche Hörschwelle bei einer 1 kHz Sinusschwingung definiert ist. In SIA 181 (2020) und in DIN 4109-1 sind die Mindestanforderungen an den Schallschutz im Hochbau festgelegt.

Zur Schallmessung werden Mikrofone verwendet, bei denen es sich im Prinzip um Wechseldruckmessgeräte handelt. Die gängigsten Sensoren basieren auf elastischen Membranen, die sich mit dem Wechseldruck bewegen und die (z.B. kapazitiv) in ein elektrisches Signal gewandelt werden können.

9.2.16 Füllstand

Mit einer Füllstandsmessung kann der Füllstand eines Behälters bestimmt werden. Die Angabe kann in Prozent, als Volumen, Höhe oder als Masse erfolgen. Wichtig zu erwähnen ist, dass bei Tanks mit Treibstoffen oder bestimmten Chemikalien eine gasexplosionsgefährdete Atmosphäre entstehen kann. Ebenfalls eine Explosionsgefahr kann bei Holzschnitzelsilos infolge von Gärgasen oder bei Holzpellets infolge Staub entstehen. Messgeräte im Inneren von Tanks

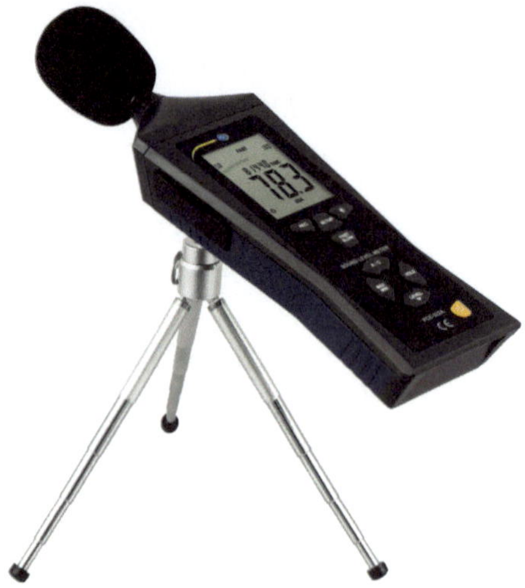

Abb. 91: Digitales Schallpegelmessgerät mit Datenspeicher und USB-Schnittstelle
PCE Deutschland GmbH

oder Silos dürfen in diesem Fall keine Zündquellen erzeugen (siehe «Praktische Anforderungen an Messgeräte»).

Schauglas

Mit einem Schauglas im Behälter selber oder in einem Parallelbehälter kann auf einfache Weise eine optische Füllstandsmessung durchgeführt werden.

Schwimmer

Ein Schwimmkörper gibt den Füllstand im Flüssigkeitstank an, wobei unterschiedliche Arten von Einbau und Ablesung möglich sind. Schwimmer können auch für Alarmvorrichtungen verwendet werden, welche melden, wenn ein bestimmter Füllstand, z.B. der Maximalfüllstand, erreicht wird. Dazu wirkt der Schwimmer wie ein Schalter, der umgelegt wird, wenn ein bestimmter Füllstand erreicht wurde. Auf diese Weise kann auch eine (diskrete) Füllstandsanzeige realisiert werden.

Verdrängungsprinzip

Wird ein Verdrängungskörper in eine Flüssigkeit eingebracht, entsteht eine Auftriebskraft, die proportional zur Dichte des verdrängten Mediums und des verdrängten Volumens ist. Steigt der Füllstand, steigt auch das verdrängte Volumen und die Auftriebskraft wird grösser. Mit einer Messung der Auftriebskraft kann somit der Füllstand bestimmt werden.

Einperlprinzip

Ein dünnes Rohr wird in einen Tank eingelassen und ein Gasdruck angelegt, der gerade so hoch ist, dass die Flüssigkeitssäule verdrängt wird und Blasen entstehen. Der Gasdruck im Rohr entspricht dadurch dem hydrostatischen Druck im Tank. Weil der hydrostatische Druck im Tank proportional zur Füllhöhe ist, kann somit der Füllstand bestimmt werden.

Hydrostatische Druckmessgeräte

Bei der hydrostatischen Druckmethode werden der hydrostatische Druck der Flüssigkeitssäule und der Gasdruck im Tank direkt gemessen. Bei bekannter Dichte des Mediums kann aus der Differenz der beiden Drücke der Füllstand bestimmt werden.

Wägeprinzip

Der gesamte Behälter wird auf Wägezellen montiert. Bei bekannter Dichte des Mediums (und des Leergewichts des Behälters) kann dadurch das Füllvolumen im Tank resp. im Silo bestimmt werden.

Leitfähigkeitsmessung

Im Tank befindet sich eine Sonde, die die Leitfähigkeit zwischen der Sonde und der Behälterwand misst. Bei hohen Füllständen ist ein grösserer Teil der Sonde von der Flüssigkeit bedeckt und die Leitfähigkeit ist höher (bzw. der elektrische Widerstand geringer). Ist die Behälterwand nicht leitfähig, kommt eine zweite Sonde als Gegenpotenzial zum Einsatz.

Diese Methode setzt voraus, dass das Medium eine genügend hohe Leitfähigkeit besitzt.

Kapazitive Füllstandsmessung

Eine Sonde im Tank und der Behälter bilden einen Kondensator, an den ein Wechselstrom angelegt wird. Ist die relative Dielektrizitätskonstante des zu messenden Mediums bekannt, kann aus der resultierenden Kapazität der Füllstand bestimmt werden.

Strahlungsdämpfungsprinzip

Bei der Strahlungsdämpfungsmethode wird ein Signal von einem Sender abgegeben, das von einem Empfänger detektiert wird. Befindet sich ein Medium zwischen Sender und Empfänger, wird das Signal vom Medium absorbiert und gelangt gedämpft zum Empfänger.

Das Verfahren kann auf Mikrowellen- oder Gammastrahlung basieren. Bei kritischen Bedingungen bezüglich Druck, Temperatur oder Aggressivität des Mediums ist die Verwendung von Gammastrahlung von Vorteil, da sie die Hülle des Behälters durchdringt und die Messvorrichtung somit ausserhalb des Behälters installiert werden kann.

Ultraschallmessung
Sie funktioniert nach dem gleichen Prinzip wie die Strahlungsdämpfungsmethode, mit dem Unterschied, dass zur Messung Ultraschall verwendet wird. Die Methode hat den Nachteil, dass sie bei hohem Druck im Tank nicht angewendet werden kann.

Reflexionsmessung
Die Reflexionsmethode ermöglicht eine berührungslose Niveaumessung. Es wird ein Ultraschall- oder Mikrowellenimpuls erzeugt, der an der Oberfläche des Mediums reflektiert und anschliessend wieder erfasst wird. Durch eine Messung der Laufzeit des Impulses kann der Füllstand bestimmt werden.

Eine spezielle Art der Reflexionsmessung ist die Radarmessung. Mit einem Radar kann der Abstand zwischen dem fest eingebauten Sensor an der Decke eines Tanks oder eines Silos zur Oberfläche der Flüssigkeit oder des Schüttgutes gemessen werden.

Bei Schüttgütern wie Holzschnitzeln und Holzpellets in einem Silo können solche Messmethoden mit Ultraschall oder Radar gut angewendet werden.

30 F. Puente León, Messtechnik, Springer Vieweg, 2015

31 H.-J. Gevatter und U. Grünhaupt, Handbuch der Mess- und Automatisierungstechnik, Springer Verlag Berlin Heidelberg, 1999

32 Joint Committee for Guides in Metrology (JCGM) (ed.), *International vocabulary of metrology – Basic and general concepts and associated terms (VIM)*, 3rd edition, 2012

33 T. Mühl, Einführung in die elektrische Messtechnik, Vieweg+Teubner Verlag, 2008

34 P. Häupl, M. Homann, C. Kölzow, O. Riese, A. Maas, G. Höfker und C. Nocke, Lehrbuch der Bauphysik, Springer Vieweg, 2013

35 greenTEG, «U-Wert messen in der Praxis», greenTEG, [online]. Available: https://www.greenteg.com/U-Value/. [Zugriff am 27. Januar 2021]

36 Bundesamt für Landestopografie swisstopo, Bundesamt für Gesundheit BAG, «Radonkarte», 10 Juni 2017. [online]. Available: https://map.geo.admin.ch/?layers=ch.bag.radonkarte&lang=de&topic=ech&bgLayer=ch.swisstopo.pixelkarte-farbe&layers_opacity=0.75. [Zugriff am 27. Januar 2021]

37 Bundesamt für Gesundheit BAG, «Radon», 1. November 2019. [online]. Available: https://www.bag.admin.ch/bag/de/home/gesund-leben/umwelt-und-gesundheit/strahlung-radioaktivitaet-schall/radon.html. [Zugriff am 27. Januar 2021]

10 Energiemanagementsoftware

10.1 Einsatz von Energiemanagementsoftware

Um die nötige Transparenz zu der energetischen Situation eines Gebäudes oder eines Unternehmens zu bekommen, sind regelmässige Messungen unabdingbar. Damit mit der Vielzahl von Messwerten aufschlussreiche Analysen getätigt werden können, ist der Einsatz einer geeigneten Energiemanagementsoftware zu empfehlen.

Die Energiemanagementsoftware soll den Gebäudebetreiber beim Energiemanagement unterstützen. Dabei soll einerseits der Energieverbrauch ökonomisch und ökologisch optimiert und andererseits sollen die für das Kerngeschäft relevanten Prozesse bestmöglich mit der nötigen Energie versorgt werden.

Eine Energiemanagementsoftware muss grundlegend in der Lage sein:

- *Eine Vielzahl von Messwerten (Hunderte bis Tausende) zu verarbeiten*
- *Eine genügend grosse Datenmenge zu speichern und auszuwerten*
- *Die Werte geeignet und vergleichend (stunden-, tage-, monatsweise usw.) darzustellen*
- *Analysen der Messwerte zu ermöglichen*

Ausgehend vom Anforderungsprofil ist eine entsprechende Software zu wählen. Solange nur eine einfache Energieanalyse im Jahrestakt gewünscht ist, kann meist auf ein herkömmliches Tabellenkalkulationsprogramm zurückgegriffen werden, welches die Energiekosten im Groben darstellt und Verbesserungspotenziale hervorhebt. Sobald die Datenerfassung im Tages- oder üblichen Viertelstundenrhythmus erfolgt, ist aufgrund der riesigen anfallenden Datenmenge eine kommerzielle Energiemanagementsoftware zu verwenden. Diese ist dann in der Lage, kontinuierlich Daten zu erfassen, abzuspeichern, die Messdaten auszuwerten und zu bewerten und basierend auf dieser Bewertung Massnahmen zu induzieren.

Das Einrichten einer Energiemanagementsoftware ist ein einmaliger, aber aufwändiger Initialaufwand. Die ganze Energiemanagementsoftware und deren Betreuung kann nicht auf die Schnelle aufgegleist werden. Nach dem Entscheid, aktiv Energiemanagement zu betreiben, müssen mehrere organisatorische Schritte durchgeführt werden. Dieser Vorgang wird genauer in der Norm ISO 50001 beschrieben. Dabei wird unter anderem darauf eingegangen, das Energiemanagement ein kontinuierlicher Prozess ist, der ständig wiederholt werden muss und erst nach einiger Zeit Resultate mit sich bringt.

Eine Reihe der im Markt etablierten Softwareprodukte hat bemerkenswerterweise ihren Ursprung im industriellen Umfeld. Produzierende Unternehmen haben schon früh damit begonnen, die eingesetzte Energie, die dann auch direkt in den Produktkosten eingeht, nachzuverfolgen. Die dafür konzipierten Softwarelösungen bieten daher auch ein Höchstmass an Flexibilität und Messsignalverarbeitung. Die Darstellungs- und Verarbeitungsmöglichkeiten sind dementsprechend vielfältig. Neben der reinen Aufzeichnung und Darstellung sind ebenfalls Berechnungen mit den einzelnen Messdaten möglich. Dies ermöglicht, unter Umständen auf die eine oder andere Messung verzichten zu können, da sich gewünschte Werte auch aus anderen, einfacher zu erfassenden Werten bestimmen lassen.

10.2 Konfiguration

Renommierte kommerzielle Energiemanagementsoftwarelösungen sind im Funktionsumfang sehr umfangreich. Meist können sie auf verschiedenste Branchen angewandt werden. Dies zieht mit sich, dass diese für jeden Betrieb konfiguriert werden muss. Es empfiehlt sich, dies zusammen mit dem Anbieter der Software bei Inbetriebnahme zu machen. Es ist empfehlenswert, eine oder mehrere Personen als zuständig zu erklären, welche auch dementsprechend vom Softwarehersteller geschult werden sollten.

Somit ist es möglich, die für die jeweilige Branche üblichen Auswertungen automatisch von der Software ausführen zu lassen und den Arbeitsaufwand zu minimieren. Dies entspricht häufig auch dem Bedürfnis der Unternehmen, die solch eine Energiemanagementsoftware einsetzen möchten. Die nachfolgenden Features werden häufig gewünscht:

- *Webfähig*
- *Evtl. auch als Applikation für Smartphone verfügbar*
- *Modularer Aufbau, sodass eine individuelle Anpassung der Darstellung möglich ist (häufig werden heute sogenannte Dashboards eingesetzt)*
- *Umfangreiche grafische Darstellungsmöglichkeiten (Linien-, Balken-, Kuchendiagramme)*
- *Vergleiche von Messwerten mit Vormonaten, -jahren, -tagen usw.*
- *Freie Einbindung von Kundenlogos für die individuelle Mandatsanpassung*
- *Verwaltung von mehreren Gebäuden gleichzeitig*
- *Mandatsübergreifende Vergleichsmöglichkeiten*
- *Generell einfache, intuitive Bedienung und Einrichtung*
- *Umfangreiche, einfach zu konfigurierende Berichtsmöglichkeiten (Reporting)*
- *Automatisierte Auswertung der Messdaten*
- *Berechnung und Darstellung von (individuellen) Kenngrössen (Benchmarking)*
- *Automatische, frei konfigurierbare Alarmierungsmöglichkeiten auf die modernen Kommunikationskanäle (SMS, E-Mail usw.)*
- *Verlässlicher Support vonseiten des Softwareanbieters*
- *Unproblematische Anbindung an vorhandene IT-Infrastrukturen*
- *Mehrsprachigkeit*
- *Stabiler Betrieb*
- *Sicherheit der Daten vor Zugriff und individuelle Einrichtung von Zugriffsrechten auf die Daten*

Diese Aufzählung ist selbstredend nicht vollständig. Es wird aber hier deutlich, dass eine praxistaugliche Energiemanagementsoftware eine Vielzahl von Parametern zu erfüllen hat. Nicht alle Tools, die auf dem Markt zu finden sind, können die Mehrzahl dieser Anforderungen erfüllen.

In der Praxis wird sehr häufig mit der Erfassung von Messdaten begonnen und in einem Tabellenkalkulationsprogramm dargestellt. Meist ist dies für wenig komplexe Fälle geeignet. Dies kann beispielsweise ein einzelnes Bürogebäude sein mit wenigen technischen Anlagen und einfacher technischer Infrastruktur. Da Energiemanagement aber definitorisch ein langfristiges Engagement ist, nimmt die Datenmenge schnell zu. Gleichzeitig werden immer weitergehende Auswertungen gewünscht. Sehr schnell wird die Auswertung mithilfe der Tabellenkalkulation zum Problem. Ein weiteres nicht zu vernachlässigendes Problem liegt bei den bedienenden Personen. Kommt es zu einem Personalwechsel oder einem längeren Ausfall der Person, die die Auswertung in der Tabellenkalkulation aufgebaut hat, ist die Nachvollziehbarkeit für Dritte in der Regel sehr mühsam bzw. praktisch nicht möglich. Dies sind Gründe, die für den Einsatz von professionellen Energiemanagementsoftwarelösungen sprechen.

10.3 Datenerfassung

Die Mess- und Energiedaten können, wie Abb. 92 zeigt, aus vielerlei Quellen kommen.

Dementsprechend ist es eine erste Herausforderung, all diese Daten zentral auf den Server mit der Energiemanagementsoftware zu bringen, wozu auf mehrere verschiedene Technologien zurückgegriffen werden muss. Grundsätzlich kann aber zwischen einer manuellen und automatischen Datenerfassung unterschieden werden.

In der Praxis stellt sich dies nicht mehr als unlösbares Problem dar, da eine Reihe von Hardwarelösungen zur Verfügung stehen, die eine Einbindung der verschiedensten Messsignale und die Übergabe mit geeigneten Schnittstellen bewältigen.

Ist auf der Basis eines Messkonzeptes die laufend aufzuzeichnende Datenmenge festgelegt, ist die Datenorganisation zu klären. Für diese Entscheidung sind die folgenden Aspekte zu bedenken:

- *Sind die aufgezeichneten Daten in irgendeiner Form sicherheitsrelevant?*
- *Ist eine Person im Unternehmen, die dauerhaft mit der Hard- und Software umgehen kann (technisch und zeitlich)?*
- *Sind die Kosten intern vertretbar oder kann ein Hosting zu günstigen Preisen in Anspruch genommen werden?*
- *Ist bei einem externen Service ein technischer Support sichergestellt?*

Die Entscheidung, wie das Datenmanagement organisiert werden soll, ist individuell abzuwägen. Unternehmen, die Energiemanagement betreiben wollen, müssen sich losgelöst von der individuellen Datenmanagementlösung bewusst sein, dass in jedem Fall mindestens eine Person im Unternehmen für das operative Management zuständig sein muss.

10.3.1 Manuelle Erfassung

Die Datenerfassung kann in einem groben Rahmen manuell erfolgen. Dabei liest ein Mitarbeiter die verschiedenen Fühler und Zähler ab und trägt die Daten anschliessend über das Interface der Energiemanagementsoftware ein. Die Rechnungen der verschiedenen Energielieferanten werden dabei auch in das System übertragen. Dieser Prozess kann monatlich oder auch seltener geschehen, was in einer begrenzten zeitlichen Auflösung der erfassten Daten resultiert.

Eine manuelle Kontrolle wird im laufenden Prozess der Datenerfassung schon deswegen notwendig, da regelmässig geprüft werden muss, ob die erfassten Werte auch sinnvolle Resultate darstellen. Wenn sich unerklärliche Ausschläge bei einem Messwert zeigen, ist vor Ort zu prüfen, ob der Wert aus einer ungewöhnlichen Betriebssituation heraus resultiert, ob der Messfühler defekt ist oder ob auf dem Übermittlungsweg ein Fehler vorliegt. Diese Überprüfung kann sich aufwändig gestalten. Eine Sichtkontrolle durch einen kundigen Mitarbeiter wird dann notwendig. Sind nun in einem Gebäude sehr viele (z.B. Hunderte) von Messstellen vorhanden, wird unter Umständen die Sichtprüfung häufiger durchzuführen sein, als zunächst gedacht. Diese Schwierigkeit ist bei der personellen Besetzung eines Energiemanagementteams zu beachten.

10.3.2 Automatische Erfassung

Im Gebäudebereich werden zukünftig Smart-Meter für die Erfassung des Stromverbrauchs zum Einsatz kommen. Solche Zähler bieten die Möglichkeit, Messdaten genauer auszulesen. Ein bidirektionales Datenhandling ist ebenfalls

DATENERFASSUNG

Abb. 92: Datenerfassung aus unterschiedlichen Quellen

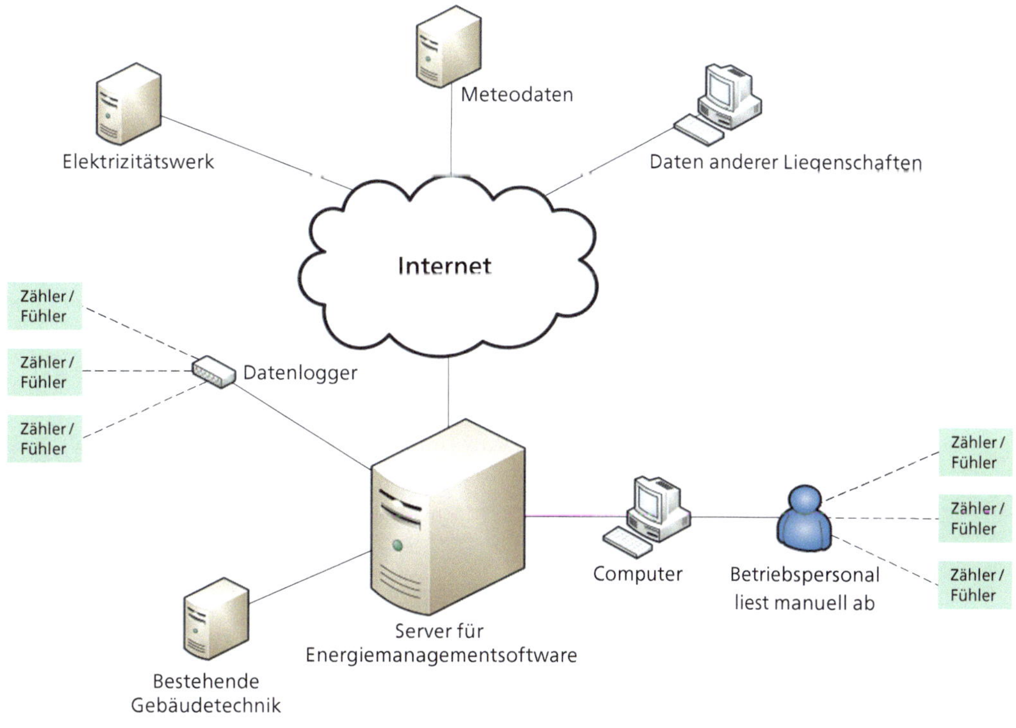

möglich. Eine Einbindung in eine allenfalls vorhandene Gebäudeleittechnik ist dann obligatorisch.

Die Gebäudeleittechnik bzw. Gebäudeautomation wird bei gewerblich genutzten Gebäuden eingesetzt für

- *Einhalten von definierten Komfortansprüchen (Behaglichkeitskriterien)*
- *Gewährleisten von Sicherheitsanforderungen bzw. -bedürfnissen (Zutrittskontolle, Einbruchschutz)*
- *Optimierung des Energieverbrauchs (belegungsabhängiger Betrieb, Lastmanagement)*

Gemäss Aschendorf (2014) sind einfache Gebäudeautomationsmöglichkeiten bereits mit Einzelraumtemperaturregelungen direkt am oder als Stellantrieb oder fernsteuerbare Steckdosen möglich, die in Technik-Kaufhäusern oder Discountern günstig beschafft werden können. Durch Ersatz der manuell oder thermisch betätigten Ventile an den Heizkörpern durch elektronische, batteriebetriebene Stellantriebe in Verbindung mit Raumthermostaten (direkt im Stellantrieb integriert oder abgesetzt als Wandgerät) lässt sich die Temperatur in den Räumen stellen. Selbst preiswerte Systeme verfügen über Zeitprofile, mit denen die Sollwerte kalender- und zeitbasiert gestellt werden. Einige Systeme verfügen über die Möglichkeit der Anbindung von Fensterkontakten oder der Detektion von Temperaturänderungen, um während der Fensteröffnung die Sollwerte abzuregeln. Für das Gewerk Beschattung sind steuerbare Rohrmotoren oder Gurtwickler verfügbar, mit denen helligkeitsabhängig über Sensoren, die mit Saugnäpfen an der Fensterscheibe angebracht werden, und Zeitschaltuhren die Jalousien, Rollläden oder Markisen gefahren werden.

Es sind zahlreiche Gebäudeautomationssysteme verfügbar, die sämtliche Gewerke abdecken und auch Interoperabilität zwischen den Gewerken ermöglichen. So können durch Kombination einer Helligkeitsmessung mit Zeitsteuerung, Bewegungsmeldern und separater Schalt- und Fernbedienung Leuchtmittel helligkeitsmässig gesteuert werden. Kombiniert mit einer «Haus-ist-verlassen-Steuerung» können so Kosten elektrischer Energie eingespart werden. Die Heizungsanlage kann durch Einzelraumtemperaturregelungen optimiert werden, bei denen Fensterkontakte integriert werden. Durch Zentralisierung und Einbindung des «Haus-ist-verlassen-Zustandes» oder «I-come-back»-Sendens können bedarfsgerecht die Sollwerte gefahren und auch die Jalousien oder Rollläden angepasst gefahren werden. Weitere Beispiele zur Energieeinsparung sind generell das bedarfsgerechte Fahren der Jalousie oder das zeitbasierte Fahren des Heizkessels, meist als völlig unterschiedliche Systeme realisiert. Je mehr Teilsysteme in die Gebäudeautomation einbezogen werden, desto mehr Einsparpotenziale, damit aber auch Steigerung von Komfort und Sicherheit, werden realisierbar. Es wird klar, dass die Einbindung von Sensoren erforderlich ist und teilweise bereits in den einzelnen Komponenten, z. B. Temperaturmessung in den Raumthermostaten, realisiert ist.

Eine moderne Gebäudeleittechnik kann gemäss Aschendorf (2014) die folgenden Funktionen abdecken:

- *Smart Metering (elektronischer Haushaltszähler)*
- *Überwachung des aktuellen Leistungszustands der Verbraucher*
  - *Überwachung des aktuellen Verbrauchs der Verbraucher*
  - *Überwachung der aktuellen Kosten der Verbraucher*
  - *Überwachung des aktuellen Leistungszustands des Gebäudes*
  - *Überwachung des aktuellen Verbrauchs des Gebäudes*
  - *Überwachung der aktuellen Kosten des Gebäudes*
  - *Überwachung des kalkulierten Verbrauchs der Verbraucher*
  - *Überwachung der kalkulierten Kosten der Verbraucher*
  - *Überwachung des kalkulierten Verbrauchs des Gebäudes*
- *Heizungssteuerung*
  - *Sollwertabsenkung bei kurzzeitiger Abwesenheit (Stand-by)*
  - *Sollwertabsenkung bei längerer Abwesenheit (Frostschutz)*
  - *Sollwertabsenkung bei Nachtbetrieb*
  - *Heizungspumpensteuerung*
  - *Kesselsteuerung*
- *Lichtsteuerung*
  - *Lichtzuschaltung bei Dämmerung*
  - *Lichtabschaltung bei Helligkeit*
  - *Konstantlichtregelung in Abhängigkeit der Helligkeit*
- *Jalousien und Rollläden*
  - *Jalousieabsenkung zur Vermeidung von Überhitzung*
  - *Jalousieanhebung zur Nutzung von Sonneneinstrahlung*

- *psychologisches Energiemanagement*
  - *Überwachung des aktuellen Leistungszustands des Gebäudes*
  - *Überwachung des aktuellen Verbrauchs des Gebäudes*
  - *Überwachung der aktuellen Kosten des Gebäudes*
  - *grafische Darstellung von Jahres- und Tagesgangkurven*
- *aktives Energiemanagement*
  - *Information über nicht abgeschaltete Geräte bei verlassenem Haus*
  - *Information über zu hohe Sollwert- und Isttemperaturen*
  - *Information über geöffnete Fenster und Türen*
- *Energieberatung*
  - *Überwachung des aktuellen Leistungszustands der Verbraucher*
  - *Überwachung des aktuellen Verbrauchs der Verbraucher*
  - *Überwachung der aktuellen Kosten der Verbraucher*
  - *Überwachung des aktuellen Leistungszustands des Gebäudes*
  - *Überwachung des aktuellen Verbrauchs des Gebäudes*
  - *Überwachung der aktuellen Kosten des Gebäudes*
  - *Überwachung des kalkulierten Verbrauchs der Verbraucher*
  - *Überwachung der kalkulierten Kosten der Verbraucher*
  - *Überwachung des kalkulierten Verbrauchs des Gebäudes*
  - *Überwachung der kalkulierten Kosten des Gebäudes*
- *passives Energiemanagement*
  - *integrierte Gebäudeautomation*
  - *tarifgesteuertes Schalten von Verbrauchern*
  - *limitgesteuertes Schalten von Verbrau chern*
  - *automatisch angepasste Sollwerttemperaturen*

Der Betrieb moderner, grösserer, komplexer Gebäude ist heute ohne den Einsatz einer Gebäudeautomation nicht mehr vorstellbar. Darum sind solche Systeme in derartigen Gebäuden standardmässig eingesetzt. Die Erfahrung bei aller beeindruckender Funktionalität sind jedoch uneinheitlich. Das Spektrum reicht von Gebäuden, in denen eine Gebäudeautomation eingebaut ist, die nicht in Funktion ist, bis zu perfekt (praktisch automatisch) betriebenen Gebäuden. Der erfolgreiche Betrieb eines Gebäudes auf der Grundlage einer Gebäudeautomation ist allerdings mit Aufwand verbunden. Bis ein solches System durch den Nutzer und häufig mit Unterstützung des jeweiligen Herstellers betriebsbereit eingerichtet ist, sind viele Wochen eingesetzt worden.

Im praktischen Betrieb ist auch nicht jede Funktion akzeptiert. Beispielsweise wird eine automatische Storensteuerung zur Verhinderung eines unnötigen Aufheizens von Räumen aufgrund der Solarstrahlung häufig wieder ausser Betrieb genommen, weil Nutzer unkontrolliert hoch- und runterfahrende Storen stören und weil doch viele Nutzer gerne Sonne sehen und spüren wollen.

Der Mitarbeiter, der sich mit der Gebäudeautomation auseinandersetzt, muss die Funktionalität beherrschen und sich daher intensiv dort einarbeiten. Nur so lassen sich auch gezielt Funktionalitäten einsetzen, die für den individuellen Gebäudebetrieb von Nutzen sind. Die laufende Betreuung ist im Sinne des Energiemanagements eine Daueraufgabe. So komplex wie die Gebäude mit deren Technik sind, so komplex sind die Softwaresysteme der Gebäudeautomationen ebenfalls. Dies kann auch tückisch sein, z.B. wenn eine jahrelang optimierte Anlage ihren Einstellwerte durch ein Softwareupdate zugunsten von Standardwerten verliert.

Literatur

Bernd Aschendorf. Energiemanagement durch Gebäudeautomation: Grundlagen- Technologien-Anwendungen. Springer, 2014.

10.3.3 Überprüfung der Daten

Teil der Aufgabe der Software ist es, die Daten aus vielen unterschiedlichen Quellen, unterschiedlichen Formaten und unterschiedlichen Auflösungen zu vereinheitlichen. Diese Daten sollen dann weiter auf Konsistenz und Plausibilität überprüft und anschliessend in der zentralen Datenbank abgelegt werden. Der softwareseitige Umgang bzw. die Nutzerfreundlichkeit sind wesentliche Akzeptanzfaktoren, da sich ohne eine zufriedenstellende Verarbeitbarkeit die Frustration schnell einstellt.

Der Automatisierungsgrad, mit welchem eingehende Messdaten «automatisch» auf deren Plausibilität geprüft werden, ist ein Qualitätskriterium. Wird eine hinreichend grosse Unregelmässigkeit festgestellt, sollte direkt eine Warnmeldung an die im System hinterlegten Mitarbeiter oder Stellen verschickt werden. Diese Funktionalität ist einfach zu realisieren. Anspruchsvoller ist es, aus den eingehenden Daten aufgrund einer (automatisierten) Auswertung eine Prognose bzw. Handlungsanleitung abzuleiten. Verschiedene Softwareprodukte bieten grundsätzliche Möglichkeiten, solche Prognosen aus den Daten abzuleiten. Die Schwierigkeit ist eher, dass hierfür ein tiefes Verständnis des überwachten Gebäudes und dessen Nutzung notwendig ist. Der Energiemanager muss, um sinnvolle Prognosen treffen zu können, die eigene Organisation (Unternehmung) sehr gut kennen, damit die voraussichtliche Nutzung treffend eingeschätzt werden kann. Letztlich ist diese Auswertungsmöglichkeit also nicht so sehr abhängig von den IT-Möglichkeiten, sondern viel mehr von den bedienenden Personen.

10.4 Datenverwaltung

Heutzutage benutzen praktisch alle kommerziellen Energiemanagementsoftwareanbieter moderne SQL-Datenbanken. Meist sind die Lizenzen schon im Gesamtpreis der Software inbegriffen, in wenigen Ausnahmen ist die Lizenz separat anzuschaffen.

Diese SQL-Datenbanken sowie die Energiemanagementsoftware laufen auf einem zentralen Server. Abhängig von der Software und der Anzahl Datenpunkte ist dieser entsprechend zu dimensionieren. Je nach Wichtigkeit der Messdaten sind auch Redundanzen einzuführen, falls notwendig auch an einem anderen Standort, um sie vor Umweltkatastrophen, Diebstahl und Brandfällen zu schützen.

Der Standort der Datenserver (intern, extern) ist zu entscheiden. Der Zugriff auf die Daten muss jederzeit möglich sein. Besonders die Vergleichbarkeit (Benchmarking) verschiedener Gebäude und weitergehend verschiedener Portfolios muss in geeigneter Weise möglich sein.

10.5 Benutzeroberfläche und Benutzerfreundlichkeit

Je nach Energiemanagementsoftware gibt es stilistisch grössere Unterschiede in der Benutzeroberfläche und deren Anpassungsfähigkeit. Damit verbunden gibt es auch grössere Unterschiede in der Benutzerfreundlichkeit. Die verantwortliche Person für das Bedienen der Software sollte sich mit dieser vertraut machen können und für die Bedienung geschult werden. Die beste Funktion hilft dem Betrieb nicht, solange sie versteckt ist und nicht benutzt werden kann.

Die Benutzerfreundlichkeit ist ein relevantes Kriterium für oder gegen eine Softwarelösung. Darunter können die folgenden Punkte verstanden werden:

- *Intuitive Bedienung*
- *Nachvollziehbare Gestaltung der Menus*
- *Mehrsprachigkeit*
- *Einfache Adaptierbarkeit*
- *Einfache Nutzerverwaltung (mandatenfähig)*
- *Front- und Backend*
- *Umfangreiche Funktionalität für Reportings*
- *Schnittstellen zu anderen Softwarelösungen (wie CAFM-Flächenverwaltung)*
- *Umfangreiche grafische Funktionen*
- *Umfangreiche mathematische Funktionalität*
- *Dashboards*
- *Webfähig*

Diese Aufzählung ist selbstredend nicht vollständig und stellt nur eine Momentaufnahme dar. Die Verfügbarkeit von Daten von vielen Gebäuden und Anlagen wird den Trend im Bereich Benchmarking und Prognose zukünftig verstärken. Daher werden sich die Ansprüche an die Benutzerfreundlichkeit ebenfalls weiterentwickeln.

10.6 Auswertung

Die Hauptaufgabe der Energiemanagementsoftware ist es, die vielen Messdaten auszuwerten und darzustellen. Die Herausforderung besteht darin, die Daten so aufzubereiten, dass einfach erkannt werden kann, wo im Betrieb noch Verbesserungspotenzial steckt und welche weiteren Massnahmen ergriffen werden könnten. Dazu muss die Information, die in den Tausenden Messwerten steckt, verdichtet werden.

Dies kann unter anderem dadurch geschehen, indem Energieverbräuche, Raumklimadaten, Kosten etc. in Diagrammen dargestellt werden. Somit lassen sich oft Probleme einfacher identifizieren. Zusätzlich lassen sich Kennzahlen berechnen, vordefinierte oder benutzerdefinierte. Diese Kennzahlen können Teil eines weiteren Benchmarkings sein und lassen einen Vergleich mit anderen Gebäuden und dem Klassenbesten zu.

Energiemanagementsoftwarelösungen bieten die Möglichkeit, automatisch Berichte zu erstellen. Dank diesen Berichten kann ein Energieeinsparpotenzial aufgedeckt werden und entsprechende Massnahmen können dann besprochen und umgesetzt werden.

Im Rahmen eines wirkungsvollen Reportings muss die zielgerichtete Darstellung der Messdaten bzw. der Auswertungen auf der Basis der Daten möglich sein. Das Einrichten von automatisiert erstellten Berichten, die sich an die unterschiedlichen Zielgruppen innerhalb des Unternehmens richten, ist eine wesentliche Funktionalität einer Energiemanagementsoftware. Hier kann mit standardisierten Textbausteinen und Grafiken gearbeitet werden. Dies hat die Vorteile, dass das Einrichten dieser Berichte mehr oder weniger einmal durchgeführt werden muss und die Erstellung vorkonfektioniert auf einfache Weise möglich wird. Die Adressaten des Berichts profitieren von dem immer gleichen Layout und der immer gleichen Zusammenstellung der Resultate. Dies führt aufgrund gleichbleibender Professionalität zu einem Gewöhnungseffekt und somit zu einer hohen Akzeptanz bei den Zielgruppen.

Eine wichtige Funktion ist das Ausgeben von Warnungen und Meldungen. Dabei wird der Betrieb überwacht, und im Falle einer Fehlfunktion, einer Überschreitung eines Grenzwertes oder einer anderweitig konfigurierten Abweichung kann eine Warnung oder Meldung z.B. per E-Mail oder SMS an die zuständigen Personen geschickt werden.

10.7 Betriebsführung

Grundsätzlich beschränken sich herkömmliche Softwarelösungen für Energiemanagement nur auf die Energiedatenerfassung und Auswertung. Dabei sollte aber nicht vergessen werden, dass, basierend auf den Erkenntnissen der Energiemanagementsoftware, das Gebäude betrieben und Prozesse gesteuert werden können. Dies wird meist von der Gebäudeleittechnik übernommen und ist hier kurz beschrieben.

10.7.1 Raum- und Klimamanagement

Das Raumklima ist ein wichtiger Faktor für das Wohlbefinden und hat direkten Einfluss auf die Leistungsfähigkeit der sich im Raum befindenden Personen. Deshalb sollte ein besonderes Augenmerk auf ein optimales Raumklima gelegt werden.

In Produktionsprozessen werden z.T. aus sicherheits- oder qualitätstechnischen Überlegungen und Forderungen enorme Anforderungen an das Raumklima gestellt. In so gelagerten Fällen sollte abgeklärt werden, ob tatsächlich ein gesamter Raum oder lediglich ein einzelner Prozessschritt diese spezifischen Anforderungen an das Klima erfüllen muss.

10.7.2 Regelungstechnik

Regelungstechnik ist ein wichtiger Bestandteil, um verschiedene Prozesse automatisch zu beherrschen.

Dabei werden Aktoren kontrolliert, um automatisch Zustände des Gebäudes zu regeln. Über Fühler und Sensoren werden die Abweichungen vom gewünschten Zustand gemessen und mit hilfe dieser Abweichungen und einem Regler die Aktoren angesteuert. Der Vorteil eines solchen Regelkreises ist, dass dynamisch auf diverse Störungen im System reagiert werden kann. Bei zu vielen freien Parametern und somit Regelungsmöglichkeiten kann es vorkommen, dass sich ein System nicht mehr stabil regelt. Ein gut justiertes System ist ein Kompromiss zwischen ausreichender Dynamik und angemessener Trägheit.

10.7.3 Lastmanagement

Das Lastmanagement ist eine Optimierung des Lastprofils und zieht keine Energieersparnis, jedoch eine Kostenersparnis mit sich.

Der elektrische Energieverbrauch variiert normalerweise über einen Tag. Um die Spitzenlasten abzudecken, fallen für den Netzbetreiber und Energieerzeuger zusätzliche Kosten an. Diese werden vom Stromlieferanten durch einen Leistungspreis erhoben. Das Monatsmaximum, die während einer 15-minütigen gemittelten Messperiode höchste Leistung eines Monats, wird mit einem Faktor verrechnet und stellt einen bedeutenden Teil der Stromrechnung dar.

Es ist also für ein Unternehmen finanziell lohnenswert, dieses Monatsmaximum so weit wie möglich abzusenken. Das Lastmanagement trennt bei hohen Energieverbräuchen die unkritischen Lasten und ist somit in der Lage, die Leistungsspitzen abzuschwächen und somit die Energiekosten zu senken.

10.8 Genutzte Software in der Schweiz

Namhafte Softwareprodukte für Energiemanagement, welche in der Schweiz vertrieben werden, decken die geforderten Funktionen mehrheitlich ab, wobei die wichtigsten hier aufgelistet sind:

- *Diverse Berichte erstellen*
- *Vordefinierte Kennzahlen berechnen*
- *Anwenderdefinierte Kennzahlen berechnen*
- *Zugang via Internet und Intranet*
- *Erfassen von Wetterdaten*
- *Manuelle und automatische Datenerfassung*
- *Automatische Überprüfung der erfassten Daten*
- *Unterstützung üblicher Import- und Exportschnittstellen für Daten*
- *Automatisch generierte Meldungen und Warnungen an Mitarbeiter*
- *Verwaltung von Energierechnungen*
- *Witterungsbereinigung von Heizwärmeverbräuchen*
- *Erstellung von CO_2-Bilanzen, Nebenkostenabrechnungen*
- *Kontrolle des Energieverbrauchs und der Energiekosten*
- *Nebenkostenabrechnungen*
- *Budgetkontrollen*
- *Prognoserechnungen*

10.9 Infrastructure Resource Planning (IRP)

Das Gebäude der Zukunft wird ein permanenter Datenlieferant sein. Der Einzug des «Internets der Dinge» ist die Grundlage für die Entwicklung des Gebäudebetriebs mithilfe eines IRP-Systems (s. Abb. 93). Mit sogenannten «Smart Building-Daten» wird die gemeinsame Auswertung und damit das Management der Daten aus dem Bereich der Gebäudetechnik kombiniert mit Daten aus dem Bereich der Gebäudenutzung vornehmlich nutzerbezogener Daten deutlich verbessern.

Dabei sind nun zwei Themenbereiche zentral:

1. *die grosse Menge der Daten*
2. *die Schnittstellenproblematik durch den Einsatz unterschiedlichster Datenquellen*

Natürlich ist mit einem nahezu unlimitierten Einsatz von Sensorik ein Gebäude während seiner Nutzung vollständig erfassbar. Allerdings kommt es darauf an, nicht viele, beliebige Daten zu sammeln, sondern eine geeignete Auswahl an Daten. Welche dies sind, ist im Einzelfall zu prüfen und festzulegen. Dieser Prozess ist dringend zu empfehlen, weil es sonst zu einer schwer zu kontrollierenden Datenflut kommen kann.

Die Komplexität wird durch den Einzug der Digitalisierung in das Gebäude weiter erhöht. Mit Sensoren aller Art wird das allen wohlvertraute Gebäude von einer Blackbox zu einem riesigen Datenlieferanten. Die Herausforderung besteht nun darin, die Vielzahl von Systemen zu konzertieren. Auf der technischen Seite eines Gebäudes bietet eine gute Gebäudeautomation bereits eine unverzichtbare Hilfestellung. Das Zusammenspiel von Heizung, Lüftung und Klimatisierung allein ist schon herausfordernd. Kommen noch weitere Assistenz- und Infrastruktursysteme hinzu, wird es unübersichtlich. Dazu zählen beispielsweise Schliesssysteme, Videoüberwachung, Anwesenheitskontrolle, Alarmierungssystem, Parkplatzkontrolle, Reservierungssysteme für Räume, Kantine und vieles mehr.

Werden nun noch nutzerbezogene und/oder nutzungsbezogene Daten und deren Kosten in die Betrachtung mit einbezogen, ergibt sich daraus ein Infrastructure-Resource-Planning-Werkzeug. Auf der Basis der unterschiedlichen Datenquellen kann mit der Datenverarbeitung der Gebäudebetrieb optimiert gemanagt werden.

Ein Infrastructure Resource Planning (IRP) steht für die unternehmerische Aufgabe, Ressourcen im Sinne des Unternehmenszwecks frühzeitig und bedarfsgerecht zu planen, zu steuern und zu verwalten, also zu managen. Dazu gehört das Gebäude inklusive seiner technischen Ausstattung, Betriebsmittel, Kapital, Informations- und Kommunikationstechnik. Das Ziel des IRP-Systems ist es, dem Unternehmen die Infrastruktur funktionsgerecht und optimiert bereitzustellen, damit die Kernprozesse bestmöglich ablaufen können. Dabei sind laufend Zielkonflikte zu bewältigen. Einer hohen Qualität und Funktionssicherheit der benötigten Dienstleistungen und dem Erfüllen von beispielsweise gesetzgeberischen Vorgaben stehen hohe Produktivität, Kapital- und Personaleinsatz und Komplexitätsreduktion gegenüber. Die Disziplin FM bewältigt diese Managementherausforderung permanent. Ein IRP-System verbindet bestehende Infrastruktur, integriert IoT, visualisiert 3D-BIM und sorgt für die übersichtliche Analyse und die Steuerung aller im Moment relevanter Managementdaten. Im Betrieb steht das Facility Management vor der Herausforderung, dass selten redundante Ereignisse ein Eingreifen erfordern, sondern aufgrund der Dynamik des Zusammenspiels vom komplexen Gebäude mit der sich darin befindlichen Nutzerorganisation immer wieder andere Informationen und Zustände als aktuelle Entscheidungsgrundlage herangezogen werden müssen. Abhilfe schafft also ein intelligentes IRP-System, bei dem die Informationen zusammenlaufen und entsprechend aufbereitet werden. In der Praxis ist ein IRP-System also eine

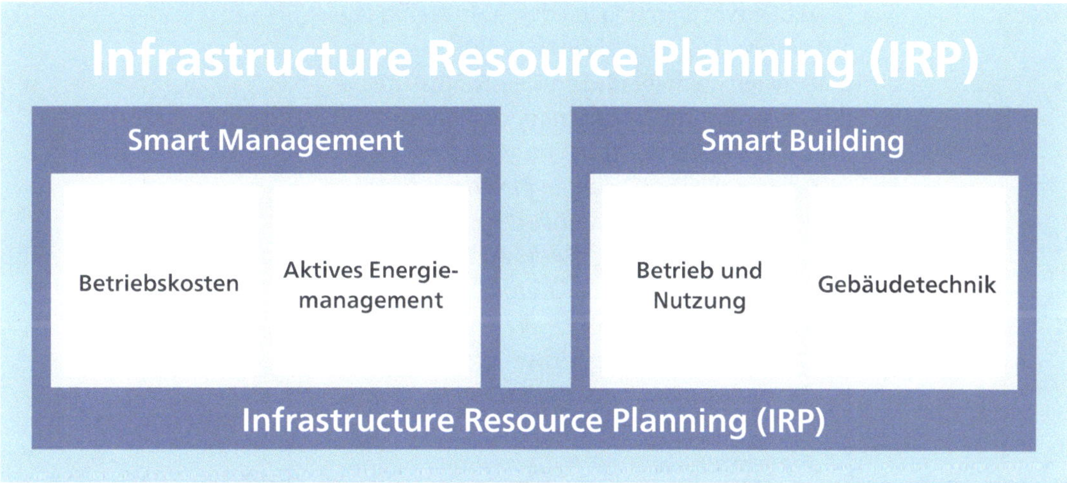

Abb. 93: Schematische Darstellung eines IRP-Systems
Envenion GmbH

übergreifende IT-Plattform, die mit einer Vielzahl von Analysemöglichkeiten ausgestattet ist. In Abb. 93 sind die Komponenten eines IRP-Systems visualisiert.

Ein IRP-System verbindet das «Smart Building» mit «Smart Management». Ein «Smart Building» ist mit modernster Gebäudetechnik und -Automation ausgerüstet. Der technische Betrieb ist mit hoher Auflösung kontrollierbar und lässt sich so bedarfsgerecht betreiben. Damit dies jedoch nicht nur technisch gelingt, sondern eine umfassende Optimierung möglich ist, wird ein «Smart management» benötigt. Dies setzt wiederum voraus, dass sich die Unternehmensprozesse in dem Zusammenspiel zwischen der Infrastruktur (Gebäude) und dem Betrieb widerspiegeln. Dies wird mit einem aktiven Energiemanagement unter der Berücksichtigung bzw. Einbeziehung der Betriebskosten erreicht.

Die Notwendigkeit eines Instruments wie ein IRP-System ist mittlerweile breit verstanden worden. Smart Management und Smart Building können oder sollen in Zukunft mit geeigneten Kenngrössen zugänglich werden, damit eine Einschätzung zu dem betroffenen Gebäude und dessen Nutzerorganisation hinsichtlich des Einsatzes eines IRP-Systems möglich ist. Folgende Möglichkeiten bestehen bzw. sind in der Entwicklung:

- *EEM (Erfolgsfaktor Energiemanagement) (s. Kapitel 5) aus dem Energiemanagementmodell*
  Diese Kenngrösse berücksichtigt viele Managementaspekte und integriert indirekt auch involvierte Kosten. Obwohl der EEM auf die energetische Situation ausgerichtet ist, ist dieser dennoch als Kenngrösse im Zusammenhang mit dem Einsatz eines IRP-Systems geeignet.
- *SRI (Smart Readiness Indicator)*
  Diese Kenngrösse wird das Gebäude hinsichtlich seiner Anpassungsfähigkeit an den nutzerdominierten Betrieb beurteilen. Der SRI liefert also direkt eine klare Einschätzung, ob es sich um ein Smart Building handelt und für den Einbezug in ein IRP-System somit auch geeignet ist.

Die Überarbeitung der Europäischen Richtlinie über die Gesamtenergieeffizienz von Gebäuden (EPBD) im Jahr 2018 zielt darauf ab, intelligente Gebäudetechnologien weiter zu fördern, insbesondere durch die Einführung eines Smart Readiness Indicator (SRI) für Gebäude.
(Quelle: https://smartreadinessindicator.eu/)

Mit diesem Indikator wird es möglich sein, die intelligente Bereitschaft von Gebäuden zu bewerten, d.h. die Fähigkeit von Gebäuden (oder Gebäudeeinheiten), ihren Betrieb an die Bedürfnisse der Nutzer anzupassen und dabei auch die Energieeffizienz und die Gesamtleistung zu optimieren sowie ihren Betrieb als Reaktion auf Signale aus dem Netz anzupassen (Energieflexibilität). Der intelligente Bereitschaftsindikator sollte bei Gebäudeeigentümern und -nutzern das Bewusstsein für den Wert der Gebäudeautomation und der elektronischen Überwachung der technischen Gebäudesysteme schärfen und den Bewohnern Vertrauen in die tatsächlichen Einsparungen durch diese neuen, verbesserten Funktionalitäten vermitteln.

In Übereinstimmung mit den Anforderungen aus der überarbeiteten EPBD wurden bei der Definition der Smart Ready Services im SRI-Katalog drei Schlüsselfunktionalitäten der Smart Readiness in Gebäuden berücksichtigt:

- *Die Fähigkeit, die Energieeffizienzleistung und den Betrieb des Gebäudes durch die Anpassung des Energieverbrauchs, z. B. durch die Nutzung von Energie aus erneuerbaren Quellen, aufrechtzuerhalten;*
- *die Fähigkeit, die Betriebsweise des Gebäudes an die Bedürfnisse der Bewohner anzupassen, wobei der Verfügbarkeit von Benutzerfreundlichkeit, der Aufrechterhaltung gesunder Innenraumklimabedingungen und der Fähigkeit, über den Energieverbrauch zu berichten, gebührende Aufmerksamkeit geschenkt wird;*
- *die Flexibilität des Gesamtstrombedarfs eines Gebäudes einschliesslich seiner Fähigkeit, die Teilnahme an aktiver und passiver sowie impliziter und expliziter Bedarfsreaktion in Bezug auf das Netz zu ermöglichen, z. B. durch Flexibilität und Lastverlagerungskapazitäten.*

Der SRI sollte nur den Mehrwert der intelligenteren Steuerbarkeit, Informationserfassung, Kommunikationsfunktionen und Interoperabilität bewerten, nicht aber die (Energie-)Leistung der technischen Gebäudesysteme selbst (z. B. Beleuchtungssteuerung, unabhängig davon, ob es sich um LED- oder Glühlampen handelt), da das Ziel der SRI in erster Linie darin bestehen sollte, den aktuellen Stand der Intelligenz im Vergleich zum maximalen Potenzial dieses spezifischen Gebäudes zu veranschaulichen, und nicht darin, einen Vergleichsrahmen zwischen den Gebäuden zu bilden.

Die Entwicklung hin zu komplexeren IT-Plattformen wie ein IRP-System zeigt die natürliche Weiterentwicklung im Energiemanagement auf. Ein gut organisiertes und aktiv geführtes Energiemanagement ist in jedem Fall die Basis für ein IRP-System. Für Unternehmen ist daher die Weiterentwicklung vom Energiemanagement hin zu einem umfassenden IRP absolut sinnvoll.

11
Effiziente Energienutzung

Die Reduktion des Energieverbrauches verfolgt die beiden Hauptziele Kostenreduktion und Umweltschonung.

Eine Kostenreduktion kann auch durch Massnahmen auf der Einkaufsseite (auf dem freien Markt die Energie günstiger beschaffen) oder durch die Wahl günstiger Energieträger erreicht werden (siehe Kapitel 5). Hier muss aber vermieden werden, dass aus Preisgründen vordergründig günstige fossile Energieträger beschafft werden.

Bei der Umweltschonung steht heute die Reduktion der Treibhausgasemissionen im Vordergrund. Die Vermeidung von Treibhausgasemissionen bedingt die deutliche Reduktion oder besser vollständige Vermeidung des Verbrauchs fossiler Energieträger. Damit wird im Allgemeinen auch eine weitere Umweltschonung erreicht, da die fossilen Energieträger bei der Förderung, Verarbeitung und beim Transport viele Emissionen und Umweltschädigungen verursachen. Beim Stromeinkauf sind Stromprodukte zu wählen mit geringem oder keinem Anteil an Strom aus fossilen Kraftwerken. Damit kann erreicht werden, dass solche Kraftwerke früher oder später vom Netz genommen werden müssen und mit regenerativer Stromerzeugung aus Wind oder Sonne ersetzt werden.

Infolge der heute vorgeschriebenen Luftreinhalte-Massnahmen wie Rauchgasreinigung oder Low-Nox-Technologie tritt eine weitere Umweltschonung beim Verbraucher der Endenergie in den Hintergrund.

Immer zu beachten ist das Ziel der Versorgungssicherheit, welche durch die Massnahmen zur Energieeinsparung nicht vermindert werden darf. Weniger Energiebedarf kann die Versorgungssicherheit gleichzeitig verbessern oder vereinfachen.

Die Kostenzuordnung, wie im Kapitel 6 erläutert, kann von denselben Messeinrichtungen wie für die Energieeinsparung profitieren, sodass sich hier eine Synergie ergeben kann.

Die Massnahmen zur Energieeinsparung werden auch als energetische Betriebsoptimierung (eBO, mit dem hauptsächlichen Ziel der Energieeinsparung) bezeichnet.

11.1 Zielsetzung

Zu Beginn muss eine Zielsetzung stehen. Die Argumente können sein:

- *Kosteneinsparung*
- *Wahrnehmen der Verantwortung, die Treibhausgasemissionen zu senken*
- *Profitieren von staatlichen Anreizen wie die Rückerstattung der CO_2-Abgabe*
- *Einhalten heutiger oder kommender gesetzlicher Verpflichtungen*
- *Verminderung der Abhängigkeit von fossilen Energieträgern*
- *Vorbildfunktion, Verbesserung Image*
- *Vermindern der Abhängigkeit von Energiepreisschwankungen.*

Um ein zielgerichtetes Vorgehen zu ermöglichen, sollten möglichst konkrete Ziele gesetzt werden, beispielsweise:

- *Reduktion des Anteils fossiler Energie, vollständiger Ersatz bis in 20 Jahren*
- *Verminderung des Energieverbrauches jährlich um 5%, mindestens für die nächsten 3 Jahre*
- *Reduktion des Wärmeverbrauches auf einen bestimmten Wert (z. B. Zielwert nach SIA 380/1)*
- *Bis in 10 Jahren erreichen alle bestehenden Bauten den Minergiestandard für Altbauten, Neubauten werden ab sofort so gebaut*

- *Bei allen Investitionen und Anschaffungen wird der Energieverbrauch als wichtiges Entscheidungskriterium mit mindestens 25% Gewichtung mitberücksichtigt.*
- *Der Energiebedarf pro Produktionseinheit soll dem Bestwert innerhalb der Branche entsprechen.*

Um diese Ziele zu erreichen, sind die erforderlichen Strukturen zu schaffen und die notwendigen Ressourcen bereitzustellen. Eine Person muss die Verantwortung tragen. Es muss ein Budget vorhanden sein, welches den Energiekosten zugeordnet werden kann und dem angestrebten Nutzen entspricht.

Es müssen klare Regeln zu den Entscheidungskriterien aufgestellt werden.

Beispiele:
- *Für den Entscheid zugunsten energieoptimierter Lösungen werden die Energiekosten inkl. künftige Lenkungsabgaben oder Zuschläge für externe Kosten berechnet.*
- *Die Wirtschaftlichkeitsberechnung erfolgt mit einer Abschreibedauer, welche der sicher erreichbaren technischen Lebensdauer der Anlage resp. des Gerätes entspricht.*
- *Der kalkulatorische Zinssatz entspricht dem zehnjährigen Mittel der Hypothekarzinsen.*
- *Bei einer Einsparung von Treibhausgasemissionen wird eine Gutschrift einberechnet, die dem mittleren (oder maximalen) Preis von CO_2-Emissionszertifikaten entspricht.*

Alle Ziele und Regeln müssen intern kommuniziert werden, da sie nur erreicht werden können, wenn alle Betroffenen mitmachen, sich mit den Zielen identifizieren können sowie die Regeln einhalten.

11.2 Erfassen der aktuellen Situation

Grundlage für alle weiteren Schritte der Effizienzsteigerung ist die Kenntnis über die aktuelle Situation des Verbrauchs an Energieträgern. Damit ist nicht nur der jetzige Verbrauch gemeint, sondern auch der Verlauf über die letzten Jahre. Deswegen sollte ein Messkonzept umgesetzt sein und muss eine Energie- und Treibhausgasemissionsbuchhaltung geführt werden.

Pro Gebäude, Mieteinheit und / oder Produktionseinheit sollten mindestens folgende Daten über mindestens 3, besser 5 bis 10 Jahre aufgezeichnet und in gut lesbarer oder verständlicher Form vorhanden sein. Die Verbrauchsdaten sollten mind. monatlich erfasst oder auf Monatswerte aufsummiert sein und grafisch dargestellt werden:

- *Wärmeverbrauch Heizung (korrigiert nach Witterung)*
- *Wärmeverbrauch Warmwasser (ggf. korrigiert nach Belegung, Auslastung)*
- *Prozesswärmeverbrauch (ggf. korrigiert nach Produktionsvolumina)*
- *Brennstoff- resp. Stromverbrauch für die Wärmeerzeugung inkl. Art des Brennstoffs*
- *Heizgradtage oder «Akkumulierte Temperaturdifferenzen» (ATD)*
- *Wasserverbrauch total*
- *Wenn möglich Wasserverbrauch für Warmwasser*
- *Stromverbrauch, unterteilt nach Hoch- und Niedertarif, pro Gebäude*
- *Stromverbrauch für Prozesse, Grossverbraucher oder pro Zone*
- *Auslastung, Anzahl Produktionseinheiten, Umsatz, Belegung usw.*
- *Art des eingekauften Stromprodukts*

Zusätzlich müssen alle baulichen Veränderungen und energierelevanten Anpassungen der Einrichtungen und Produktionsprozesse erfasst und registriert werden. Auch Änderungen an Regelgeräten oder der Anlagensteuerung müssen protokolliert werden. Genauso wichtig ist es, Änderungen in der Betriebsweise (neue Betriebsprozesse) oder neue Personen/Firmen, die für die Betriebsführung verantwortlich sind, zu erfassen und zu registrieren.

Je nach Betriebsgrösse und Energiekosten ist es nötig, mehr und detailliertere Verbrauchsdaten zu kennen. Es sollten klare Kriterien erarbeitet werden, ab wann es sich lohnt, eine detaillierte Erfassung und Messung eines Energieverbrauchers einzuführen.

In den weiteren Abschnitten werden verschiedene Kennzahlen und Darstellungsweisen vorgestellt. Diese müssen ermittelt resp. berechnet werden, um Vergleiche zu ermöglichen.

In jedem Fall ist es für die Schwachstellenanalyse sowie für das Erarbeiten von Massnahmen umso besser, je detaillierter und transparenter der Energieverbrauch, aber auch die ihn beeinflussenden Grössen bekannt sind. Beispielsweise ist eine einzige Messung des Stromverbrauches eines ganzen Gebäudekomplexes bei der Einspeisung ungeeignet, um irgendwelche Schlüsse bezüglich Sparpotenzial zu ziehen. Bestenfalls kann abgeleitet werden, dass Sparpotenziale vorhanden sind, aber nicht, wo und wie sie ausgeschöpft werden sollen.

Die Daten sollen soweit möglich bereinigt werden, das heisst, bekannte Einflussgrössen auf den Energieverbrauch wie die Witterung (Heizgradtage oder ATD), Auslastung usw. werden rechnerisch ausgeglichen. So werden anderweitig verursachte, nicht erklärbare Abweichungen besser sichtbar.

Darstellung mit Energieflussdiagramm

Für die Erfassung des Energieverbrauches ist ein Energieflussdiagramm eine Möglichkeit, den Energiefluss im Unternehmen grafisch darzustellen (siehe z.B. SIA 380/1).

Ein solches Energieflussdiagramm (gezeichnet als Sankey-Diagramm, Abb. 94) muss der Planer oder ein Energiefachmann berechnen und darstellen. Das Diagramm zeigt grafisch auf, wie die Energieversorgung erfolgt, wo wie viel Energie verwendet wird und wo Verluste entstehen. Es basiert auf der Energiebilanz, das heisst, auf der einen Seite werden die zufliessenden Energieströme gezeichnet, auf der anderen die wegfliessenden Energieströme. Die Summe aller zu- und wegfliessenden Energieströme muss gemäss erstem Hauptsatz der Thermodynamik null sein.

Energieflussdiagramme können für nur eine Komponente, z.B. für eine Wärmepumpe, für ein Gebäude oder für ganze Betriebe, ja für ganze Länder gezeichnet werden.

Da die einzelnen Flusspfeile massstäblich korrekt gezeichnet werden müssen (entsprechend dem Energiewert), ist das Erstellen eines Energieflussdiagramms manuell nicht ganz einfach. Besser ist es, eine geeignete Software zu verwenden. Dann wird die Aussagekraft eines solchen Diagramms gross und es ist einfach zu interpretieren.

Erfassen des Energieverbrauchs/Messungen

Der Energie-, aber auch der Medienverbrauch können am sichersten mit Messungen erfasst werden. Bei der Energielieferung wird die Menge immer gemessen, damit sie verrechnet werden kann (Verrechnungsmessung). Weitere Zähler sind oft nicht vorhanden, aber notwendig. Diese werden Privatzähler genannt. Bei der teilweise obligatorischen verbrauchsabhängigen Heizkostenabrechnung müssen geeichte Zähler eingebaut werden. Ansonsten können beliebige Zähler eingebaut werden. Privatzähler, welche «nur» der internen Energiebuchhaltung dienen, können deshalb einfach und günstig sein.

Der Wärmeverbrauch für Warmwasser kann auch mit einer Wasserzählung erfolgen, wenn die Warmwassertemperatur konstant ist (z.B. 60 °C). Der Wärmeverbrauch kann dann genügend genau berechnet werden.

ENERGIEFLUSSDIAGRAMM

Abb. 94: Energieflussdiagramm für ein Gebäude mit Kühlung, angelehnt an Norm SIA 380/1 (2007)

Merkblatt Energiekonzept, Stadt Zürich 2011

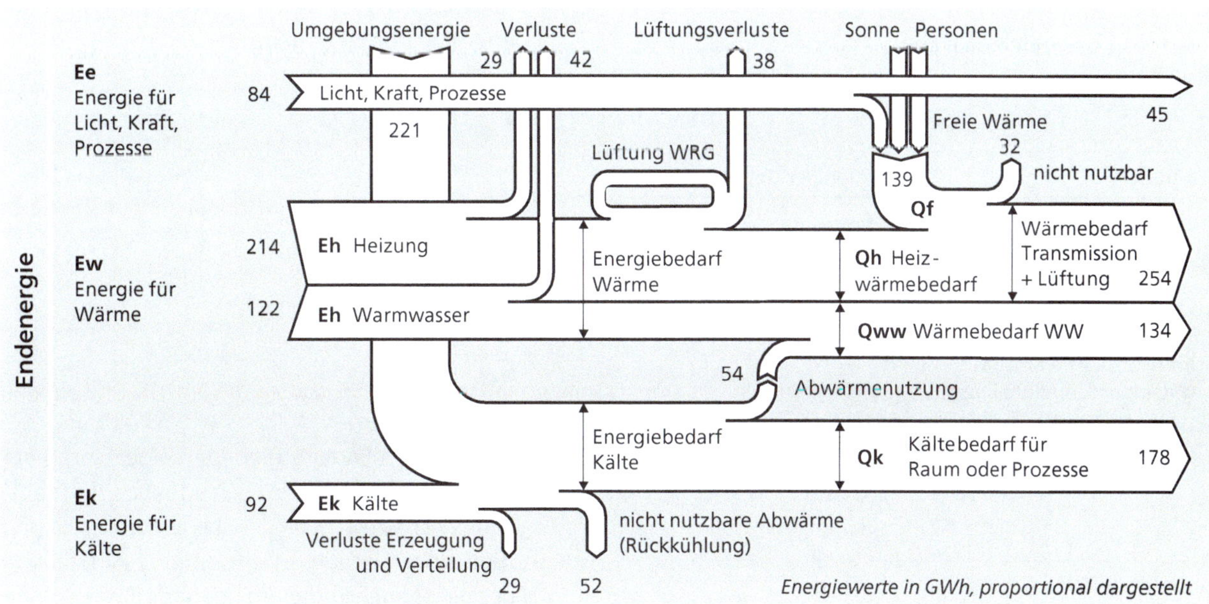

Wichtig ist hier ein pragmatisches Vorgehen, um mit möglichst wenig Aufwand eine möglichst aussagekräftige und vollständige Kenntnis über die Aufteilung des Energieverbrauches zu erhalten. Eine möglichst hohe Genauigkeit der Messungen anzustreben lohnt sich für die Ziele energetische Betriebsoptimierung und interne Energieverrechnung aber nicht.

Gewichteter Energieverbrauch

Da die Bereitstellung von Endenergie (resp. der Energieträger, wie sie typischerweise eingekauft werden) unterschiedlich viel Primärenergie bedarf und unterschiedlich hohe Emissionen an Treibhausgasen verursacht, kann der Verbrauch an Endenergie gewichtet werden. Der Gewichtungsfaktor muss aus wissenschaftlicher Sicht an die Art der Umwandlung resp. Aufbereitung der Primärenergie und an deren Transportprozesse angepasst sein. Diese nach wissenschaftlichen Kriterien bestmöglich bestimmten Gewichtungsfaktoren werden Primärenergiefaktoren (fP) genannt. Die Primärenergiefaktoren werden weiter nach den Bedarf an nicht erneuerbarer und erneuerbarer Primärenergie unterteilt.

Um die Emissionen an Treibhausgasen («Greenhaus Gases GHG») zu bewerten, werden weiter Treibhausgasemissions-Koeffizienten (kGHG) berechnet. Diese betrachten alle Treibhausgase, welche bei der Bereitstellung von Endenergie (oder auch bis zur Nutzenergie) emittiert werden. Die Emissionen an anderen Treibhausgasen als CO_2 werden in CO_2-Äquivalente umgerechnet, damit sie addierbar resp. vergleichbar werden. Angegeben werden die Treibhausgasemissionen deshalb als sogenannte CO_2-Äquivalente (CO_2eq) und in der Masseneinheit Kilogramm oder Tonne.

Diese Faktoren sind also vom Energieträger und dabei auch von der Art der Produktion abhängig. Insbesondere beim Strom hängen sie sehr stark von der Art und Weise der Stromproduktion ab. Da die Kraftwerke laufend erneuert werden und in letzter Zeit immer mehr erneuerbarer Strom produziert wird, müssen auch die Primärenergiefaktoren und Treibhausgasemissionskoeffizienten der auf dem Markt angebotenen Stromprodukte laufend angepasst werden.

Sowohl die Primärenergiefaktoren wie auch die Treibhausgasemissions-Koeffizienten werden in der Schweiz auf der Website der KBOB (Koordinationskonferenz der Bau- und Liegenschaftsorgane der öffentlichen Bauherren) veröffentlicht.[38] Sie können auch für individuelle Fälle mit einem Rechner der Firma Treeze Ltd. berechnet werden, welche diese auf ihrer Website zur Verfügung stellt.[39]

Mit aktuellen und für die verwendete Endenergie zutreffenden Primärenergiefaktoren und den entsprechenden Treibhausgasemissions-Koeffizienten kann der Verbrauch von Energieträgern also nach diesen Aspekten und wissenschaftlich korrekt bewertet werden.

Da diese Art der Bewertung resp. Gewichtung aber eher kompliziert ist und stark vom Einzelfall abhängig ist und weil es früher diese Faktoren so noch nicht gab, wurden schon vor langer Zeit sogenannte nationale Gewichtungsfaktoren bestimmt (Tab. 10). Diese von der nationalen Energiepolitik festgesetzten Bewertungsfaktoren werden auf der Website der Energiedirektorenkonferenz veröffentlicht.[40] Sie werden auch von Minergie und im Gebäudeenergieausweis der Kantone (GEAK) für die Gewichtung des Endenergieverbrauchs genutzt.

Tab. 10: Nationale Gewichtungsfaktoren Energie ab 2017

Energieträger	Nationaler Gewichtungsfaktor
Elektrizität	2,0
Heizöl, Gas, Kohle	1,0
Biomasse (Holz, Biogas, Klärgas)	0,5
Fernwärme (inkl. Abwärme aus KVA, ARA, Industrie): Anteil fossil erzeugte Wärme	
≤ 25 %	0,4
≤ 50 %	0,6
≤ 75 %	0,8
> 75 %	1,0
Sonne, Umweltwärme, Geothermie	0

38 Siehe https://www.kbob.admin.ch/kbob/de/home/publikationen/nachhaltiges-bauen/oekobilanzdaten_baubereich.html (Stand Sept. 2020)

39 Siehe https://treeze.ch/de/rechner (Stand Sept. 2020)

40 Siehe https://www.endk.ch/de/ablage/grundhaltung-der-endk/20160204-nationalegewichtungsfaktorenfrdiebeurteil.pdf/view (Stand Sept. 2020)

Darstellung Bezug Endenergie und Verbrauch Nutzenergie

Der gesamte Endenergiebedarf einer Unternehmung (z. B. eines kleinen Produktionsbetriebs) kann auch wie in den Tab. 11 bis 13 dargestellt und berechnet werden. Es erfolgt eine Aufstellung des bezogenen Endenergiebedarfs (System Energieinput), mit Umrechnung auf Nutzenergie. Als Nächstes kann die Endenergie gewichtet werden, wobei es hier zwei unterschiedliche Systeme gibt. Die sogenannten nationalen Gewichtungsfaktoren mögen für einfache Vergleiche akzeptabel sein. Für korrekte Vergleiche und bei komplexeren Fällen sollten aber die Werte der KBOB berücksichtigt werden.

Für den Energieinput (den Bezug an Endenergie in Form von Energieträgern) und die Umwandlung in Nutzenergie (d.h. Wärme, Kälte, ggf. Strom) kann eine Aufstellung wie in Tab. 11 gemacht werden. Die Nutzenergie entspricht dann dem Energiebedarf der Unternehmung oder des Gebäudes.

Der Energiebezug dieses Beispielbetriebs aus Tab. 11 kann dann auch gewichtet und bewertet werden. Die Umrechnung erfolgt mit Vorteil mit den Faktoren für Primärenergie, Treibhausgasemissionen und Umweltbelastungspunkten, wie sie von der KBOB veröffentlicht werden (Ökobilanzdaten im Baubereich, Stand 2016[41] oder neuer) (Tab. 12). Zum Vergleich mit Anforderungen schweizerischer Standards und Labels (z.B. Minergie) können auch die nationalen Gewichtungsfaktoren angewendet werden.

41 Siehe https://www.kbob.admin.ch/kbob/de/home/publikationen/nachhaltiges-bauen/oekobilanzdaten_baubereich.html

Wie aus Tab. 11 und Tab. 12 zu sehen ist, müssen gewisse Zuordnungen gemacht werden. So wird hier davon ausgegangen, dass allfällige negative Auswirkungen der Abwärmelieferung an den benachbarten Kindergarten diesem Bezüger angelastet werden. Beim Abwärmelieferanten sind die Faktoren deswegen auf null gesetzt.

Zuletzt kann noch eine Aufstellung gemacht werden, wofür im Betrieb die Nutzenergie verwendet wird (Tab. 13). Damit können Verbrauchsschwerpunkte ausfindig gemacht werden, wo sich die Analyse bezüglich Schwachstellen besonders lohnen könnte.

Kennzahlenbildung

Der erfasste Energieverbrauch muss in Kennzahlen umgerechnet werden, damit er vergleichbar mit Referenzwerten wird. Während früher für Energiekennzahlen auch die Einheit Joule (J) oder Megajoule (MJ) verwendet wurde, wird inzwischen fast immer die Einheit Kilowattstunden (kWh) verwendet.

Um Kennzahlen zu bilden, wird der Energiebedarf von Gebäuden in der Regel auf die Energiebezugsfläche gemäss Norm SIA 380 (Ausgabe 2003) bezogen.

Energiebezugsfläche A_e *(auch EBF abgekürzt)*
Die Energiebezugsfläche ist die Summe aller ober- und unterirdischen Geschossflächen, die innerhalb der thermischen Gebäudehülle liegen und für deren Nutzung ein Konditionieren (Beheizen oder Klimatisieren) notwendig ist.

Geschossflächen mit einer lichten Raumhöhe kleiner als 1,0 m zählen nicht zur Energiebezugsfläche. Die Energiebezugsfläche wird brutto gerechnet, das heisst inkl. aller Aussen- und Innenwände und Schächte, Stützen etc. (der Konstruktionsfläche). Vereinfacht kann als Energiebezugsfläche die (Brutto-)Geschossfläche innerhalb des Wärmedämmperimeters berechnet werden.

Die Flächen sind dabei nach Norm SIA 416 (Ausgabe 2003) definiert:

Geschossfläche A_{GF} *(auch GF abgekürzt)*
Die Geschossfläche GF ist die allseitig umschlossene und überdeckte Grundrissfläche der zugänglichen Geschosse einschliesslich der Konstruktionsflächen.

Die Geschossfläche setzt sich zusammen aus der Nettogeschossfläche und der Konstruktionsfläche, d.h., sie wird brutto gerechnet.

Nettogeschossfläche A_{NGF} *(auch NGF abgekürzt)*
Die Nettogeschossfläche NGF ist der Teil der Geschossfläche GF zwischen den umschliessenden oder innenliegenden Konstruktionsbauteilen.

Ist nur die beheizte Nettogeschossfläche (z.B. die Mietfläche) bekannt, kann die (Brutto-) Geschossfläche vereinfacht abgeschätzt werden: Geschossfläche = Nettogeschossfläche mal 1,1 bis 1,2. Bei grossen Gebäuden ist etwa 10 % Zuschlag, bei kleinen oder sehr alten Gebäuden bis 20 % Zuschlag zu rechnen.

Aufteilen und Darstellen des Verbrauchs an Wärme nach SIA 380/1

Die Berechnung des Heizwärmeverbrauches von Gebäuden wird in der SIA 380/1 «Heizwärmebedarf» (Ausgabe 2016) geregelt. Die SIA 380/1 gibt Energiekennzahlen auf die Energiebezugsfläche bezogen an. Für die Berechnung werden Monatswerte verwendet. Die SIA 380/1 behandelt den Prozessenergiebedarf (z.B. Wärmebedarf für Brotbackofen oder Sterilisation) nicht.

Tab. 11: Darstellung Energieinput und Verbrauch Nutzenergie eines Beispiel-Produktionsbetriebes

System Energieinput		Endenergie nicht erneuerbar von aussen						
	Typ	Strom		Gas		Heizöl EL		Fern wärm nich reger rativ Ante
		MWh	Produkt	MWh	Produkt	MWh	Produkt	MW
Wärmeerzeuger 1	Wärmepumpe S/W	160	Wasserstrom					
Wärmeerzeuger 2	WP Abwärme Produktion	90	Wasserstrom					
Wärmeerzeuger 3	Abwärme gew. Kälte für WW							
Wärmeerzeuger 4	Gaskessel Prozesswärme			120	Erdgas			
Stromerzeuger 1	PV-Anlage Dach West							
Stromerzeuger 2	PV Parkplatz-Überdeckung							
Strom Netzbezug übrige	Bürogebäude	140	Wasserstrom					
Strom Netzbezug übrige	Produktion	320	Wasserstrom					
Kälteerzeuger 1	Klimakälte 1	70	Wasserstrom					
Kälteerzeuger 2	Klimakälte 2	10	Wasserstrom					
Kälteerzeuger 3	gew. Kälte Restaurant	40	Wasserstrom					
Strom Netzrücklieferung	von PV-Anlagen							
Abwärmelieferung an Dritte	an Kindergarten							

Tab. 12: Gewichteter und bewerteter Endenergiebedarf des Beispiel-Produktionsbetriebs

System Energieinput		Endenergie nicht erneuerbar von aussen						
		Strom		Gas		Heizöl EL		Fer wär nic rege rati Ant
		MWh	Faktor	MWh	Faktor	MWh	Faktor	MW
Endenergiebedarf total		830	1	120	1	0	1	0
Primärenergie nicht erneuerb.		24.07	0.029	127.2	1.06	0	1.23	
Primärenergie erneuerbar		971.1	1.17	0.48	0.004	0	0.009	
Nationaler Gewichtungsfaktor		1660	2	120	1	0	1	
		kg	kg/kWh	kg	kg/kWh	kg	kg/kWh	kg
Treibhausgasemissionen	CO_2 eq in kg	9'960	0.012	27'360	0.228	0	0.301	
		UBP	pro kWh	UBP	pro kWh	UBP	pro kWh	UB
Umweltbelastungspunkte	UBP	36'354'000	43.8	16'440'000	137	0	234	

	Endenergie erneuerbar von aussen						Eigenproduktion ern.		Nutzenergieverbrauch			
	Fernwärme regenerativer Anteil		Holz		Abwärme		PV-Strom		«Wirkungsgrad JAZ»	Wärme	Kälte	elektr. Energie
…ukt	MWh	Produkt	MWh	Produkt	MWh	Herkunft	MWh	Typ	-	MWh	MWh	MWh
									4.5	720		
									3	270		
									1	50		
									0.8	96		
							80	Flachdach				80
							60	Seilaufhängung				60
									1			140
									0.96			307.2
									5		350	
									3.5		35	
									4		160	
							-30	Mix beide Anl.				-30
					-20	Produktion						

	Endenergie erneuerbar von aussen						Eigenproduktion ern.		Nutzenergieverbrauch	
	Fernwärme regenerativer Anteil		Holz		Abwärme		PV-Strom		Endenergiebedarf gewichtet, gewertet	
…ktor	MWh	Faktor	MWh	Faktor	MWh	Faktor	MWh	Faktor	Total	
1	0	1	0	1	-20	1	110		**1060**	**MWh**
0		1		0	0	0		0.28	**151.27**	**MWh**
1		0		1	-20	1		1.11	**951.6**	**MWh**
				0.5	0	0	0	0	**1780**	**MWh**
…kWh	kg	kg/kWh	kg	kg/kWh	kg	kg/kWh	kg	kg/kWh		
					0	0	8'910	0.081	**46'230**	**kg**
kWh	UBP	pro kWh	UBP	pro kWh	UBP	pro kWh	UBP	pro kWh		
					0	0	12'320'000	112	**65'114'000**	**UBP**

Es wird nach Heizwärmebedarf (Q_H) und Warmwasserbedarf (Q_W) unterteilt. Energiekennzahlen werden je auf ein Jahr bezogen.

Heizwärmebedarf Q_H = Wärmebedarf des Gebäudes zur Deckung der Wärmeverluste (Lüftungs- und Transmissionsverluste) vermindert um die nutzbaren internen und externen Wärmegewinne

Der gesamte Wärmebedarf Q_{HW} ist die Summe von Q_H und Q_W.

Wärmebedarf für Warmwasser Q_W = Wärmebedarf für Brauchwarmwasser an der Zapfstelle

Dieser Wärmebedarf wird um die Verluste der Wärmeerzeugung und -verteilung Q_{ls} vergrössert und um die aktiv genutzten Wärmegewinne aus der Umgebung Q_r (mit einer Wärmepumpe oder aktive Solarenergie) verringert. Es folgt so der Endenergiebedarf für Heizung und Warmwasser EF,HW. Je nachdem muss dieser nach unterschiedlichen Energieträgern unterteilt werden, falls mehrere Endenergiearten genutzt werden.

Tab. 13: Aufstellung des Nutzenergieverbrauchs des Beispiel-Produktionsbetriebs

System Energieverbrauch	Wärme	Kälte	elektr. Energie
	MWh	MWh	MWh
Verbrauch total:	1136	545	557.2
Raumwärme statisch	500		
Raumwärme Lüftung	200		
Wärme Luftbefeuchtung	40		
Wärme Warmwasser	300		
Prozesswärme	96		
Klimakälte statisch		145	
Klimakälte Lüftung		240	
Gew. Kühlung plus		100	
Gew. Kühlung minus		**60**	
Strom Beleuchtung			70
Strom Lüftungsanlagen			60
Strom Geräte			80
Strom diverse Technik			40
Strom Produktion			300
Strom Elektrofahrzeuge			7.2

Alle diese Kennzahlen werden auf ein Jahr bezogen.

Dargestellt werden können diese und weitere Werte wieder mit einem Energieflussdiagramm nach Vorlage in der SIA 380/1 (Abb. 95). Im Diagramm ist das Heizsystem mit der ausgezogenen Systemgrenze 1 gekennzeichnet, das Warmwassersystem mit gestrichelter Systemgrenze 2, die Wärmeerzeugung mit Systemgrenze 3 und das ganze Gebäude mit Systemgrenze 4.

Für die Energiebuchhaltung sollten $E_{F,HW}$, Q_H, Q_W, eventuell Q_r gemessen werden.

Aufteilen und Darstellen des Verbrauchs elektrischer Energie

Der Stromverbrauch in einem Gebäude ist von wesentlich mehr Faktoren abhängig als der Wärmeverbrauch. Deshalb ist es schwieriger, vergleichbare Kennzahlen anzugeben.

Um nutzbare Vergleichswerte für den Stromverbrauch zu gewinnen, muss der Stromverbrauch der verschiedenen Verbraucherarten unterteilt erfasst und dargestellt werden.

Der gesamte Strombezug eines Gebäudes sagt zwar aus, wie viel Strom das ganze Gebäude insgesamt bezieht. Dies lässt eine erste Beurteilung zu, insbesondere wenn die Entwicklung über die vergangenen Jahre betrachtet wird. Eine Kennzahl kann ebenfalls auf die Energiebezugsfläche Ae bezogen werden. Jedoch ist es kaum möglich, mit nur dieser Zahl eine Aussage über die Effizienz der Stromverwendung zu machen oder mit anderen Gebäuden zu vergleichen. Dazu muss der Stromverbrauch auf die verschiedenen Verwendungszwecke und auch auf unterschiedliche Nutzungszonen aufgeteilt werden. Die Verwendungszwecke sind nach Betriebseinrichtungen (was der Gebäudenutzer resp. Mieter installiert) und nach Gebäudetechnik (was mit dem Gebäude fest verbunden ist) zu unterscheiden.

Die in der nicht mehr gültigen Norm SIA 380/4 entworfene Aufteilung ist immer noch sinnvoll:

- ***Betriebseinrichtungen:*** *Alles, was in die Steckdosen eingesteckt wird: PC, Drucker, Kaffeemaschinen, Kopiergeräte, Staubsauger, Geräte etc. und alles, was vom Gebäudenutzer fest installiert wird: Kopierzentrale, Kücheneinrichtungen, gewerbliche Kälte, Verpflegungsautomaten, Waschmaschinen, Rechenzentrum etc.*

- ***Beleuchtung:*** *Fest installierte Beleuchtungen, Stehleuchten, Tischleuchten, Dekorationsbeleuchtung, Aussenbeleuchtung, Not- und Fluchtwegbeleuchtung etc.*
- ***Lüftung/Klima:*** *Lüftungsanlagen, Klimaanlagen, Klimakälte, Hilfsenergie Lüftung/Klima/Kälte*
- ***Diverse Gebäudetechnik:*** *Transportanlagen (Lifte, Rolltreppen etc.), Verluste Elektroverteilung, Torantriebe, Schmutzwasserpumpen, Hilfsenergie Heizung etc.*
- ***Wärme:*** *Direktelektrische Wärmeerzeugung und direktelektrische Wassererwärmung (sofern noch zulässig, meist dezentral)*

Unter Wärme wird die elektrisch erzeugte Wärme für Heizung und Warmwasser (direkte Widerstandsheizung) separat aufgeführt, weil dieser Verbrauch messtechnisch oft nicht separat erfasst werden kann. Zentral erzeugte Wärme mit Wärmepumpen und deren Stromverbrauch fallen unter Wärmeverbrauch und sind separat messbar.

Für die Darstellung des Stromverbrauches in einem Gebäude kann eine Matrix verwendet werden, eher als ein Energieflussdiagramm. Neben der Unterteilung in Verwendungszwecke wird die Gebäudefläche in verschiedene Nutzungszonen unterteilt. Daraus ergibt sich eine Matrix wie im Beispiel Tab. 14 gezeigt. Aus dieser Aufstellung ist ersichtlich, wo und wofür wie viel Strom pro Jahr verbraucht wird. Dies hilft, Stromsparpotenziale zu finden, aber auch eine Kostenzuteilung zu ermöglichen.

ENERGIEFLUSSDIAGRAMM

Abb. 95: Detaillierte Darstellung der Energiebilanz eines nicht klimatisierten Gebäudes

Merkblatt Energiekonzept, Stadt Zürich 2011 (Quelle SIA 380/1)

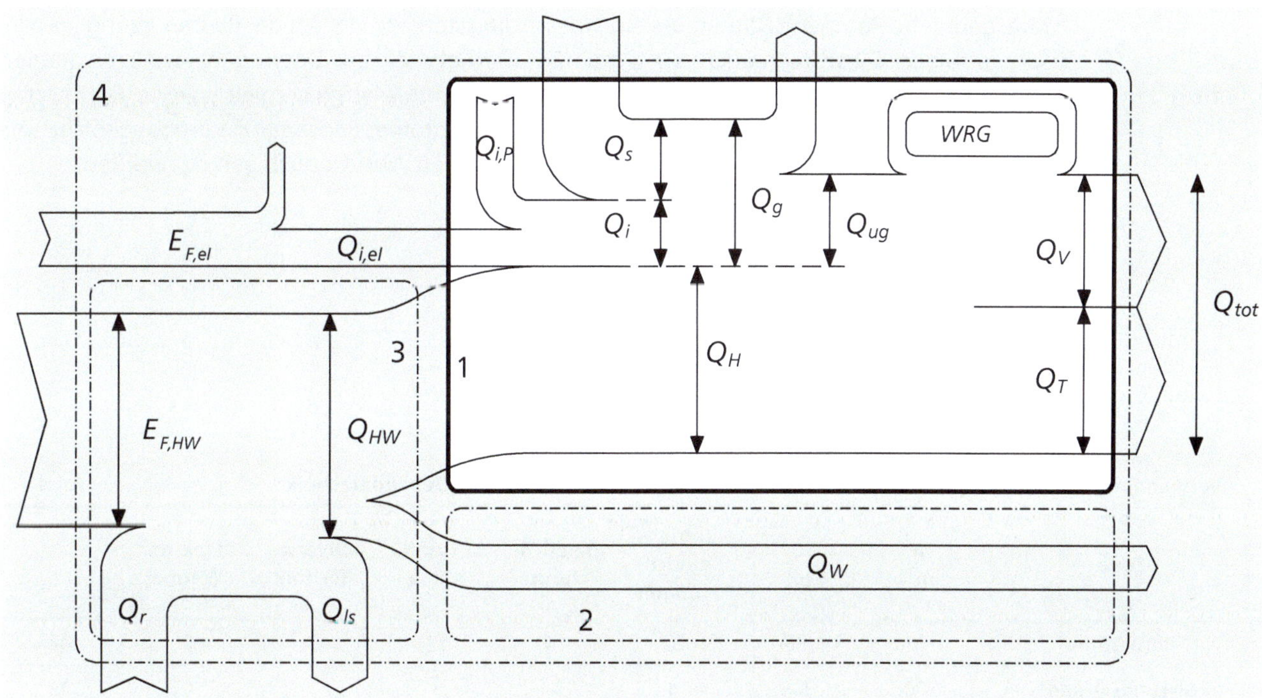

1	Systemgrenze Heizwärmebedarf – Gegenstand der vorliegenden Norm
2	Systemgrenze Wärmebedarf für Warmwasser – Normenreihe SIA 385
3	Systemgrenze Heizsystem und Warmwasserversorgung – Normenreihe SIA 384 bzw. SIA 385/2
4	Systemgrenze Gebäude – Normen SIA 382/2 und SIA 384/3
$E_{F,el}$	Elektrizitätsbedarf für Beleuchtung und Betriebseinrichtungen
$E_{F,HW}$	Endenergiebedarf für Heizung und Warmwasser (nach Energieträger)
Q_g	Wärmeeinträge
Q_H	Heizwärmebedarf
Q_{HW}	Wärmebedarf für Heizung und Warmwasser
Q_i	interne Wärmeeinträge
$Q_{i,el}$	interne Wärmeeinträge Elektrizität
$Q_{i,P}$	interne Wärmeeinträge Personen
Q_s	solare Wärmeeinträge
Q_T	Transmissionswärmeverluste
Q_{ls}	Wärmeverluste des Heizsystems und der Warmwasserversorgung (Erzeugungs-, Speicher- und Verteilverluste)
Q_r	durch das Heizungssystem und die Warmwasserversorgung gewonnene Umweltwärme
Q_{tot}	Gesamtwärmeverluste
Q_{ug}	genutzte Wärmeeinträge
Q_V	Lüftungswärmeverluste
Q_W	Wärmebedarf für Warmwasser
WRG	Wärmerückgewinnung

Die Darstellung einer solchen Elektrizitätsbilanz mag aufwendig erscheinen. Die einzelnen Werte sind oft nicht bekannt und können auch nicht direkt gemessen werden. Dennoch ist es mit vernünftigem Aufwand möglich, eine solche Bilanz zu erstellen, wenn pragmatisch vorgegangen wird und nicht jede Zahl auf zwei Kommastellen genau gesucht wird.

Neben Messungen kann es auch andere Möglichkeiten geben, den Verbrauch pro Verwendungszweck und pro Nutzungszone näherungsweise zu erfassen. Bei Bezügern mit konstanter Leistung reicht eine Bestimmung der Betriebszeit, sei es mit einer Berechnung aufgrund der Einstellwerte der Steuerung, sei es mit einem Betriebsstundenzähler. Eine weitere Möglichkeit ist das Zählen von Verbrauchern, z. B. Beleuchtungskörper, und die Abschätzung der Betriebszeit. Diese könnte auch statistisch ermittelt werden, indem zu verschiedenen Zeiten die Anzahl der eingeschalteten Verbraucher erfasst wird und eine Hochrechnung gemacht wird. Schwieriger ist es, wenn diese Verbraucher eine variable Leistung haben (z. B. Kopiergeräte, geregelte Pumpen). Dann muss eine Messung erfolgen. Diese kann auch nur temporär, während einer gewissen repräsentativen Zeit erfolgen und anschliessend kann eine Hochrechnung gemacht werden. Für gesteckte Geräte gibt es mobile Messgeräte, welche einfach zwischen Steckdose und Gerätestecker gesteckt werden können.

Anpassen an den Gesamtverbrauch

Der pro Energieträger auf unterschiedliche Art ermittelte Energieverbrauch aller einzelnen Verbraucher wird am Schluss aufsummiert und mit dem totalen gemessenen Verbrauch dieses Energieträgers verglichen. Nun kann der Energieverbrauch der geschätzten oder ungenau ermittelten Verbraucher angepasst werden, damit schlussendlich die Summe der Einzelverbraucher und des gemessenen totalen Verbrauches übereinstimmen.

Vergleich mit Referenzwerten:

In der Tab. 15 werden für Gebäude die spezifischen Verbräuche (auf die Energiebezugsfläche bezogen) aufgezeigt. Diese spezifischen Werte und die Teilenergiekennzahlen (unterste Zeile) können mit gleichartigen Zonen und Verwendungszwecken in anderen Gebäuden des gleichen Gebäudetyps verglichen werden.

Die Zahlen aus dem genannten Beispiel hängen stark von der Art der Raumnutzung und der Betriebszeit ab. Deswegen existieren (leider) keine publizierten Vergleichswerte. Für internes oder externes Benchmarking können solche spezifischen Werte jedoch genutzt werden.

ELEKTRIZITÄTSBILANZ IN MWH PRO JAHR

Tab. 14: Matrix einer Elektrizitätsbilanz eines Bürogebäudes (beispielhaft)

Verwendungszweck	**Flächen**		**Nutzer**	**Gebäudetechnik**				**Total**
Zone	**NF m^2**	**EBF m^2**	**Betriebseinrichtungen**	**Beleuchtung**	**Lüftung/ Klima**	**Diverse Technik**	**Elektro Wärme**	
Büroräume	1'200	1'380	22	14	12		0	48
Sitzungsräume	300	345	4	4	5		0	13
Korridore	400	460	1	9	0		0	10
Toiletten	200	230	2	2	1		0	5
Restaurant	300	345	6	3	5		0	14
Küche	200	230	30	4	3		0	37
Technik/Lagerräume	400	0	4	1	2		0	7
Parking	1'000	0	1	5	2		2	10
						18	3	21
Total	**4'000**	**2'990**	**70**	**42**	**30**	**18**	**5**	**165**

11.3 Vergleichswerte/ Schwachstellenanalyse

Die (Teil-)Energiekennzahlen lassen sich nun mit Vergleichswerten vergleichen. Vergleichswerte finden sich in den SIA-Normen und Merkblättern (z. B. Merkblatt SIA 2056, Elektrizität in Gebäuden – Energie- und Leistungsbedarf, 2019), aber auch in Forschungsberichten und Untersuchungsergebnissen (z. B. unter www.energieforschung.ch), bei vergleichbaren Unternehmen, bei Kantonen oder Städten oder auch im eigenen Betrieb, falls dieser über mehrere Gebäude verfügt.

Aus dem Vergleich lässt sich der energetische Zustand des untersuchten Gebäudes beurteilen.

Auch Vergleichswerte, bezogen auf die Leistungsgrössen des Unternehmens (z. B. Wärmeverbrauch pro Übernachtung, Stromverbrauch pro Mahlzeit, Wasserbedarf pro Kilogramm produziertes Papier), können wertvolle Hinweise auf Schwachstellen und das Optimierungspotenzial geben.

Natürlich muss ein im Vergleich guter eigener Wert nicht zwingend bedeuten, dass nicht doch noch Verbesserungsmöglichkeiten vorhanden sind, wie es umgekehrt nicht in jedem Fall möglich ist, den besten Wert zu erreichen. Jedoch ist ein solcher Vergleich ein gutes Mittel, das mögliche Optimierungspotenzial transparent zu machen und so ein zielgerichtetes Vorgehen zu ermöglichen. Aus der Differenz zwischen Istwert und Vergleichswert, multipliziert mit der Anzahl der Bezugsgrössen (z. B. Quadratmeter), lässt sich sofort das Sparpotenzial und daraus auch die Kosteneinsparung pro Jahr errechnen.

Es ist klar, dass die Aussagekraft und Nutzbarkeit solcher Vergleiche umso besser sind, je detailliertere Kennzahlen und Vergleichszahlen vorliegen. Leider macht dies das Erheben von Kennzahlen aufwendiger. Das Finden von detaillierten Vergleichswerten ist ebenso schwierig.

Schwachstellen

In diesem Zusammenhang werden unter Schwachstellen Installationen mit Energiesparpotenzial verstanden. Es gilt also, Möglichkeiten zu suchen, um durch eine Verbesserung den Energieverbrauch reduzieren zu können. Gleichzeitig soll auch angestrebt werden, fossile Brennstoffe durch nicht fossile Energieträger, am besten durch regenerative Energie, zu ersetzen. Der Komfort resp. die Funktionalität müssen dabei weiterhin erfüllt werden. Es geht also nicht darum, nachher im dicken Pullover zu frieren, sondern dort Massnahmen zu ergreifen, wo der verlangte Komfort resp. die Leistung mit weniger Energieaufwand bereit-

SPEZIFISCHER JÄHRLICHER ELEKTRIZITÄTSBEDARF IN KWH/M²

Tab. 15: Matrix der spezifischen Elektrizitätsverbräuche eines Bürogebäudes (beispielhaft)

Verwendungszweck	Flächen		Nutzer	Gebäudetechnik				Total
Zone	GF m²	A_e (EBF) m²	Betriebseinrichtungen	Beleuchtung	Lüftung/ Klima	Diverse Technik	Elektro Wärme	
Büroräume	1'200	1'380	15.9	10.1	8.7		0.0	
Sitzungsräume	300	345	11.6	11.6	14.5		0.0	
Korridore	400	460	2.2	19.6	0.0		0.0	
Toiletten	200	230	8.7	8.7	4.3		0.0	
Restaurant	300	345	17.4	8.7	14.5		0.0	
Küche	200	230	130.4	17.4	13.0		0.0	
Technik/Lagerräume	400	0	10.0	2.5	5.0		0.0	
Parking	1'000	0	1.0	5.0	2.0		2.0	
Fläche total	4'000	2'990				4.5	1.0	
Energiekennzahlen			**23.4**	**14.0**	**10.0**	**6.0**	**1.7**	**55.2**

gestellt werden kann. Oft wird man bei solchen Untersuchungen auch auf Fälle stossen, bei denen der Komfort oder die gebotene Leistung nicht genügen. Dann ist es besonders sinnvoll, Massnahmen zu ergreifen. Dabei muss versucht werden, beide Ziele, mehr Komfort oder Leistung und optimierter Energieverbrauch, synchron zu erreichen.

Schwachstellen lassen sich einerseits über die Vergleichswerte finden. Jedoch geben diese Werte keinerlei Auskunft über den Grund des im Vergleich zu hohen Energieverbrauches. Es wird nur ersichtlich, ob und allenfalls wo ein im Vergleich zu hoher Energieverbrauch auftritt. Um Verbesserungen zu erreichen, müssen nun konkrete Schwachstellen und praktisch umsetzbare Verbesserungsmassnahmen gefunden werden. Dazu braucht es neben der Kenntnis des Gebäudes, der installierten Anlagen und Geräte auch das Verstehen der Prozesse und der Nutzung. Mit Gespür, Erfahrung und energietechnischen sowie gebäudetechnischen Kenntnissen muss nun nach Mängeln und Verbesserungsmöglichkeiten gesucht werden. Dazu ist eine Inspektion des Gebäudes und seiner Anlagen erforderlich. Ebenso müssen alle verfügbaren Unterlagen über Bau, Gebäudetechnik, Anlagen und Geräte vorhanden sein und die Gebäudenutzung muss bekannt sein.

Die wichtigsten Know-how-Träger sind fast immer Hauswarte, Gebäudeverantwortliche oder Mitarbeitende des technischen Dienstes. Ohne diese Personen können viele Schwachstellen nicht gefunden werden. Auch ist es meist nutzlos, ohne ihre Mitwirkung zu versuchen, Verbesserungen umzusetzen. Eine Schwachstellenanalyse darf von diesen Personen nicht als Kontrolle ihrer Arbeit oder gar als Misstrauensvotum in Bezug auf ihre Kompetenzen verstanden werden. Besser ist es, ihnen Gelegenheit zu geben, schon lange bekannte Mängel und erwünschte Verbesserungen aufzuzeigen und umzusetzen. Bei allen Massnahmen ist die Umsetzung wesentlich einfacher, wenn von Anfang an alle betroffenen Personen informiert werden und sie ihre Wünsche, Ideen und Anliegen in die Schwachstellenanalyse einbringen können. Gegen den Willen von Betroffenen eine von aussen aufoktroyierte Massnahmenliste umzusetzen, ist sehr schwierig und führt kaum zum erhofften Erfolg.

Daneben können auch Gespräche mit den Gebäudenutzern, seien es Angestellte, Bewohner, Kunden oder Mieter, zu wertvollen Erkenntnissen führen.

Oft ist es sinnvoll, die Schwachstellenanalyse an einen externen Energieberater zu vergeben.

Die Untersuchung kann anhand einer Checkliste erfolgen, um alle möglichen Sparpotenziale zu finden Dies ermöglicht ein strukturiertes Vorgehen. Keine Bauteile oder möglichen Problemfelder gehen vergessen. Im Anhang 14.2 findet sich ein Beispiel einer solchen Checkliste, wobei kein Anspruch auf Vollständigkeit besteht.

Es ist zu empfehlen, vor Beginn einer Schwachstellenanalyse eine entsprechende Checkliste für den konkreten Fall aufzustellen. Dabei kann auch bewusst auf Bereiche verzichtet werden, bei denen bekannt ist, dass kaum Schwachstellen oder Sparpotenziale vorhanden sind. Ebenso kann eine Unterteilung in Bereiche mit tendenziell grossem Sparpotenzial und solchen mit kleinem Sparpotenzial vorgenommen werden. Dabei helfen eine möglichst detailliert aufgestellte Energiebilanz, ein Energieflussdiagramm, Teil-Energiekennzahlen sowie der Vergleich mit Kennzahlen.

Bei jedem Untersuchungspunkt muss mit Sachkenntnis beurteilt werden, ob eine Schwachstelle vorhanden ist, wie eine Verbesserung aussehen könnte, was diese einspart resp. nützt (Energie und Betriebskosten, eventuell Verbesserung des Komforts oder der Leistung), wie und wann diese Verbesserung realisiert werden könnte und was diese Massnahme etwa an Kosten verursacht. Dabei ist wiederum wichtig, nicht alles bis ins Detail und auf die letzte Kommastelle genau erfassen zu wollen, sondern mit Abschätzungen und Erfahrungswerten zu möglichst realistischen Zahlen zu kommen.

Bei grossen resp. den wichtigsten Bau- und Technikelementen, z. B. der Wärmeerzeugung oder der Gebäudehülle, kann auch eine vertiefte Untersuchung sinnvoll sein. Eventuell können hier auch verschiedene Varianten von Verbesserungen erarbeitet werden.

Aus dieser Arbeit folgt eine Liste mit allen möglichen Massnahmen, was im nächsten Kapitel erklärt wird.

11.4 Massnahmenplan mit Kosten-Nutzen-Verhältnis

Aus den aufgrund der Schwachstellenanalyse gefundenen Schwachstellen und den möglichen Massnahmen kann ein Massnahmenplan erarbeitet werden. Die Massnahmen werden dabei in drei Kategorien unterteilt: kurzfristige, mittelfristige und abhängige Massnahmen.

Kurzfristige Massnahmen

Dies sind alle Massnahmen, welche ohne grosse finanzielle und/oder organisatorische Mittel kurzfristig umgesetzt werden können. Diese Massnahmen werden auch als Sofortmassnahmen bezeichnet. Meist handelt es sich dabei um kleinere, nicht investive Massnahmen der energetischen Betriebsoptimierung wie das Verändern von Betriebszeiten oder Sollwerten, das Stilllegen von nicht benötigten Komponenten oder das Auswechseln von Beleuchtungsmitteln.

Mittelfristige Massnahmen

Diese Massnahmen sind als solches lohnend, d.h. es wird eine Amortisationszeit erreicht, welche unter dem geforderten Limit liegt oder kürzer als die sichere Lebensdauer der Massnahme ist. Diese Massnahmen können jedoch nicht sofort umgesetzt werden. Entweder ist eine Planung erforderlich, es steht im Moment kein ausreichendes Budget zur Verfügung oder aus betrieblichen Gründen ist eine Umsetzung erst später möglich. Hier handelt es sich typischerweise um grössere, investive Vorhaben, z. B. der Einbau einer Wärmerückgewinnung bei einer Lüftungsanlage, eine bessere Anlagenautomation oder die Nachisolation der Kellerdecke.

Abhängige Massnahmen

Hier handelt es sich um Schwachstellen, deren Behebung allein aus energetischen Gründen zu teuer wäre. Im Rahmen von späteren, aus anderen Gründen erforderlichen Sanierungen oder Umbauten können sie aber verwirklicht werden. Deshalb werden sie abhängige Massnahmen genannt. Typischerweise können solche Massnahmen umgesetzt werden, wenn Bauelemente oder technische Anlagen aus Altersgründen ersetzt werden müssen. Dabei kann es sich um die bessere Dämmung des Flachdaches handeln, welche aber erst ausgeführt werden kann, wenn das Dach wegen Undichtheit ohnehin saniert werden muss. Oder es kann infolge Umbau der Büroeinteilung gleich auch eine bessere Beleuchtungsanlage und eine neue Raumautomation eingebaut werden.

Wichtig ist hier, dass eine Mehrjahresplanung dieser Massnahmen der Gebäudeerneuerung stattfindet und dabei auch die Energieoptimierung mit einem Konzept und mit klaren Zielen geplant wird. Noch entscheidender ist, dass alle Massnahmen und Projekte der Gebäudeerhaltung und -verbesserung genutzt werden, um gleichzeitig die maximal möglich Verbesserung der Energieeffizienz umzusetzen. Viele energetische Verbesserungen sind nur so möglich. Umgekehrt kann so jedes Gebäude früher oder später zu einem sehr energieeffizienten Gebäude werden, und dies auf einem wirtschaftlich tragbaren oder sogar attraktiven Weg.

Diese geordnete Auflistung aller kurz- und mittelfristigen sowie abhängigen Massnahmen erlaubt den Überblick über die erforderlichen Investitionen, die möglichen Einsparungen und die längerfristig erforderlichen Schritte.

Berechnung Kosten-Nutzen-Verhältnis

Für jede Massnahme wird ein Kosten-Nutzen-Verhältnis berechnet. Den Kosten der Massnahme (den Finanzierungskosten der einmaligen Investition für die Umsetzung der Massnahme) werden die jährlichen Einsparungen gegenübergestellt. Aus den einmaligen Investition werden mit einer Amortisationsrechnung jährliche Amortisationsraten (= Finanzierungskosten) berechnet. Diese Berechnung stützt sich auf den gewünschten resp. erforderlichen Zins und die definierte Abschreibedauer. Es wird am besten die Annuitätenmethode verwendet (siehe Kapitel 13.4.1).

Die Bestimmung der Kosten der Massnahmen erfolgt durch die Person, welche den Massnahmenkatalog erarbeitet. Die Qualität der Zahlen hängt dabei wesentlich von der Fachkompetenz und Erfahrung dieser Person ab. Weil der Aufwand und die Arbeits- oder Honorarkosten zu hoch würden, kann nicht für jede Massnahme ein fertiges Projekt mit Kostenvoranschlag erarbeitet werden. Da es sich um viele Massnahmen handelt, sollten sich Ungenauigkeiten bei den Kosten und Nutzen einzelner Massnahmen ausgleichen. Diesen Kosten kann auch ein Zuschlag für die Honorare der Schwachstellenanalyse sowie eventuell für Aufwendungen des Bauherrn zugeschlagen werden. Die Planungskosten und Honorare für die Umsetzung müssen selbstverständlich ebenfalls mitberücksichtigt werden.

Die Berechnung des Nutzens (der totalen Einsparung) erfolgt aus der Quantifizierung der Energieeinsparung und mit den Energiepreisen der Umrechnung in Frankenbeträge. Die Mehr- oder Minderaufwendungen für die Betriebsführung und Instandhaltung (Betrieb) müssen ebenfalls monetär beziffert werden.

Für die grösseren Einzelmassnahmen, bei welchen Varianten erarbeitet wurden, muss die sinnvollste Variante ausgewählt werden.

Daraus lässt sich eine Aufstellung wie in Tab. 16 gezeigt erstellen. Dies kann wieder in die drei Massnahmenarten kurz-, mittelfristig und abhängig unterteilt werden.

Das Kosten-Nutzen-Verhältnis sagt aus, um wie viel grösser (oder kleiner) die jährlichen Kosten (= Mehraufwand Betrieb und Finanzierungskosten) als die jährlichen Einsparungen (= Energie- und Wassereinsparung sowie Minderaufwand Betrieb) einer Massnahme sind. Alle Massnahmen mit einem Kosten-Nutzen-Faktor unter 1 sind dabei wirtschaftlich interessant. Ein Kosten-Nutzen-Verhältnis von 0,5 sagt aus, dass die Kosten halb so gross sind wie der Nutzen, während umgekehrt ein Faktor 2 bedeutet, dass die Kosten doppelt so hoch wie der Nutzen sind.

In der Tab. 16 werden die Sanierungsmassnahmen nur mit Nummer und Stichwort bezeichnet. Die Nummer dient zur klaren Kennzeichnung und raschen Auffindung. Sie kann auch strukturiert sein, z. B. H1K bis H8K: Massnahmen betreffend Heizung kurzfristig, L1M bis L12M: Massnahmen Lüftung mittelfristig, B1S bis B4S: Massnahmen Betrieb Sofortmassnahmen etc., oder nach Gebäuden, Abteilungen oder weiteren Strukturen unterscheidbar.

Zu jeder Massnahme gehört in der Dokumentation der Schwachstellenanalyse eine Beschreibung und nachvollziehbare Berechnung der Kosten und Einsparpotenziale.

Bei den Einsparungen kann nach den unterschiedlichen Energieformen (Wärme, Strom, evtl. Kälte, Druckluft) oder nach Energieträger (Öl, Gas, Strom, Holz etc.) unterschieden werden. Je nachdem dürfen auch das Wasser sowie eventuell weitere Betriebsmittel nicht vergessen werden.

Bei der Berechnung der Einsparungen ist es wichtig, dass gegenseitige Abhängigkeiten und Beeinflussungen nicht vergessen werden. So kann eine Massnahme das Sparpotenzial einer anderen verringern oder evtl. verbessern. Wenn beide realisiert werden, kann nicht die Summe der beiden Einzelmassnahmen eingespart werden. Beispiel: In einem Büroraum verbraucht die bestehende Beleuchtung 1500 kWh Strom pro Jahr. Massnahme 1 kann die installierte Leistung für die Beleuchtung durch neue LED-Leuchten auf die Hälfte zu reduzieren. Damit werden 750 kWh eingespart. Massnahme 2 halbiert mit einer automatischen, tageslichtabhängigen Beleuchtungssteuerung die Vollbetriebszeit. Damit können, im Vergleich zur alten Beleuchtung, ebenfalls 750 kWh gespart werden. Wenn beide Massnahmen einzeln betrachtet werden, so benötigte diese Beleuchtung also nach deren Umsetzung keinen Strom mehr. In Wirklichkeit spart die zweite Mannahmen nur noch die Hälfte, wenn zuvor die erste verwirklicht wird.

Auf keinen Fall dürfen die Kosten für Betriebsführung und Instandhaltung (Betrieb) vergessen werden. Je nach Variante können sich diese deutlich unterscheiden und betragsmässig mehr als die Energie ausmachen. Falls diese Kosten ansteigen, werden sie negativ in die Tabelle eingetragen.

Die in der Berechnung angenommene Nutzungsdauer entspricht im Idealfall der sicher erwarteten Lebensdauer der Anlagen resp. Bauteile. Angaben von Nutzungsdauern finden sich z. B. in der Empfehlung SIA 480 (Wirtschaftlichkeitsrechnung für Investitionen im Hochbau, Ausgabe 2016) oder in Unterlagen der CRB zur Berechnung der Lebenszykluskosten. Im Allgemeinen betragen die Nutzungsdauern für gebäudetechnische Installationen 15 bis 30 Jahre, für Bauteile 40 bis zu 100 Jahre. Oft wird aus geschäftspolitischen Gründen der Berechnung jedoch nicht die Lebensdauer zugrunde gelegt, sondern die sichere Gebrauchsdauer in Ab-

MASSNAHMENTABELLE

Tab. 16: Raster einer Massnahmentabelle

Sanierungsmassnahme		Einsparungen, Ausgaben (jährlich)				Investition	Nutzungsdauer	Finanzierungskosten	Einsparung	Kosten-Nutzen-Verhältnis
Nr.	Bezeichnung	Wärme MWh	Strom MWh	Wasser m^3	Unterhalt CHF	CHF	Jahre	CHF	Total CHF	
	Total									

hängigkeit zur Geschäftstätigkeit. Ob z. B. eine Produktionshalle oder eine Bankfiliale auch in 5 Jahren noch als solche genutzt werden kann, ist oft unsicher. Deshalb wird oft verlangt, dass sich Investitionen innerhalb von 3 bis 5 Jahren auszahlen. Die Vorgabe der Nutzungsdauer ist also einerseits von technischen, andererseits von geschäftspolitischen Gegebenheiten abhängig. Kurze Amortisationsdauern verteuern die Finanzierungskosten und können daher Massnahmen unwirtschaftlich machen, welche sich über die Lebensdauer zurückzahlen würden.

Die totalen Einsparungen sind die Summe aller jährlichen Einsparungen an Energie, Wasser und Betrieb. Die Einsparungen an Energie und Medien müssen dabei in Geldwerte umgerechnet werden. Der zugrunde zu legende Energiepreis sollte dem mittleren effektiven Energiepreis während der zukünftigen Nutzungsdauer entsprechen. Da die Energiepreise aber nicht vorhergesagt werden können, ergibt sich hier eine Schwierigkeit. Je nachdem kann von den heutigen Energiepreisen ausgegangen werden, wobei kurzfristige Schwankungen ausgeglichen werden sollten, oder es kann eine Prognose gewagt werden. Für Energiepreise, die als zu- (oder ab-)nehmend angenommen werden, kann der heutige Preis mit einem Mittelwertfaktor für die Energiepreisteuerung multipliziert werden. Dieser ist von der durchschnittlichen Teuerung (in Prozent) und der Betrachtungsdauer (= Nutzungsdauer) abhängig und kann aus Tabellen entnommen werden. Auch für Unterhalts- und Betriebskosten kann analog mit einer Teuerung gerechnet werden.

Der Kosten-Nutzen-Faktor wird schlussendlich mit einer einfachen Division, die (Amortisations-)Kosten pro Jahr dividiert durch die jährlichen Einsparungen, berechnet.

11.5 Umsetzung der Massnahmen

Der nächste Schritt muss die Planung und Organisation der Umsetzung von im Massnahmenplan aufgelisteten Massnahmen sein. Dabei können verschiedene Strategien angewendet werden, um kurzfristige und auch mittelfristige Massnahmen umzusetzen.

Minimale Investitionen, maximale Kosteneffizienz

Es werden nur diejenigen Massnahmen umgesetzt, welche einen Kosten-Nutzen-Faktor von unter 1 aufweisen.

Maximale Kostenneinsparungen

Es wird ein Massnahmenpaket umgesetzt, dessen totales Kosten-Nutzen-Verhältnis gerade 1 beträgt. Die nicht rentablen Massnahmen (mit Kosten-Nutzen-Faktor über 1) werden in der Reihenfolge abnehmender Kosten-Nutzen-Faktoren solange gestrichen, bis das ganze Paket die Grenze zur Wirtschaftlichkeit erreicht. Damit werden die nicht rentablen Massnahmen durch die sehr günstigen Massnahmen mit Kosten-Nutzen-Faktoren unter 1 quersubventioniert. Damit können auch am meisten Energieeinsparungen erreicht werden, bei Kostenneutralität.

Limitiertes Investitionsbudget

Eventuell sind auch die maximal möglichen Ausgaben resp. Investitionen für Massnahmen limitiert. In diesem Fall werden die Massnahmen in der Reihenfolge eines aufsteigenden Kosten-Nutzen-Faktors verwirklicht, bis das vorhandene Budget aufgebraucht ist. Falls dabei Massnahmen mit Kosten-Nutzen-Faktor unter 1 nicht umgesetzt werden können, werden diese in die nächste Budgetperiode verschoben und wenn möglich anschliessend verwirklicht.

Limitiertes Investitionsbudget

Die kurzfristigen Massnahmen können im Rahmen der Betriebsführung oder als Instandsetzungsmassnahmen umgesetzt werden. Dazu ist es wichtig, dass am besten schon vor der Schwachstellenanalyse ein gewisses Budget für solche Massnahmen vorgesehen wird. Für Massnahmen, welche sich durch organisatorische Anpassungen erreichen lassen oder solche bedingen, sind die Verantwortlichkeiten zu klären und die erforderlichen Kompetenzen zuzuweisen.

Die Umsetzung der mittelfristigen Massnahmen erfolgt als grössere Instandsetzungsmassnahme, soweit es sich nicht um investive Massnahmen handelt resp. diese im Rahmen des Betriebsbudgets abgewickelt werden können und nicht aktiviert werden müssen. Investive Massnahmen werden wie ein Projekt der Gebäudeerhaltung oder der Gebäudeverbesserung abgewickelt. Aufgrund der im Massnahmenkatalog ermittelten Investitionssumme kann ein entsprechender Kreditantrag gestellt werden. Für die Umsetzung jeder solchen Massnahme ist ein verantwortliche Person als Projektleiter zu bestimmen. Diese ist mit Unterstützung von externen Planern und Firmen für die Umsetzung der Massnahmen und die Einhaltung der Kreditlimite und der Termine verantwortlich.

Die langfristigen oder abhängigen Massnahmen werden in einer Mehrjahresplanung der Erhaltungssprojekte pendent gehalten. Wichtig ist, dass diese nicht in Vergessenheit geraten, sondern bei der entsprechenden Gelegenheit wirklich umgesetzt werden. Sie sollen auch in die längerfristige Energieplanung und in ein Energiekonzept für das Gebäude eingebunden werden. Vor der Verwirklichung muss überprüft werden, ob die damals getroffenen Annahmen und die Voraussetzungen noch stimmen.

11.6 Erfolgskontrolle

Mit der Umsetzung von Massnahmen müssen effiziente Kontrollinstrumente geschaffen werden, um die Wirksamkeit der Massnahmen und die Voraussagen überprüfen zu können. Eine Erfolgskontrolle ist unbedingt erforderlich. Dies nicht hauptsächlich aus akademischem Interesse, sondern um allfällige Mängel bei der Umsetzung zu finden und Erfahrungen für die Zukunft zu gewinnen. Nicht zuletzt kann eine nachgewiesenermassen erfolgreiche Behebung von Schwachstellen auch dazu führen, dass weitere derartige Massnahmen leichter durch die Geschäfts- oder Organisationsleitung bewilligt werden.

Für die Erfolgskontrolle ist es wichtig, dass die erforderlichen Werkzeuge vorhanden sind und jemand dafür verantwortlich ist. Am wesentlichsten sind geeignete Messeinrichtungen und die korrekte Ablesung und Verbuchung der Energieverbräuche, das heisst eine gut funktionierende Energiebuchhaltung.

Es ist klar, dass nur dann, wenn der Energieverbrauch vor der Umsetzung der Massnahmen bekannt ist, dieser auch mit dem Verbrauch nachher verglichen werden kann.

Sollten die erwarteten Einsparungen nicht erreicht werden, so müssten dafür die Gründe gesucht werden.

12 Contracting

12.1 Situation

Energieerzeugungsanlagen für Raumheizung und Warmwasser (Wärme), Klimatisierung (Kälte) und teilweise Anlagen der Stromversorgung (z. B. Trafos, PV-Anlagen) werden üblicherweise vom Gebäudeeigentümer erstellt und betrieben. Analog sind bei industriellen Betrieben die Anlagen für Prozesswärme und -kälte typischerweise im Besitz des Betriebes, welcher diese Energie für seine Kerntätigkeit benötigt.

In beiden Fällen gehört das Erstellen und Betreiben von energietechnischen Anlagen nicht zum Kerngeschäft des Gebäudeeigentümers resp. des Betriebes. Diese Aufgaben binden Kapital und Personal und erfordern Know-how. Kapital ist in der Regel knapp und würde oft besser dem Kerngeschäft zur Verfügung stehen. Betriebspersonal steht oft nicht mit der für den optimalen Anlagenbetrieb erforderlichen Kompetenz zur Verfügung.

Bei Neubauten und beim Ersatz von energietechnischen Anlagen werden mit der Planung und dem Bau meist verschiedene Fremdunternehmungen beauftragt. Auch der Betrieb wird später von wieder anderen verantwortet, entweder dieser erfolgt in Eigenleistung oder wieder durch Dritte (Outsuorcing an Service-Provider). Die Interessen dieser unterschiedlicher Beteiligten sind nicht dieselben. Auch die Verantwortung für ein einwandfreies Ergebnis liegt bei verschiedenen Firmen. Für die Optimierung über den ganzen Lebenszyklus ist meist niemand zuständig.

Aus dieser Situation ergeben sich oft unbefriedigende Lösungen und ein suboptimaler Betrieb. Der Bauherr ist oftmals hauptsächlich an der Höhe der anfänglichen Investitionen interessiert. Insbesondere bei Rendite- und Mietobjekten werden die Betriebskosten als sekundär betrachtet. Auch der Planer, der Hersteller und der Unternehmer/Installateur sind weder von den langfristigen Kosten einer Anlage betroffen, noch sind sie an einem energieoptimalen Betrieb interessiert. Daraus ergeben sich in der Praxis meist Lösungen, welche weder zu minimalen Jahreskosten noch zu minimalem Energieverbrauch und Emissionen führen.

Bei bestehenden Anlagen und Gebäuden können Spar- und Optimierungspotenziale oft nicht genutzt werden, weil die nötige Finanzierung von Verbesserungsmassnahmen nicht sichergestellt werden kann. Auch fehlt in der Regel das erforderliche fachliche Know-how für Betriebsoptimierung und neue energietechnische Konzepte bei den Eigentümern und den Betreibern.

Contracting, die Patentlösung?

Beim Contracting wird zwischen Energieliefercontracting (Anlagencontracting) und Energiesparcontracting unterschieden. Beim Ersten stehen der Bau und Betrieb von energietechnischen Anlagen und die Lieferung der entsprechenden Nutzenergie in Vordergrund, während beim zweiten die Einsparung von Energie bei bestehenden oder seltener neuen Anlagen im Vordergrund steht.

In vielen Fällen kann mit Contracting eine für alle vorteilhafte Lösung gefunden werden. Im Fall von Energieliefercontracting übernimmt der Contractor die langfristige Verpflichtung, die erforderliche Nutzenergie zu liefern. Er koordiniert Planung, Bau und Betrieb einer Anlage und finanziert diese auch. Als Eigentümer und Betreiber der Anlage ist er an möglichst tiefen Jahreskosten und der Optimierung über den ganzen Lebenszyklus interessiert. Er hat das Interesse, qualitativ hochstehende, preisgünstige und energieeffiziente Anlagen zu realisieren. Er

Abb. 96: Schema Energieliefercontracting

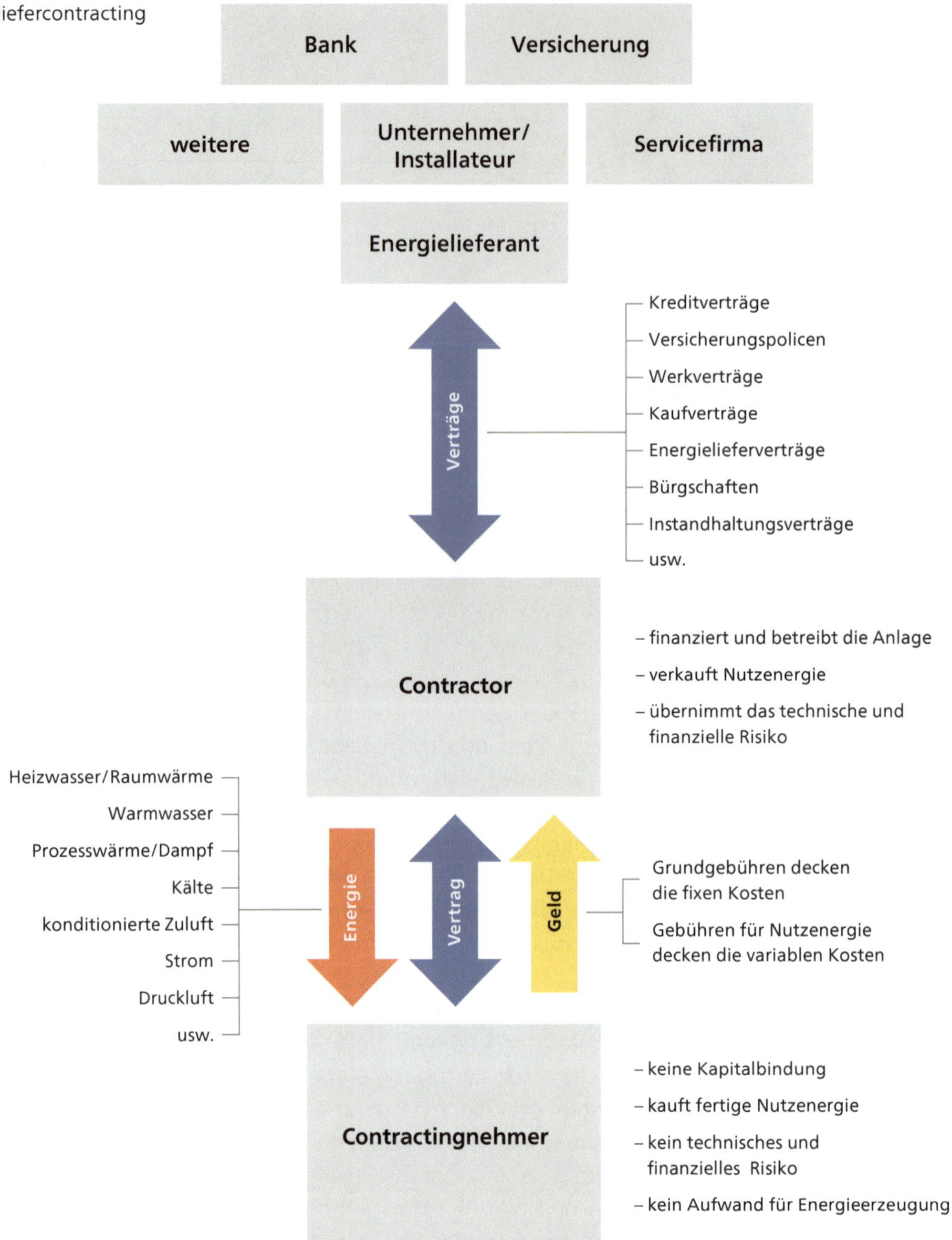

ENERGIELIEFERCONTRACTING

verfügt über fachkundiges Personal und meist viel Erfahrung im Bau und Betrieb von energietechnischen Anlagen, da dies zu seinen Kernkompetenzen gehört.

Contracting erfreut sich in Deutschland und in den USA seit Längerem einer grossen Beliebtheit. In der Schweiz werden Contractingverträge seit etwa 1997 abgeschlossen.

Es kann davon ausgegangen werden, dass mit Contracting zusätzliche Energiesparpotenziale erschlossen werden können. Contracting wird deswegen vom Bund mit dem Programm EnergieSchweiz teilweise unterstützt.

12.2 Energieliefercontracting

Mit dem Energieliefercontracting (auch als Anlagencontracting bezeichnet, Abb. 96) erwirbt ein Liegenschaftsbesitzer oder ein Unternehmer vom Contractinganbieter (Contractor) genau die Energie in der Form, welche er für seine Zwecke benötigt. Wie beim Strom sind die Energieerzeugung, der Bau und die Finanzierung der entsprechenden Anlagen und deren Betrieb Sache des Contractors. Der Kunde kauft die fertige Wärme, Kälte, Druckluft, Dampf, konditionierte Zuluft oder was vereinbart wurde.

12.2.1 Vorgehen

Der Kunde (Contractingnehmer) muss über seinen mittel- und längerfristigen Bedarf an Nutzenergie Klarheit haben. Er muss ferner seine Ansprüche an die Versorgungssicherheit definieren können. Auch muss der Kunde über eine gute Bonität verfügen.

Wenn nun ein Neubau geplant ist, eine neue Produktionslinie errichtet werden soll, die vorhandene Energieversorgung den Ansprüchen nicht mehr genügt oder aus einem anderen Grund eine Investition in eine energietechnische Anlage ansteht, so kann sich der Kunde für eine Contractinglösung entscheiden. Bei hohen Energiekosten kann sich eine Contractinglösung besonders lohnen.

Er kann sich nun von möglichen Contractinganbietern eine Offerte über die Energielieferung erstellen lassen. Diese offerieren die Lieferung der verlangten Energieformen mit den Tarifangeboten und mit Garantien betreffend Versorgungssicherheit resp. Anlagenverfügbarkeit. Bei der Auswahl der Anbieter sind folgende Punkte wichtig:

- *Bonität des Anbieters*
- *Erfahrung und Kompetenz des Anbieters*
- *Referenzanlagen*
- *Örtliche Präsenz des Anbieters*

Contracting basiert neben den technischen Aspekten auf einem Vertragswerk. Die Ausgestaltung dieser Verträge ist für den Erfolg entscheidend.

Der Contractor verkauft dem Kunden die Nutzenergie zu vereinbarten Tarifen. Das Preisangebot besteht typischerweise aus einem fixen Betrag pro Monat oder Jahr für die fixen Kosten des Contractors (insb. für Abschreibung und Verzinsung der Anlagen, Versicherungsprämien, fester Anteil der Betriebskosten) und einem variablen Energietarif, der insbesondere die (schwankenden) Kosten der Endenergie (Heizöl, Gas, Strom etc.) umfasst und entsprechend dem Energiebezug verrechnet wird. Dazu muss die gelieferte Energie gemessen werden. Dieser Tarif wird üblicherweise jährlich neu festgelegt, aufgrund der Preisentwicklung bei den genutzten Endenergieträger.

12.2.2 Vorteile und Risiken

Für den Kunden ergeben sich folgende Vorteile:

- *Keine Eigeninvestitionen, keine Kapitalbindung*
- *Wenig Umtriebe für die Energieerzeugung*
- *Im Idealfall günstigere Energiekosten*
- *Feste resp. transparente Energiekosten über die Vertragsdauer*
- *Keine Betriebsrisiken mit den energietechnischen Anlagen*
- *Sichere, effiziente Energieversorgung*

Für den Contractinganbieter ergeben sich folgende Vorteile:

- *Neue Geschäftsmöglichkeit*
- *Langfristige Kundenbindung*
- *Nutzung des internen Know-hows*
- *Marge abhängig vom erfolgreichen Optimieren der Anlage und von tiefen Lebenszykuskosten*

Im Idealfall entsteht eine typische Win-Win-Situation. Da Contracting im Allgemeinen von der Nutzbarmachung der Optimierungsmöglichkeiten lebt, profitiert auch die Umwelt und die Gesellschaft.

Damit stellt sich die Frage, was denn die Nachteile sind. Eigentliche Nachteile sind nur schwer zu finden, aber es gibt einige Randbedingungen und Risiken zu beachten.

Randbedingungen:

Eine Win-Win-Situation kann nur entstehen, wenn ein erschliessbares Optimierungspotenzial besteht, welches ohne Contracting nicht erschlossen werden könnte. Dies ist in vielen Fällen so, wie bereits gesagt wurde. Aber auch wenn davon ausgegangen wird, dass ein Bauherr seine Anlage genauso optimiert bauen und betreiben würde wie der Contractor, kann Contracting dennoch interessant sein.

Jedoch sind Energieliefer-Contractingprojekte meist langfristige Vorhaben. Der Kunde muss, wie ebenfalls bereits erwähnt, seine Zukunft und den Bedarf an Energie entsprechend planen können. Er muss bereit und fähig sein, entsprechend langfristige Verpflichtungen einzugehen.

Der Kunde begibt sich auch in eine gewisse Abhängigkeit zum Contractor. Sein Risiko ist aber wesentlich kleiner, insbesondere da die Energieerzeugungsanlage in den meisten Fällen mit dem Gebäude fest verbunden ist und der Kunde somit immer eine Zugriffsmöglichkeit darauf hat.

Risiken:

Die grössten Risiken liegen beim Contractinganbieter. Er ist darauf angewiesen, dass der Kunde über die Vertragslaufzeit die vereinbarten Energiemengen abkauft und auch bezahlt. Ein Konkurs des Kunden, das Leerstehen eines

Gebäudes oder die Aufgabe einer Produktion können dazu führen, dass die Erlöse des Contractors zurückgehen oder gar ausfallen und er seine Investition nicht mehr amortisieren kann.

Der Contractinganbieter trägt auch das ganze technische Risiko. Ein Ausfall der Anlage nach der Garantiezeit, aber noch vor Ende der Vertragslaufzeit, geht zu seinen Lasten. Dagegen kann er sich entsprechend versichern.

Aufseiten des Kunden hingegen sind die Risiken wesentlich kleiner. Im Notfall (Konkurs des Contractors) kann der Liegenschaftseigentümer die Anlagen aus der Konkursmasse kaufen und selbst weiter betreiben. Oder er kann einen neuen Contractinganbieter suchen.

Beim Kunden bleibt nur das Risiko kurzfristiger Ausfälle der Energieversorgung, welches nun vom Verhalten des Contractors abhängt. Bei sehr sensiblen Prozessen kann dieses Risiko ein gewichtiger Nachteil sein.

Das Risiko steigender oder fallender Energiepreise wird üblicherweise voll auf den Kunden überwälzt. Der Kunde muss dieses Risiko aber auch ohne Contracting tragen.

Unklar ist, ob ein Anlagencontracting-Vertrag die Handelbarkeit einer Liegenschaft beeinflusst. Allenfalls könnten potenzielle Interessenten vom Kauf einer Liegenschaft absehen, wenn sie mit dem Kauf der Liegenschaft einen Contractingvertrag übernehmen müssen. Sachlich betrachtet hingegen geht ein Käufer einer Liegenschaft, deren Energieversorgung von einem Contractor gewährleistet wird, weniger Risiken ein als bei einer konventionellen Lösung.

12.2.3 Finanzierung

Der Contractor muss seine Projekte finanzieren. Dazu ist er üblicherweise auf Kredite angewiesen. Die Banken können bei der Gewährung solcher Kredite skeptisch sein. Sie befürchten einen grossen Aufwand in der Prüfung der Projekte und ein grosses Risiko. Auch die typischerweise lange Laufzeit ist ein Hindernis.

Für Banken sind Finanzierungen von grossen Projekten lukrativer als von kleineren Projekten, wie sie typisch sind für Energieliefercontracting-Vorhaben.

Diese Hindernisse bei der Mittelbeschaffung könnten mit dazu beigetragen haben, dass in der Schweiz seit Längerem der Markt für Energieliefercontracting fast vollständig in der Hand öffentlich-rechtlicher Energieversorger oder von Stadtwerken ist. Diese öffentlichen Organisationen können sich anders und besser finanzieren als private Firmen.

Seit die Zinsen für Kapital sehr tief sind (seit etwa 2015) können sich die Kunden oft selbst sehr günstig finanzieren. Deswegen ist der Finanzierungsvorteil von Contractinglösungen in Tiefzinsphasen kleiner.

12.2.4 Contracting und Recht

In der Schweiz gibt es keine speziellen rechtlichen Bestimmungen zum Energieliefercontracting. Da die Projekte lange Laufzeiten haben und oft viel Geld im Spiel ist, muss den rechtlichen Fragen ein besonderes Augenmerk gewidmet werden.

Bei Mietobjekten muss auch das Mietrecht mit einbezogen werden. Die verrechenbaren Nebenkosten beinhalten normalerweise nur die Betriebskosten der Wärmeerzeugung, nicht aber die Abschreibungs- und Verzinsungskosten der Investitionskosten. Da davon ausgegangen wird, dass mit einer Contractinglösung die Wärmeversorgung insgesamt nicht teurer wird und davon auch die Mieter profitieren, können die Wärmekosten auch bei Contractinglösungen auf die Mieter als Nebenkosten überwälzt werden. Die Kalt- oder Nettomiete müsste aber um die für den Vermieter geringeren Investitionen reduziert werden.

Ein weiterer Punkt ist die Frage der Eigentums- und Besitzrechte. Eine Heizanlage in einem Gebäude gehört dinglich zum Gebäude resp. wird ein Bestandteil dieses Gebäudes. Damit geht sie ins Eigentum des Gebäudeeigentümers über. Mit einer im Grundbuch eingetragenen Dienstbarkeit kann allerdings dem Contractor der Besitz an der Anlage und ein Zutrittsrecht eingeräumt werden. Dieses Recht ist wiederum mit dem Gebäude verbunden, geht also auch an einen allfälligen neuen Eigentümer über.

Einfacher ist es, wenn die Anlage in einem separaten Gebäude untergebracht ist, für welches ein Baurecht erteilt werden kann.

Falls die Energieerzeugungsanlage mobil erstellt werden kann (z. B. in einem Container), wird sie ebenfalls nicht Bestandteil des Gebäudes. Hier sind weitere rechtliche Lösungen möglich.

12.3 Energiesparcontracting

12.3.1 Vorgehen

Das Energiesparcontracting (ESC, auch Einsparcontracting genannt) beruht auf dem Prinzip, dass ein Contractinganbieter (im Falle Energiesparcontracting oft ESCO genannt: Energy Service Company) ein Energiesparpotenzial nutzbar macht, welches vom Anlagen- oder Gebäudeeigentümer nicht genutzt werden könnte. Der Eigentümer hat im Allgemeinen zu wenige Fachkenntnisse, zu wenig Zeit oder zu wenig flüssige oder investierbare Mittel. Ohne Einsparpotenzial kann ein Energiesparcontracting aber nicht wirtschaftlich erfolgreich sein.

Beim Energiesparcontracting gibt es sehr viele unterschiedliche Modelle. Diese unterscheiden sich insbesondere, ob nur wenig investive Massnahmen (energetische Betriebsoptimierung) oder auch investive Massnahmen umgesetzt werden. Im zweiten Fall sind unterschiedliche Finanzierungslösungen möglich.

12.3.2 Einsparcontracting nur mit wenig investiven Massnahmen

Im ersten Fall investiert der Contractinganbieter in die energetische Optimierung bestehender Gebäude und Anlagen. sei es in Form von Arbeit (Untersuchungen, Analysen, Betriebsoptimierung etc.)

Der Contractinganbieter profitiert anschliessend während der Vertragszeit von den Einsparungen, indem er typischerweise den grösseren Anteil an den Einsparungen ausbezahlt erhält. Damit finanziert er seine Aufwendungen. Nach Ablauf der Vertragsdauer (typisch 4 bis 6 Jahre) geht der ganze Profit an den Contractingnehmer (Beteiligungsmodell, Abb. 97).

Der Kunde hat kaum ein grundsätzliches Risiko, er kann von den Leistungen des Anbieters profitieren. Ziel ist es wie immer beim Contracting, dass ein Win-win-Verhältnis entsteht.

Dieses erste Modell des Energieeinsparcontractings zeigt auch Abb. 98.

12.3.3 Einsparcontracting mit investiven Massnahmen

Im zweiten Fall mit investiven Massnahmen investiert der Contractinganbieter auch in Massnahmen wie Anlagen- oder Bauteilersatz (z.B. neuer Lüftungsmonoblock, neue Motoren, Ventilatoren, neue Fenster) oder in Anlagen- oder Gebäudeverbesserungen, Nachrüstungen oder Sanierungen. Letzteres können zusätzliche Wärmerückgewinnungsanlagen, bessere Steuerungen, neue Gebäudeautomation, verbesserte Wärmedämmung etc. sein.

Der Unterschied zu Energieliefercontracting besteht hier vor allem in der Art der Verrechnung der Leistungen des Contractinganbieters, welche sich hier primär an den eingesparten Energiekosten bemisst. Das bedeutet aber auch, dass dieses Modell nur funktioniert, falls mit den Energieeinsparungen die Investitionen in vernünftiger Zeit zurückbezahlt und verzinst werden können. Falls dies nicht der Fall ist (wie in der Schweiz häufig), kann ein Modell gewählt werden, bei welchem der Auftraggeber einen Teil der Investitionen selbst übernimmt. Dieser Teil könnte dem Mehrwert der Baute oder der Anlage entsprechen, die altersbedingt erneuert wird. Der restliche Investitionsanteil (die Zusatzinvestition für die energetische Verbesserung) übernimmt der Contractinganbieter. Dieser Teil kann dann über die Energieeinsparungen über die Vertragslaufzeit refinanziert werden.

Der Kunde hat auch hier nur wenige Risiken. Befürchtet werden könnte, dass der Contractinganbieter günstige, qualitativ schlechte oder wenig langlebige Lösungen umsetzt, falls auch die Vertragslaufzeiten eher kurz sind. Auch könnte eine Einbusse beim Komfort befürchtet werden, wenn der Anbieter zu stark

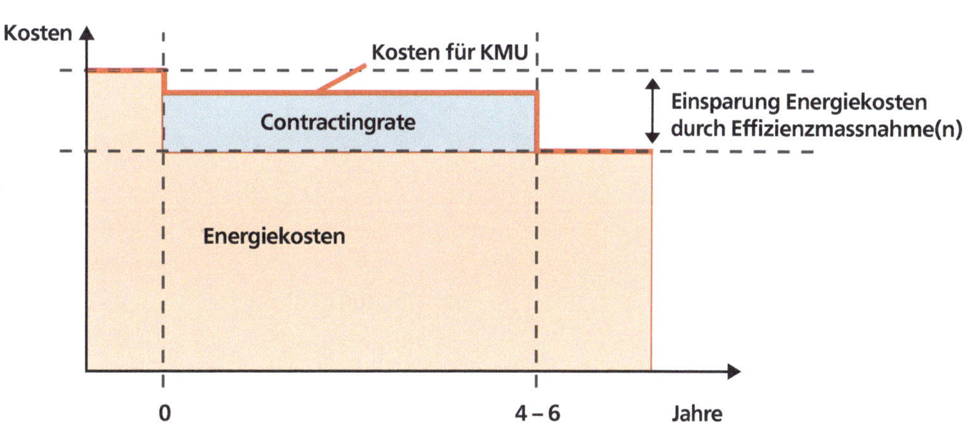

Abb. 97: Modell Kostenverlauf Energiesparcontracting mit Beteiligungsmodell

auf die Energieeinsparung fokussiert. Beides ist aber vermeidbar, mit entsprechender Vertragsbildung und einer engen Zusammenarbeit des Kunden mit dem Anbieter.

Auch möglich sind Lösungen, bei denen der Contractinganbieter investive Massnahmen voll finanziert und betreibt über die Vertragslaufzeit. Er und der Kunde teilen sich die Einsparungen. Nach Ende der Vertragslaufzeit übernimmt der Kunde die Anlagen zum Restwert, der sich dann auch aufgrund des Zustandes bemisst.

Insbesondere in Deutschland werden oft Einsparcontractingverträge abgeschlossen, welche investive Massnahmen enthalten. Der Contractor sucht nach Sanierungsmassnahmen und setzt diese dann mit eigenen Mitteln um. Er finanziert seinen Aufwand, indem er typischerweise um die 80 % der eingesparten Energiekosten über die Vertragslaufzweit als Entgelt erhält. Die Anlagen hingegen bleiben resp. sind von Beginn weg im Eigentum des Gebäudebesitzers. Nach Ablauf der Vertragslaufzeit kann er vom vollen Nutzen der Massnahmen profitieren. DENA bewirbt ein Einsparcontractingmodell (Abb. 100) mit investiven Massnahmen, bei welchem auch grössere Investitionen in die

EINSPARCONTRACTING

Abb. 98: Modell Einsparcontracting

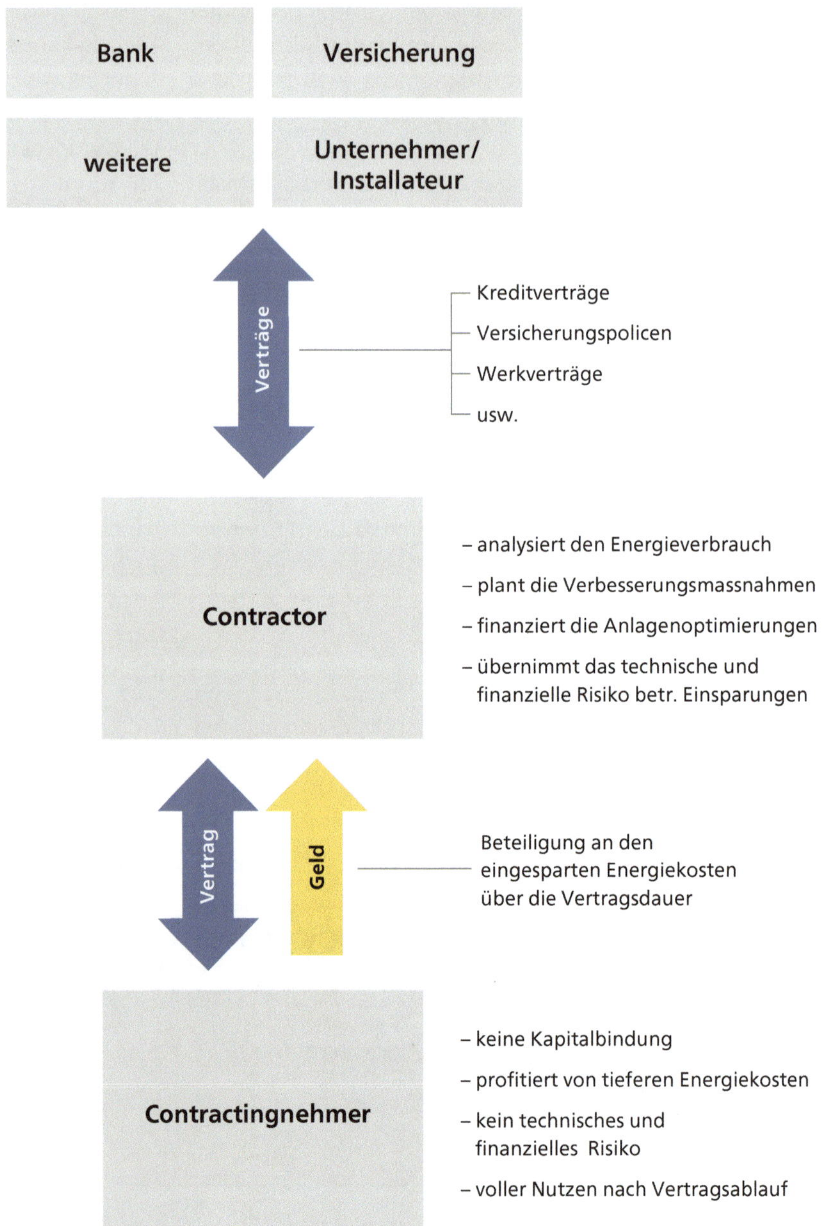

Abb. 99: Einsparcontracting inkl. investiver Massnahmen

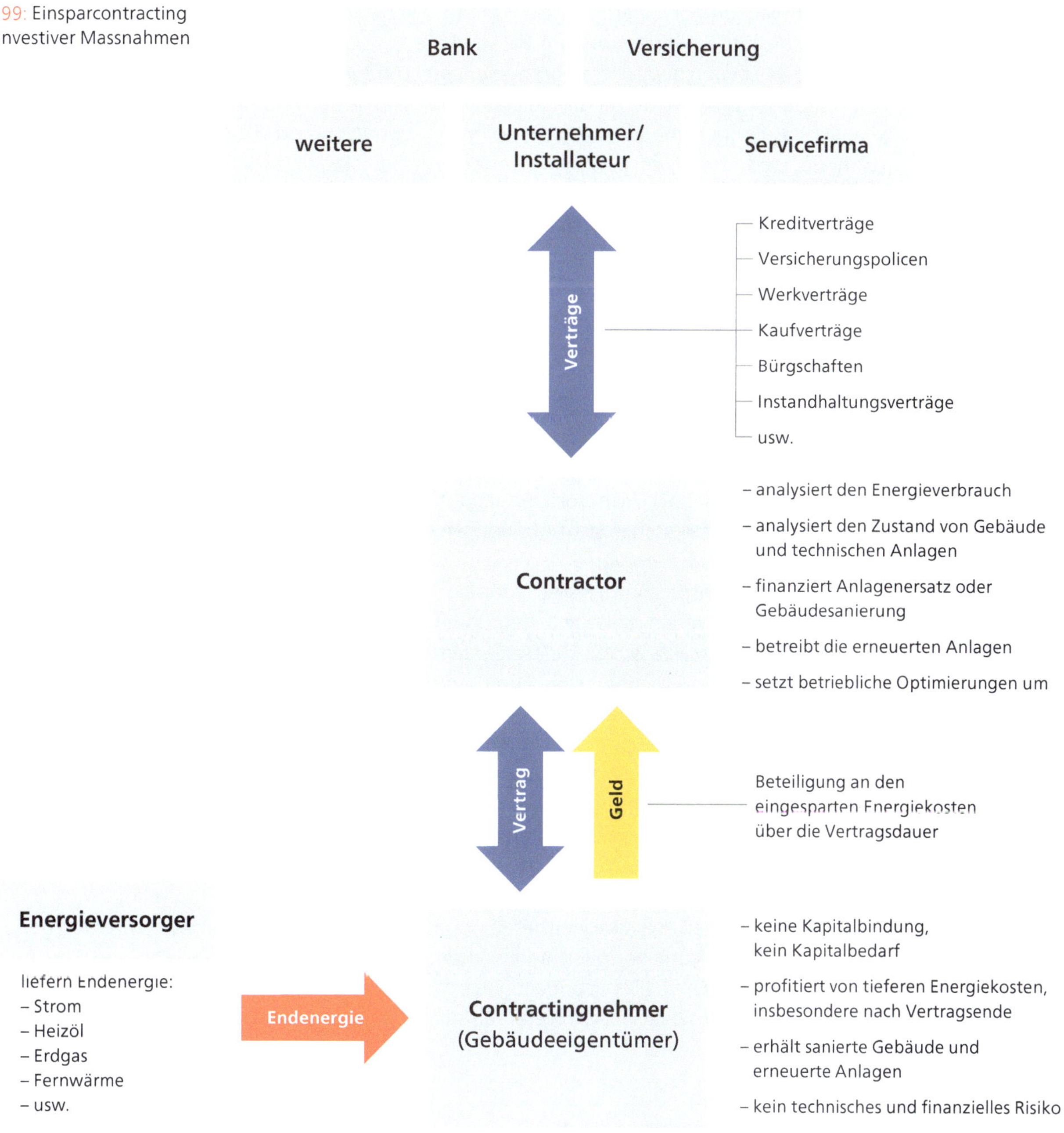

EINSPARCONTRACTING MIT INVESTIVEN MASSNAHMEN

energetische Verbesserung der Gebäudehülle oder in neue Energieerzeugungsanlagen enthalten sein können.

12.3.4 Hindernisse

Das Energiesparcontracting ist bisher in der Schweiz nur wenig verbreitet, anders als das Energieliefercontracting. Grund ist zum einen, dass die Projekte oft relativ klein sind, was deren Finanzierung erschwert und den Aufwand für Verträge etc. im Verhältnis zum Ertrag vergrössert (hohe Transaktionskosten).

Zum anderen ist der Nachweis der Einsparungen, welche infolge der Aktivitäten des Contractors entstanden sind, oft schwierig. Sind z. B. die Einsparungen wegen der neuen Wärmerückgewinnungsanlage entstanden oder weil sich die Witterung änderte oder weil der Nutzer die Anlage weniger oft in Betrieb nahm? Wie hoch war der Verbrauch vor den Massnahmen? Dies sind nur zwei Beispiele von schwierig zu beantwortenden Fragen, an welchen Energiesparcontractingvorhaben scheitern können.

Die Schwankung der Energiepreise und Nutzungsänderungen können weitere Fallstricke sein, die den Gewinn des Contractors beeinflussen. Für den Anbieter wird damit das Risiko im Vergleich zum möglichen Gewinn oft zu hoch. Lohnend sind vor allem kurzfristig rentable Massnahmen.

Energiesparcontracting ist nur machbar, wenn es wirtschaftlich umsetzbare Massnahmen gibt. Die seit 2014 tendenziell sinkenden Energiepreise stellen ein zusätzliches Hemmnis dar. Trotzdem lassen sich in vielen Fällen wirtschaftlich interessante Sparmassnahmen finden.

Daneben ist das Modell des Energiesparcontractings auch bei vielen Verantwortlichen in den Betrieben der Privatwirtschaft und der öffentlichen Hand nach wie vor unbekannt. Energie ist aus strategischer Sicht oft kein wesentliches Thema oder Problem.

Um das Energiesparcontracting zu fördern, wurde 2014 der Verein swissesco gegründet (siehe https://www.swissesco.ch/de/) (esco steht für Energy Service Company). Dieser Verband kann mit Informationen und Hilfsmitteln wie Musterverträgen und Leitfäden einige der Hemmnisse abbauen. Diese Hilfsmittel wurden in der ersten Phase vor allem für öffentliche Organisationen wie Gemeinden entwickelt, welche Bauten altersbedingt, aber auch energetisch sanieren müssen. Mit Energiesparcontractingmodellen inklusive investiver Massnahmen soll die Finanzierung und Umsetzung solcher Vorhaben erleichtert werden. Im Gegensatz zum Energieliefercontractingmarkt in der Schweiz sollen hier private Anbieter Leistungen für die öffentliche Hand anbieten.

12.3.5 Energiesparcontracting bei vermieteten Liegenschaften

Seit Juni 2020 ist Artikel 6c (Energiesparcontracting) in der Verordnung über die Miete und Pacht von Wohn- und Geschäftsräumen (VMWG) in Kraft. Dieser bestimmt, dass ein Vermieter die anfallenden Kosten eines Energiesparcontractingvertrags während höchstens zehn Jahren als Nebenkosten verrechnen darf. Die Voraussetzung ist, dass während des Verrechnungszeitraums die in Rechnung gestellten Kosten des Energiesparcontractings nicht höher sind als die mieterseitig eingesparten Energiekosten. Das bedeutet, dass dem Mieter in der Summe durch das Einsparcontracting keine Mehrkosten entstehen dürfen. Allfällig erhaltene Förderbeiträge für Energiesparmassnahmen sind bei den Kosten in Abzug zu bringen. Die Witterungseinflüsse sind bei der Berechnung der Einsparung zu berücksichtigen.

Als Energiesparcontracting wird bezeichnet, wenn ein Dienstleister sich gegen Vergütung verpflichtet, den Energieverbrauch einer Liegenschaft durch geeignete Energiesparmassnahmen zu senken.

Als Energiesparmassnahmen gelten dabei insbesondere:

1. *die Optimierung des Betriebs von Heizungs-, Lüftungs- und Klimaanlagen und der Gebäudeautomation;*
2. *die Instruktion und die Beratung der Bewohnerschaft;*
3. *der Ersatz von Anlagen, Installationen und Leuchtmitteln;*
4. *die Verbesserung der Gebäudehülle.*

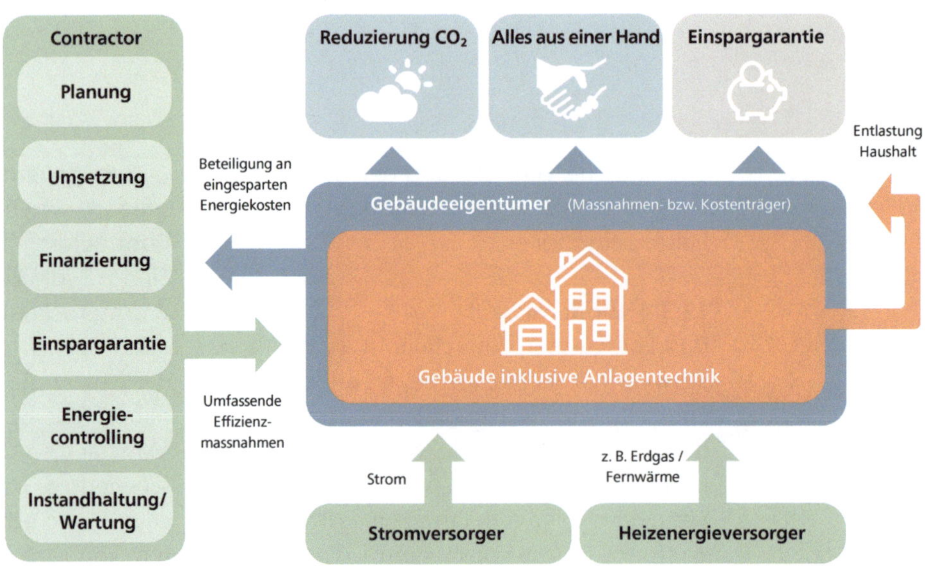

Abb. 100: Modell Energiesparcontracting mit investiven Massnahmen (DENA)

Dieser Artikel soll das «Mieter-Vermieter-Dilemma» aufheben. Dieses besteht darin, dass herkömmlich die Eigentümerschaft die Investitionen für Einsparmassnahmen selbst finanzieren und teilweise tragen muss. Aber die Mieter profitieren von tieferen Nebenkosten. Mit dem neuen Artikel 6c sollen Energiesparmassnahmen bei Mietliegenschaften gefördert werden. Ein Contractinganbieter übernimmt die Finanzierung der Investitionen und alle übrigen Kosten der betrieblichen sowie investiven Energiesparmassnahmen. Die Refinanzierung der Investitionen und weiteren Kosten darf über maximal zehn Jahre über eine Erhöhung der Nebenkosten erfolgen. Dabei darf die Mieterschaft insgesamt finanziell nicht mehr belastet werden als vor den Massnahmen. Somit sind die Energiesparmassnahmen für den Eigentümer finanziell neutral, er muss auch nicht finanzieren. Die Mietliegenschaft bleibt finanziell gleich attraktiv wie ohne Massnahmen. Der Eigentümer dürfte investive Massnahmen der Steigerung der Energieeffizienz auch mit einer Erhöhung der Mietzinsen finanzieren, was aber eine Verminderung der Vermietbarkeit der Liegenschaft bewirken kann.

Für den Eigentümer kann ein solches Contractingmodell zu einer Steigerung des Gebäudewerts führen, wenn z. B. mit diesem Projekt Anlagenteile oder Bauteile erneuert werden. Zudem kann durch die Energiesparmassnahmen und die Verminderung des CO_2-Ausstosses ein positiver Effekt für das Image des Gebäudes erwartet werden.

Dieses Modell funktioniert nur, wenn Einsparpotenziale realisiert werden können, deren gesamte Kosten (Abschreibung, Verzinsung der Investition, Arbeitskosten, Gewinn des Contractinganbieters etc.) über max. zehn Jahre mit der erreichten Energiekosteneinsparung refinanziert werden können. Solche lukrativen Massnahmen finden sich oft bei der energetischen Betriebsoptimierung, bei neuen Beleuchtungsanlagen mit LED oder beim Tausch von Umwälzpumpen, um einige Beispiele zu nennen.

Zu regeln ist, wie mit Energiepreisen umgegangen wird, welche sich über die max. 10 Jahre Laufzeit verändern können. Sinkende Energiepreise haben sinkende Einsparungen zur Folge, was die Refinanzierung erschwert. Die Kosteneinsparung sinkt auch, wenn infolge zunehmend wärmerer Winter die Einsparung an Heizenergie sinkt, was gemäss Verordnung mitberücksichtigt werden muss.

12.4 Betriebsführungscontracting

Eine weitere Art des Contractings bei bestehenden technischen Anlagen kann das Betriebsführungscontracting sein. Der Kunde finanziert die Anlage selbst. Der Contractor übernimmt alle Betriebsaufgaben der Anlage für eine bestimmte Zeitdauer (typisch 3 bis 5 Jahre). Für die Betriebsart, die Anlagenverfügbarkeit, die Instandhaltungsstrategie und die weiteren Leistungsbedingungen sind entsprechende vertragliche Vereinbarungen und Service Level Agreements (SLA) erforderlich.

Der Contractor verlangt eine Vergütung des Betriebsaufwandes, welche fix pro Jahr vereinbart wird. Weil die Anlagen durch den Eigentümer finanziert wurden, ist dieser fixe Anteil aber deutlich tiefer als im Modell Energieliefercontracting. Weiter wird die erzeugte Nutzenergie (z. B. Heizwärme, Kälte) nach einem vereinbarten Tarif verrechnet. Die nötige Endenergie wird durch den Contractor eingekauft. Damit hat der Contractor ein Interesse, die Nutzenergie effizient zu erzeugen resp. die Anlagen laufend zu optimieren.

Der Contractor übernimmt für eine bestimmte Zeit das ganze technische Anlagen- und Betriebsrisiko und ist für den sicheren Anlagenbetrieb verantwortlich.

Ein mögliches Risiko einer solchen Lösung ist es, dass der Contractor die Anlage vor Ablauf der Vertragslaufzeit nur noch minimal instand hält und so der Eigentümer eine quasi heruntergewirtschaftete Anlage zurücknehmen muss. Im Vertrag muss deshalb klar geregelt sein, welchen Zustand die Anlagen nach Ablauf des Vertrages aufweisen müssen.

Das Betriebsführungscontracting ist weniger typisch als die beiden Contractingvarianten Energieliefer- und Energiesparcontracting. Das Betriebsführungscontracting kann als ein Teil eines grösseren Energiesparcontractings vereinbart werden.

Diese Art von Contracting kann ebenso als erweitertes technisches Gebäudemanagement (TGM) verstanden werden. Im Gegensatz zum Betriebsführungscontracting wird bei einer typischen Outsourcinglösung (TGM oder technisches FM) der Betriebsführung und Instandhaltung von technischen Anlagen die Endenergie im Namen des Eigentümers gekauft und von diesem direkt bezahlt. Der FM-Dienstleister verrechnet seine Aufwendungen (z. B. als Stundenaufwand) und die Instandhaltung der Anlagen (z. B. Material und Drittleistungen mit einem Zuschlag) je nach Verrechnungsmodell separat.

13 Kostenrechnung im Energiebereich

13.1 Grundlagen

Massnahmen zur sparsamen und rationellen Energienutzung sowie zur Vermeidung von Treibhausgasemissionen werden meist dann durchgeführt, wenn sie auch Kosteneinsparungen ermöglichen. Die Erzeugung von regenerativer Energie wird dann realisiert, wenn diese Lösung günstiger ist als die Nutzung herkömmlicher, nicht regenerativer Energieträger. Bei der Realisierung solcher Vorhaben wird fast immer die Frage nach der Wirtschaftlichkeit gestellt. Wirtschaftlichkeitsbetrachtungen haben zum Ziel, Kosten und Nutzen resp. Erträge unterschiedlicher Massnahmen oder Investitionen für einen bestimmten Zweck zu vergleichen, um einen optimalen Einsatz der finanziellen Ressourcen zu erreichen. Damit soll ein bestimmtes Ziel mit möglichst geringem Aufwand erreicht bzw. es soll mit minimalem Aufwand ein möglichst hoher Ertrag oder hoher Nutzen erzielt werden. Wenn die Kosten für eine Massnahme kleiner als die Erträge oder die Einsparungen sind, ist deren Wirtschaftlichkeit gegeben.

Zu bedenken ist, dass Wirtschaftlichkeit immer nur ein Kriterium darstellt. Viele andere Gründe können für die Wahl einer energieoptimierten Lösung oder für das Realisieren eines Einsparpotenzials oder für die Verringerung der CO_2-Emissionen sprechen. Neben gesetzlichen Vorgaben gehört dazu das Einhalten von Grundsätzen der gesellschaftlichen Verantwortung (bei Unternehmen die «Corporate Social Responsibility», CSR). Alle müssen heute zur nachhaltigen Entwicklung und der Verminderung des Klimaeffektes beitragen.

Bei der Wahl eines Energieversorgungssystems wird oft in erster Linie auf tiefe Investitionen und erst in zweiter Priorität auf tiefe Jahreskosten geachtet. Der Kauf oder die Installation eines billigen Systems, welches nachgelagert einen hohen Energieverbrauch und/oder entsprechende Kosten und ökologische Schäden verursacht, ist aus betriebs- und volkswirtschaftlicher Sicht eine schlechte Investition in die Zukunft. Die echte Wirtschaftlichkeit eines modernen Energiesystems beruht demgegenüber auf dem Prinzip der Kostenwahrheit sowie der Berücksichtigung des gesamten Lebenszyklus einer Anlage. Das heisst, die Betriebs-, aber auch externe Kosten werden mit einbezogen, genauso wie nicht monetäre Nutzen. Externe Kosten können durch die Verwendung von kalkulatorischen Energiepreiszuschlägen in der Wirtschaftlichkeitsberechnung berücksichtigt werden oder in der Berücksichtigung heutiger und zukünftiger staatlich verfügter Abgaben auf die Energiepreise.

Die technischen Voraussetzungen für den Einsatz von erneuerbarer Energie sind heute gegeben. Ausgereifte Technik, tiefe Erstellungskosten, Förderbeiträge, Steuerabzüge und tiefe Zinsen machen solche Lösungen betriebswirtschaftlich interessant, was auch ökologisch und volkswirtschaftlich optimal ist. Die externen Kosten durch Belastungen von Luft, Boden und Wasser, Schäden an Gesundheit, Natur und Umwelt können so verringert werden. Auch wird die Schweiz wirtschaftlich weniger abhängig von energieexportierenden Ländern.

Ziel einer vertieften, fachgerechten und vollständigen Wirtschaftlichkeitsbetrachtung ist es, zur Umsetzung der ökonomisch und ökologisch sinnvollsten Lösungen beizutragen, sei es bei der Energieerzeugung oder der Energieeinsparung.

Es sollte auch immer das ganze «Energiesystem» betrachtet werden, das heisst die ganze Prozesskette von der Gewinnung der natürlichen Energievorräte (Primärenergie) über alle Transport- und Umwandlungsprozesse zur Endenergie resp. zum Energieträger, bis hin zur Energiedienstleistung (Nutzenergie), welche dem Endnutzer dient.

13.2 Wirtschaftlichkeit ganzheitlich

Kosten sollten nicht nur aus rein betriebswirtschaftlicher Sicht verglichen werden. Bei einer volkswirtschaftlichen Betrachtungsweise müssen auch die externen Kosten berücksichtigt werden. Diese schliessen Umweltschäden und soziale Folgekosten ein, welche bei der Energieerzeugung und beim Verbrauch anfallen (Werte siehe Anhang 14.1, Tab. 17).

Auch weitere Effekte müssen beachtet werden. Oft scheinen die Investitionen beispielsweise für Solaranlagen oder Effizienzmassnahmen vergleichsweise hoch. Manchmal können aber weitere Vorteile wie Imagegewinn, höherer Komfort oder verbesserte Versorgungssicherheit erreicht werden. Die Anlagen führen zu einem neuen Bewusstsein im Umgang mit der Energie und werden zudem zu einem Aushängeschild für die Besitzer und Betreiber. Dies ist ein auch in Franken ausdrückbarer Nebennutzen im Sinne der Imageverbesserung. Auch solche sekundären Effekte müssen in die Berechnungen der Wirtschaftlichkeit mit einfliessen. Weiter dürfen die steuerlichen Auswirkungen nicht vergessen werden. Seit 2008 können Investitionen in erneuerbare Energieanlagen oder in Massnahmen zur Energieeinsparung von den Steuern abgezogen werden. Subventionen, Einmalvergütungen oder die Einspeisevergütung für erneuerbare Energieerzeugung können solche Anlagen wirtschaftlich attraktiv machen. Auch die Möglichkeit der Bildung von Eigenverbrauchsgemeinschaften, der Zusammenschluss zum Eigenverbrauch (ZEV) von lokal erzeugter regenerativer Energie, kann eine wirtschaftlich attraktive Lösung ermöglichen.

Viele erneuerbare Energieformen, z. B. Wärmepumpen, Abwärmenutzung, untiefe Geothermie oder Holz als Energieträger, sind heute betriebswirtschaftlich gerechnet konkurrenzfähig. Auch viele weitere Massnahmen der Effizienzsteigerung wie Wärmerückgewinnung, LED-Beleuchtung, bedarfsabhängige Steuerungen oder energetische Betriebsoptimierungen können oft in wenigen Jahren mit der Einsparung refinanziert werden.

Zu einer ganzheitlichen Wirtschaftlichkeitsbetrachtung gehört auch, dass Massnahmen nicht isoliert, sondern wo sinnvoll und möglich kombiniert betrachtet werden. So kann eine Fotovoltaikanlage infolge tiefem Eigenverbrauchsanteil nicht wirtschaftlich sein. Wird sie aber mit einer Wärmepumpe und einer entsprechenden Steuerung kombiniert, kann der Eigenverbrauchsanteil vergrössert werden und die Anlage wird wirtschaftlich. Ähnliches kann bei der Kombination von Wärmedämmmassnahmen und dem Ersatz der Wärmeerzeugung auftreten. Vielleicht ist einzeln betrachtet eine zusätzliche Wärmedämmung nicht wirtschaftlich. Auch eine Wärmepumpe anstelle einer fossilen Wärmeerzeugung kann lange Amortisationszeiten aufweisen, da die Investition hoch ist. Ermöglicht aber die Wärmedämmung eine kleinere, günstigere Wärmepumpe, deren Jahresarbeitszahl zudem steigt, da die Vorlauftemperaturen zur Wärmeverteilung gesenkt werden können, dann kann das Gesamtpaket plötzlich wirtschaftlich attraktiv werden. Dies insbesondere, wenn alle weiteren Aspekte wie Steuerersparnisse und Subventionen wie auch Komfortgewinn, z. B. dank zusätzlicher Kühlmöglichkeit im Sommer, und ggf. Platzgewinn beim Wegfall des Öltanks mitberücksichtigt werden.

Weitere Aspekte

Die Auswahlkriterien für Energiesysteme können vielfältig und umfassend sein; reine Wirtschaftlichkeitsfragen sind nur ein Aspekt unter vielen. Solche Investitionen können über viele zusätzliche Kriterien beurteilt werden, z. B. auch:

- *Ökologische Aspekte*
- *Auswirkungen betreffend Klimaeffekt*
- *Bedarf an grauer Energie*
- *Primärenergieverbrauch*
- *Platzbedarf*
- *Bedienbarkeit*
- *Betriebs- und Instandhaltungsbedarf*
- *Anfälligkeit für Störungen*
- *Imagewirkung, Vorbildfunktion*

Somit muss die Forderung aufgestellt werden, dass die Entscheidung unter Berücksichtigung aller Kriterien, nicht nur der monetären Wirtschaftlichkeit, zu ermitteln ist.

13.3 Kosten und Erträge von Energiesystemen

13.3.1 Jahreskosten

Bei der monetären Beurteilung von Energiesystemen sind die gesamten Investitionen sowie die Kosten für die Ausserbetriebsetzung in jährliche Finanzierungskosten umzurechnen. Finanzhilfen in Form von Subventionen oder zinsgünstigen Darlehen sind dabei zu berücksichtigen.

Die Finanzierungskosten sind mit den jährlichen Energie- und Betriebskosten zu addieren (= Jahreskosten einer Anlage, Abb. 101). Die externen Kosten des Energieverbrauchs sollten mit berücksichtigt werden.

13.3.2 Ertragssituation

Vor der Investition in ein Projekt müssen Energie- und finanzieller Ertrag ermittelt werden. Die Ertragssituation wird bestimmt durch standortbezogene und technische Gegebenheiten. Die Erträge von Stromproduktionsanlagen mit erneuerbarer Energie können seit 2008 teilweise durch die Einspeisevergütung (Kostendeckende Einspeisevergütung KEV) verbessert werden. Auch neue Vermarktungssysteme von erneuerbarer Energie können die Wirtschaftlichkeit verbessern.

Neben dem Ertrag infolge Energieproduktion oder -einsparung sind die weiteren Nutzen der Anlage (Image, Platzgewinn etc.) zu berücksichtigen und in Geldwerte zu beziffern.

13.3.3 Wirtschaftlichkeit

Es stellt sich die Frage nach der Gesamtwirtschaftlichkeit einer Investition bzw. einer Ausführungsvariante. Dazu werden die Jahreskosten mit den jährlichen Erträgen verglichen. Wenn dabei ein Gewinn resultiert, ist die Anlage oder die Massnahme wirtschaftlich.

Werden mehrere Varianten verglichen, so ist diejenige mit dem höchsten Gewinn die wirtschaftlich beste. Für einen Entscheid, welche Variante verwirklicht werden soll, sind allenfalls weitere Kriterien zu berücksichtigen. Am besten wird dazu eine Nutzwertanalyse gemacht.

Bei Anlagen, welche einen erforderlichen Nutzen, z.B. die erforderliche Betriebsenergie, erbringen und bei denen der Nutzen aller Varianten derselbe ist, reicht es, die Jahreskosten der Varianten zu vergleichen. Hier ist die Variante mit den tiefsten Jahreskosten die wirtschaftlich beste.

Werden Massnahmen der Energieeinsparung wirtschaftlich verglichen, dann muss die Kosteneinsparung infolge der Massnahme den Kosten der Massnahme (alle Kosten wie die Jahreskosten von Investitionen, die Arbeits- und Honorarkosten und Kosten für Geräte etc.) gegenübergestellt werden. Es muss auch berücksichtigt werden, ob die Einsparmassnahme zu verminderten (oder erhöhten) Betriebs- und Instandhaltungskosten führt. Ist die Kosteneinsparung grösser als die Gesamtkosten der Massnahme, ist die Massnahme wirtschaftlich.

13.3.4 Methoden, Werkzeuge

Für die wirtschaftliche Beurteilung von Energiesparmassnahmen oder beim Vergleich von neuen Energiesystemen werden neben den Investitionen für Planung und Bau (resp. für die Sparmassnahmen) auch die zukünftigen jährlichen Energie- und Betriebskosten einberechnet. Auch allfällige Kosten für Rückbau und Entsorgung der Anlage dürfen nicht vergessen gehen. Die Summe von Energie-, Betriebs- und Finanzierungskosten ergibt die gesamten jähr-lichen Kosten (Jahreskosten) des Energiesystems wäh-

KOSTENARTEN

Abb. 101: Kostenarten für die Jahreskostenberechnung

Investitionen:
- Projektierung (Planung)
- Bewilligung, Gebühren
- Bauausführung, Anlagen, Material

Kosten für Ausserbetriebsetzung:
- Rückbau und Entsorgung
- abzüglich Weiterverwertung

Jahreskosten:
- Betriebskosten
- Energiekosten (ohne oder mit externen Kosten)
- Zinsen und Abschreibung (Finanzierungskosten)

rend der Nutzungsdauer (Abb. 102). Die Jahreskosten können über die Nutzungsdauer infolge Inflation (steigende Energiepreise und/oder steigende Betriebskosten) steigen.

Für die Berechnung der Wirtschaftlichkeit sind verschiedene Eingangsdaten (Wirtschaftlichkeitsparameter) erforderlich.

Wirtschaftlichkeitsparameter bei Anlagen von Energienutzungssystemen:

- *Investitionssumme*
- *Nutzungsdauer der Anlage*
- *Kapitalzinssatz (ggf. für Fremd- und Eigenkapital)*
- *Jährliche Betriebs- und Instandhaltungskosten*
- *Energiepreise und Abgaben*
- *Teuerung*
- *Steuererleichterungen*
- *Subventionen, Förderungen*
- *Einspeisevergütungen*
- *Einmalvergütungen*

13.3.5 Investitionen

Investitionen sind finanzielle Mittel für die Anschaffung von langlebigen Sachanlagen. Investitionen fallen an für die Erstellung (also für Planung und Bau) einer technischen oder baulichen Anlage oder für eine langlebige energetische Massnahme. Sie sind meistens zum Voraus aufgrund von Kostenschätzungen, einem Kostenvoranschlag oder Offerten bekannt. Dabei werden folgende Investitionsarten unterschieden:

- *Neuinvestition (erstmalige Anschaffung oder Erstellung)*
- *Erweiterungsinvestition (z. B. Erhöhung der Kapazität)*
- *Ersatz- oder Erneuerungsinvestition*
- *Rationalisierungsinvestition (Effizienzerhöhung, Sparmassnahme)*

KOSTENSTRUKTUR

Abb. 102: Kostenstruktur einer Anlage

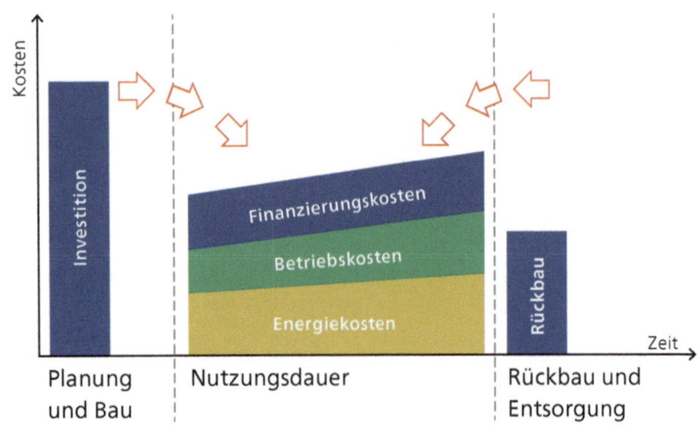

Die Berechnung der jährlichen Finanzierungskosten bleibt dabei unabhängig von der Art der Investiton gleich.

Ebenfalls berücksichtigt werden müssen die voraussichtlichen Kosten für Rückbau und Entsorgung. Falls nach der Nutzungsdauer ein Restwert der Anlage übrig bleibt, so kann dieser von den Rückbaukosten abgezogen oder berücksichtigt werden. Diese Kosten resp. die Differenz müssen auf den heutigen Zeitpunkt diskontiert (abgezinst) werden (siehe Anhang 14.1, Tab. 20). Sie können dann zur Investition addiert werden.

Beispiel:
Die Erstellung einer zentralen Holzpelletheizung für ein kleineres MFH mit Warmwasser (Planung und Bewilligung: CHF 4000.-; Kessel CHF 22'000.–; Warmwasserspeicher: CHF 10'000.–; Pelletsilo CHF 6000.–, Regelungstechnik: CHF 3000.–) erfordert eine Investition von CHF 45'000.–. Der Rückbau resp. die Demontage der Anlage nach Ende der Lebensdauer von 20 Jahren wird mit CHF 2500.– budgetiert, der Schrottwert des Kessels mit CHF 500.–. Damit ergibt sich eine Differenz von CHF 2000.– Rückbaukosten in 20 Jahren. Mit 2 % Jahreszins diskontiert (Abzinsungsfaktor v = 0,673) müssen heute CHF 1346.– zur Investition hinzugerechnet werden.

13.3.6 Annuität

Die einmaligen Ausgaben für die Investition (inkl. den diskontierten Kosten resp. Erträgen bei der Stilllegung) werden in jährlich gleichbleibende Beträge (Annuitäten) über die Nutzungsdauer umgerechnet. Diese jährlichen Finanzierungskosten decken die Aufwendungen für den Zins und die Amortisation der Investition ab (Berechnung siehe Kapitel 13.4.1, Werte siehe Anhang 14.1, Tab. 17).

Die Annuität ist eine sinnvolle und einfache Grösse, wenn es sich um kleinere Investitionen handelt, der Bau resp. die Umsetzung der Massnahme sich nicht über mehrere Jahre erstreckt und der Ertrag nicht stark schwankt. Geeignet ist die Annuitätsmethode damit für die Berechnung der Wirtschaftlichkeit von kleineren und mittleren Wärmeerzeugungsanlagen, von Fotovoltaikanlagen, von investiven Energiesparmassnahmen wie neue Ventilatoren oder Wärmerückgewinnungsanlagen, Fassaden- oder Dachdämmungen, von Beleuchtungsanlagen etc.

Nicht geeignet ist eine Berechnung mit Annuitäten für Vorhaben wie Nahwärmenetze oder Wärmeverbundlösungen, Wasserkraftanlagen, Fernwärmenetze, Heizzentralen, tiefe Geothermieanlagen, Gesamtsanierungen grösserer Liegenschaften etc.

13.3.7 Nutzungsdauer (kalkulatorisch)

Die kalkulatorische Nutzungsdauer bezeichnet die Zeitspanne in Jahren, innerhalb derer ein Energiesystem bzw. eine Sparmassnahme aus den Gewinnen amortisiert werden sollte. Der längste mögliche Wert für die Nutzungsdauer ist die sicher erzielbare technische Lebensdauer. Oft wird die Nutzungsdauer aus betrieblichen Gründen aber kürzer angesetzt, z. B. weil die Anlage voraussichtlich nur während einer bestimmten Zeit genutzt werden kann. Bei geeigneten Bedingungen und zweckmässiger Instandhaltung kann die tatsächliche Lebensdauer auch höher ausfallen als die in der Wirtschaftlichkeitsrechnung angenomme Nutzungsdauer.

Beispiele:

- *Fotovoltaikanlage, Nutzungsdauer 25 Jahre (= sicherer Mindestwert der technischen Lebensdauer)*
- *Elektronische Steuerung, Nutzungsdauer 10 Jahre (danach ist das System technisch veraltet)*
- *Wärmerückgewinnungsanlage für eine Produktionsanlage 6 Jahre (danach wird das Produkt voraussichtlich nicht mehr nachgefragt und folglich nicht mehr hergestellt)*

13.3.8 Kapitalzinssatz

Der für die Berechnung relevante Zinssatz entspricht üblicherweise dem langjährigen durchschnittlichen Hypothekarzinssatz. Bei Investitionen in Betriebsmittel und Anlagen muss eventuell ein höherer Zinssatz für Betriebskredite in die Berechnung einfliessen. Falls mit Eigenkapital finanziert wird, muss der angestrebte Zinssatz für das Eigenkapital eingesetzt werden.

Bei über längere Zeit tiefen Zinsen sind Investitionen in Energieanlagen eher wirtschaftlich, da die Kapitalkosten tief sind. Bei sehr tiefen Zinsen kann auch mit Methoden der statischen Wirtschaftlichkeitsrechnung gerechnet werden, ohne einen grossen Fehler zu machen. Umgekehrt werden dynamische Wirtschaftlichkeitrechnungen, welche heute nur ungenau bekannte Zahlungs- und Ertragsströme in der Zukunft einbeziehen, ungenauer. Dies, weil die Abzinsfaktoren bei teifen Zinsen grösser werden (im Extremfall bei null Zins wird der Faktor 1), und sich daher Fehler in Annahmen, welche die Zukunft betreffen, mehr auf das Resultat auswirken.

Beispiel:

Der Hypothekarzinssatz ist Schwankungen unterworfen. Er betrug vor 1990 etwa 5 %, stieg zwischen 1990 bis 1992 bis auf 7 %, um dann stetig auf unter 3 % zu fallen. Im Jahr 2007 stieg der Zinssatz wieder etwas über 3 %, seither ist er weiter gesunken. Seit anfangs 2010 befindet er sich auf einem historischen Tiefstand unter 2 %. Aufgrund der Entwicklungen auf dem Kapitalmarkt ist auch im Jahr 2020 kein Anstieg der sehr tiefen Hypothekarzinsen zu erkennen.

13.3.9 Betriebskosten

Die jährlichen Betriebskosten sind die Summe aller Personal- und Materialkosten (wie Schmieröl, Verbrauchsgüter) für den Anlagenbetrieb. Dazu kommen die Kosten der Instandhaltung (Inspektionen, Wartungsarbeiten und kleinere Instandsetzungen resp. Reparaturen) sowie Versicherungs- und Verwaltungskosten. Diese Kosten sind nicht konstant, sondern unterliegen der allgemeinen Teuerung.

Beispiel:

Für typische technische Anlagen liegen die jährlichen Betriebs- und Instandhaltungskosten bei etwa 2 % bis 5 % der Investition. Die jährliche Betriebskostensteigerung liegt bei etwa 1 % bis 2 %, wenn eine Inflationsrate von 1 % angenommen wird. Auch hier besteht seit etwa dem Jahr 2009 die Situation, dass die Teuerung fast null ist.

13.3.10 Energiekosten

Die Energiekosten hängen von den Energiepreisen ab. Letztere variieren zeitlich (Abb. 30) und sind auch regional unterschiedlich. Die zukünftige Preisentwicklung der Energie kann einer Teuerung unterliegen. Die Preisentwicklung ist aber von vielen Faktoren abhängig und kann nicht prognostiziert werden. Für die Wirtschaftlichkeitsberechnung sollten Szenarien berechnet werden, um die Auswirkungen steigender oder sinkender Energiepreise zu erkennen.

Beispiel:

Die Energiepreise sind für jede Wirtschaftlichkeitsberechnung neu festzulegen! Sie sind auf den Internetauftritten der Energieträgeranbieterverbände zu finden. Die Energiepreise sind volatil, eine langfristige reale Steigerung der Energiepreise ist über längere Zeit aber nicht erkennbar. Die Massnahmen zur CO_2-Vermeidung und die Entwicklung der Gestehungskosten von Wind- und Solarstrom lassen vermuten, dass *auch zukünftig die Marktpreise für Energieträger kaum wesentlich steigen. Hingegen können behördlich verfügte Lenkungsabgaben einzelne Energieträger, insbesondere fossile, verteuern.*

13.3.11 Teuerung

Die Teuerung entspricht der allgemeinen Preissteigerung resp. der Inflationsrate. Für eine längerfristige Betrachtung sollte die durchschnittlich zu erwartende Inflationsrate über die nächsten 10 bis 15 Jahre miteinbezogen werden. Die Berechnung erfolgt dann über eine Multiplikation der heutigen Kosten resp. Preise mit Mittelwertsfaktoren (siehe Anhang 14.1, Tab. 18). Ob die Periode mit keiner wesentlichen Inflation wie zwischen 2009 und 2020 so weiter geht, kann nicht vorausgesagt werden. Auch hier können Sensitivitätsrechnungen helfen, die Auswirkungen unterschiedlicher Inflationsraten zu erkennen.

Beispiel:
Die durchschnittliche Inflationsrate betrug in den letzten ca. 15 Jahren des 20. Jahrhunderts etwa 3,4 %. In den Jahren 2000 bis 2008 fiel die Inflationsrate auf ca. 1 %, um ab 2009 auf Werte um 0 % bis ins Jahr 2020 zu sinken.

13.3.12 Subventionen

Subventionen sind Beihilfen aus meist öffentlichen Mitteln ohne marktübliche Gegenleistungen. Sie können in Form von Geldzahlungen (z. B. Fördermittel), zinsvergünstigten Darlehen oder Steuervergünstigungen erfolgen. Bei Geldzahlungen wird von einer direkten, offenen Subvention gesprochen, andernfalls von einer indirekten oder versteckten Subvention.

Direkte Subventionen in Form von Investitionsbeiträgen werden von der Investitionssumme abgezogen. Zinsvergünstigte Darlehen reduzieren die Finanzierungskosten. Steuervergünstigungen werden als zusätzliche Erträge behandelt. Kostendeckende Einspeisevergütungen beeinflussen die Ertragsrechnung. Der Bund und die Kantone sind im Jahr 2020 daran, neue Subventionsarten und -regeln zu diskutieren, insbesondere für Analgen zur Produktion regenerativer Energie. Es sollen mehr marktnahe Verfahren wie Ausschreibungen eingeführt werden.

Um sich über die aktuellen Subventionen an einem bestimmten Standort zu informieren, kann entweder bei der zuständigen Energiefachstelle des Kantons oder der Gemeinde nachgefragt werden, oder es kann die Homepage www.energiefranken.ch genutzt werden.

Beispiele:
- *Ökodarlehen mit einer Laufzeit von 5 Jahren, um 1 % zinsvergünstigt*
- *Beiträge aus einem kantonalen Förderkredit*
- *Beiträge aus dem Gebäudesanierungsprogramm des Bundes und der Kantone*
- *Beiträge aus dem Programm Wettbewerbliche Ausschreibungen – ProKilowatt*
- *Rückerstattung der CO_2-Abgabe oder des Netzzuschlages*
- *Einmalvergütungen für Fotovoltaikanlagen*

13.3.13 Steuererleichterungen

Energetische und teilweise auch ökologische Sanierungen und Massnahmen sind in den meisten Kantonen und bei der Bundessteuer zu 100 % in der Steuererklärung vom steuerbaren Einkommen abzugsberechtigt. Dasselbe gilt für «Unterhaltsmassnahmen» an Gebäuden, welche nicht wertvermehrend sind. Damit kann von der Investition ein Prozentsatz abgezogen werden, welcher der Höhe des Grenzsteuersatzes entspricht. Je nach Kanton, Gemeinde, Einkommen oder Gewinn einer Unternehmung beträgt diese Steuereinsparung zwischen ca. 10 % und 35 % der Investition. Diese Einsparung wird ein Jahr nach der Investition wirksam.

Privatpersonen können dem Energiesparen oder dem Umweltschutz dienende Investitionen an bestehenden Gebäuden steuerlich auf max. 3 Jahre verteilen, falls diese in einem Jahr zu einem negativen Reineinkommen führen würden (Liegenschaftskostenverordnung Bund).

13.4 Berechnung der Kosten

13.4.1 Annuitätenmethode

Die Wirtschaftlichkeitsberechnung erfolgt vereinfacht nach der Annuitätenmethode. Diese ist für kleinere Projekte sinnvoll. Sie geht von jährlich gleichbleibenden Werten für Zins, Kosten und Erträge resp. Einsparungen aus. Sollte diese Annahme nicht zutreffen, ist mit der DCF-Methode zu rechnen (discounted Cashflow).

Der Betrachtungszeitraum ist immer ein Jahr, resp. es werden immer Jahreskosten resp. -erträge berechnet und verglichen. Die jährlichen Kosten werden über die Betrachtungszeit als gleichbleibend angenommen.
Die durchschnittlichen Jahreskosten K einer Investition I mit den jährlichen Betriebskosten A und den jährlichen Energiekosten E betragen:

$$K = a \cdot I + A + E$$

K **durchschnittliche Jahreskosten (CHF)**
a ***Annuitätsfaktor (–)***, Abschreibung und Zins, ein über die Nutzungsdauer der Investition gleichbleibender jährlicher Betrag (Werte siehe Anhang 14.1, Tab. 17)
I **Investition (CHF**, finanzielle Mittel für die Anschaffung (plus evtl. Stilllegung diskontiert)
A **jährliche Betriebskosten (CHF)**, Kosten für Betrieb resp. Bedienung und Unterhalt/Wartung
E **Energiekosten (CHF)**, diese berechnen sich nach der nachfolgenden Formel oder sie sind aus Ablesungen, Berechnungen Dritter etc. bekannt

$$E = t_b \cdot P_m \cdot e_b$$

E **jährliche Energiekosten (CHF)**
t_b **mittlere Betriebsdauer pro Jahr (h)**
P_m **mittlere Leistung (kW)**
e_b **Energiepreis (CHF/kWh)**

Die jährlichen Betriebskosten *A* und die Energiepreise *e* resp. die Energiekosten *E* werden bei der Annahme einer Teuerung mit den entsprechenden Mittelwertfaktoren multipliziert (siehe Anhang 14.1, Tab. 18).

Bei Berechnung inkl. externer Kosten werden die Energiepreise *e* um die externen Kosten erhöht (Werte siehe Anhang 14.1, Tab. 19).

Berechnung Annuitätsfaktor a:

$$a = i / (1 - (i + 1)^{-n})$$

i **Kapitalzinssatz resp. Kapitalrendite (–)**
n **Nutzungsdauer (–)**

Diskontierungsfaktoren
Ein in Zukunft eingenommener oder ausgegebener Geldbetrag muss auf den heutigen Zeitpunkt mit folgendem Abzinsungsfaktor *v* diskontiert werden:

$$v = 1 / (1 + i)^n$$

v **Abzinsfaktor (–)**
i **Kapitalzinssatz (Fremd- und ggf. Eigenkapital) (–)**
n **Anzahl Jahre bis zum heutigen Zeitpunkt (–)**
Werte zum Diskontierungsfaktor finden sich in Anhang 14.1, Tab. 20.

13.4.2 DCF-Methode

Im Gegensatz zur Annuitätenmethode werden bei der Discounted-Cashflow-Methode (DCF-Methode) nicht die Kosten pro Jahr berechnet, sondern der Wert der Kosten über die gesamte Laufzeit. Hierfür werden die Kosten der einzelnen Jahre, wie im Anhang beschrieben, diskontiert (abgezinst), daher der Name discounted Cashflow. Diese Methode entspricht einer Kapitalwertmethode.

Die gesamten Kosten *K* berechnen sich nun wie folgt:

$$K = I + \sum_{n=1}^{T} \frac{CF_n}{(1+i)^n}$$

K **Wert der totalen Kosten (CHF)** über die gesamte **Laufzeit *T* (–)** der Anlage zum Zeitpunkt der Installation
I **Investition (CHF),** finanzielle Mittel für die Anschaffung (plus evtl. Stilllegung diskontiert)
CF_n **Cashflow im Jahr *n* (CHF),** Kosten für Betrieb resp. Bedienung und Unterhalt/Wartung unter der Berücksichtigung von Steuerabzügen und Teuerungen
i **Kapitalzinssatz (–)**, entspricht normalerweise dem marktüblichen Hypothekarzins

Die Schwierigkeit besteht nun darin, die Cashflows CF_n jedes einzelnen Jahres abzuschätzen. Grundsätzlich wird bei allen Kosten und Erträgen die Teuerung berücksichtigt. Dann kann der Cashflow CF_n des Jahres *n* folgendermassen berechnet werden:

$$CF_n = \sum_B E_D (1 + t_D)^n - \sum_A K_A (1 + t_A)^n$$

CF_n **Cashflow im Jahr *n* (CHF)**, Differenz zwischen Erträgen und Ausgaben im Jahr *n*
K_A ***Kosten «Typ A»* (CHF)**, ein Typ Kosten resp. Ausgaben, z.B. Kosten für Betrieb und Unterhalt/Wartung unter der Berücksichtigung Teuerung, oder Ausgaben für eine Investition mit Berücksichtigung von Steuerabzügen, im Jahr *n*
E_B ***Ertrag «Typ B»* (CHF)**, ein Typ Ertrag, z.B. Ertrag aus Energieverkauf, im Jahr *n*
t_A ***Teuerung «Typ A»* (–)**, Teuerung der Dienstleistung/Ware des Typs A
t_B ***Teuerung «Typ B»* (–)**, Teuerung des Ertrages des Typs B

Einige Kosten (v.a. Investitionen) kann man von den Steuern abziehen. Um dies in der Rechnung zu berücksichtigen, werden die betroffenen Kosten mit dem Steuersatz multipliziert und im darauffolgenden Jahr vom Cashflow CF_{n+1} abgezogen.

$$K_A \rightarrow K_A \cdot s_n$$

***K_A Kosten «Typ A»* (CHF)**, ein Typ Kosten, z.B. Betriebskosten
***s_n Steuersatz* (–)**, Steuersatz, welcher im Jahr *n* erlassen wird

Für den Steuersatz ist der Grenzsteuerbetrag zu ermitteln, der dank der Abzugsfähigkeit der Kosten gespart wird. Dies erfolgt am einfachsten mit einem Steuerrechner im Internet.

Umgekehrt müssen Einkommenssteuern bezahlt werden, wenn in einem Jahr die Erträge grösser sind als die Kosten, d.h. der Cashflow positiv wird. Auch diese Steuerbelastung wird üblicherweise ein Jahr später für den Cashflow wirksam und muss mit berücksichtigt werden.

14 Anhang

14.1 Berechnungen Wirtschaftlichkeit

Tab. 17: Annuitätsfaktoren

Berechnung M. Hubbuch

Nutzungs-dauer	Kapitalzinssatz resp. Kapitalrendite																	
Jahre	0.5 %	1 %	1.5 %	2 %	2.5 %	3 %	3.5 %	4 %	4.5 %	5 %	5.5 %	6 %	6.5 %	7 %	8 %	10 %	12 %	14 %
1	1.005	1.010	1.015	1.020	1.025	1.030	1.035	1.040	1.045	1.050	1.055	1.060	1.065	1.070	1.080	1.100	1.120	1.140
2	0.504	0.508	0.511	0.515	0.519	0.523	0.526	0.530	0.534	0.538	0.542	0.545	0.549	0.553	0.561	0.576	0.592	0.607
3	0.337	0.340	0.343	0.347	0.350	0.354	0.357	0.360	0.364	0.367	0.371	0.374	0.378	0.381	0.388	0.402	0.416	0.431
4	0.253	0.256	0.259	0.263	0.266	0.269	0.272	0.275	0.279	0.282	0.285	0.289	0.292	0.295	0.302	0.315	0.329	0.343
5	0.203	0.206	0.209	0.212	0.215	0.218	0.221	0.225	0.228	0.231	0.234	0.237	0.241	0.244	0.250	0.264	0.277	0.291
6	0.170	0.173	0.176	0.179	0.182	0.185	0.188	0.191	0.194	0.197	0.200	0.203	0.207	0.210	0.216	0.230	0.243	0.257
7	0.146	0.149	0.152	0.155	0.157	0.161	0.164	0.167	0.170	0.173	0.176	0.179	0.182	0.186	0.192	0.205	0.219	0.233
8	0.128	0.131	0.134	0.137	0.139	0.142	0.145	0.149	0.152	0.155	0.158	0.161	0.164	0.167	0.174	0.187	0.201	0.216
9	0.114	0.117	0.120	0.123	0.125	0.128	0.131	0.134	0.138	0.141	0.144	0.147	0.150	0.153	0.160	0.174	0.188	0.202
10	0.103	0.106	0.108	0.111	0.114	0.117	0.120	0.123	0.126	0.130	0.133	0.136	0.139	0.142	0.149	0.163	0.177	0.192
11	0.094	0.096	0.099	0.102	0.105	0.108	0.111	0.114	0.117	0.120	0.124	0.127	0.130	0.133	0.140	0.154	0.168	0.183
12	0.086	0.089	0.092	0.095	0.097	0.100	0.103	0.107	0.110	0.113	0.116	0.119	0.123	0.126	0.133	0.147	0.161	0.177
13	0.080	0.082	0.085	0.088	0.091	0.094	0.097	0.100	0.103	0.106	0.110	0.113	0.116	0.120	0.127	0.141	0.156	0.171
14	0.074	0.077	0.080	0.083	0.086	0.089	0.092	0.095	0.098	0.101	0.104	0.108	0.111	0.114	0.121	0.136	0.151	0.167
15	0.069	0.072	0.075	0.078	0.081	0.084	0.087	0.090	0.093	0.096	0.100	0.103	0.106	0.110	0.117	0.131	0.147	0.163
16	0.065	0.068	0.071	0.074	0.077	0.080	0.083	0.086	0.089	0.092	0.096	0.099	0.102	0.106	0.113	0.128	0.143	0.160
17	0.062	0.064	0.067	0.070	0.073	0.076	0.079	0.082	0.085	0.089	0.092	0.095	0.099	0.102	0.110	0.125	0.140	0.157
18	0.058	0.061	0.064	0.067	0.070	0.073	0.076	0.079	0.082	0.086	0.089	0.092	0.096	0.099	0.107	0.122	0.138	0.155
19	0.055	0.058	0.061	0.064	0.067	0.070	0.073	0.076	0.079	0.083	0.086	0.090	0.093	0.097	0.104	0.120	0.136	0.153
20	0.053	0.055	0.058	0.061	0.064	0.067	0.070	0.074	0.077	0.080	0.084	0.087	0.091	0.094	0.102	0.117	0.134	0.151
21	0.050	0.053	0.056	0.059	0.062	0.065	0.068	0.071	0.075	0.078	0.081	0.085	0.089	0.092	0.100	0.116	0.132	0.150
22	0.048	0.051	0.054	0.057	0.060	0.063	0.066	0.069	0.073	0.076	0.079	0.083	0.087	0.090	0.098	0.114	0.131	0.148
23	0.046	0.049	0.052	0.055	0.058	0.061	0.064	0.067	0.071	0.074	0.078	0.081	0.085	0.089	0.096	0.113	0.130	0.147
24	0.044	0.047	0.050	0.053	0.056	0.059	0.062	0.066	0.069	0.072	0.076	0.080	0.083	0.087	0.095	0.111	0.128	0.146
25	0.043	0.045	0.048	0.051	0.054	0.057	0.061	0.064	0.067	0.071	0.075	0.078	0.082	0.086	0.094	0.110	0.127	0.145
26	0.041	0.044	0.047	0.050	0.053	0.056	0.059	0.063	0.066	0.070	0.073	0.077	0.081	0.085	0.093	0.109	0.127	0.145
27	0.040	0.042	0.045	0.048	0.051	0.055	0.058	0.061	0.065	0.068	0.072	0.076	0.080	0.083	0.091	0.108	0.126	0.144
28	0.038	0.041	0.044	0.047	0.050	0.053	0.057	0.060	0.064	0.067	0.071	0.075	0.078	0.082	0.090	0.107	0.125	0.144
29	0.037	0.040	0.043	0.046	0.049	0.052	0.055	0.059	0.062	0.066	0.070	0.074	0.077	0.081	0.090	0.107	0.125	0.143
30	0.036	0.039	0.042	0.045	0.048	0.051	0.054	0.058	0.061	0.065	0.069	0.073	0.077	0.081	0.089	0.106	0.124	0.143
31	0.035	0.038	0.041	0.044	0.047	0.050	0.053	0.057	0.060	0.064	0.068	0.072	0.076	0.080	0.088	0.105	0.124	0.142
32	0.034	0.037	0.040	0.043	0.046	0.049	0.052	0.056	0.060	0.063	0.067	0.071	0.075	0.079	0.087	0.105	0.123	0.142
33	0.033	0.036	0.039	0.042	0.045	0.048	0.052	0.055	0.059	0.062	0.066	0.070	0.074	0.078	0.087	0.104	0.123	0.142
34	0.032	0.035	0.038	0.041	0.044	0.047	0.051	0.054	0.058	0.062	0.066	0.070	0.074	0.078	0.086	0.104	0.123	0.142
35	0.031	0.034	0.037	0.040	0.043	0.047	0.050	0.054	0.057	0.061	0.065	0.069	0.073	0.077	0.086	0.104	0.122	0.141
40	0.028	0.030	0.033	0.037	0.040	0.043	0.047	0.051	0.054	0.058	0.062	0.066	0.071	0.075	0.084	0.102	0.121	0.141
50	0.023	0.026	0.029	0.032	0.035	0.039	0.043	0.047	0.051	0.055	0.059	0.063	0.068	0.072	0.082	0.101	0.120	0.140
60	0.019	0.022	0.025	0.029	0.032	0.036	0.040	0.044	0.048	0.053	0.057	0.062	0.067	0.071	0.081	0.100	0.120	0.140

Tab. 18: Mittelwertsfaktoren Teuerung

eigene Berechnung nach: RAVEL, Methoden der Wirtschaftlichkeitsanalyse von Energiesystemen

	Nutzungs-dauer	Kapital-Zinssatz									
	Jahre	0.5 %	1.0 %	1.5 %	2.0 %	2.5 %	3.0 %	3.5 %	4.0 %	4.5 %	5.0 %
Teuerung 0.5 %	5	1.015	1.015	1.015	1.015	1.015	1.014	1.014	1.014	1.014	1.014
	10	1.028	1.027	1.027	1.027	1.026	1.026	1.026	1.025	1.025	1.025
	12	1.033	1.032	1.032	1.031	1.031	1.031	1.030	1.030	1.029	1.029
	14	1.038	1.037	1.037	1.036	1.036	1.035	1.034	1.034	1.033	1.033
	16	1.043	1.042	1.042	1.041	1.040	1.039	1.039	1.038	1.037	1.037
	18	1.048	1.047	1.046	1.045	1.044	1.044	1.043	1.042	1.041	1.040
	20	1.053	1.052	1.051	1.050	1.049	1.048	1.047	1.046	1.045	1.044
	25	1.066	1.065	1.063	1.061	1.060	1.058	1.057	1.055	1.054	1.052
	30	1.079	1.077	1.075	1.072	1.070	1.068	1.066	1.064	1.062	1.060
Teuerung 1.0 %	5	1.030	1.030	1.030	1.030	1.029	1.029	1.029	1.029	1.028	1.028
	10	1.057	1.056	1.055	1.054	1.054	1.053	1.052	1.052	1.051	1.050
	12	1.067	1.066	1.065	1.064	1.063	1.062	1.062	1.061	1.060	1.059
	14	1.078	1.077	1.075	1.074	1.073	1.072	1.071	1.069	1.068	1.067
	16	1.089	1.087	1.086	1.084	1.082	1.081	1.079	1.078	1.077	1.075
	18	1.100	1.098	1.096	1.094	1.092	1.090	1.088	1.086	1.085	1.083
	20	1.111	1.108	1.106	1.104	1.101	1.099	1.097	1.095	1.093	1.091
	25	1.139	1.135	1.132	1.128	1.125	1.121	1.118	1.115	1.111	1.108
	30	1.168	1.162	1.157	1.152	1.147	1.143	1.138	1.133	1.129	1.125
Teuerung 1.5 %	5	1.046	1.046	1.045	1.045	1.045	1.044	1.044	1.044	1.043	1.043
	10	1.087	1.085	1.084	1.083	1.082	1.081	1.080	1.079	1.078	1.077
	12	1.103	1.102	1.100	1.099	1.097	1.096	1.094	1.093	1.092	1.090
	14	1.120	1.118	1.116	1.114	1.112	1.110	1.109	1.107	1.105	1.103
	16	1.137	1.135	1.132	1.130	1.127	1.125	1.123	1.120	1.118	1.116
	18	1.155	1.152	1.149	1.145	1.142	1.140	1.137	1.134	1.131	1.128
	20	1.173	1.169	1.165	1.161	1.158	1.154	1.151	1.147	1.144	1.140
	25	1.218	1.212	1.207	1.201	1.195	1.190	1.185	1.179	1.174	1.169
	30	1.266	1.258	1.249	1.241	1.233	1.225	1.218	1.210	1.203	1.196
Teuerung 2.0 %	5	1.062	1.062	1.061	1.061	1.060	1.060	1.059	1.059	1.058	1.058
	10	1.118	1.116	1.115	1.113	1.112	1.110	1.109	1.107	1.106	1.105
	12	1.141	1.139	1.137	1.135	1.133	1.131	1.129	1.127	1.125	1.123
	14	1.165	1.162	1.159	1.156	1.154	1.151	1.149	1.146	1.144	1.141
	16	1.189	1.185	1.182	1.178	1.175	1.172	1.168	1.165	1.162	1.159
	18	1.214	1.209	1.205	1.201	1.196	1.192	1.188	1.184	1.180	1.177
	20	1.239	1.234	1.228	1.223	1.218	1.213	1.208	1.203	1.198	1.194
	25	1.306	1.297	1.289	1.281	1.273	1.265	1.257	1.250	1.243	1.236
	30	1.376	1.364	1.351	1.339	1.328	1.317	1.306	1.295	1.285	1.275
Teuerung 2.5 %	5	1.079	1.078	1.078	1.077	1.076	1.076	1.075	1.074	1.074	1.073
	10	1.150	1.148	1.146	1.145	1.143	1.141	1.139	1.137	1.135	1.133
	12	1.181	1.178	1.175	1.172	1.170	1.167	1.165	1.162	1.160	1.157
	14	1.212	1.208	1.204	1.201	1.198	1.194	1.191	1.187	1.184	1.181
	16	1.244	1.239	1.235	1.230	1.226	1.221	1.217	1.213	1.209	1.205
	18	1.277	1.271	1.265	1.260	1.254	1.249	1.243	1.238	1.233	1.228
	20	1.311	1.304	1.297	1.290	1.283	1.276	1.270	1.263	1.257	1.251
	25	1.401	1.390	1.379	1.368	1.357	1.346	1.336	1.326	1.317	1.307
	30	1.499	1.482	1.465	1.449	1.433	1.418	1.403	1.389	1.375	1.362

	Nutzungsdauer	Kapital-Zinssatz									
	Jahre	0.5 %	1.0 %	1.5 %	2.0 %	2.5 %	3.0 %	3.5 %	4.0 %	4.5 %	5.0 %
Teuerung 3.0 %	5	1.096	1.095	1.094	1.093	1.093	1.092	1.091	1.090	1.089	1.089
	10	1.184	1.182	1.179	1.177	1.175	1.172	1.170	1.168	1.165	1.163
	12	1.222	1.219	1.215	1.212	1.209	1.206	1.202	1.199	1.196	1.193
	14	1.261	1.257	1.252	1.248	1.244	1.239	1.235	1.231	1.227	1.223
	16	1.302	1.296	1.291	1.285	1.279	1.274	1.268	1.263	1.258	1.253
	18	1.345	1.337	1.330	1.323	1.316	1.309	1.302	1.295	1.289	1.283
	20	1.389	1.380	1.370	1.362	1.353	1.344	1.336	1.328	1.320	1.312
	25	1.507	1.492	1.477	1.463	1.449	1.436	1.423	1.410	1.397	1.385
	30	1.637	1.614	1.592	1.571	1.551	1.531	1.511	1.492	1.474	1.457
Teuerung 3.5 %	5	1.113	1.112	1.111	1.110	1.109	1.108	1.107	1.106	1.106	1.105
	10	1.220	1.217	1.214	1.211	1.208	1.205	1.202	1.200	1.197	1.194
	12	1.266	1.262	1.258	1.254	1.250	1.246	1.242	1.238	1.234	1.231
	14	1.314	1.309	1.303	1.298	1.292	1.287	1.282	1.277	1.272	1.267
	16	1.365	1.357	1.350	1.343	1.336	1.330	1.323	1.316	1.310	1.304
	18	1.417	1.408	1.399	1.390	1.382	1.373	1.365	1.357	1.349	1.341
	20	1.473	1.461	1.450	1.439	1.428	1.418	1.407	1.397	1.387	1.378
	25	1.623	1.604	1.586	1.568	1.550	1.533	1.517	1.501	1.485	1.470
	30	1.791	1.763	1.735	1.708	1.681	1.656	1.631	1.607	1.584	1.562
Teuerung 4.0 %	5	1.131	1.130	1.129	1.128	1.126	1.125	1.124	1.123	1.122	1.121
	10	1.257	1.253	1.250	1.246	1.243	1.239	1.236	1.233	1.230	1.227
	12	1.312	1.307	1.302	1.297	1.292	1.288	1.283	1.279	1.274	1.270
	14	1.370	1.363	1.357	1.350	1.344	1.337	1.331	1.325	1.319	1.314
	16	1.431	1.422	1.414	1.405	1.397	1.389	1.381	1.373	1.365	1.358
	18	1.496	1.484	1.473	1.463	1.452	1.442	1.432	1.422	1.412	1.403
	20	1.564	1.550	1.536	1.522	1.509	1.496	1.484	1.472	1.460	1.448
	25	1.751	1.728	1.705	1.683	1.661	1.640	1.620	1.600	1.581	1.563
	30	1.965	1.929	1.894	1.860	1.827	1.795	1.765	1.735	1.706	1.679
Teuerung 4.5 %	5	1.149	1.148	1.147	1.145	1.144	1.143	1.141	1.140	1.139	1.138
	10	1.295	1.291	1.287	1.283	1.279	1.275	1.271	1.268	1.264	1.260
	12	1.360	1.354	1.348	1.343	1.337	1.332	1.326	1.321	1.316	1.311
	14	1.429	1.421	1.413	1.406	1.398	1.391	1.383	1.376	1.369	1.363
	16	1.502	1.492	1.481	1.471	1.462	1.452	1.442	1.433	1.424	1.415
	18	1.580	1.566	1.553	1.540	1.528	1.515	1.503	1.492	1.480	1.469
	20	1.662	1.645	1.629	1.613	1.597	1.581	1.566	1.552	1.538	1.524
	25	1.892	1.864	1.836	1.809	1.783	1.758	1.733	1.709	1.686	1.664
	30	2.161	2.117	2.073	2.031	1.990	1.951	1.913	1.877	1.842	1.808
Teuerung 5.0 %	5	1.168	1.166	1.165	1.163	1.162	1.160	1.159	1.158	1.156	1.155
	10	1.335	1.331	1.326	1.321	1.317	1.312	1.308	1.304	1.299	1.295
	12	1.411	1.404	1.397	1.391	1.384	1.378	1.372	1.366	1.360	1.354
	14	1.491	1.482	1.473	1.464	1.455	1.447	1.439	1.430	1.422	1.414
	16	1.578	1.565	1.553	1.542	1.530	1.519	1.508	1.497	1.487	1.476
	18	1.670	1.654	1.639	1.624	1.609	1.594	1.580	1.566	1.553	1.540
	20	1.769	1.749	1.729	1.710	1.692	1.673	1.656	1.638	1.621	1.605
	25	2.049	2.015	1.981	1.949	1.917	1.887	1.857	1.828	1.801	1.774
	30	2.383	2.328	2.275	2.223	2.173	2.126	2.079	2.035	1.992	1.952

Berechnungsformeln für den Mittelwertfaktor der Teuerung:

m = Mittelwertfaktor
d = Diskontier-Summenfaktor
a = Annuitätsfaktor
$I_R = i - e$: Realer Zinssatz
i: Kapital-Zinssatz (nominal)
e: Teuerung
n = Anzahl Nutzungsjahre

Alle Grössen sind einheitslos.

$$d = \begin{cases} \dfrac{(1+I_R)^n - 1}{(1+I_R)^n \cdot I_R} & \text{für } I_R \neq 0 \\ n & \text{für } I_R = 0 \end{cases}$$

$$a = \frac{(1+i)^n \cdot i}{(1+i)^n - 1}$$

$$m = d \cdot a$$

Tab. 19: Kalkulatorische Energiepreiszuschläge (kEPZ) für externe Kosten von Energieträgern

RAVEL 1996, basierend auf Infras/Econcept/Prognos: Die vergessenen Milliarden – Externe Kosten im Energiebereich, Verlag Haupt Bern 1996; Holz, Fernwärme: Stadt Zürich

	Streubereich		Empfehlung	Marktpreis 2013
	Minimaler Wert	Maximaler Wert	kEPZ	Anhaltswerte
Gas	2,2	3,4	3,0	8–9
Heizöl EL	3,3	5,4	4,5	8–10
Elektrizität *)				
Wasserkraft	0,4	1,3		
Kernkraft	0,3	0,6		
Gas-Kombikraftwerk	4,3	7,0		
CH-Mix	0,8	1,8		
UCPTE-Mix	5,0	7,9		
Durchschnitt CH			5,0	16–22
Holz			1,5	6–10
Fernwärme			1,5	8

Werte in Rp./kWh
*) Elektrizität ohne Risikokosten. Diese sind nur schwer zu beziffern.

Tab. 20: Abzinsfaktoren für Diskontierung eines zukünftigen Ertrages

Quelle: Berechnung M. Hubbuch, nach: Thommen, Jean-Paul, Managementorientierte Betriebswirtschaftslehre, Versus Verlag AG, Zürich 2000

	Zins								
Jahre	2 %	3 %	4 %	5 %	6 %	7 %	8 %	9 %	10 %
2	0.961	0.943	0.925	0.907	0.890	0.873	0.857	0.842	0.826
4	0.924	0.888	0.855	0.823	0.792	0.763	0.735	0.708	0.683
6	0.888	0.837	0.790	0.746	0.705	0.666	0.630	0.596	0.564
8	0.853	0.789	0.731	0.677	0.627	0.582	0.540	0.502	0.467
10	0.820	0.744	0.676	0.614	0.558	0.508	0.463	0.422	0.386
12	0.788	0.701	0.625	0.557	0.497	0.444	0.397	0.356	0.319
14	0.758	0.661	0.577	0.505	0.442	0.388	0.340	0.299	0.263
16	0.728	0.623	0.534	0.458	0.394	0.339	0.292	0.252	0.218
18	0.700	0.587	0.494	0.416	0.350	0.296	0.250	0.212	0.180
20	0.673	0.554	0.456	0.377	0.312	0.258	0.215	0.178	0.149

14.2 Checkliste: Gebäude-Feinanalyse zur Schwachstellensuche bei Energiesparprojekten

Bauhülle

		Befund
Wärmedämmung der Bauhülle	Wände gegen aussen	
	Innenwände gegen unbeheizt	
	Dach gegen aussen	
	Decke gegen unbeheizt	
	Boden gegen aussen	
	Boden gegen Erdreich	
	Boden gegen unbeheizt	
	Fenster (inkl. Rollladenkästen)	
	Türen und Tore	
	Oberlichter, Glasbausteinwände etc.	
Luftdichtigkeit der Bauhülle	Fenster	
	Türen und Tore	
	Eingangssituation	
	Windfang unbeheizt	
	Abschlüsse gegen unbeheizte Räume	
	Wirksamkeit Kamineffekt	
	Rollladenkästen etc.	
	Anschlüsse an Dach, Fassadenteile etc.	
Bauphysik, Feuchtigkeit	graue Wände	
	Kondensat an Fenstern	
	kalte, ungemütliche Oberflächen	
	Wärmespeicherfähigkeit der Räume	

Heizung (1/2)

Wärmeerzeugung	Leistungsbedarf (aus Energieverbrauch und Volllaststunden)	
	Wirkungsgrad/ Arbeitszahl Wärmeerzeuger	
	Zustand Wärmeerzeuger	
	Regulierung Wärmeerzeuger, Brennerlaufzeit	
	Heizraum (Luftzufuhr, Sauberkeit, Temperatur)	
	Energieversorgung, -arten	
	Emissionen	

Heizung (2/2)

		Befund
Wärmeverteilung, Regulierung	Heizgruppen (Heizkurven)	
	hydraulischer Abgleich	
	Umwälzpumpen	
	Dämmung Wärmeverteilleitungen	
	Art der Wärmeabgabe im Raum	
	Regulierung raumweise	
	unnötig beheizte Räume, unnötige Radiatoren	
	Betriebszeiten, Nachtabsenkung	
	Nutzung passiver Solarenergie	

Warmwasser

Erzeugung	Art der Erzeugung Sommer/Winter	
	Erzeugerwirkungsgrad	
	Speicherung	
	Abwärmenutzung/Solarenergie	
	Regulierung	
	Legionellen/Hygiene	
	Kalkschutz (Wasserenthärtung)	
	Spitzenlastbegrenzung (wenn elektrisch)	
Verteilung/Verwendung	Warmwassertemperatur	
	Verteilleitungen gedämmt, kurz, kleiner Querschnitt	
	Zirkulation/Begleitheizung (mit Zeitschaltuhr)	
	Verteilverluste	
	Durchflussbegrenzer an Zapfstellen	
	Waschmaschinen, Geschirrspüler mit WW-Anschluss (statt elektrisch)	

Lüftung (1/2)

Abluftanlagen	WC-Abluft: Betriebszeiten	
	Luftmengen	
	Komfort	
	Luftnachströmung	
	Abwärmenutzung	
	Küchenabluft: dito oben, plus Filter	
	Zustand Kanäle	

Lüftung (2/2)

		Befund
Abluftanlagen	weitere Abluftanlagen: dito oben, plus Bedarfsabklärung	
Zu- und Abluftanlagen	Betriebszeiten	
	Luftmengen/Bedarf	
	Komfort	
	Ventilatorwirkungsgrad	
	Raumströmung	
	Wärmerückgewinnung	
	Regulierung	
	Filterzustand	
Klimaanlagen	Betriebszeiten Luftmengen/Bedarf	
	Komfort	
	Ventilatorwirkungsgrad	
	Raumströmung	
	Wärmerückgewinnung	
	Regulierung	
	Filterzustand	
Befeuchter	Zustand	
	Bedarf an Befeuchtung	
	Entfeuchtung/Bedarf	
	Entfeuchtung	
Weitere Lüftungsanlagen	Bedarf, sonst wie oben	

Kälteanlagen (1/2)

Kälteerzeugung	Kälteziffer der Kältemaschinen	
	Kältespeicher	
	Regulierung	
	Kältemittel	
	Schall	
	Abwärmenutzung (WRG)	
	Spitzenlastbegrenzung	
Rückkühlung	Hilfsenergiebedarf	
	Wasserverbrauch	
	Schall	
	Effizienz	
	Frostschutzheizung resp. Massnahmen	
	Unterhalt/Legionellen	
	Wasseraufbereitung	

Kälteanlagen (2/2)

		Befund
Kälteverteilung	Temperatur	
	Dämmung	
	Umwälzpumpen	
	hydraulischer Abgleich	
	Regulierung (Temperaturniveau, Betriebszeiten)	
Kältenutzung	Bedarf (Minimierung durch Beschattung, keine unnötigen internen Lasten, effiziente Beleuchtung, Reduktion Aussenluftmengen)	
	Raumtemperatur	
	gleichzeitiges Heizen und Kühlen	
	Bedarf Entfeuchtung	
Gewerbliche Kälte	Wärmerückgewinnung	
	Rückkühlung	
	Zustand	
	Kältemittel	
	Dämmung Kühlräume	
	Nutzung Kühlräume	

Sanitär

Wasserverbrauch	WC-Spülungen (mit 6 Liter)	
	Durchflussbegrenzer	
	Aussenbewässerungen	
	Grau- oder Regenwassernutzung	
	tropfende Hahnen oder Ventile	
Schmutzwasser	Fettabscheider	
	Schmutzwasserpumpen	
	Wärmerückgewinnung aus Abwasser	
Warmwasser	siehe oben	
Wasseraufbereitung	Zustand/Unterhalt	
	Bedarf	
	Aufhärtung	
Druckluftversorgung	Bedarf	
	Druckniveau	
	Netz dicht	
	Zustand und Effizienz der Kompressoren	
	Regulierung	
	ersetzbare pneumatische Antriebe	
	Abwärmenutzung	

Elektro		*Befund*
Beleuchtung	installierte Leistungen	
	Beleuchtungsstärke	
	Sparlampen	
	Vorschaltgeräte	
	Leuchtenunterhalt (Reinigung)	
	Regulierung	
	Präsenzmelder	
	Tageslichtsensoren	
	Komfort	
	Ästhetik	
Geräte	effiziente Geräte	
	Stand-by-Verbrauch	
	Betriebszeit	
	Nutzung	
Transporteinrichtungen etc.	Lift, Antriebsart	
	Rohrpost	
	Transportfahrzeuge	
	Torantriebe	
Diverses	Trafos	
	Niederspannungs-Verteilanlagen	
	Aussenheizungen	
	Aussenbeleuchtung	

14.3 Websites für Energiemanagement

Behörden, öffentliche Stellen etc.

www.admin.ch
Bundesverwaltung, Links zu Bundesämtern, Gesetzen, Verordnungen etc.

www.bfe.admin.ch
Bundesamt für Energie, Programm Energie-Schweiz

www.energieschweiz.ch
Programm EnergieSchweiz, Infos zur Energie allgemein

www.bafu.admin.ch
Bundesamt für Umwelt, Infos zum CO_2-Gesetz, Klimawandel, Wasser, Abfall etc.

www.kbob.admin.ch
Koordinationskonferenz der Baufachorgane des Bundes, mit vielen Empfehlungen und Unterlagen zum Bauen und Betreiben

www.endk.ch
Konferenz kantonaler Energiedirektoren (EnDK): Infos über den Gebäudeenergieausweis, MuKEn, Tools für Fachleute, Energiepolitik der Kantone, Förderstellen und Energiefachstellen

Verbände, Vereine etc.

www.energiestadt.ch
Infos über das Label Energiestadt für Gemeinden

www.iea.org
Internationale Energieagentur, mit Veröffentlichungen wie der World energy outlook etc.

www.swissolar.ch
Netzwerk für Wärme und Strom von der Sonne

www.heizoel.ch
Informationen zu Erdöl. Preise, Installationen etc.

www.erdgas.ch
Informationen zu Erdgas

www.strom.ch
Infoportal der Strombranche

www.naturemade.ch
Informationen über Strom mit Umweltlabel

www.holzenergie.ch
Förderverein Holzenergie Schweiz

www.fws.ch
Fördergemeinschaft Wärmepumpen Schweiz

www.suisse-eole.ch
Suisse Eole: Vereinigung zur Förderung der Windenergie

www.geothermie-schweiz.ch
Schweiz. Vereinigung für Geothermie (SVG)

www.svgw.ch
Verband Gas- und Wasserfachleute

trinkwasser.svgw.ch
Informationen zu Trinkwasser, Wasserversorgung, Wasserharte

www.minergie.ch
Informationen zum Minergie-Standard

www.nnbs.ch
Netzwerk Nachhaltiges Bauen Schweiz

www.2000watt.swiss
Website des Programms und Zertifizierung 2000-Watt-Areale

www.sgni.ch
Informationen zum Standard Nachhaltiges Bauen des Vereins SGNI (Schweizerische Gesellschaft für Nachhaltige Immobilienwirtschaft)

www.kgtv.ch
Konferenz der Gebäudetechnik-Verbände, inkl. Merkblätter zu den MuKEn 2014

www.swisscontracting.ch
Verband Swisscontracting mit Informationen zu Energie- und Anlagencontracting

www.swissesco.ch
Verband Energy Service Companies Schweiz zur Förderung Energiesparcontracting

www.energo.ch
Angebote für Betriebsoptimierung bei öffentlichen und privaten Gebäuden

www.enaw.ch
Energieagentur der Wirtschaft, Förderung der rationellen Energieverwendung und CO_2-Einsparung in Betrieben

www.act-schweiz.ch
act Cleantech Agentur Schweiz, Förderung der rationellen Energieverwendung und CO_2-Einsparung in Betrieben

www.klimastiftung.ch
Unterstützung von KMU im Bereich Energiesparen und Nachhaltigkeit

www.eco-bau.ch
Ökologie und Nachhaltigkeit im öffentlichen Bau, Beurteilungsraster, Ausschreibungsunterlagen, allg. Infos

Energieforschung, Literatur, Tools

www.energytools.ch
Infos zu SIA-Energie-Normen 380/1, 380/4 etc., Download Programme Beleuchtung, Lüftung und Anleitungen, Klimadaten

www.baufachinformation.de
Katalog mit Baufachliteratur, Fachveröffentlichungen (Fraunhofer IRB)

www.bine.info
Informationen zu neuen Energietechniken

www.etde.org
Datenbank, weltweit, mit Berichten, Tagungsbeiträgen, Artikeln, Dissertationen etc. zum Thema Energieforschung

www.energie-atlas.ch
Kartenübersicht regenerative Energiedaten weltweit

www.erdsondenoptimierung.ch
Wissensplattform zur Optimierung von Wärmepumpenanlagen mit Erdwärmesonden der ZHAW, IFM

Energieeffizientes, nachhaltiges Bauen, Bauphysik, Bauökologie

www.evalo.ch
Rechner für den Heizenergiebedarf eines Hauses und Variantenvergleiche Wärmeerzeugung (von Firmen gesponsert)

www.bph.hbt.arch.ethz.ch/Filep
Lernseite Bauphysik der ETH mit Werkzeugen

www.pinpoint-online.ch
Website des Buches Pinpoint, Fakten der Bauphysik der ETH mit Tools zum Herunterladen (U-Wert, Behaglichkeit bei Verglasungen, Energieoptimierung und Energiesimulation)

www.enbau-online.ch
Bau – Energie – Nachhaltigkeit: Basics für die Aus- und Weiterbildung sowie als Nachschlagewerk. Konzipiert für Architekten, Ingenieure und Planer.

www.ubakus.de
Private Website mit U-Wert-Berechnungsprogramm und Informationen zur Bauphysik

www.energie.ch
private Website mit Links, Infos, Energieverbrauchswerte, Kennzahlen etc.

www.bauteilkatalog.ch
Datenbank und Berechnung der grauen Energie von Bauteilen

www.energie-experten.ch
Informationsplattform zu Energiethemen der EKZ (Elektrizitätswerk Kanton Zürich), inkl. Datenbank zu Subventionen im Energiebereich

Energieeffiziente Geräte etc.

www.topten.ch
Energieeffiziente Geräte, Lampen, Autos etc.

www.toplicht.ch
Energieeffiziente Beleuchtung

www.enak.ch
Energieeffizienz in Hotellerie und Gastronomie

Energieeinkauf, Energiepreise

www.strompreis.elcom.admin.ch
Informationen zu mittleren Preisen von Strom

Weiterbildung im Energiemanagement

www.zhaw.ch/de/lsfm/institute-zentren/ifm/weiterbildung/
Weiterbildungsangebot der ZHAW, Institut für Facility Management, MAS Facility Management und MAS in Nachhaltigem Bauen, mit Zertifikatskursen Energiemanagement, Gebäudemanagement, Contracting und Life Cycle Management, in Zürich

www.enbau.ch
Weiterbildungsangebot aller 5 Deutschschweizer Fachhochschulen, MAS in Nachhaltigem Bauen mit vielen Zertifikatskursen im Bereich Energie

www.suissetec.ch/de/energieberater-in-gebaeude.html
Angebot an Vorbereitungslehrgängen und Berufsprüfung für Energieberater Gebäude mit Fachausweis.

www.fmpro-swiss.ch/know-how/fmpro-energy/
Kompetenznetzwerk von Verein fmpro mit dem Schwerpunktthema Energiemanagement

www.forumenergie.ch
Forum Energie Zürich und Ostschweiz, Veranstaltungen, Kurse, Informationen

14.4 Literaturliste Gebäude- und Energiemanagement

Ordnungen, Normen SIA, Zürich:

[1.] SIA 102, 103, 105, 106, 108: Ordnungen für Leistungen und Honorare, 2020

[2.] SIA 111: Modell Planung und Beratung, 2014

[3.] SIA 112: Modell Bauplanung, 2014

[4.] SIA 112/1: Nachhaltiges Bauen - Hochbau - Verständigungsnorm zu SIA 112, 2017

[5.] SIA 113: FM-gerechte Bauplanung und Realisierung, 2010

[6.] SIA 118: Allg. Bedingungen für Bauarbeiten, 2013

[7.] SIA 118/380: Allg. Bedingungen für Gebäudetechnik, 2007

[8.] SIA 180: Wärmeschutz, Feuchteschutz und Raumklima in Gebäuden, 2014

[9.] SIA 180.081: Wärmetechnisches Verhalten von Fenstern, Türen und Abschlüssen – Berechnung des Wärmedurchgangskoeffizienten - Teil 1: Allgemeines (ISO 10077-1:2017), 2017

[10.] SIA 180.082: Wärmetechnisches Verhalten von Fenstern, Türen und Abschlüssen – Berechnung des Wärmedurchgangskoeffizienten - Teil 2: Numerisches Verfahren für Rahmen (ISO 10077-2: 2017), 2017

[11.] SIA 181: Schallschutz im Hochbau, 2006

[12.] SIA 243: Verputzte Aussenwärmedämmung, 2008

[13.] SIA 279: Wärmedämmende Baustoffe, 2018

[14.] SIA 312: Begrünung von Dächer, 2013

[15.] SIA 342: Sonnen- und Wetterschutzanlagen, 2009

[16.] SIA 380: Grundlagen für energetische Berechnungen von Gebäuden, 2015

[17.] SIA 380/1: Heizwärmebedarf, 2016

[18.] SIA 382/1: Lüftungs- und Klimaanlagen - Allgemeine Grundlagen und Anforderungen, 2014

[19.] SIA 382/2: Klimatisierte Gebäude - Leistungs- und Energiebedarf, 2011

[20.] SIA 382.715: Energetische Bewertung von Gebäuden – Lüftung von Gebäuden – Teil 5-1: Berechnungsmethoden für den Energiebedarf von Lüftungs- und Klimaanlagen (Module M5-6, M5-8, M6-5, M6-8, M7-5, M7-8) – Methode 1: Verteilung und Erzeugung, 2017

[21.] SIA 384/1: Heizungsanlagen in Gebäuden - Grundlagen und Anforderungen, 2009

[22.] SIA 384/2: Heizungsanlagen in Gebäuden – Leistungsbedarf, 2020

[23.] SIA 384/3: Heizungsanlagen in Gebäuden – Energiebedarf, 2013

[24.] SIA 384.201: Energetische Bewertung von Gebäuden – Verfahren zur Berechnung der Norm-Heizlast – Teil 1: Raumheizlast, Modul M3-3, 2017

[25.] SIA 385/1: Anlagen für Trinkwarmwasser in Gebäuden - Grundlagen und Anforderungen, 2011

[26.] SIA 385/2: Anlagen für Trinkwarmwasser in Gebäuden – Warmwasserbedarf, Gesamtanforderungen und Auslegung, 2015

[27.] SIA 387/4: Elektrizität in Gebäuden - Beleuchtung: Berechnung und Anforderungen, 2017

[28.] SIA 416: Flächen und Volumen von Gebäuden, 2003

[29.] SIA 469: Erhaltung von Bauwerken, 1997

[30.] SIA 480: Wirtschaftlichkeitsberechnungen für Investitionen im Hochbau, 2016

Merkblätter und Dokumentationen SIA, Zürich:

[31.] Merkblatt SIA 2023: Lüftung in Wohnbauten, 2008

[32.] Merkblatt SIA 2024: Raumnutzungsdaten für Energie- und Gebäudetechnik, 2015

[33.] Merkblatt SIA 2025: Begriffe in Bauphysik, Energie- und Gebäudetechnik, 2012

[34.] Merkblatt SIA 2026: Effizienter Einsatz von Trinkwasser in Gebäuden, 2017

[35.] Merkblatt SIA 2028: Klimadaten für Bauphysik, Energie- und Gebäudetechnik, 2010

[36.] Merkblatt SIA 2031: Energieausweis für Gebäude, 2016

[37.] Merkblatt SIA 2032: Graue Energie von Gebäuden, 2010

[38.] Merkblatt SIA 2039: Mobilität - Energiebedarf in Abhängigkeit vom Gebäudestandort, 2016

[39.] Merkblatt SIA 2040: SIA-Effizienzpfad Energie, 2017

[40.] Merkblatt SIA 2044: Klimatisierte Gebäude - Standard-Berechnungsverfahren für den Leistungs- und Energiebedarf, 2019

[41.] Merkblatt SIA 2046: Integrale Tests von Gebäudetechniksystemen, 2015

[42.] Merkblatt SIA 2047: Energetische Gebäudeerneuerung, 2015

[43.] Merkblatt SIA 2048: Energetische Betriebsoptimierung, 2015

[44.] Merkblatt SIA 2050: Nachhaltige Raumentwicklung - Kommunale und regionale Planungen - Ergänzungen zur Norm SIA 111, 2015

[45.] Merkblatt SIA 2051: Building Information Modelling (BIM) - Grundlagen zur Anwendung der BIM-Method, 2017

[46.] Merkblatt SIA 2056: Elektrizität in Gebäuden - Energie- und Leistungsbedarf, 2019

[47.] Merkblatt SIA 2060: Infrastruktur für Elektrofahrzeuge in Gebäuden, 2020

[48.] Dokumentation SIA D 0165: Kennzahlen im Immobilienmanagement, 2000

[49.] Dokumentation SIA D 0174: Modelle der Zusammenarbeit: Erstellung und Bewirtschaftung eines Bauwerkes, 2003

[50.] Dokumentation SIA D 0176: Gebäude mit hohem Glasanteil – Behaglichkeit und Energieeffizienz, 2002

[51.] Dokumentation SIA D 0179: Energie aus dem Untergrund, 2003

[52.] Dokumentation SIA D 0190: Nutzung der Erdwärme mit Fundationspfählen und anderen erdberührenden Betonbauteilen – Leitfaden zu Planung, Bau und Betrieb, 2005

[53.] Dokumentation SIA D 0199: Wirtschaftlichkeitsberechnungen für Investitionen im Hochbau - Leitfaden zur Anwendung der Norm SIA 480, 2004

[54.] Dokumentation SIA D 0213: Finanzkennzahlen für Immobilien, 2005

[55.] Dokumentation SIA D 0225: Heizen und Kühlen mit geothermischer Energie, 2008

[56.] Dokumentation SIA D 0236: SIA-Effizienzpfad Energie - Ergänzungen und Fallbeispiele zum Merkblatt SIA 2040, 2011

[57.] Dokumentation SIA D 0241: Leadership in Gebäudeerneuerung, 201,

[58.] Dokumentation SIA D 0249: Energetische Gebäudeerneuerung – Dokumentation zum Merkblatt SIA 2047, 2017

[59.] Dokumentation SIA D 0258: SIA-Effizienzpfad Energie – Ergänzungen und Fallbeispiele zum Merkblatt SIA 2040:2017, 2018

[60.] Dokumentation SIA D 0264: Hydraulik - Technische Dokumentation zur Norm SIA 190:2017, 2019

[61.] Dokumentation SIA D 0270: Anwendung der BIM-Methode – Leitfaden zur Verbesserung der Zusammenarbeit, 2018

[62.] Stefan Waldhauser, Arbeitshilfe Gebäude + Technik, Fachliteratur 3045, SIA, 2018

Europäische Normen im Facility Management:

[64.] SN EN 15221-1: Facility Management - Teil 1: Begriffe, 2006-12-01, SNV Winterthur (ist abgelöst durch EN ISO 41011, 2018)

[65.] SN EN 15221-2: Facility Management - Teil 2: Leitfaden zur Ausarbeitung von Facility Management-Vereinbarungen, 2006-12-01, SNV Winterthur (ist abgelöst durch EN ISO 41012, 2018)

[66.] SN EN 15221-3: Facility Management - Teil 3: Leitfaden für Qualität im Facility Management, 2018-12, SNV Winterthur

[67.] SN EN 15221-4: Facility Management - Teil 4: Taxonomie, Klassifikation und Strukturen im Facility Management, 2018-12, SNV Winterthur

[68.] SN EN 15221-5: Facility Management - Teil 5: Leitfaden für Facility Management Prozesse, 2018-12, SNV Winterthur

[69.] SN EN 15221-6: Facility Management - Teil 6: Flächenbemessung im Facility Management, 2018-12, SNV Winterthur

[70.] SN EN 15221-7: Facility Management - Teil 7: Leitlinien für das Leistungs-Benchmarking, 2012-12, SNV Winterthur

ISO-Normen im Facility Management:

EN ISO 41011: Facility Management - Vokabular, 2018

EN ISO 41012: Facility Management - Leitfaden zur strategischen Beschaffung und der Entwicklung von Vereinbarungen, 2018

ISO 41001: Facility management - Management systems - Requirements with guidance for use, 2018

ISO/TR 41013: Facility management - Scope, key concepts and benefits, Technical report, 2017

Normen, Richtlinien Deutschland:

[71.] DIN 276: Kosten im Hochbau, 2018, Beuth Verlag GmbH Berlin

[72.] DIN 277-1: Grundflächen und Rauminhalte im Bauwesen - Teil 1: Hochbau, 2016, Beuth Verlag GmbH Berlin

[73.] DIN 18960: Nutzungskosten im Hochbau, Norm-Entwurf 2020, Beuth Verlag GmbH Berlin

[74.] DIN EN 13306: Instandhaltung - Begriffe der Instandhaltung, 2018, Beuth Verlag GmbH Berlin

[75.] DIN 31051: Grundlagen der Instandhaltung, 2019, Beuth Verlag GmbH Berlin

[76.] DIN 32736: Gebäudemanagement - Begriffe und Leistungen, 2000, Beuth Verlag GmbH Berlin

[77.] GEFMA 100-2: Facility Management Leistungsspektrum, 2004, GEFMA Bonn

[78.] GEFMA 124-1: Energiemanagement; Grundlagen und Leistungsbild, 2009, GEFMA Bonn

[79.] GEFMA 124-1: Energiemanagement; Methoden, 2013, GEFMA Bonn

[80.] GEFMA 160: Nachhaltigkeit im FM; Grundlagen und Konzeption, 2014, GEFMA Bonn

[81.] GEFMA 200: Kosten im Facility Management, Kostengliederungsstruktur zu GEFMA 100, 2004, GEFMA Bonn

[82.] VDMA 24186-0: Leistungsprogramm für die Wartung von lufttechnischen und anderen technischen Ausrüstungen in Gebäuden - Teil 0: Übersicht und Gliederung, Nummernsystem, Allgemeine Anwendungshinweise, 2019, Beuth Verlag GmbH, Berlin

[83.] VDMA 24186-1: Leistungsprogramm für die Wartung von lufttechnischen und anderen technischen Ausrüstungen in Gebäuden - Teil 1: Lufttechnische Geräte und Anlagen, 2019, Beuth Verlag GmbH

[84.] VDMA 24186-2: Leistungsprogramm für die Wartung von technischen Anlagen und Ausrüstungen in Gebäuden - Teil 2: Heiztechnische Geräte und Anlagen, 2019, Beuth Verlag GmbH

[85.] VDMA 24186-3: Leistungsprogramm für die Wartung von technischen Anlagen und Ausrüstungen in Gebäuden - Teil 3. Kältetechnische Geräte und Anlagen zu Kühl- und Heizzwecken, 2019, Beuth Verlag GmbH

[86.] VDMA 24186-4: Leistungsprogramm für die Wartung von technischen Anlagen und Ausrüstungen in Gebäuden - Teil 4: MSR-Einrichtungen und Gebäudeautomationssysteme, 2018, Beuth Verlag GmbH

[87.] VDMA 24186-5: Leistungsprogramm für die Wartung von technischen Anlagen und Ausrüstungen in Gebäuden - Teil 5: Elektrotechnische Geräte und Anlagen, 2019, Beuth Verlag GmbH

[88.] VDMA 24186-6: Leistungsprogramm für die Wartung von technischen Anlagen und Ausrüstungen in Gebäuden - Teil 6: Sanitärtechnische Geräte und Anlagen, 2019, Beuth Verlag GmbH

[89.] VDMA 24186-7: Leistungsprogramm für die Wartung von technischen Anlagen und Ausrüstungen in Gebäuden - Teil 7: Brandschutztechnische Geräte und Anlagen, 2019, Beuth Verlag GmbH

[90.] AMEV: Arbeitskreis Maschinen- und Elektrotechnik (AMEV), stellt auf seiner Homepage viele Unterlagen betr. technische Anlagen und Gebäudemanagement in öffentlichen Gebäuden (Deutschland) zur Verfügung: http://www.amev-online.de

Bücher

[91.] Hubbuch Markus, Jäschke Stefan (2021): Energiemanagement, vdf Hochschulverlag AG Zürich, ISBN 978-3-7281-3531-5 (auch auf enbau-online.ch)

[92.] Schmid Christoph et al. (2016): Heizung, Lüftung, Elektrizität, vdf Hochschulverlag AG Zürich, ISBN 978-3-7281-3747-0 (auch auf enbau-online.ch)

[93.] Zürcher Christoph, Frank Thomas (2018): Bauphysik - Bau & Energie, vdf Hochschulverlag AG Zürich, ISBN 978-3-7281-3887-3 (auch auf enbau-online.ch)

[94.] Moor Hans (1993): Physikalische Grundlagen - Bau und Energie, Band 1 Leitfaden Bau und Energie, vdf Hochschulverlag AG Zürich ISBN 978-3-7281-1824-0

[95.] Ragonesi Marco (2016): Bautechnik der Gebäudehülle- Bau & Energie, vdf Hochschulverlag AG Zürich, ISBN 978-3-7281-3634-3 (auch auf enbau-online.ch)

[96.] Keller Bruno, Rutz Stephan (2011): Pinpoint - Fakten der Bauphysik zu nachhaltigem Bauen, vdf Hochschulverlag AG Zürich, ISBN 978-3-7281-3389-2

[97.] Menz Sascha (2014): Drei Bücher über den Bauprozess, Buch 1: Baurecht und Akquisition / Buch 2: Bauökonomie und Lebenszyklen / Buch 3: Planungs- und Baukompetenz, vdf Hochschulverlag AG Zürich, ISBN 978-3-7281-3599-5

[98.] Meyer-Meierling Paul (2010): Gesamtleitung von Bauten - Ein Lehrbuch der Projektsteuerung, vdf Hochschulverlag AG Zürich, ISBN/ISSN 978-3-7281-3343-4 (nur als E-Book)

[99.] Balow, J. (2016): Systeme der Gebäudeautomation - Ein Handbuch zum Planen, Errichten, Nutzen, VDE Verlag, ISBN 978-3-922420-32-3

[100.] Jahrbuch Schweizer Energiefachbuch (jährliche Ausgabe): Kömedia AG, St. Gallen

[101.] Scheer Hermann (2010): Der energetische Imperativ. 100 Prozent jetzt: Wie der vollständige Wechsel zu erneuerbaren Energien zu realisieren ist. Verlag Antje Kunstmann, München ISBN 978-3-88897-683-4 (auch als E-Book)

[102.] Recknagel, Sprenger, Albers (jährliche Ausgabe): Recknagel - Taschenbuch für Heizung + Klimatechnik, ITM InnoTech Medien GmbH, Kleinaitingen ISBN 978-3-8356-7404-2

[103.] Immobilienmanagement, Handbuch für Immobilienentwicklung, Bauherrenberatung und Immobilienbewirtschaftung, Hrsg. Kammer unabhängiger Bauherrenberater KUB, mit ETH und SVIT, 2017, Schulthess Zürich, ISBN 978-3-7255-7498-8 (auch als E-Book)

[104.] DENA, Energieeffizienz in kleinen und mittleren Unternehmen, 2015, Deutsche Energie Agentur GmbH, Berlin (als pdf verfügbar)

[105.] Pautmeier Ludger (Hrsg.), Praxis Energiemanagement, laufende Aktualisierung, TÜV Rheinland, bestellbar unter: https://www.tuev-media.de/praxis-energiemanagement. (Print und Digitalversion)

[106.] Brunner Arnold, Kriegers Michael, Prochaska Vladimir und Tillenkamp Frank, Klimakälte heute - Kluge Lösungen für ein angenehmes Raumklima, 2019, Faktor Verlag AG Zürich ISBN 978-3-905711-48-6

[107.] Balmer Matthias, Hubbuch Markus, Sandmeier Ernst, Energetische Betriebsoptimierung - Gebäude effizienter betreiben, 2020, Faktor Verlag AG Zürich, ISBN 978-3-905711-57-8

Zeitschriften, Themenreihen:

[108.] HK-Gebäudetechnik, CH Regionalmedien AG, Aarau (www.gebaeudetechnik.ch)

[109.] Haustech, CH Regionalmedien AG, Aarau (www.gebaeudetechnik.ch)

[110.] Elektrotechnik ET, CH Regionalmedien AG, Aarau (www.gebaeudetechnik.ch)

[111.] Bulletin SEV/VSE, Offizielles Publikationsorgan von Electrosuisse und VSE, Fehraltdorf und Aarau

[112.] Spektrum Gebäudetechnik, Robe Verlag AG, Küttigen

[113.] tec21, Zeitschrift des SIA, SIA Zürich

[114.] FS Facility Services, Magazin für Facility Management, FS Media AG, Bremgarten

[115.] fmpro service, Verbandszeitschrift Schweizerischer Verband für Facility Management und Maintenance fmpro, Wallisellen

[116.] Faktor Verlag AG, Zürich: Themenhefte und Bücher zu Architektur, Technik, Energie, https://www.faktor.ch/fachbuchreihe.html

14.5 Stichwortverzeichnis

F

G

H

I

J

K

L

M

U

V

W

Z